Wettbewerb, Wirtschaftsordnung und Umwelt
Festschrift für Udo Müller

Schriften zur Politischen Ökonomik, Evolutorische und ökologische Aspekte

Herausgegeben von
Udo Müller, Oliver Budzinski, Yücel Calbay, Jörg Jasper
und Torsten Sundmacher

Band 3

PETER LANG
Frankfurt am Main · Berlin · Bern · Bruxelles · New York · Oxford · Wien

Wettbewerb, Wirtschaftsordnung und Umwelt

Festschrift für Udo Müller

Herausgegeben von
Oliver Budzinski und Jörg Jasper

PETER LANG
Europäischer Verlag der Wissenschaften

Bibliografische Information Der Deutschen Bibliothek
Die Deutsche Bibliothek verzeichnet diese Publikation in der Deutschen Nationalbibliografie; detaillierte bibliografische Daten sind im Internet über <http://dnb.ddb.de> abrufbar.

ISSN 1439-7528
ISBN 3-631-51710-6

www.peterlang.de

Inhalt

III. Umweltökonomik, Ökologie und Systemmanagement

Einleitung

Diese Schrift ist Prof. Dr. Udo Müller zum Anlass seiner Emeritierung zum 31.3.2004 gewidmet. Udo Müller gehört dem Fachbereich Wirtschaftswissenschaften der Universität Hannover seit 1974 an und wirkte als Gründungsdekan maßgeblich an dessen Aufbau mit. Heute ist die Wirtschaftswissenschaftliche Fakultät mit 22 Lehrstühlen und 2800 Studierenden eine der größten an der Universität Hannover. Als Inhaber des Lehrstuhls für Ordnungs- und Prozesspolitik vertritt Udo Müller als Fachvertreter neben dem Schwerpunktbereich Wirtschaftspolitik über lange Jahre hinweg auch das Fach Mathematische Wirtschaftstheorie. Anfang der 1990er Jahre führte er das Fach Umweltökonomie und Systemmanagement als zusätzliches Schwerpunktfach ein, welches sich seither bei den Studenten größter Beliebtheit erfreut. Die Popularität, die Udo Müller bei den Studenten in all den Jahren stets genossen hat, ist nicht zuletzt auf sein großes Engagement für die Lehre zurückzuführen. Udo Müller, der sich viele Jahre hindurch mit Hochschuldidaktik befasst hat, legt bis heute größtes Gewicht darauf, in seinen Lehrveranstaltungen den aktuellen Stand der Theorie mit aktuellen Inhalten und spannenden Themen anzureichern.

In seiner Forschung legt Udo Müller immer großen Wert auf Interdisziplinarität und auf eine kritisch-eigenständige Haltung, deren Herausbildung er auch bei seinen Schülern stets zu fördern weiß. Zu seinen Interessenschwerpunkten zählen dabei die Wettbewerbstheorie und -politik, was auch durch seine Tätigkeit als Mitbegründer des Industrieökonomischen Ausschusses beim Verein für Socialpolitik zum Ausdruck kommt. Weiterhin gilt sein besonderes Augenmerk der Evolutorische Ökonomik sowie die Umweltökonomik, hier insbes. Fragen der Ökobilanzierung und der Kosten-Wirksamkeits- und Kosten-Nutzen-Analysen. In diesem Rahmen engagiert er sich vor allem in praxisnahen Forschungsprojekten, wie er sie im Zusammenhang mit der EXPO 2000 in Hannover, der Deutschen Forschungsgemeinschaft, der Deutschen Bundesstiftung Umwelt, der Volkswagenstiftung sowie zahlreichen industriellen Partnern verwirklicht hat. Die praktizierte Interdisziplinarität zeigt sich dabei auch in Forschungsprojekten mit akademischen Kollegen anderer Fachbereiche und anderer Hochschulen. Die zunehmende Bedeutung der Drittmittelfinanzierung für die Forschung erkannte er frühzeitig und ist hierin seit Mitte der 1990er Jahre sehr erfolgreich.

Der vorliegende Band spiegelt die große Vielfältigkeit von Udo Müllers Interessen wider. Der erste Abschnitt ist dem Bereich Wettbewerbstheorie und Wettbewerbspolitik gewidmet. In diesem Abschnitt finden sich neben zwei preistheoretischen Beiträgen (*Pasche*; *Hauenschild/Stahlecker*) eine Untersuchung zum Zusammenhang von Wettbewerb und Makroökonomik (*Fehl*), ein Beitrag zur Schnittstelle zwischen Wettbewerbstheorie und Umweltökonomik (*Eichhorn/ Schittko*) sowie ein Beitrag zu aktuellen Fragen der Wettbewerbspolitik (*Budzinski*).

Das zweite Kapitel des vorliegenden Bandes ist Fragen der Ausgestaltung der deutschen und europäischen Wirtschaftsordnung gewidmet. Einen wesentlichen Schwerpunkt bildet dabei der aktuelle Bereich des Gesundheitssystems und seiner Reformen (*Sundmacher/Sundmacher*; *Jasper*; *Hübner*). Hinzu kommen branchenbezogene Beiträge zu den Bereichen Landwirtschaft und Versicherungswesen (*Schweres/Lippoth*; *Aschenbrenner-von Dahlen*). Abgerundet wird dieses Kapitel durch Beiträge, die sich aus unternehmerischer (*Claassen*) und theoretischer (*Tostmann; Calbay*) Perspektive mit dem Zusammenhang von technologischen Innovationen und Wirtschaftsordnung befassen.

Das dritte Kapitel hat das breite Themenfeld Umweltökonomik, Ökologie und Systemmanagement zum Gegenstand. In diesem Rahmen nähern sich zwei Beiträge zunächst der umweltökonomischen Thematik anhand spieltheoretischer und experimenteller Methoden (*Erlei/Springmann*; *Fornahl/von Wangenheim*). Zwei weitere Beiträge befassen sich mit aktuellen umweltpolitischen Problemen und Ansätzen zu deren Lösung (*Mull*; *Serger*). Der abschließende Beitrag widmet sich dem Umweltproblem aus betrieblicher Sicht (*Scheper/Ulber/Faurie*).

Die Autoren dieses Sammelbandes stehen mit Udo Müller in enger fachlicher und persönlicher Verbindung und obwohl sie alle beruflich außerordentlich belastet sind, hat uns ihre spontane Bereitschaft, an dem vorliegenden Band mitzuwirken, nicht überrascht. Wir sind insbesondere Dipl.-Geol. Daniela Budzinski und Dipl.-Ök. Ralf Tostmann sowie den wissenschaftlichen Hilfskräften Thomas Augsten, Anna Dilger, Oxana Kapkova und Emma Livsica von der Universität Hannover und der Philipps-Universität Marburg für ihre Hilfe und ihre Geduld beim Zustandekommen dieses Bandes zu größtem Dank verpflichtet.

Hannover und Marburg im November 2003

Die Herausgeber

Selektiert der Wettbewerb rationales Verhalten?

Markus Pasche

1. Einleitung

Die im Titel gestellte Frage ist nicht neu. Die Vorstellung, dass rationales Entscheidungsverhalten - interpretiert als Maximierung des subjektiv erwarteten Nutzens - dadurch gerechtfertigt werden könne, dass sich unter wettbewerblichen Bedingungen nur solche Verhaltensweisen durchsetzen werden, die einer bewussten Optimierung entsprechen, findet sich bereits bei *Alchian* (1950). Die enge Definition von Rationalität als Erwartungsnutzenmaximierung ist eine aus dem ökonomischen Prinzip „natürlich" hervorgehende Verhaltensannahme, welche sowohl normativ als auch positiv verstanden werden kann. Im Folgenden interessiert zunächst nur der Anspruch als positive Theorie des Entscheidungsverhaltens. Entscheidungsverhalten wird danach auf der Basis eines geeigneten Axiomensystems erklärt, welches die Existenz von Nutzenfunktionen über unsichere Handlungsfolgen gewährleistet, die der Akteur maximiert. Die Anforderungen an den Entscheidungsträger sind an sich schon enorm, steigen aber bei Berücksichtigung strategischer Interdependenzen, also in spieltheoretischen Situationen, nochmals deutlich an, weil das *Nash*-Gleichgewicht als Lösungskonzept für rationale Akteure zusätzlich die wechselseitige Antizipation maximierenden Verhaltens impliziert.[1]

Der Versuch einer wettbewerblichen - oder in heutiger Sprechweise: *evolutorischen* - Rechtfertigung der Rationalitätshypothese ist deshalb bemerkenswert, weil es zahlreiche theoretische und vor allem empirische Einwände gegen das Konzept gibt, die deren Verwendung zumindest als positive Theorie stark infrage stellen.[2] Die Verwendung als normativer Ansatz bleibt hingegen meist unbestritten. Entsprechend der evolutorischen Rechtfertigung wird nicht mehr für ein einzelnes Individuum postuliert, dass es bewusst ein Optimierungskalkül löst. Das *im Mittel* beobachtete Entscheidungsverhalten könne - zumindest im Gleichgewicht - so modelliert werden, *als ob* die Individuen Erwartungsnutzenmaximierung betreiben würden. Die Rechtfertigung der Rationalitätshypothese als positiver Ansatz verzichtet also zum einen auf die Übereinstimmung mit dem einzelnen Entscheidungsverhalten und postuliert lediglich eine Übereinstimmung mit dem aggregierten Verhalten. Demnach werden *zufällige* individuelle Abweichungen zugelassen und die individuelle Streuung im Verhalten per Annahme eines *repräsentativen Individuums* als nicht relevant vernachlässigt. Zum anderen unterstellt die evolutorische Rechtfertigung eine Art Adaptions- oder Lernpro-

---

[1] Vgl. *Arrow* (1986).
[2] Vgl. *Gilovich/Griffin/Kahneman* (2002); *Camerer* (1995).

zess, in dessen Verlauf systematisch nicht-rationales Verhalten Fitnesseinbußen erleidet und sukzessive verdrängt wird.

Nun zeigen empirische bzw. experimentelle Befunde, dass die individuellen Abweichungen vom Rationalverhalten keineswegs zufälliger, sondern systematischer Natur sind. Folglich kann auch das aggregierte Verhalten nicht immer mit der Rationalitätshypothese in Einklang gebracht werden. Auch die Annahme, dass bei Zulassung von Wettbewerb und individuellen Lernmöglichkeiten nichtrationales Verhalten verschwinden würde, wird keineswegs immer durch die Befunde gedeckt, auch wenn unter bestimmten Bedingungen eine Tendenz zur rationalen Lösung erkennbar ist. Es bleibt also eine Kluft zwischen beobachtbaren Daten und der Rationalitätshypothese.

Über den empirischen Einwand hinaus existieren inzwischen auch einige vornehmlich spieltheoretische Ansätze, welche zeigen, dass Rationalverhalten im eng definierten Sinn keineswegs das Resultat evolutorischer Anpassungsprozesse sein muss.[1] Die erst nach dem Aufsatz von *Alchian* entwickelte *evolutionäre Spieltheorie* zeigt trotz anfänglich positiver Resultate[2], dass unter elaborierteren Spielbedingungen die Hypothese der Überlegenheit des Maximierungsverhaltens nicht haltbar ist. Angesichts der Kritik an der Rationalitätshypothese als positiver Theorie entwickelte sich seit den bekannten Aufsätzen von *Herbert Simon* aus den 1950er Jahren eine breite Debatte über beschränkte Rationalität. Diese wird je nach Position der Autoren als Verallgemeinerung oder als Gegenentwurf zum traditionellen Rationalitätsparadigma verstanden.

2. Beschränkte Rationalität und die verhaltenswissenschaftliche Öffnung der Ökonomik

2.1. Probleme der Modellierung beschränkter Rationalität

Eine „Befreiung" von der Festlegung auf vollständige Rationalität bietet zunächst zwei wichtige Vorteile: Zum einen ist es möglich, vielfältige Modelle zu entwickeln, welche tatsächlich beobachtbares Entscheidungsverhalten abbilden oder zumindest irgendeiner begründbaren Verhaltenshypothese folgen. Dadurch ist es möglich, empirisch relevante *deskriptive* Modelle zu generieren. Zum anderen hat eine verhaltenswissenschaftliche Öffnung den Vorzug, dass Erkenntnisse anderer Disziplinen wie beispielweise der Psychologie berücksichtigt werden können. Dadurch wird eine Form der Interdisziplinarität möglich, die bei einer Apriori-Festlegung auf ein bestimmtes Entscheidungsprinzip kaum möglich ist. Die Verleihung des Nobelpreises 2002 an *Daniel Kahneman* „for having integrated insights from psychological research into economic science" (Nobel-

---

[1] Vgl. *Banerjee/Weibull* (1995); *Güth/Peleg* (2001); *Heifetz/Shannon/Spiegel* (2002).

[2] Etwa dem Ergebnis, dass Gleichgewichte in evolutionär stabilen Strategien immer *Nash*-Gleichgewichte sind, vgl. *Weibull* (1994).

Komitee) zeigt, dass solche Bemühungen um eine *behavioral foundation* der Ökonomik als notwendig und fruchtbar erachtet werden. Dementsprechend gibt es heutzutage eine kaum überschaubare Fülle von Modellen sogenannter „beschränkter Rationalität", über die an dieser Stelle auch nicht ansatzweise ein Überblick gegeben werden kann.[1]

Die Vielfalt der Modellierungen von Entscheidungsverhalten bringt neben den genannten Vorzügen aber auch einige erhebliche Nachteile mit sich, die verständlich werden lassen, weshalb der *mainstream* der ökonomischen Forschung - und erst Recht der Lehre - solche Modellierungen nur zögerlich rezipiert:

- Die fehlende Bindung an ein striktes, axiomatisch abgesichertes, aber auch intuitives Entscheidungsprinzip führt zu einem gewissen Maß an *Beliebigkeit*, gelegentlich sogar zur Gefahr reiner Ad-Hoc-Konstruktionen von Verhaltensfunktionen. Dem Strom immer neuer Modellierungsvorschläge sind deshalb entsprechend scharfe Selektionskriterien entgegenzustellen. So erscheint es sinnvoll, wenn ein Modell beschränkt rationalen Verhaltens einen gewissen deskriptiven Wert hat, d.h. zumindest gewisse Phänomene abbildet, die man als „stilisierte Fakten" betrachten kann. Zudem sollten die Modelle über nicht zu viele Freiheitsgrade verfügen, damit trennscharfe Prognosen und signifikante empirische Tests möglich sind.
- Die wachsende Zahl konkurrierender Hypothesen erfordert eine mindestens mit derselben Rate steigende Aktivität der Ökonomen, entsprechende empirische Tests zu entwickeln und durchzuführen. Diese entscheiden darüber, unter welchen Bedingungen welchem Verhaltensmodell der Vorzug zu geben ist. Hier stellt sich das Problem, dass oft keine eindeutigen Aussagen ableitbar sind und sogar in Frage gestellt werden kann, ob der positive Erklärungswert tatsächlich so viel besser ist, als jener der konventionellen Rationalitätshypothese.
- Ein nicht zu unterschätzender Aspekt ist der *Verlust an Universalität*. Während das Rationalverhalten geradezu als konstitutives Prinzip ökonomischer Analyse auf alle denkbaren Fragestellungen anwendbar ist[2], handelt es sich bei Modellen beschränkter Rationalität oft um „lokale" Theorien, die für einen bestimmten Kontext formuliert wurden.[3] Die Kontextbezogenheit verstärkt die Spezialisierung innerhalb der Disziplin.
- Aus dem zuletzt genannten Punkt kann ferner die Frage abgeleitet werden, inwiefern es noch möglich ist, von den Modellen beschränkt rationalen Handelns als *ökonomischen* Theorien zu sprechen. Zugespitzt formuliert: Wenn

---

[1] Vgl. *Rubinstein* (1998).

[2] Vgl. *Becker* (1993).

[3] Zu den Ausnahmen gehört z.B. die *Prospect Theory*, welche axiomatisch fundiert und in beliebigen Kontexten anwendbar ist; vgl. *Tversky/Wakker* (1993).

das Verhalten nicht rational im oben definierten Sinn ist, sondern sich letztlich auf psychologische oder auch auf rein deskriptive Hypothesen stützt, handelt es sich dann noch um eine *ökonomische Erklärung* eines Phänomens?

Da es einerseits für eine Ökonomik, die einen positiven Erklärungsanspruch hat, kaum möglich ist, sich allein auf kleine und kleinste Fortschritte innerhalb der engen Welt der axiomatisch begründeten Nutzentheorie zu beschränken, andererseits aber die angesprochenen Probleme der verhaltenswissenschaftlich begründeten Theorien beschränkt rationalen Verhaltens deren Rezeption erschweren, gibt es folgende Herausforderungen für die weitere Entwicklung:

- Die Theorieentwicklung sollte sich mehr der intensiven Begründung und Fundierung vorhandener Modelle und der Entwicklung allgemein anwendbarer Begriffe und Methoden widmen.
- Es sollte ein gewisser Bestand an spezifisch ökonomischen Konzepten wie z.B. Orientierung der Akteure an subjektiven Zielvorstellungen (Präferenzen), Berücksichtigung von Inferenz- und Abwägungsfähigkeit der Akteure, Fähigkeit zu einer gewissen Antizipation der Reaktionen anderer Akteure usw. gesichert werden. Dies sollte verhindern, dass das Menschenbild eines perfekt rationalen Akteurs ersetzt wird durch das andere Extrem simpler Reiz-Reaktions-Automaten.
- Es sind verstärkt Testverfahren bzw. konkrete (empirische) Anwendungen von konkurrierenden Verhaltenshypothesen durchzuführen, um empirisch relevante von weniger relevanten Modellierungen zu trennen.
- Die Fragestellung sollte stärker betont werden, inwiefern und in welchem Sinn ein Modell mit beschränkt rationalen Akteuren ein Phänomen *ökonomisch erklärt*, was eine Begründung einschließt, *weshalb* sich die Akteure so verhalten wie im Modell unterstellt (und empirisch beobachtet).

Diesen Herausforderungen stellt sich die Ökonomik durchaus in großem Umfang. Ein Defizit scheint aber bei dem zuletzt genannten Punkt zu liegen. Genau an dieser Stelle setzt das im Folgenden dargelegte Konzept an. Es geht dabei nicht um eine neue (universelle) Theorie beschränkt rationalen Verhaltens, sondern lediglich um ein Verfahren, alternative Hypothesen bezüglich des Entscheidungsverhaltens systematisch zu begründen bzw. Bedingungen zu identifizieren, unter denen bestimmte (vorgegebene, jedoch beliebige) Verhaltensmuster zu beobachten sein werden, andere dagegen nicht.

2.2. Der Erklärungsansatz gleichgewichtiger Verhaltensprofile

Es wird von der Vorstellung ausgegangen, dass aktuelle Entscheidungen durch Determinanten erklärt werden können, welche auf drei verschiedenen Ebenen angesiedelt sind:

- *Ebene 1:* Diese Ebene umfasst alle für den Analysezweck als invariant erachteten Eigenschaften des Akteurs, die nicht Gegenstand seiner Dispositionen sein können. Dies betrifft vor allem die z.B. durch biologische Faktoren bestimmte Informationsverarbeitungsfähigkeiten, die Struktur der Wahrnehmung usw., aber auch die Präferenzen. Da Präferenzen nach wie vor eine tragende Rolle in der Erklärung von Entscheidungsverhalten spielen, gäbe es logische Konsistenzprobleme, wenn die Präferenzen ihrerseits Gegenstand von Dispositionen wären. Es ist plausibel anzunehmen, dass evolutorische Prozesse maßgeblich die Art und Weise der Problemwahrnehmung und -verarbeitung, aber auch die Präferenzstrukturen prägen. Für eine sozialwissenschaftliche Theorie ist diese Ebene aber bei weitem nicht ausreichend, um insbesondere die Heterogenität und Variabilität im Verhalten zu erklären.
- *Ebene 2:* Entscheidungsverhalten wird durch Faktoren wie Gewohnheiten, soziale Normen, erlernte Problemlösungsheuristiken, Imitation von *peer groups* usw. beeinflusst. Diese Faktoren prägen das Entscheidungsverhalten in einer relativ zeitstabilen Art und Weise, können aber über einen längeren Zeitraum modifiziert oder auch radikal geändert werden. Von einem formal beschreibbaren Verhaltensmuster sei hier als von *Verhaltensregeln* gesprochen, die ein Akteur *adoptiert*. Diese Regeln können im Zuge eines hier nicht weiter betrachteten Lern- bzw. Adaptionsprozesses angepasst werden.
- *Ebene 3:* Auf dieser Ebene werden die konkreten Antezedenzbedingungen formuliert, unter denen der Akteur eine Entscheidung zu treffen hat, also die konkrete Struktur und Parametrisierung des ökonomischen Modells, sowie die Informationsbedingungen, unter denen der Akteur entscheidet. Hier wird die auf der zweiten Ebene formulierte Verhaltensregel unter den definierten Bedingungen angewendet.

Der orthodoxe ökonomische Ansatz lässt sich ebenfalls durch diese drei Ebenen charakterisieren: Auf der ersten Ebene werden vollkommene Informationsverarbeitungsfähigkeiten und gegebene Präferenzen vorausgesetzt. Die zweite Ebene wird allein von der Hypothese rationaler, d.h. erwartungsnutzenmaximierender Entscheidungen als einziger Form von „Verhaltensregel" belegt. Da hier die erste Ebene nicht weiter betrachtet wird und dem orthodoxen Ansatz möglichst weitgehend entsprochen werden soll, sei hier weiterhin von einer gegebenen Präferenzordnung und fehlerfreien abstrakten Individuen ausgegangen. Der einzige, jedoch entscheidende Unterschied ist, dass auf der zweiten Ebene *neben* der Rationalitätshypothese auch andere Verhaltensregeln zugelassen werden. Diese Alternativhypothesen werden *kontextbezogen* formuliert und bieten eine Basis für eine Berücksichtigung von Erkenntnissen anderer Disziplinen. Das einzige Erfordernis ist, dass eine Verhaltensregel formal darstellbar ist.

Jeder Akteur $i=1,..,n$ verfüge über einen Strategieraum S_i, aus welchem er eine Strategie $s_i \in S_i$ wählt. Das bewertete Ergebnis der Entscheidungen aller Spieler, also die Auszahlung für Spieler i ist gegeben durch $\Pi_i(s_i,s_{-i})$ mit $s_{-i}=(s_1, \ldots ,s_{i-1}, s_{i+1}, \ldots, s_n)$. Werden die Entscheidungen simultan getroffen, so sind zum Zeitpunkt der Strategiewahl die Entscheidungen der anderen Spieler noch nicht bekannt, so dass die Strategiewahl auf Erwartungen beruht. Eine *Verhaltensregel* von Spieler i ist definiert[1] als eine Abbildung $f_i\colon \times_{j\neq i} S_j \rightarrow S_i$. Der Spieler ist an diese *gebunden* und wählt seine Strategie entsprechend der Regel, gegeben seine Erwartungen s_{-i}^e bezüglich der Strategien der übrigen Spieler: $s_i \in f_i(s_{-i}^e)$.

Es ist festzuhalten, dass auch vollständige Rationalität im Sinne der Erwartungsnutzenmaximierung eine Verhaltensregel ist, die in der Spieltheorie als *best response* bezeichnet wird: $s_i \in \operatorname{argmax}_{si\in Si} \Pi_i (s_i,s_{-i}^e) = f^{max}(s_{-i}^e)$. Bei konvexen Strategiemengen S_i und differenzierbaren Auszahlungsfunktionen Π_i ist die *best response* implizit durch die Optimalitätsbedingungen erster Ordnung gegeben. Es sei $\Omega=\{f^1,\ldots,f^m\}$ die Menge aller Verhaltensregeln, die in dem Modell untersucht werden. Es ist möglich, dass manche Verhaltensregeln zusätzlich parametrisiert sind. In solchen Fällen enthält Ω Elemente, die selbst wiederum (ggf. konvexe) Mengen sein können.

Ein Gleichgewichtszustand ist zum einen dadurch charakterisiert, dass die Erwartungen der Spieler mit den tatsächlich realisierten Strategien übereinstimmen, also kein systematischer Irrtum vorliegt, und zum anderen jeder Spieler eine Strategie wählt, die konform mit seiner adoptierten Verhaltensregel ist:

(A1) Es ist $s_i = f_i(s_{-i}^e)\ \forall i$.

(A2) Es ist $s_{-i}^e = s_{-i}\ \forall i$.

Ein Vektor (s_i,s_{-i}), für den (A1) und (A2) erfüllt ist, heißt dann *Verhaltensgleichgewicht*, denn kein Spieler hat einen Anlass, seine Strategiewahl unilateral zu revidieren. Offenbar ist ein Verhaltensgleichgewicht ein Fixpunkt des Systems der Abbildungen $f_1,\ldots,f_n$ und hängt somit von den adoptierten Verhaltensregeln ab. Eine gleichgewichtige Strategiewahl wird daher auch geschrieben als $s_i(f_i)\ \forall i$. Existenz und Eindeutigkeit von Verhaltensgleichgewichten sind ohne zusätzliche Annahmen nicht gewährleistet. Falls alle Spieler die Maximierungsregel f^{max} wählen, sich also rational verhalten, ist das resultierende spezielle Verhaltensgleichgewicht die übliche *Nash*-Lösung.

Der entscheidende Schritt ist nun zu fragen, aus welchem Grund die Spieler bestimmte Verhaltensregeln aus Ω adoptieren. Es sei unterstellt, dass ein Lern-, Anpassungs- oder Inferenzprozess erfolgt, in dessen Folge die Spieler zur Adoption solcher Regeln tendieren, die eine möglichst hohe *gleichgewichtige* Aus-

[1] Vgl. *Pasche* (2003a).

zahlung für sie selbst induzieren. Der Prozess selbst wird hier nicht untersucht, da dessen Dynamik von der Formulierung von Lernregeln usw. bestimmt wird. Hier interessiert nur die stationäre Lösung eines solchen Prozesses. Es sei daher $(f_1,...,f_n)$ ein *gleichgewichtiges Verhaltensprofil*, wenn sich kein Spieler durch einen unilateralen Wechsel zu einer anderen Regel in seinen induzierten Gleichgewichtsauszahlungen verbessern kann, d.h. f_i ist die Lösung von

$$\max_{f_i \in \Omega} \Pi_i(s_1(f_1),...,s_i(f_i),...,s_n(f_n)) \text{ mit } s_j(f_j) = f_j(s_{-j}) \; \forall j$$

für alle i. Die Bedingung $s_j(f_j) = f_j(s_{-j}) \; \forall j$ gibt an, dass stets ein Verhaltensgleichgewicht realisiert wird, wobei hier unterstellt wird, dass dieses existiert und eindeutig ist. Andernfalls sind zusätzliche Annahmen zu treffen, die einen Vergleich der erwarteten Auszahlungen bei alternativen Regelkombinationen ermöglichen.

Es ist dabei zwar gewöhnungsbedürftig, jedoch logisch nicht inkonsistent, ein gleichgewichtiges Regelprofil so zu interpretieren, dass die Spieler Entscheidungen darüber treffen, *wie* sie Entscheidungen treffen.[1] Dies wird in der Literatur sogar explizit für eine Modellierung beschränkt rationalen Verhaltens gefordert.[2] Es kann beispielsweise vorteilhaft und insofern rational sein, sich auf der Ebene des Spiels *nicht* opportunistisch zu verhalten, wenn zu befürchten ist, dass man andernfalls von den anderen, ebenfalls nicht opportunistischen Spielern dafür abgestraft wird. Spieltheoretisch kann eine solche gleichgewichtige Adoptionsentscheidung auf der Regelebene als 2-Stufen-Spiel modelliert werden: Auf der ersten Stufe werden *verbindlich* die Verhaltensregeln bestimmt, die auf der zweiten Stufe die konkrete Strategiewahl bestimmen. Ein gleichgewichtiges Regelprofil ist dann entsprechend spieltheoretischer Lösungskonzepte zu bestimmen (im einfachsten Fall das *Nash*-Gleichgewicht). Es sei aber nochmals betont, dass ein gleichgewichtiges Regelprofil nur einen bestimmten *Zustand* beschreibt, der als Resultat rationaler Entscheidungen (*strategic commitment*), aber auch als Fixpunkt eines Anpassungsprozesses interpretiert werden kann.

Trotz dieser weitgehenden Kompatibilität des Ansatzes mit neoklassischer Methodik sind die abgeleiteten Ergebnisse jedoch radikal verschieden von traditionellen Modellen und bestätigen *nicht* die eingangs angesprochene Hypothese, dass sich nur Maximierungsverhalten als Ergebnis eines Anpassungsprozesses durchsetzen wird. Dies wird im Folgenden an drei Beispielen verdeutlicht.

3. Beispiele

Die folgenden ökonomischen Beispiele stellen lediglich eine Skizze der Idee, der Annahmen und einiger Ergebnisse dar. Für eine vollständige formale Beschrei-

---

[1] Vgl. *Lipman* (1991).
[2] *Rubinstein* (1998), S. 4.

bung und Herleitung der Ergebnisse wird auf die entsprechenden Aufsätze verwiesen.

3.1. Ein einfaches Duopolmodell

Unter der Bedingung heterogener Güter und vollständiger Information kann davon ausgegangen werden, dass die Anbieter markträumende Preis-Mengen-Kombinationen setzen werden. Es ist daher eine verkürzte Analyse möglich, bei der die Anbieter Preis- *oder* Mengenstrategien verfolgen. Die üblichen auf der Rationalitätsannahme beruhenden Standardmodelle sind die des *Cournot*- und des *Bertrand*wettbewerbs. Tatsächlich ist empirisch aber ein Preissetzungsverhalten zu beobachten, welches sich eher durch einfache Regeln wie z.B. Aufschlagskalkulation (*markup pricing*) beschreiben lässt. Auch andere Formen der Entscheidungsfindung wie z.B. Imitation des Konkurrenten sind empirisch relevant und stellen konkurrierende Verhaltenshypothesen zur Gewinnmaximierung dar.

Es sei von einem einfachen statischen Duopol-Modell ausgegangen:[1] Die Kostenfunktion sei gegeben durch

$$C(q_i) = cq_i + dq_i^2, \quad c,d \geq 0, \; i=1,2.$$

Das lineare symmetrische Nachfrageschema sei

$$p_i = a - bq_i + \delta bq_j, \quad a>c, \; b>0, \; \delta \in [0,1], \; i=1,2, \; i \neq j.$$

Aufstellen der Gewinnfunktion und Maximierung nach der Menge q_i oder dem Preis p_i (ggf. nach Auflösen des Nachfrageschemas nach q_i) ergeben die rationalen Verhaltensregeln

$$p_i^* = f^B(p_j) = (1/2)\,[ba(\beta+\gamma)\theta+2ad\,\beta+\delta(2d+b\theta)p_j]/[\theta b+d],$$

$$q_i^* = f^C(q_j) = (1/2)\,[a-b\delta q_j-c]/[b+d],$$

mit $\gamma = c/a \in [0,1)$, $\beta = (1-\delta)$, $\theta = (1-\delta^2)$. Die Indizes B und C stehen dabei für *Bertrand* und *Cournot*. Alternativ kann die Bestimmung des Preises auch über eine Aufschlagskalkulation erfolgen, bei der auf die durchschnittlichen Kosten ein Aufschlagsbetrag n_i addiert wird, oder die Durchschnittskosten mit $(1+m_i)$ multipliziert werden mit m_i als Aufschlagssatz. Da die Durchschnittskosten aber von der (gleichgewichtigen) Menge und diese wiederum von der Strategiewahl des Konkurrenten abhängt, ergibt sich eine strategische Interdependenz. Die beiden alternativen Aufschlagsregeln werden wie folgt charakterisiert:

- Sei $p_i/AC(q_i)=m_i$ mit $AC(q_i)=c+dq_i$ als den Durchschnittskosten und m_i als Aufschlagssatz. Dann folgen als Verhaltensregeln

---

[1] Vgl. im folgenden *Pasche* (2001).

$p_j^* = f^{Mp}(m_j,p_i) = [m_j(bc\theta+ad\beta+d\delta p_i)]/[b\theta+m_jd]$

bzw. nach der Menge aufgelöst

$q_j^* = f^{Mq}(m_j,q_i) = [a-m_jc-b\delta q_i]/[b+m_jd]$.

- Sei p_i-$AC(q_i)$=n_i mit n_i als Aufschlagsbetrag. Dann folgen als Verhaltensregeln

  $p_j^* = f^{Np}(m_j,p_i) = [(m_j+c)\theta b+ad\beta+d\delta p_j]/[b\theta+d]$ bzw.

  $q_j^* = f^{Nq}(m_j,q_i) = [a-m_j-c-b\delta q_i]/[b+d]$.

Schließlich sei als Verhaltensmuster berücksichtigt, dass ein Anbieter die Strategievariable des Konkurrenten strikt oder mit gewissen Abweichungen r_i imitiert:

$$p_i^* = f^{Ip}(p_j) = p_j \quad \text{bzw.} \quad q_i^* = f^{Iq}(q_j) = q_j,$$

$$p_i^* = f^{Jp}(p_j,r_i) = p_j+r_i \quad \text{bzw.} \quad q_i^* = f^{Jq}(q_j,r_i) = q_j+r_i.$$

Vorausgesetzt, die charakteristischen Verhaltensmuster sind gemeinsames Wissen, ist es einfach, die Verhaltensgleichgewichte und deren entsprechende Gewinne zu berechnen (mit Ausnahme des Falles, in dem beide Akteure imitieren). Bei allen parametrisierten Regeln gilt, dass diese nur dann Teil eines gleichgewichtigen Profils sein können, wenn die Parameter m_i, n_i, r_i jeweils *optimal* bestimmt worden sind. Eine Analyse sämtlicher Gleichgewichte bei Preis- und Mengenstrategien kommt unter anderem zu folgenden Ergebnissen:

(1) Die Profile (f^C,f^{Mq}), (f^C,f^{Nq}), (f^C,f^{Jq}) bzw. (f^B,f^{Mp}), (f^B,f^{Np}), (f^B,f^{Jp}) induzieren Verhaltensgleichgewichte, die bei optimaler Wahl des Parameters der *Cournot-Stackelberg-* bzw. der *Bertrand-Stackelberg*-Lösung entsprechen, wobei der Markup- bzw. der imitierende Spieler jeweils die Führungs-Position einnimmt. Daraus leitet sich unmittelbar ab:

(2) Sei $\Omega = \{f^C,f^{Mq},f^{Nq},f^{Jq}\}$ bzw. $\Omega = \{f^B,f^{Mp},f^{Np},f^{Jp}\}$ gegeben. Dann sind die Vektoren (f^C,f^C) bzw. (f^B,f^B), also die übliche *Cournot-* bzw. *Bertrand*lösung, *keine* gleichgewichtigen Verhaltensprofile. Dieses Ergebnis setzt nicht zwingend voraus, dass die Parameter *optimal* bestimmt werden. Es existiert vielmehr eine konvexe Menge hinreichend guter Parameter, die das Resultat erzeugen.

(3) Gegeben seien reine Mengen-Strategien $\Omega = \{f^C,f^{Nq},f^{Ix},f^{Jq}\}$. Dann ist (f^{Jq},f^C), das einzige gleichgewichtige Verhaltensprofil (*Cournot-Stackelberg*-Szenario).

(4) Gegeben seien reine Preis-Strategien. $\Omega = \{f^B,f^{Np},f^{Ip},f^{Jp}\}$. Dann ist (f^{Np},f^{Jp}), das einzige gleichgewichtige Verhaltensprofil.

Sowohl Aufschlagskalkulation als auch imitierendes Verhalten lassen sich also unter bestimmten Bedingungen als gleichgewichtige Verhaltenregeln rechtfertigen. Ausschließliches Maximierungsverhalten lässt sich dagegen nicht rechtfertigen. Daneben gibt es einige weitere erwähnenswerte Einsichten:

- Im Gleichgewicht sind die Preis-Mengen-Setzungen trotz strikter Symmetrie der Angebots- und Nachfragebedingungen unterschiedlich, d.h. die Anbieter verhalten sich *heterogen*.
- Für bestimmte Regelmengen Ω lässt sich zeigen, dass die Menge möglicher gleichgewichtiger Verhaltensprofile von der Parametrisierung des Modells abhängt. Ändern sich die Parameter (die Umweltbedingungen) stetig, so kann dies zunächst stetige, dann aber auch *sprunghafte Veränderungen* in Preisen und Mengen auslösen, weil eine *qualitative Verhaltensänderung induziert* wird.
- Aufgrund unterschiedlicher Regeln sind auch die Preis- und Mengenreaktionen, z.B. bei Nachfrageänderungen, unterschiedlich. Unterscheidet man unmittelbare Effekte der Nachfrageänderung auf die Strategiewahl sowie mittelbare Effekte aufgrund der Anpassung des Konkurrenten, dann ergeben sich unterschiedliche dynamische Profile der Preis-Mengen-Änderungen, was sog. *Staggering-Effekte* erklären helfen könnte.
- Bei der Beurteilung der *Wettbewerbsintensität* ist es offensichtlich, dass das Marktverhalten nicht unmittelbar per Rationalitätsannahme aus der Marktstruktur abgeleitet werden kann. Bei gegebener Marktstruktur hängt es von den Verhaltensregeln ab, wie die Strategien und letztlich das Marktergebnis bestimmt werden. Da es keineswegs immer eindeutige gleichgewichtige Regelprofile geben muss, und diese sich trotz gegebener Marktstruktur im Zeitablauf ändern können, wird die Beurteilung der Wettbewerbsintensität weitaus schwieriger.

3.2. Ultimatum Bargaining

Das *Ultimatum Bargaining* ist ein sequentielles 2-Personen-Spiel, bei dem der erste Spieler (*proposer*) einen Vorschlag macht, wie ein gegebener Auszahlungsbetrag *M* auf beide Spieler aufgeteilt werden soll. Der zweite Spieler (*responder*) kann diesen Vorschlag annehmen oder ablehnen. Im ersten Fall wird der Aufteilungsvorschlag realisiert, im zweiten Fall erhalten beide Spieler keine Auszahlung. Offenbar ist die rationale Lösung eine Aufteilung in der Form (M-ε,ε) mit ε als kleinstmöglicher positiver Einheit. Ein rationaler *responder* wird jedem Vorschlag zustimmen, der ihm eine noch so kleine Auszahlung ε beschert, da er sich damit besser stellt als mit einer Auszahlung von Null. Ein rationaler *proposer* antizipiert dieses Verhalten und behält entsprechend den größtmöglichen Teil M-ε für sich.

In Experimenten, die in zahlreichen Varianten durchgeführt wurden, wird diese teilspielperfekte *Nash*-Lösung jedoch nur sehr selten beobachtet. Es scheint vielmehr eine starke Neigung zu „fairen" Allokationen zu geben, die auch die Bereitschaft impliziert, „unfaire" Vorschläge abzulehnen, obwohl dies zum eigenen Nachteil ist.[1] Nun existieren eine Reihe von Erklärungsvorschlägen, die häufig auf einer Modifikation der Nutzenvorstellung beruhen, etwa indem Aversion gegen Ungleichheit, Nutzen durch reziprokes Verhalten usw. eingeführt werden.[2] Viele dieser Ansätze verlagern das Problem aber nur auf eine andere Ebene, da soziale Präferenzen, Motivation oder die Wirkung internalisierter sozialer Fairnessnormen nicht direkt beobachtbar und ihrerseits erklärungsbedürftig sind. Bemerkenswert ist daher der Versuch von *Güth/Pull* (2002), mittels des *indirekt evolutionären Ansatzes* zu erklären, unter welchen Bedingungen eine Orientierung an Gleichheitsnormen sich als evolutionär stabile Strategie begründen lässt.[3]

Im vorliegenden Ansatz werden keine sozialen Präferenzen oder ähnliches angenommen, in bestimmten Szenarien jedoch ein gewisses Maß an Risikoaversion in Gestalt von $u(x)=x^m$ mit $0<m<1$ und x als Auszahlungsbetrag unterstellt. Faires Verhalten wird als Verhaltensregel modelliert, die zunächst nur das Vorschlagen und Akzeptieren der mehr oder weniger fairen Allokation darstellt. Beide Regeln sind jeweils für die *proposer*- und *responder*-Position wie folgt spezifiziert:

Opportunistische Regel:

- *Proposer*-Position: Wähle eine Allokation, welche die eigene Auszahlung in Abhängigkeit vom erwarteten Verhalten des *responders* maximiert.
- *Responder*-Position: Akzeptiere jede Allokation, die zu einer positiven Auszahlung führt.

Fairness-Regel:

- *Proposer*-Position: Wähle die Allokation $(M/2+\varphi, M/2-\varphi)$.
- *Responder*-Position: Akzeptiere nur Allokationen, die zu einer Auszahlung von $M/2-\varphi$ führen, ansonsten lehne ab.

Dabei ist $\varphi = \alpha((M/2)-\varepsilon)$, $\alpha \in [0,1]$, so dass α den *Grad an Fairness* beschreibt[4]. Der Fairnessgrad wird als exogen gegeben und als gemeinsames Wissen betrachtet.

---

[1] Vgl. *Güth* (1995).
[2] Vgl. z.B. *Rabin* (1993); *Bolton/Ockenfels* (2000).
[3] Vgl. auch *Güth/Kliemt* (1998).
[4] $\alpha=0$ bedeutet völlige Gleichverteilung und bei $\alpha=1$ besteht kein Unterschied zum opportunistischen Verhalten.

Gegeben sei eine Population von *n* Spielern, von denen jeweils zwei zufällig ausgewählt werden, die das Ultimatum-Spiel durchführen (*random matching*). Dabei ist es ebenfalls zufällig, wer von beiden *proposer* und wer *responder* sein wird. Bevor dies bekannt ist, adoptieren die Spieler eine der beiden Verhaltensregeln, wobei die Spieler wissen, dass sie mit gleicher Wahrscheinlichkeit mal in der einen, mal in der anderen Position sind. Sie müssen ferner damit rechnen, sowohl mit opportunistischen als auch mit fairen Gegnern zu spielen. Hierbei sind zwei Informationsregime zu unterscheiden: Entweder ist die Verhaltensregel des *responders vor* Spielbeginn beobachtbar oder nicht. Im letzten Fall kennen die Spieler aber zumindest die Verteilung der Regeln in der Population, so dass ihnen die Wahrscheinlichkeit μ bekannt ist, auf einen Opportunisten zu treffen. Schließlich wird der eher realistische Fall angenommen, dass die Spieler mit einer spezifischen Wahrscheinlichkeit σ_i auf einen Spieler treffen, bei dem das Verhaltensmuster bekannt ist (z.B. in einer Familie, im Freundeskreis), während sie mit einer Wahrscheinlichkeit $(1-\sigma_i)$ mit einem anonymen Gegner spielen. Ohne näher auf die formalen Details einzugehen[1], sind folgende Ergebnisse erwähnenswert:

(1) Im Fall *beobachtbarer Regeln* ist faires Verhalten die einzige gleichgewichtige Verhaltensregel. Dies ist leicht zu erklären, weil ein opportunistischer *proposer*, welcher weiß, dass der *responder* der Fairness-Regel folgt, rationalerweise eine faire Allokation anbieten wird, da er sonst die Ablehnung antizipieren kann. Dies führt dazu, dass faire Spieler unabhängig vom Typ ihres Gegner stets die faire Auszahlung erhalten, während bei Opportunisten die Auszahlungen zwar im Mittel gleich hoch sind, aber stärker streuen. Aufgrund der unterstellten Risikoaversion ist daher der Erwartungsnutzen fairen Verhaltens stets größer.

(2) Unter der Bedingung *anonymer Interaktion*, wenn der *proposer* also die Regel des *responders* nicht kennt, gibt es einen kritischen Anteil μ^c an Opportunisten in der Population, ab dem es lohnend ist, das unfaire *proposal* anzubieten. Bis zu dieser Grenze ist die Wahrscheinlichkeit, auf einen fairen Spieler zu treffen, groß genug, um den Opportunisten zu einem fairen Angebot zu bewegen. Unter diesen Bedingungen existieren dann *zwei Klassen gleichgewichtiger Verhaltensprofile*: Entweder alle sind Opportunisten, oder es gibt einen hinreichend großen Anteil fairer Spieler, wobei die verbleibenden Opportunisten sich ebenfalls in der *proposer*-Position so verhalten, *als ob* sie fair seien.

(3) Bei einer *gemischten Interaktion*, sowohl mit bekannten als auch mit anonymen Gegnern, mit den Wahrscheinlichkeiten σ_i bzw. $(1-\sigma_i)$, exis-

[1] Vgl. *Pasche* (2002).

tieren gleichgewichtige Regelprofile, bei denen Spieler mit hinreichend hohem σ_i die Fairness-Regel und alle anderen die opportunistische Regel wählen. Es kommt also zu einer *Koexistenz von fairem und unfairem (rationalen) Verhalten.*

Trotz des simplen Spielaufbaus und extrem einfacher Formulierung der Fairnessregel zeigt der zuletzt genannte Fall zumindest in stilisierter Form den experimentellen Befund. Komplexere Verhaltensregeln, welche z.B. in der *responder*-Position nicht nur auf den Vorschlag selbst, sondern auch auf die Art und Weise dessen Zustandekommens reagieren, könnten implementiert werden. Damit könnten Effekte erfasst werden, die man bei Varianten des Spiels beobachten kann: Spieler tendieren eher zu unfairen Vorschlägen, wenn der *responder* keine Vetomöglichkeit hat, während *responder* geneigt sind, unfaire Vorschläge zu akzeptieren, wenn ihnen gesagt wird, dass der Vorschlag von einem Zufallsgenerator erzeugt wurde.

Es kommt hier nur darauf an, dass das durch psychologische Hypothesen gestützte empirisch relevante Verhaltensmuster formalisiert werden kann. Einen ökonomischen, explikativen Charakter erhält das Verhaltensmuster dadurch, dass es unter bestimmten ableitbaren Bedingungen als Teil eines gleichgewichtigen Regelprofils identifiziert werden kann.

3.3. Gefangenendilemma

Das Gefangenendilemma zeichnet sich dadurch aus, dass die *Nash*-Lösung *Pareto*-inferior ist. Da Nicht-Kooperation (kurz: Defektion) die dominante rationale Strategie ist, gibt es im endlich oft wiederholten bzw. statischen Spiel bei vollständiger Information keine Möglichkeit, auf der Basis der Rationalitätsannahme Kooperation und somit einen kollektiven Vorteil zu generieren. Dies ist bedeutend, weil das Gefangenendilemma ein wichtiges Prototyp-Spiel darstellt, welches z. B. das Allokationsproblem bei öffentlichen Gütern in vereinfachter Form repräsentiert. Bei Experimenten zur Bereitstellung öffentlicher Güter ist jedoch zu beobachten, dass es ein deutlich höheres Maß an *freiwilliger Kooperation* bei realen Akteuren gibt, als es bei vollständiger Rationalität zu erwarten ist.[1] Freiwilligkeit und Kooperationsbereitschaft trotz vorhandener Möglichkeiten zum free-riding können in verschiedenen ökonomischen Zusammenhängen beobachtet werden, wobei das Maß an freiwilliger Leistung sogar zurückgehen kann, wenn man - dem opportunistischen Menschenbild folgend - Leistungsanreize in das Modell einbaut. Es kommt zu einem *crowding out* freiwilliger Kooperation.[2]

---

[1] Vgl. *Ledyard* (1995); *Keser* (2002).
[2] Vgl. *Frey/Osterloh* (2002).

Es kann untersucht werden, ob kooperative Verhaltensmuster als gleichgewichtig gerechtfertigt werden können.[1] Dazu sei das bekannte Gefangenendilemma gegeben (Matrix 1 mit $b<d<a<c$):

Matrix 1	C	D
C	(a,a)	(b,c)
D	(c,b)	(d,d)

Wird das Spiel nur einmal gespielt, so kann folgende Menge an Verhaltensregeln aufgestellt werden:

Regel f^1: $C^e \rightarrow$ C, $D^e \rightarrow$ C,

Regel f^2: $C^e \rightarrow$ D, $D^e \rightarrow$ D (best response),

Regel f^3: $C^e \rightarrow$ C, $D^e \rightarrow$ D,

Regel f^4: $C^e \rightarrow$ D, $D^e \rightarrow$ C.

Der obere Index *e* steht für die *erwartete* Entscheidung des Opponenten, die in den eigenen Strategieraum $\{C,D\}$ abgebildet wird. Wiederum sei eine Population von *n* Spielern gegeben, aus der zufällig zwei Spieler gezogen werden, die sich vor Spielbeginn auf eine Regel festlegen müssen. Für den Fall nicht-beobachtbarer Regeln des Gegners erfolgt die Erwartungsbildung in der Form, dass C^e erwartet wird, falls man mit einer Wahrscheinlichkeit größer 0.5 auf einen Gegner trifft, der kooperieren wird. Die erste Regel beschreibt *unbedingte Kooperation*, die zweite Regel *unbedingte Defektion*, was der Rationalitätsannahme entspricht. Die dritte Regel ist eine *Reziprozitätsregel*, da nur dann kooperiert wird, falls man mit der Kooperation des Gegners rechnet, und ansonsten defektiert wird. Die vierte Regel ist theoretisch wie empirisch gänzlich unplausibel und nur der Vollständigkeit halber aufgeführt.

Wie im vorigen Abschnitt werden hier die zwei Informationsregime unterschieden, bei denen die Regeln gemeinsames Wissen sind oder dies nicht der Fall ist. Beide Fälle werden wiederum in der Art kombiniert, dass mit einer Wahrscheinlichkeit σ_i eine Interaktion mit einem bekannten Gegner und mit $(1-\sigma_i)$ eine anonyme Interaktion stattfindet. Aufgrund der großen Zahl von Spielern werden mögliche gleichgewichtige Verhaltensprofile lediglich durch einen Vektor derje-

[1] Vgl. im folgenden *Pasche* (2003b).

nigen Regeln charakterisiert, welche mit einem positiven Anteil in der Population vertreten sind.[1]

Es sei zunächst der Fall betrachtet, dass die Regeln *beobachtbar* sind. Es lässt sich leicht zeigen, dass die einzigen Kandidaten für ein gleichgewichtiges Profil die Vektoren (f^2,f^3,f^4), (f^1,f^3), (f^3,f^4), (f^2) und (f^3) sind. Zunächst seien alle Profile vernachlässigt, welche die unplausible Regel f^4 enthalten. Zusätzlich werde eine etwas strengere Anforderung an das Gleichgewicht eingeführt: Ein Gleichgewicht ist *stabil*, wenn keine andere Regel in die Population eindringen kann.[2] In diesem Sinn ist Profil (f^3) nicht stabil, weil Regel f^1 in die Population eindringen könnte. Interessant ist vor allem, dass auch das rationale Profil (f^2) nicht stabil ist, denn hier besteht Indifferenz zur Reziprozitätsregel f^3. Wechselt auch nur ein marginaler Anteil der Spieler zu f^3, so treffen sich diese mit einer wenn auch geringen positiven Wahrscheinlichkeit, welche dann hohe Kooperationsauszahlungen generieren und somit f^2 aus der Population verdrängen. Folglich ist (f^1,f^3) das einzige stabile, gleichgewichtige Verhaltensprofil.

Bei völlig *anonymer Interaktion* muss man unterscheiden, ob Spieler, welche die Regeln f^3 oder f^4 anwenden, mit einem kooperativen oder defektivem Gegner rechnen. Es sei μ_i der Anteil der Regel f^i $(i=1,2,3,4)$ an der Population. Die Wahrscheinlichkeit, auf einen kooperativen Gegner zu treffen, ist

$$\mu_1 + \mu_3\, p > 0.5 \quad \Leftrightarrow \quad p=1,$$

wobei p die Wahrscheinlichkeit ist, dass ein Regel f^3-Spieler mit Kooperation rechnet und deshalb selbst kooperiert. Demnach sind zwei *Regime* zu unterscheiden. In Regime 1 ist $p=1$ und es wird überwiegend kooperiert, in Regime 2 $(p=0)$ wird überwiegend defektiert. Man kann nun zeigen, dass in Regime 1 kein gleichgewichtiges Profil existiert. In Regime 2 ist (f^2,f^3) das einzige stabile Gleichgewichtsprofil, welches generelle Defektion impliziert.

Der interessanteste Fall ist wiederum der zwischen den beiden Extremen vollständiger Information und vollständiger Anonymität. Auch hier sind wieder die beiden Regime zu unterscheiden, welche die Erwartungen der Spieler im Fall anonymer Interaktion bestimmen. Es zeigt sich, dass in Regime 2 kein Gleichgewichtsprofil existiert. In Abhängigkeit von der Wahrscheinlichkeit σ_i, auf einen bekannten Gegner zu treffen, existieren mehrere Typen von stabilen, gleichgewichtigen Profilen in Regime 1. Das interessanteste Gleichgewichtsprofil ist (f^2,f^3) mit $\mu_3>0.5$, so dass sich die an die Reziprozitätsregel gebundenen Spieler kooperativ verhalten, während die rationalen Spieler defektieren. Welche der beiden Regeln adoptiert wurde, hängt vom individuellen σ_i ab. Für

---

[1] Beispiel: (f^1,f^3) bedeutet, dass die Regeln f^2 und f^4 nicht Teil des Gleichgewichts sind; über die konkreten Anteile von f^1 und f^3 in der Population ist damit noch nichts ausgesagt.

[2] Vgl. *Pasche* (2003b).

$$\sigma_i > [\mu_3(c-a)+(1-\mu_3)(d-b)]/[\mu_3 (c-d)+(1-\mu_3)(d-b)] = \sigma_i^*$$

wird f^3 bevorzugt, andernfalls f^2. Es kommt zu einer *Koexistenz von kooperativem und defektivem Verhalten.* Das extrem vereinfachte Modell kann zumindest in stilisierter Weise nicht nur die Existenz kooperativen Verhaltens auf der Basis von Reziprozität erklären, sondern auch die Koexistenz von Kooperation und Defektion, also heterogenes Verhalten.

4. Die (paradoxen) Resultate des Evolutionsarguments

Das paradoxe Ergebnis der Überlegungen ist, dass gerade bei konsequenter Anwendung der eingangs diskutierten evolutorischen Rechtfertigungsstrategie die Rationalitätsannahme im Allgemeinen nicht oder zumindest nicht als einzige Regel gerechtfertigt werden kann. Im Wettbewerb alternativer Verhaltensmuster gelingt es dem vollständig rationalen Verhalten in der Regel nicht, erfolgreicher als alle anderen Regeln zu sein. Dies lässt Zweifel zu, ob die exklusive Bezeichnung „rational“ im Unterschied zu lediglich „beschränkt“ rational zutreffend ist. Auch heuristische Daumenregeln, Gewohnheiten, Befolgen sozialer Normvorstellungen etc. können rational in dem Sinn sein, dass sich die Akteure nicht besser stellen könnten, wenn sie stattdessen opportunistische Maximierer des eigenen Erwartungsnutzens werden würden.

Darüber hinaus gibt es strategische Situationen, in denen die rationale *Nash*-Lösung *Pareto*-inferior ist. Akteure mit einem anderen, im beschriebenen Sinne *gleichgewichtigen* Verhaltensprofil können dabei eine *Pareto*-Verbesserung erzeugen. Hier stellt sich die Frage, ob nicht auch der *normative* Status rationalen Entscheidens zweifelhaft wird.

Ein weiteres wichtiges Ergebnis der Analyse ist, dass im Allgemeinen ein gleichgewichtiges Verhaltensprofil durch heterogenes Verhalten gekennzeichnet ist. Es gibt nicht *die* superiore Verhaltensweise. Da sich in solchen Fällen auch ohne Annahme exogen gegebener Unterschiede die Akteure differenziert verhalten und auch in ihren Reaktionen auf exogene Parameteränderungen unterscheiden, wird das ohnehin schon kritisierte methodologische Konstrukt des *repräsentativen Agenten* noch fragwürdiger, selbst wenn es aus Gründen notwendiger Komplexitätsreduktion wohl weiterhin verwendet werden wird. Die aus der Analyse *endogen begründbare Heterogenität* lenkt jedoch das Augenmerk stärker auf Querschnittseffekte statt auf reine Aggregatgrößen.

Weiterhin ist zu bedenken, dass sich unter dem Einfluss exogener Parameteränderungen nicht nur die Entscheidungsvariablen ändern, sondern eventuell auch die *Struktur* des gleichgewichtigen Verhaltensprofils. So lässt sich beispielsweise im oben skizzierten Duopolmodell zeigen, dass sich bei stetigen Parameteränderungen die Struktur des gleichgewichtigen Profils ändert, was zu sprunghaften unstetigen Reaktionen führt. Da Parameteränderungen nicht mehr nur Änderungen der Strategievariablen, sondern auch qualitative Verhaltensänderungen induzieren können, wird die Analyse komplizierter und eine aggregierte Betrachtung des Verhaltens noch problematischer.

Ein weiterer wichtiger Aspekt ist, dass die Analyse gleichgewichtiger Profile zwingend voraussetzt, dass die Menge Ω möglicher Verhaltensregeln *gegeben* ist. Es wird so getan, als ob die Spieler ein bestimmtes Verhaltensmuster aus dieser Menge wählen könnten. Es ist jedoch fraglich, ob man dies als *Wahlhandlung* interpretieren darf, denn schließlich sind es die Akteure selbst, welche die Verhaltensregeln erst *kreieren*. Es ist daher ein analytischer Kunstgriff, Ω als gegebene Regelmenge zu verwenden. Dies hat jedoch eine Berechtigung, weil es ja gerade das Ziel ist, bestimmte, möglichst als empirisch relevant identifizierte Verhaltensweisen zu erklären. In einer breiten evolutorischen Perspektive müssen Verhaltensmuster aber als kontingent angesehen werden. Kreatives Verhalten, das Ausprobieren völlig neuer Verhaltensmuster, die der Modellierer a priori gar nicht kennen *kann*, führen dazu, dass Ω zumindest auf längere Sicht als unbestimmt angesehen werden muss. Dann sind aber auch keine analytischen Resultate und somit auch keine Prognosen über den Spielverlauf mehr möglich.

Literaturverzeichnis

Alchian, A. A. (1950): Uncertainty, Evolution, and Economic Theory, in: Journal of Political Economy, Vol. 58, 3, S. 211-221.

Arrow, K. J. (1986): Rationality of Self and Others in an Economic System, in: Journal of Business, Vol. 59, 4 (Teil 2), S. S385-S399.

Banerjee, A./Weibull, J. W. (1995): Evolutionary Selection and Rational Behavior, in: *Kirman, A./Salmon, M.* (Hrsg.): Learning and Rationality in Economics, Oxford, Cambridge, S. 343 - 363.

Becker, G. S. (1993): Nobel Lecture: The Economic Way of Looking at Behavior, in: Journal of Political Economy, Vol. 101, 3, S. 385-409.

Bolton, G. E./Ockenfels, A. (2000): ERC - A Theory of Equity, Reciprocity and Competition, in: American Economic Review, Vol. 90, 1, S. 166-193.

Camerer, C. (1995): Individual Decision Making, in: *Kagel, J. H./Roth, A. E.* (Hrsg.): Handbook of Experimental Economics, Princeton, S. 587-703.

Frey, B. S./Osterloh, M. (2002): Does Pay for Performance Really Motivate Employees?, in: *Neely, A.* (Hrsg.): Business Performance Measurement. Cambridge, S. 107-122.

Gilovich, T./Griffin, D./Kahneman, D. (2002): Heuristics and Biases: The Psychology of Intuitive Judgement, Cambridge.

Güth, W. (1995): On Ultimatum Bargaining Experiments - A Personal Review, in: Journal of Economic Behavior and Organization, Vol. 27, 3, S. 329-344.

Güth, W./Kliemt, H. (1998): The Indirect Evolutionary Approach: Bridging the Gap between Rationality and Adaptation, in: Rationality and Society, Vol. 10, 3, S. 377-399.

Güth, W./Peleg, B. (2001): When Will Payoff Maximization Survive? An Indirect Evolutionary Analysis, in: Journal of Evolutionary Economics, Vol. 11, 5, S. 479-499.

Güth, W./Pull, K. (2002): Will Equity Evolve? An Indirect Evolutionary Approach, mimeo.

Heifetz, A./Shannon, C./Spiegel, Y. (2002): What to Maximize If You Must?, Working Paper No. E02-325, University of California at Berkeley, Dep. of Economics.

Keser, C. (2002): Cooperation in Public Goods? Experiments, in: *Bolle, F./Lehmann-Waffenschmidt, M.* (Hrsg.): Surveys in Experimental Economics. Heidelberg, New York, S. 71-90.

Ledyard, J. (1995): Public Goods: A Survey of Experimental Results, in: *Roth, A. E./Kagel, J.* (Hrsg.): Handbook of Experimental Economics, Princeton, S. 111-194.

Lipman, B. (1991): How to Decide How to Decide How to...: Modelling Limited Rationality, in: Econometrica, Vol. 59, 4, S. 1105-1125.

Pasche, M. (2001): Heterogeneous Behavioral Rules in the Oligopolistic Case, Diskussionspapier Reihe B Nr. 02/01, Universität Jena, Wirtschaftswissenschaftliche Fakultät.

Pasche, M. (2002): Playing Fair: Rationality and Norm-guided Behavior in Games, Diskussionspapier Reihe B Nr. 02/02, Universität Jena, Wirtschaftswissenschaftliche Fakultät.

Pasche, M. (2003a): Equilibrium Concepts for Boundedly Rational Players, Diskussionspapier Reihe B Nr.01/03, Universität Jena, Wirtschaftswissenschaftliche Fakultät.

Pasche, M. (2003b): A Behavioral Approach to Reciprocity, erscheint in: Jenaer Schriften zur Wirtschaftswissenschaft.

Rabin, M. (1993): Incorporating Fairness into Game Theory and Economics, in: American Economic Review, Vol. 83, 5, S. 1281-1302.

Rubinstein, A. (1998): Modeling Bounded Rationality, Cambridge, London.

Tversky, A./Wakker, P. (1993): An Axiomatization of Cumulative Prospect Theory, in: Journal of Risk and Uncertainty, Vol. 7, 2, S. 147-176.

Weibull, J. W. (1994): The `as if' Approach to Game Theory: Three Positive Results and Four Obstacles, in: European Economic Review, Vol. 38, 3-4, S. 868-881.

Wettbewerb, Kooperation, Umwelt

Wolfgang Eichhorn und Ulrich Schittko

1. Einleitung

Udo Müller hat in Forschung und Lehre originelle Beiträge zu den Themen *Wettbewerb, Wirtschaftsordnung und Umwelt*, dem Titel dieser ihm gewidmeten Festschrift, geleistet. Aus Gesprächen mit ihm wissen wir: Er ist sich wohl bewusst, dass

(1) *Wettbewerb* mit dem Ziel Gewinnmaximierung,

(2) *Wirtschaftsordnung* mit dem Ziel, den Wettbewerb bei Verbot von Absprachen unter Konkurrenten zu Höchstleistungen zu stimulieren,

(3) *Umwelt*schonung mit dem Ziel, auch für die kommenden Generationen einen gesunden und ergiebigen Lebensraum zu erhalten,

nicht in jeder Wettbewerbs- und Umweltsituation befriedigend miteinander vereinbar sind.

In der vorliegenden Arbeit schildern wir eine solche Situation. An zwei Flüssen A und B, die sich zu einem Fluss H vereinen (vergleiche Abb. 1), haben zwei Druckpapierhersteller D und Δ ihren Standort, nämlich D an A und Δ an B. Am Unterlauf des Flusses H leidet das Fischerei- und Freibad-Unternehmen F unter der Verunreinigung des Wassers durch D und Δ, und zwar desto mehr, je intensiver D und Δ produzieren. Dieser externe Effekt der Produktion der Druckpapierhersteller D und Δ bringt es unter einigen Zusatzannahmen mit sich, dass Wettbewerb zwischen D und Δ, das heißt insbesondere ein Verbot von Absprachen, zu einem *Nash*schen Gleichgewichtspunkt[1] (NGP) führt mit den Eigenschaften:

(1) Im NGP hat sowohl D als auch Δ einen geringeren Gewinn als in einem anderen Punkt P, der kein NGP ist.

(2) Im NGP sind die Preise der Druckpapiere höher als im Punkt P.

(3) Der NGP im Wettbewerb zwischen D und Δ hat für das Fischerei- und Freibad-Unternehmen F zur Folge, dass sein Gewinn erheblich unter dem Gewinn liegt, der sich bei Verabredung der Konkurrenten D und Δ auf den Punkt P ergeben würde.

(4) Der NGP bedeutet für die Flüsse A und B eine starke Verunreinigung bis zum Sterben der Fische, aber auch die Flüsse C und E werden geschädigt.

---

[1] Vgl. *Nash* (1951), S. 286-295.

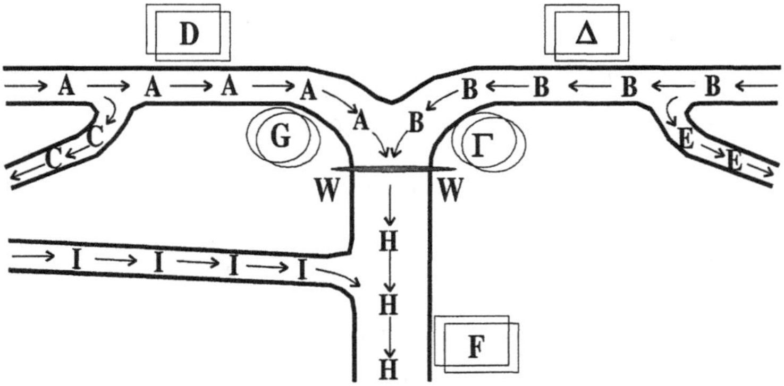

Abb. 1: Die Fluss- und Technik-Landschaft des Modells A.1-A.12. Die Pfeile zeigen die Fließrichtung des Wassers an. Flüsse: A, B, C, E, H, I. Druckpapierhersteller: D, Δ. Fischerei- und Freibad-Unternehmen: F. Gewässerschutz-Messtellen: G, Γ. Wehr: W.

Mit anderen Worten: Das Verbot von Absprachen zwischen den beiden Konkurrenten D und Δ hat nicht nur Nachteile für sie selbst, sondern auch für ihre Kunden und – wegen der externen Effekte – für das Unternehmen F und dessen Kunden, ganz zu schweigen von den Umweltschäden bis zum Fischsterben. Dagegen ist in unserem Beispiel für alle Betroffenen (D, Δ, F und deren Kunden) bis hin zur Umwelt und den Fischen bestens gesorgt, wenn die Konkurrenten D und Δ sich verabreden dürfen, und das sogar mit dem Ziel der Gewinnmaximierung.

Es ist bemerkenswert, dass es sich in unserem Beispiel um die *Verabredung zweier Konkurrenten* D und Δ handelt, also um ein von Kartellwächtern zu ahndendes Vergehen. Verhandlungen von D und Δ mit dem Fischerei- und Freibad-Unternehmen F im Sinne von *Coase*[1] würden in unserem Beispiel auf einen Verkauf der Rechte von F an D und Δ hinauslaufen mit:

- höheren Preisen für die Kunden von D und Δ,
- dem Ende des Unternehmens F und damit dessen Angebots an seine Kunden,
- starker Verschmutzung des Flusses H und der Unterläufe der Flüsse A und B.

Dies wäre ein volkswirtschafts- und unweltpolitisch unakzeptabler Preis dafür, dass dann D und Δ höhere Gewinne haben als im oben angesprochenen Punkt P.

Zweck unseres Beispiels, das wir im Folgenden als ein System von (ökonomisch sinnvollen) Annahmen A.1 bis A.12 modellieren werden, ist *nicht*, das Bundeskartellamt oder andere Kartellämter in Frage zu stellen. Wir wollen nur zeigen,

---

[1] Vgl. *Coase* (1960), S. 1-44.

dass es *in bestimmten Situationen* bei Vorliegen von externen Effekten sinnvoll sein kann, Absprachen unter Konkurrenten zuzulassen, nicht jedoch Verhandlungen zwischen Verursachern und Empfängern umweltbelastender externe Effekte.

2. Das Beispiel

Die Annahmen A.1 bis A.12 unseres Beispiels sind die folgenden.

A.1: Wie in Abb. 1 skizziert, liegt die folgende ökonomisch-ökologische Situation vor: Zwei Druckpapierhersteller D und Δ sowie ein Fischerei- und Freibad-Unternehmen F sind Anlieger und Nutzer bestimmter Flüsse eines Flusssystems der Art wie in Abb. 1 mit einem Wehr W und Gewässerschutz-Messstellen G und Γ.

A.2: Die Verschmutzung des Flusses A durch die Produktion des Anliegers D wird am Unterlauf von A an der Stelle G gemessen, die des Flusses B durch Δ am Unterlauf von B an der Stelle Γ. Je nach der Stärke der Verschmutzung werden Umweltabgaben fällig.

A.3: Die externen Effekte der Produktion des D (und des Δ), das heißt hier die Verschmutzung „seines" Flusses H, kann F durch die Schließung des Wehrs W verhindern. (Vor der Ansiedlung von D und Δ hatten die Vorgänger des F das Wehr gebaut, damals zur Abwehr von Hochwasser).

A.4: Die beiden Druckpapierhersteller D und Δ unterscheiden sich – abgesehen von ihrer Lage – durch nichts. Insbesondere sind ihre Produktionsanlagen und Produktionsverfahren identisch. D besitzt (wie Δ) insgesamt eine moderne Produktionsanlage P_1, die das Flusswasser und die Luft praktisch nicht verschmutzt, und eine ältere, mehr Arbeitsaufwand erfordernde P_2 mit verheerender Wirkung auf die Qualität des Flusswassers und der Luft. Sowohl aus technischen wie auch aus ökonomischen Gründen wird P_1 (wie auch P_2) in jeder Produktionsperiode nur mit Kapazität 0 oder mit voller Kapazität gefahren. Dann sind die Outputs von P_1 und P_2 gleich groß und von gleicher Qualität.

A.5: Die Produktionsanlage P_1 ist im Unterschied zur Produktionsanlage P_2 noch nicht voll abgeschrieben. Wegen hoher fixer Kosten und guter Absatzlage verbietet sich für D (wie auch für Δ) die Strategie, beide Anlagen P_1 und P_2 still zu legen. Wegen höherer Kosten bei Produktion mit P_2 als mit P_1 ist es für D (wie für Δ) nicht sinnvoll, *nur* mit P_2 zu produzieren.

Aus A.4 und A.5 folgt, dass D (wie Δ) nur die folgenden beiden Strategien hat:

- Strategie d_1, das heißt Produktion mit Anlage P_1 *und gleichzeitig* mit P_2,
- Strategie d_2, das heißt Produktion *nur* mit Anlage P_1.

Die (wie gesagt) mit den Strategien des D übereinstimmenden Strategien des Δ bezeichnen wir mit δ_1 und δ_2. Je nach dem, welche der Strategien d_1, d_2 des D auf welche der Strategien δ_1, δ_2 des Δ trifft, ergibt sich ein Gewinn des D und ein Gewinn des Δ. Es liegt also die spieltheoretische Situation eines Duopols vor, in der zwei Spieler (die Duopolisten D und Δ) je nach Wahl einer ihrer beiden Strategien (d_1 oder d_2 bzw. δ_1, δ_2) einen Gewinn erzielen, der nicht nur von der eigenen Strategiewahl abhängt. Eine vollständige Übersicht über die möglichen Gewinne geben weiter unten die Gewinnmatrizen (Tabellen 6 und 7), die in der Spieltheorie Auszahlungsmatrizen heißen.

Die Höhe der Gewinne des D und des Δ hängt in der betrachteten Periode von den Verkaufserlösen V und den Kosten K dieser Periode ab. Die Höhe von V und K wiederum hängt jeweils davon ab, welche Strategie des D auf welche Strategie des Δ trifft. Trifft beispielweise die Strategie d_1 des D auf die Strategie δ_1 des Δ, das heißt D und Δ fahren jeder *beide* Produktionsanlagen, dann wird die starke Verschmutzung des Flusses H zu für D und Δ kostspieligen Gegenmaßnahmen des Fischerei- und Freibad-Unternehmens F führen; denn wenn der Fluss H „stirbt", geht F unter. Wir nehmen darüber hinaus an:

A.6: Wenn D die Strategie d_1 oder/und Δ die Strategie δ_1 wählt, schließt F das Wehr W; würde F das verschmutzte Wasser in „seinen" Fluss H einfließen lassen, bedeutete das den Tod des Flusses und des Unternehmens.

Mit anderen Worten: Wenn auch *nur eine* der alten Produktionsanlagen P_2 eingesetzt wird, staut sich das verschmutzte Wasser oberhalb des Wehrs W zurück. Die bei G und Γ gemessenen Verschmutzungsgrade hängen davon ab, ob nur eine oder beide Produktionsanlagen P_2 gefahren werden. In jeden Fall hat F in H sauberes Wasser, das übrigens auch bei Schließung des Wehrs nicht versiegt wegen des Zuflusses von I.

A.7: Die Kosten der Schließung des Wehrs W mindern den Geschäftserfolg, aber nicht den Umsatz des F. Die Schließung hat für D und Δ starke Kostensteigerungen zur Folge.

Diese rühren von Umweltabgaben aufgrund der steigenden Verschmutzungsmesswerte und von zusätzlichen Produktionskosten her, die durch das aufgestaute, verschmutzte Wasser entstehen. Die Schließung des Wehrs schadet dem Umsatz des F nicht, weil einerseits das von Fluss I zufließende Wasser für den gewohnten Fischerei- und Freibaderfolg ausreicht und weil andererseits das Wehr standhält; das gestaute Wasser kann in genügender Menge über die Flüsse C und E abfließen.

Weitere Annahmen:

A.8: Wählt D seine Strategie d_1, so produziert er (in der Produktionsperiode) 120000 t Druckpapier gleicher Qualität, und zwar (siehe A.4) 60000 t mit der

Produktionsanlage P_1 und 60000 t mit der Produktionsanlage P_2. Gleiches gilt (siehe A.4) für Δ mit seiner Strategie δ_1.

A.9: Wählt D seine Strategie d_2, so produziert er (in der Produktionsperiode) 60000 t mit P_1. Gleiches gilt (siehe A.4) für Δ mit seiner Strategie δ_2.

A.10: Sowohl D als auch Δ können das in der Produktionsperiode produzierte Druckpapier in dieser Periode je zum Preis p pro Tonne voll verkaufen, allerdings nur unter von p abhängigem Aufwand für Marketing und Transport.

Zufolge A.8, A.9 und A.10 ist der *Verkaufserlös brutto* (pro Periode)

- des D bei Wahl von d_1 bzw. des Δ bei Wahl von δ_1 : 120000 p,
- des D bei Wahl von d_2 bzw. des Δ bei Wahl von δ_2 : 60000 p.

Nach A.10 ist davon abzuziehen der Aufwand für Marketing und Transport. Wir nennen die Differenz den *Verkaufserlös netto*. Der Aufwand für Marketing und Transport hängt offensichtlich für D davon ab, ob er sich bei Produktion von 120000 t (Wahl von d_1) oder 60000 t (Wahl von d_2) der Strategie δ_1 (Produktion von 120000 t) oder δ_2 (Produktion von 60000 t) des Δ gegenüber sieht. Wegen A.4 gilt die letzte Bemerkung auch dann, wenn man in ihr der Reihe nach D, d_1, d_2, Δ, δ_1, δ_2 durch Δ, δ_1, δ_2, D, d_1, d_2 ersetzt.

A.11: Der Verkaufserlös netto ist für D (wie auch für Δ; siehe A.4, A.8, A.9, A.10) beim Aufeinandertreffen der Strategien

(1) d_1 und δ_1: $120000\,p - (-\,80000\,p + 400/3\,p^2)$,

(2) d_2 und δ_2: $60000\,p - (-\,(340000/7)\,p + (3800/49)\,p^2)$.

Ziel ist sowohl im Fall (1) als auch im Fall (2), den Nettoverkaufserlös zu maximieren.

A.12: Der Verkaufserlös netto ist für D beim Aufeinandertreffen der Strategien

(3) d_1 und δ_2: $120000\,p - (-\,88000p + (416/3)\,p^2)$,

(4) d_2 und δ_1: $60000\,p - (-\,(300000/7)\,p + (3600/49)\,p^2)$.

Sowohl im Fall (3) als auch im Fall (4) soll der Nettoverkaufserlös maximiert werden. Aus Symmetriegründen (siehe A.4, A.8, A.9, A.10) ist der Verkaufserlös netto für Δ ebenfalls durch (3) und (4) gegeben, *falls* in (3) und (4) der Reihe nach d_1, d_2, δ_1, δ_2 durch δ_1, δ_2, d_1, d_2 ersetzt werden.

3. Folgerungen

Trifft die Strategie d_1 des D auf die Strategie δ_1 des Δ, das heißt nutzen beide Druckpapierhersteller ihre volle Kapazität, dann ist der optimale Verkaufspreis p* pro Tonne jeweils der Preis, zu dem der Nettoverkaufserlös N(p), also

$$N(p) = 120000p - (-80000p + 400/3p^2) \quad \text{(vgl. A 11, 1.)}$$

maximal ist. Dieser Preis ist für D (wie für Δ)

$$p^* = 750,$$[1]

denn dies ist die (einzige) Lösung von

$$N'(p) = 120000 + 80000 - 800/3p = 0,$$

und $N''(p) = -800/3$ ist negativ für jeden Preis $p > 0$, also auch für $p^* = 750$. Hieraus folgen die Zahlen für den

- maximalen Nettoverkaufserlös: 75000000,
- Bruttoverkaufserlös beim Preis p*: 90000000,
- Aufwand für Marketing und Transport im Fall p = p*: 15000000.

Genau so leicht berechnen sich die entsprechenden Preise, Erlöse und Kosten in den Situationen (2) (siehe A.11) sowie (3) und (4) (siehe A.12). Wir fassen die Ergebnisse in der folgenden Tabelle 1 zusammen.

Preise, Erlöse und Aufwendungen \ Aufeinander treffende Strategien		d_1, δ_1	d_2, δ_2	d_1, δ_2	d_2, δ_1
Optimaler Verkaufpreis p* des	D	750	700	750	700
	Δ	750	700	700	750
Bruttoverkaufserlös bei Preis p* des	D	9 000 000	42 000 000	90 000 000	42 000 000
	Δ	90 000 000	42 000 000	42 000 000	90 000 000
Aufwand für Marketing und Transport im Fall p = p* des	D	15 000 000	4 000 000	12 000 000	6 000 000
	Δ	15 000 000	4 000 000	6 000 000	12 000 000
Maximaler Nettoverkaufserlös des	D	75 000 000	38 000 000	78 000 000	36 000 000
	Δ	75 000 000	38 000 000	36 000 000	78 000 000

Tab. 1: Optimale Verkaufspreise, Bruttoverkaufserlöse, Aufwendungen für Marketing und Transport, sowie Nettoverkaufserlöse der Druckpapierhersteller D und Δ im Fall der Paare (d_1, δ_1), (d_2, δ_2), (d_1, δ_2) und (d_2, δ_1) aufeinander treffender Strategien des D und des Δ.

Offenbar ist sowohl für D als auch für Δ der optimale Verkaufspreis gleich 700, wenn nur die moderne Produktionsanlage P_1 gefahren wird, jedoch gleich 750, wenn beide Produktionsanlagen, also P_1 und P_2, eingesetzt werden.

Im Fall (d_1, δ_1), das heißt, wenn die beiden Druckpapierhersteller gleichzeitig je ihre beiden Produktionsanlagen fahren und dem gemäß (in der Periode) je

[1] Nach Auskunft des Druckpapierherstellers *Stora Enso* bietet er Druckpapier je nach Qualität und Quantität zwischen 600 und 800 Euro pro Tonne an.

120000 Tonnen Druckpapier herstellen, ist der Aufwand für Marketing und Transport mit 15000000 erheblich höher als in der Situation (d_2, δ_2), wenn die beiden Konkurrenten nur je 60000 Tonnen produzieren; bei gegebenem Preis sind kleinere Mengen mit geringerem Aufwand absetzbar als größere. Der Aufwand des D von 6000000 in der Situation (d_2, δ_1) gegenüber 4000000 in der Situation (d_2, δ_2) ist der Tendenz nach nahe liegend; im Fall (d_2, δ_1) konkurrieren 60000 Tonnen eigenen Druckpapiers mit 120000 von Δ produzierten Tonnen, im Fall (d_2, δ_2) nur mit 60000 Tonnen des Δ. Ähnliche Überlegungen machen verständlich, warum in unserem Beispiel etwa Δ in der Situation (d_2, δ_1) mit 12000000 einen geringeren Aufwand für Marketing und Transport hat als in der Situation (d_1, δ_1).

4. Produktionskonten

Für die interessierende Produktionsperiode, beispielsweise das Jahr t, ergeben sich aus den Annahmen A.1 bis A.12 unseres Beispiels unter Heranziehung des Euro (als Geldeinheit) und einiger weiterer Annahmen die folgenden Produktionskonten der Druckpapierhersteller D und Δ in den Situationen (d_1, δ_1), (d_2, δ_2) und (d_1, δ_2) bzw. (d_2, δ_1).

Produktionskonto des D und des Δ für das Jahr t, Zahlen in Mio. Euro, im Fall des Aufeinandertreffens der Strategien d_1 des D und δ_1 des Δ			
1 Vorleistungen ohne Aufwand wegen externer Effekte	20	I Nettoverkaufserlös (= Bruttoverkaufserlös 90 minus Aufwand für Marketing und Transport 15)	75
2 Zusätzliche Vorleistungen, d. h. Kosten bezüglich externer Effekte:			
- Umweltabgaben	9		
- Verteuerung der Produktion wegen Rückstaus und Verschmutzung des Flusses	7		
3 Abschreibungen	8		
4 Löhne	24		
5 Miete, Pacht, Zinsen	4		
6 Gewinn	3		

Tab.2: Produktionskonto des D (wie auch des Δ) im Fall (d_1, δ_1)

Dieses Konto ist – wie auch die unten folgenden weiteren Produktionskonten – in der Folge der Annahme A.4, A.8, A.9, A.10 das Produktionskonto sowohl des D als auch des Δ.

Die Mio. Euro der Posten 1 bis 5 sind als weitere Annahmen mit Bezügen zu A.1 bis A.8 zu sehen, die des Postens I ergeben sich aus A.11 (1) (siehe auch Tabelle 1), und die 3 Mio. Gewinn (Posten 6) sind der Saldo 75 – (20+9+7+8+24+4).

Produktionskonto des D und des Δ für das Jahr t, Zahlen in Mio. Euro, im Fall des Aufeinandertreffens der Strategien d_2 des D und δ_2 des Δ			
1 Vorleistungen ohne Aufwand wegen externer Effekte	9	I Nettoverkaufserlös (= Bruttoverkaufserlös 42 minus Aufwand für Marketing und Transport 4)	38
2 Zusätzliche Vorleistungen	0		
3 Abschreibungen	8		
4 Löhne	11		
5 Miete, Pacht, Zinsen	3		
6 Gewinn	7		

Tab. 3: Produktionskonto des D (wie auch des Δ) im Fall (d_2, δ_2)

Die Gründe für die etwas anderen Zahlen in diesem Produktionskonto gegenüber dem vorigen (Tabelle 2) sind:

- Die Vorleistungen (ohne Aufwand wegen externer Effekte) sind 9 gegenüber 20, weil jetzt nur mit der modernen Produktionsanlage P_1 produziert wird, die – wie wir annehmen – etwas unter 50 Prozent der Vorleistungen benötigt (vgl. insbesondere A.4).
- Zusätzliche Vorleistungen bezüglich externer Effekte wie in Tabelle 2 ergeben sich jetzt nicht, weil es nach A.4 bei Produktion mit P_1 praktisch zu keiner Verschmutzung des Flusswassers kommt.
- Die Löhne sind jetzt – wie wir annehmen – mit 11 erheblich geringer als in Tabelle 2, da nach A.4 die Produktion mit der Produktionsanlage P_1 weniger Arbeitsaufwand erfordert als die mit P_2.
- Für Miete, Pacht und Zinsen fallen jetzt nur 3 statt 4 (Tabelle 2) an, weil wir annehmen, dass der Nichteinsatz der Produktionsanlage P_2 einen Teil der Miet- und Pachtausgaben erspart.
- Dass der Nettoverkaufserlös jetzt 38 gegenüber 75 in Tabelle 2 ist, folgt aus A.11, (2) (vgl. auch Tabelle 1).

Wir betrachten jetzt die Fälle, in denen

- die Strategie d_1 des D auf die Strategie δ_2 des Δ trifft bzw.
- die Strategie δ_1 des Δ auf die Strategie d_2 des D.

Zur Veranschaulichung genügen dafür die folgenden beiden Produktionskonten:

Produktionskonto Des D im Fall (d_1, δ_2) und des Δ im Fall (d_2, δ_1) für das Jahr t, Zahlen in Mio. Euro			
1 Vorleistungen ohne Aufwand wegen externer Effekte	20	I Nettoverkaufserlös (= Bruttoverkaufserlös 90 minus Aufwand für Marketing und Transport 12)	78
2 Zusätzliche Vorleistungen, d. h. Kosten bezüglich externer Effekte:			
- Umweltabgaben	7		
- Verteuerung der Produktion wegen Rückstaus und Verschmutzung des Flusses	6		
3 Abschreibungen	8		
4 Löhne	24		
5 Miete, Pacht, Zinsen	4		
6 Gewinn	9		

Tab. 4: Produktionskonto des D im Fall (d_1, δ_2) und des Δ im Fall (d_2, δ_1)

Vergleichen wir dieses Produktionskonto mit demjenigen im Fall (d_1, δ_1) (vgl. Tabelle 2), so unterscheiden sich die beiden Konten nur in den Posten 2, 6 und I:

- Posten 2: Wir nehmen als Umweltabgaben nur 7 statt 9 (Tabelle 2) an und als Rückstau- und Verschmutzungskosten nur 6 statt 7 (Tabelle 2), weil nach Schließung des Wehrs die Verschmutzung des gestauten Wassers in den Fällen (d_1, δ_2) und (d_2, δ_1) geringer ist als im Fall (d_1, δ_1); vgl. Abb. 1 und A.9.
- Posten 6: Der Gewinn 9 erhöht die Summe der Beträge der Posten 1 bis 5 auf 78, das ist der Betrag des
- Postens I, des Nettoverkaufserlöses (vg. A.12, (3), und Tabelle 1).

Produktionskonto des D im Fall (d_2, δ_1) und des Δ im Fall (d_1, δ_2) für das Jahr t, Zahlen in Mio. Euro			
1 Vorleistungen ohne Aufwand wegen externer Effekte	9	I Nettoverkaufserlös (= Bruttoverkaufserlös 42 minus Aufwand für Marketing und Transport 6)	36
2 Zusätzliche Vorleistungen, d. h. Kosten bezüglich externer Effekte:			
- Umweltabgaben	1		
- Verteuerung der Produktion wegen Rückstaus und Verschmutzung des Flusses	3		
3 Abschreibungen	8		
4 Löhne	11		
5 Miete, Pacht, Zinsen	3		
6 Gewinn	1		

Tab. 5: Produktionskonto des D im Fall (d_2, δ_1) und des Δ im Fall (d_1, δ_2)

Die Beträge der Posten 1, 3, 4 und 5 sind der Reihe nach die gleichen wie die der entsprechenden Posten in Tabelle 3. Die Motive dafür, diese Beträge so anzunehmen, wurden bereits dort genannt. Für Posten 2 nehmen wir die oben angegebenen Kosten an, die nicht 0 sind wie in Tabelle 3 (in der dort relevanten Situation verschmutzt ja weder D noch Δ das Flusswasser), weil ja jetzt der Konkurrent „seinen" Fluss verschmutzt mit – wegen der Schließung des Wehrs – Auswirkungen auf Rückstau und Verschmutzung des „eigenen" Flusswassers. Es liegt nahe, diese Kosten erheblich geringer anzusetzen als im Fall von Tabelle 2, in dem die beiden Konkurrenten „ihre" Flüsse A und B gleich stark belasten. Der maximale Nettoverkaufserlös 36 (Posten I) errechnet sich aus A.12, (4); vgl. Tabelle 1. Offenbar bleibt hier für den Posten 6 (Gewinn) nur der Betrag 1 übrig.

5. Gewinnmatrizen

In unserem Beispiel ergeben sich aus den verschiedenen Produktionskonten (Tabellen 2 bis 5) für die Gewinne der beiden konkurrierenden Druckpapierhersteller D und Δ die folgenden beiden Gewinnmatrizen („Auszahlungsmatrizen der Spieler D und Δ" in der Terminologie der Spieltheorie):

		Die Strategien des Δ	
		δ_1	δ_2
Die Strategien des D	d_1	3	9
	d_2	1	7

Tab. 6: Gewinnmatrix des Druckpapierherstellers D, Gewinne in Mio. Euro.

		Die Strategien des Δ	
		δ_1	δ_2
Die Strategien des D	d_1	3	1
	d_2	9	7

Tab. 7: Gewinnmatrix des Druckpapierherstellers Δ, Gewinne in Mio. Euro.

Treffen in dieser Gewinnsituation der beiden Konkurrenten D und Δ die Strategien d_1 des D und δ_1 des Δ aufeinander, dann liegt ein stabiles Gleichgewicht im Sinne von *Nash* (1951) vor. Wenn nämlich im Punkt (d_1, δ_1) der Konkurrent Δ seine Strategie δ_1 beibehält, lohnt es sich für D nicht, von seiner Strategie d_1 zu seiner Strategie d_2 zu wechseln, und umgekehrt: Wenn der Konkurrent D bei seiner Strategie d_1 bleibt, wird Δ nicht von der Strategie δ_1 zur Strategie δ_2 übergehen; in beiden Fällen würde man ja vom Gewinn 3 zum Gewinn 1 absteigen.

Wie man leicht sieht, existiert im Duopol unseres Beispiels außer (d_1, δ_1) kein weiterer *Nash*scher Gleichgewichtspunkt. Dennoch hat er ein Manko: Er ist für die beiden Konkurrenten ineffizient, denn im Punkt (d_2, δ_2) hätte jeder von ihnen anstelle des Gleichgewichtsgewinns 3 den Gewinn 7. Nur ist dieser Punkt (d_2, δ_2) leider kein Gleichgewichtspunkt: In diesem Punkt lohnt es sich für D, von seiner Strategie d_2 zu seiner Strategie d_1 überzugehen, wenn sein Konkurrent Δ nicht reagiert. Da dieser aber im Punkt (d_1, δ_2) nur den Gewinn 1 hat, würde er reagieren und zu δ_1 wechseln, um dann im Gleichgewichtspunkt (d_1, δ_1) wenigstens den Gewinn 3 zu haben. Der Gleichgewichtspunkt hat offenbar eine Anziehungskraft. Diese Anziehungskraft liegt übrigens – wie man sieht – stets vor, gleich von welchem Strategienpunkt (d_1, δ_2), (d_2, δ_1) oder, wie gehabt, (d_2, δ_2) man gedanklich ausgeht.

6. Die (scheinbar) paradoxen Ergebnisse

(I) Wenn in unserem Beispiel *weder* Verhandlungen von D und/oder Δ mit F *noch* Verabredungen zwischen den beiden Konkurrenten D und Δ über Mengen und Preise erlaubt sind und deshalb der *Nash*sche Gleichgewichtspunkt (d_1, δ_1) „Lösungspunkt" ist, schadet das ökonomisch und ökologisch allen beteiligten Unternehmen und Kunden wie auch den Anrainern, den Flüssen A, B, C und E (vgl. Abb. 1) und deren Flora und Fauna:

- Die Unternehmen D und Δ haben mit je 3 Mio. Euro einen erheblich geringeren Gewinn als bei Verabredung auf den Punkt (d_2, δ_2) mit je 7 Mio. Euro Gewinn (vgl. Tabellen 6 und 7).
- Auch das Unternehmen F hat durch die Kosten der Schließung des Wehrs als Antwort auf die Gleichgewichtsstrategien d_1 des D und δ_1 des Δ einen geringeren Gewinn als im Fall der Verabredung zwischen D und Δ auf den Punkt (d_2, δ_2) (vgl. A.6, A.7).
- Die Kunden von D und Δ haben pro Tonne Druckpapier im Fall des Aufeinandertreffens der Gleichgewichtsstrategien d_1 des D und δ_1 des Δ mit 750 Euro mehr zu bezahlen als im Fall der Verabredung zwischen D und Δ auf die Strategien d_2 und δ_2, denn dann ist der Preis 700 Euro (vgl. A.11 und Tabelle 1).
- Der bei Verbot von Verabredungen zwischen den Konkurrenten D und Δ sich einstellende Gleichgewichtspunkt (d_1, δ_1) hat wegen der Schließung des Wehrs durch F zur Folge, dass zwar nicht der Fluss H, aber die Flüsse A, B, C und E sowie deren Flora und Fauna geschädigt werden, ganz zu schweigen von der Belästigung der Anrainer durch verpestete Luft (vgl. A.3, A.4, A.6 und Abb. 1).

(II) Wenn sich in unserem Beispiel die beiden Konkurrenten D und Δ nicht mit F, aber untereinander verabreden dürfen, wählen sie – man vergleiche die Gewinnmatrizen (Tabellen 6 und 7) – den Nichtgleichgewichtspunkt (d_2, δ_2). Dieser ist sowohl ökonomisch als auch ökologisch optimal, denn dann ist

- ihre Gewinnsituation am besten (vgl. die Tabellen 6 und 7),
- die des F am besten (vgl. A.6, A.7),
- der Preis pro Tonne Druckpapier am niedrigsten (vgl. A.11 und Tabelle 1),
- die Schädigung der Umwelt praktisch gleich null (vgl. A.4).

Wir sprechen in der Kapitelüberschrift von einem *scheinbaren* Paradoxon, weil ja einerseits klar ist, dass in unserem Beispiel eine gewinnorientierte Verabredung der beiden Konkurrenten D und Δ sowohl ökonomisch als auch ökologisch optimal ist; andererseits erscheint dieses Ergebnis allen jenen *paradox*, die gelernt haben, dass Absprachen über Mengen und/oder Preise unter Konkurrenten mit vergleichbarem Angebot ökonomisch schädlich sind, und zwar insbesondere für die Kunden.

(III) Unser Beispiel ist aber auch für ein zweites (scheinbares) *Paradoxon* gut: Nach dem so genannten *Coase* Theorem (*Coase* 1960) führen unter gewissen Annahmen Eigentumsrechte und externe Effekte, die als Begleiterscheinung der Produktion anderen Wirtschaftssubjekten Schaden zufügen, bei Verhandlungen zwischen den Schädigern und den Geschädigten zu ökonomisch und ökologisch optimalen (oder zumindest vertretbaren) Ergebnissen. Solche ökonomisch und ökologisch optimalen Ergebnisse treten jedoch in unserem Beispiel gerade dann auf (vgl. (II)), wenn D und/oder Δ *nicht* mit F verhandeln. Kommt es aber zu Verhandlungen mit F, dann ist im von uns hiermit angenommenen Fall, dass der Gewinn des F 0,5 Mio. Euro pro Jahr nicht übersteigt, das folgende ökologisch und ökonomisch verheerende Ergebnis unausweichlich: F verkauft sein Recht der Schließung des Wehrs (und nimmt damit den Tod des Flusses H und des Unternehmens in Kauf (vgl. A.6)) gegen jährliche Zahlungen des D und des Δ in Höhe von – sagen wir – je 0,5 Mio. Euro. Wenn nämlich das Wehr nicht geschlossen wird, fallen bei Wahl der Strategien d_1 und δ_1 die in A.7 angesprochenen Kosten des D und des Δ geringer aus; es kommt ja jetzt zu keinem Rückstau des Wassers mit zunehmender Verschmutzung. Im Produktionskonto des D und des Δ (vgl. Tabelle 2) verringern sich damit – wie wir annehmen – die Umweltabgaben von 9 auf 6, und die dort angesetzte Verteuerung der Produktion wegen Rückstaus und Verschmutzung des Flusses fällt ganz weg; die Produktionsanlagen können ja jetzt sauberes, ungestautes Wasser abgreifen. Also ist jetzt der Gewinn des D (wie auch des Δ) nicht 3 wie in Tabelle 2, sondern 13, das heißt auch bei Abzug der Zahlungen an F in Höhe von 0,5 weit höher als in allen anderen relevanten Situationen.

7. Fazit und Widmung

Das hier behandelte Beispiel zeigt auf, dass in bestimmten Situationen genau das Gegenteil dessen richtig ist, was sich als gängige Lehrmeinung durchgesetzt hat. Dass solche (Gegen-)Beispiele im vom *Coase* Theorem abgesteckten Rahmen möglich sind, ist bekannt; vgl. etwa *Cooter* (1987).

Wir widmen unser Beispiel unserem Freund und Kollegen *Udo Müller*, der sich, wie wir wissen, stets dessen bewusst war und ist, dass umfassende Aussagen in Wirtschaftstheorie und Wirtschaftspolitik einem hohen Risiko der Falsifizierung ausgesetzt sind. Um dieses Risiko zu verkleinern, ist häufig eine Fülle einschränkender Annahmen nötig, und zwar oft derart, dass die Annahmen die Aussagen rein logisch implizieren, dass also ausschließlich mathematische Theoreme erhalten werden. Dann sind die Aussagen aber nicht mehr umfassend.

Literaturverzeichnis

Coase, R. (1960): The Problem of Social Cost, in: Journal of Law and Economics, Vol. 3, 1, S. 1-44.

Cooter, R. D. (1987): Coase Theorem, in: The New Palgrave, Vol. 1, S. 457-460.

Nash, J. F. (1951): Non-cooperative Games, in: Annals of Mathematics, Vol. 54, 2, S. 286-295.

Zur Behandlung von Chance und Risiko in der Preistheorie

Nils Hauenschild und *Peter Stahlecker*

1. Einleitung

Die Preistheorie wird von Wettbewerbstheoretikern zwar als notwendiger Bestandteil einer allgemeinen Theorie wettbewerblicher Marktprozesse angesehen, aber nach wie vor dahingehend kritisiert, dass sie den marktwirtschaftlichen Wettbewerb auf wenige Parameter (z.B. Preise und Mengen) reduziere und dem neoklassischen Gleichgewichtsdenken verhaftet sei, also die Rolle der innovativen und adaptiven Kräfte des Wettbewerbs eher vernachlässige. Zwar gibt es inzwischen zahlreiche Partialmodelle aus der industrieökonomischen Literatur, die das (strategische) Verhalten von Firmen bei Forschung und Entwicklung sowie Innovations- und Imitationsprozessen beschreiben[1], und außerdem eine Vielzahl empirischer Untersuchungen zu diesem Problemkreis. Jedoch fehlt unseres Wissens weiterhin ein modelltheoretisch fundierter Ansatz, der z.B. die Frage beantwortet, auf welche Weise es in einem gesamtwirtschaftlichen (weltwirtschaftlichen) Prozess, in dem viele Einzelmärkte über ein Preissystem miteinander vernetzt sind, dazu kommt, dass durch neue Technologien und Produkte neue Märkte entstehen und alte Technologien sowie Produkte verdrängt werden. Die mathematische Modellierung eines globalen Wettbewerbsprozesses als „Widerstreit polypolisierender und monopolisierender Kräfte“ (*Müller* 1975, S. 17) steht bis heute noch aus. Wie *F. A. von Hayek* zu Recht bemerkt, ist die Allgemeine Gleichgewichtstheorie vom *Arrow-Debreu*-Typ diesbezüglich kein geeigneter Theorieentwurf. Die Allgemeine Gleichgewichtstheorie verbannt nämlich die wesentlichen Größen, die im Verlauf des Wettbewerbsprozesses erst bestimmt werden, in den Datenkranz. Sie geht von gegebenen Technologien, gegebenen Güterräumen, gegebener Ausstattung mit Primärfaktoren, gegebenen Präferenzordnungen und gegebener Vermögensverteilung aus.

Ein Ansatz, der die Kritik *Hayeks* teilweise aufgreift, besteht darin, Preis- und Mengensysteme zu betrachten, in denen der Preis- und Güterraum eine zeitvariable Dimension hat. In solchen Systemen kann der potentielle Innovationsgrad im Zuge neuer wissenschaftlicher und technischer Erkenntnisse wachsen, jedoch bestimmen erst die jeweiligen Preis- und Mengensignale über geeignete Suchprozesse (z.B. Gradientenprozesse), was an neuem Wissen in Gestalt von neuen Produkten und Technologien „auf den Markt kommt“ und welche Produkte und Technologien verschwinden.[2] Leider ist dieser Ansatz in der Folgezeit nicht weiterentwickelt und vertieft worden. Im internationalen Raum hat es allerdings Versuche gegeben, die Allgemeine Gleichgewichtstheorie auf unendlichdimensi-

---

[1] Vgl. dazu beispielsweise *Tirole* (1988) oder *Martin* (2002).

[2] Vgl. hierzu *Stahlecker* (1984).

onale Güterräume auszudehnen.[1] Letztlich fehlt jedoch unseres Wissens ein ausgereiftes dynamisches Modell des wettbewerblichen Suchprozesses, in welchem die Preis- und Mengensignale einerseits die Innovationsaktivitäten bestimmen und andererseits über die Innovationstätigkeit wiederum die Struktur des Preis- und Mengensystems durch Aufkommen neuer und Wegfall alter Märkte verändern.

Ein wesentliches Merkmal wettbewerblicher Prozesse ist ihre Offenheit sowie Indeterminiertheit, d.h., dass die künftigen Marktergebnisse zu den Zeitpunkten, in denen die Wirtschaftseinheiten Entscheidungen treffen müssen, grundsätzlich nicht bekannt sind. Die Wettbewerber stehen daher vor dem Problem, Entscheidungen unter Unsicherheit fällen und daher Vorstellungen (Erwartungen) über voraussichtliche künftige Ereignisse entwickeln zu müssen. Zwar ist die ökonomische Theorie bei Unsicherheit[2] inzwischen in einigen Teilbereichen recht weit fortgeschritten, so z.B. in der Portfoliotheorie und der Theorie der Finanzmärkte, in der Versicherungsökonomik, der Prinzipal-Agenten-Theorie und in der Spieltheorie. Interessanterweise ist man gerade in der Preistheorie diesbezüglich jedoch weniger gut vorangekommen. Es überwiegen dort deterministische Modelle.[3] Ähnlich unergiebig waren Versuche, die Allgemeine Gleichgewichtstheorie in diese Richtung zu verallgemeinern. Wenn man wie *von Hayek* den Wettbewerbsprozess immer als gesamtwirtschaftlichen und nicht als einzelmarktlichen Prozess betrachtet, ist es für eine allgemeine Theorie des Wettbewerbs unabdingbar, die Erwartungsbildung der Marktteilnehmer in Situationen der Unsicherheit zu berücksichtigen. So ist es eine schlichte Erkenntnis, dass die Wettbewerbshandlungen der einzelnen Wirtschaftseinheiten in der Summe die gesamtwirtschaftlichen Größen determinieren, andererseits aber gesamtwirtschaftliche Entwicklungen auf die Erwartungen und daraus resultierende Wettbewerbsaktivitäten der Mikroeinheiten zurückwirken. Beispielsweise können bei allzu großem Pessimismus als Folge einer anhaltend rezessiven Wirtschaftsentwicklung die kreativen Wettbewerbsleistungen erlahmen, hingegen bei zu großem Optimismus in Wachstumsphasen die riskanten Verhaltensweisen und als Folge davon die Fehlinvestitionen zunehmen.

Wir zeigen im folgenden anhand einfacher preistheoretischer Modelle, wie mit Hilfe der Theorie unscharfer Mengen Entscheidungsprobleme bei Unsicherheit elegant modelliert werden können. Dabei werden die eher „qualitativen“ Einflussgrößen des Wettbewerbs wie das Erkennen von Chancen und Risiken sowie die mehr oder weniger optimistische bzw. pessimistische Einschätzung der künftigen Marktergebnisse im – zugegebenermaßen engen – preistheoretischen Rah-

---

[1] Vgl. z.B. *Aliprantis/Brown/Burkinshaw* (1990).

[2] In der neoklassischen Sprechweise müsste diese als Entscheidung bei unvollständiger Information gekennzeichnet werden.

[3] Vgl. etwa *Okuguchi/Szidarovsky* (1999).

men analytisch erfasst. Dieser Ansatz kann somit als Ausgangspunkt für eine Weiterentwicklung in Richtung eines mathematischen Wettbewerbsmodells dienen, in dem Erwartungen und Risikobewertungen eine treibende Kraft der innovativen Entwicklung darstellen.

Die Arbeit ist wie folgt aufgebaut. In Abschnitt 2 stellen wir zunächst dar, wie Unsicherheit mit Hilfe der Theorie unscharfer Mengen auf einsichtige Weise modelliert werden kann und zeigen anschließend in Abschnitt 3 einen Weg auf, in diesem Zusammenhang zu einer optimalen Entscheidung zu gelangen. In Abschnitt 4 werden das resultierende Angebotsverhalten der Unternehmung sowie die jeweilige Preisbildung für drei verschiedenen Marktformen in einem einfachen Modellrahmen veranschaulicht. Die Arbeit schließt in Abschnitt 5 mit einigen Bemerkungen zu möglichen Anwendungen und Weiterentwicklungen des dargestellten Ansatzes.

2. Modellierung der Unsicherheit durch unscharfe Mengen

Wir betrachten eine Unternehmung, die ein homogenes Gut in der Menge x produziert und dieses anschließend auf einem Produktmarkt an Konsumenten (Haushalte) verkauft. Die Angebotsmenge soll dabei so bestimmt werden, dass der Gewinn der Unternehmung, d.h. die Differenz aus den beim Verkauf zu erzielenden Erlösen und der bei der Produktion anfallenden Kosten, maximal wird. Wenn die Unternehmung vollkommene Information besitzt, d.h. sowohl ihre Kostenfunktion als auch den Absatzpreis kennt, ist in der Regel eine eindeutige optimale Entscheidung möglich, die im wesentlichen durch die Kosten- und Nachfragefunktion sowie durch die auf dem Absatzmarkt herrschende Marktform bestimmt ist. In der Praxis werden die hierfür erforderlichen Informationen jedoch nicht verfügbar sein, so dass der mit der Angebotsmenge x zu erzielende Gewinn unsicher ist. Wir wollen uns der Einfachheit halber auf den Fall konzentrieren, dass die Unternehmung ihre Kostenfunktion kennt, der erzielbare Marktpreis zum Zeitpunkt der Mengenentscheidung jedoch unbekannt ist.[1] Eine Unternehmung weiß ja vor allem bei Einführung eines neuen Produktes wenig über die Beziehung zwischen Preis und nachgefragter Menge.

In der überwiegenden Mehrzahl der wirtschaftstheoretischen Arbeiten wird eine derartige Unsicherheit im Rahmen eines stochastischen Ansatzes modelliert. Man geht also davon aus, dass der Preis bzw. die inverse Nachfragefunktion von einer Zufallsvariablen abhängt, deren Verteilung der Unternehmung vollständig bekannt ist. Unsicherheit besteht somit lediglich über die tatsächliche Realisation dieser Zufallsvariablen (d.h. über den eintretenden „Umweltzustand"). Fasst man den (ggf. von der Angebotsmenge x abhängigen) Marktpreis p als stetige Zu-

---

[1] Im Fall eines Monopol- bzw. Oligopolmarktes bezieht sich diese Unsicherheit dann natürlich auf eine unbekannte inverse Nachfragefunktion.

fallsvariable auf und bezeichnet die zugehörige Verteilungsfunktion mit F, so kann jede Unternehmung etwa die Wahrscheinlichkeit eines Ereignisses der Form

$$B = \{p : p_0 \leq p \leq p_1\} \qquad (1)$$

durch die Beziehung

$$\Pr(B) = F(p_1) - F(p_0) \qquad (2)$$

bestimmen, wobei $0 < p_0 < p_1 < \infty$ gegebene Preise darstellen. Hierbei gibt $\Pr(B)$ die Wahrscheinlichkeit dafür an, daß der tatsächliche Preis aus dem Intervall $[p_0, p_1]$ stammt. Dieser stochastische Ansatz basiert offenbar auf der klassischen Mengentheorie, nach der lediglich die vollständige Zugehörigkeit oder Nicht-Zugehörigkeit zu einer Menge möglich ist. Im obigen Zusammenhang muss die Unternehmung also in der Lage sein, für jeden denkbaren Preis p zu entscheiden, ob er ein Element der Menge B ist oder nicht. Diese scheinbar triviale Feststellung hat wichtige Konsequenzen. Wenn etwa p_0 und p_1 aus Sicht der Unternehmung den kleinst- bzw. den größtmöglichen Marktpreis repräsentieren sollen (so dass B den Träger der Verteilung F darstellt), erfordert dies eine sehr exakte Vorstellung darüber, warum ein Preis $p_1 - \varepsilon$ mit einem (kleinen) $\varepsilon > 0$ noch als möglich, hingegen ein Preis $p_1 + \varepsilon$ als unmöglich eingestuft wird.

In zahlreichen ökonomischen Problemstellungen ist eine derart „scharfe" Abgrenzung bzw. präzise Formulierung von Ereignissen nicht möglich. Statt dessen müssen sich die Wirtschaftssubjekte oftmals mit vagen Aussagen begnügen. Dies kommt beispielsweise in Begriffen wie „schwache Konjunktur", „intensiver Wettbewerb", „geringe Nachfrage" oder „hohe Steuerbelastung" zum Ausdruck. Die klassische Mengentheorie sowie darauf basierende Konzepte wie die Stochastik sind nicht in der Lage, diese ungenauen Begriffe zu erfassen bzw. zu modellieren. Dies wäre nur dann möglich, wenn feste numerische Kennzahlen angegeben werden könnten, nach deren Überschreitung etwa die Steuerbelastung nicht mehr als gering, sondern als hoch einzustufen wäre. Offenbar sind die vorhandenen Informationsdefizite auf Seiten der Wirtschaftssubjekte jedoch so hoch, dass anstelle einer scharfen Abgrenzung nur eine vage und unpräzise Festlegung in Betracht kommt.

Die auf *Zadeh* zurückgehende Theorie unscharfer Mengen (*Fuzzy Set Theory*) ermöglicht die Überwindung dieser Schwierigkeit und die formale Modellierung vager bzw. unscharfer Vorstellungen.[1] Die wesentliche Idee besteht darin, an-

---

[1] Für eine Einführung in die Theorie unscharfer Mengen sei auf *Bandemer/Gottwald* (1995) und *Zimmermann* (1996) verwiesen. Eine ausführliche Gegenüberstellung verschiedener Formen der Unsicherheit liefern *Klir/Wierman* (1998).

stelle eines abrupten Wechsels zwischen Zugehörigkeit und Nicht-Zugehörigkeit zu einer Menge diesbezüglich einen graduellen bzw. gleitenden Übergang zuzulassen. Somit gibt es neben Elementen, die vollständig bzw. gar nicht zu einer bestimmten Menge gehören auch solche, die nur „zu einem gewissen Grade" als Element dieser Menge aufgefasst werden. In Bezug auf das obige Beispiel einer „hohen Steuerbelastung" bedeutet dies beispielsweise, dass eine Steuerbelastung, die nur zu einem geringen Grade zur Menge der hohen Steuerbelastungen (und damit zu einem höheren Grade zur Komplementärmenge) gehört, etwa als „moderat" angesehen werden kann.

Zur mathematischen Formalisierung eines gleitenden Überganges wird das Konzept einer Zugehörigkeitsfunktion (engl. *membership function*) verwendet. Dieses stellt eine natürliche Erweiterung des aus der klassischen Mengentheorie bekannten Konzepts der Indikatorfunktion dar. Um das zu verdeutlichen, kehren wir nochmals zur Menge B aus (1) zurück. Mit Hilfe der Indikatorfunktion $\mu_B : \mathbf{R} \to \{0,1\}$ lässt sich diese Menge in äquivalenter Form auch wie folgt darstellen:

$$\mu_B(p) = \begin{cases} 1, & \text{falls } p \in B, \\ 0, & \text{falls } p \notin B. \end{cases} \tag{3}$$

Die Indikatorfunktion nimmt also für alle Elemente der Menge B den Wert Eins an und ist „außerhalb" der Menge B identisch Null, vgl. Abbildung 1.

Eine Zugehörigkeitsfunktion unterscheidet sich von einer Indikatorfunktion alleine dadurch, dass als Wertebereich anstelle der Menge $\{0,1\}$ nun das gesamte Intervall $[0,1]$ zugelassen wird, d.h., eine unscharfe Menge $\tilde{B}$ ist durch ihre Zugehörigkeitsfunktion $m_{\tilde{B}}: \mathbf{R} \to [0,1]$ eindeutig festgelegt.[1] Ein Zugehörigkeitswert von $m_{\tilde{B}}(p) = 0$ zeigt dabei weiterhin an, dass p kein Element der Menge $\tilde{B}$ ist, wogegen $m_{\tilde{B}}(p) = 1$ bedeutet, dass dieses p vollständig zu $\tilde{B}$ gehört. Bei allen p mit $0 < m_{\tilde{B}}(p) < 1$ handelt es sich schließlich um jene Elemente, die zu einem gewissen Grade zur Menge $\tilde{B}$ zugerechnet werden, wobei ein höherer Zugehörigkeitsgrad mit einer stärkeren Zugehörigkeit identifiziert wird, vgl. Abbildung 2.

---

[1] Formal exakt gilt $\tilde{B} = \{(p, m_{\tilde{B}}(p)) : p \in \mathbf{R}\}$.

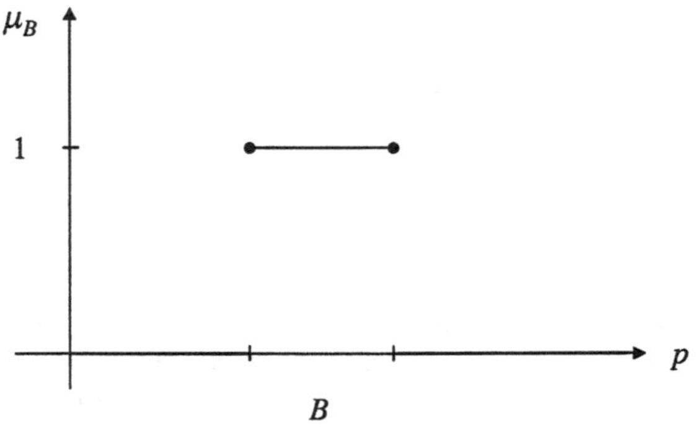

Abb. 1: Indikatorfunktion

Auf den ersten Blick ist die Zugehörigkeitsfunktion $m_{\tilde{B}}$ aus Abbildung 2 nicht von einer Dichtefunktion *f* in einem stochastischen Modell zu unterscheiden. Allerdings ist zu beachten, dass eine Zugehörigkeitsfunktion nicht den Regularitätsannahmen an eine Dichtefunktion unterliegt, also insbesondere nicht $\int f(x)dx = 1$ gelten muss. Wesentlich ist für unsere Belange jedoch in erster Linie die Interpretation der Zugehörigkeitsfunktion $m_{\tilde{B}}$ als *Möglichkeitsverteilung* (engl. *possibility distribution*), die im Gegensatz zur Wahrscheinlichkeitsverteilung *f* anzeigt, wie plausibel gewisse „Umweltzustände" aus Sicht des Entscheidungsträgers sind.

Wir gehen im folgenden davon aus, dass die betrachtete Unternehmung vage und unpräzise Informationen über den für ihr Produkt relevanten Marktpreis besitzt. Sie ist also lediglich in der Lage festzulegen, ob sie gewisse Preise für mehr oder weniger möglich hält. Daher wird diese Unsicherheit durch eine unscharfe Menge *B* mit Zugehörigkeitsfunktion $m_B : \mathbf{R} \rightarrow [0,1]$ modelliert,[1] die jedem Preis einen (subjektiven) Zugehörigkeitswert bzw. Plausibilitätsgrad zwischen Null und Eins zuordnet, wobei „niedrige" Werte auf unplausible und „hohe" Werte auf für sehr möglich gehaltene Preise schließen lassen.

[1] Zur Vereinfachung der Notation verzichten wir im folgenden auf die Kennzeichnung einer unscharfen Menge mittels der Tilde über dem jeweiligen Buchstaben.

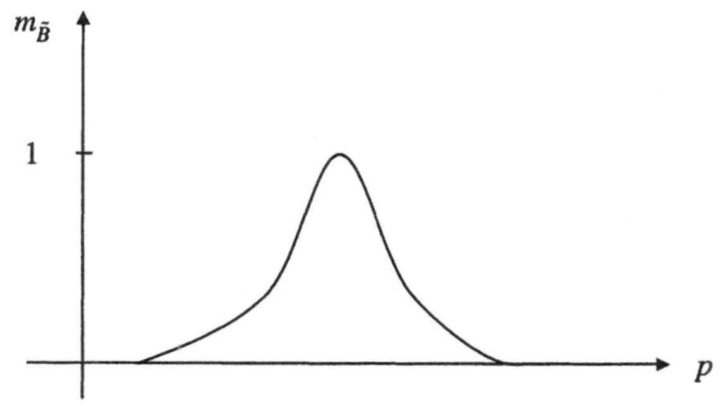

Abb. 2: Zugehörigkeitsfunktion

3. Die Defuzzifizierungsstrategie

Unabhängig davon, auf welche Weise die für die Unternehmung relevante Unsicherheit modelliert ist, stellt sich ihr das Problem der Mehrwertigkeit. Anders als im Fall der vollkommenen Information ist es nicht möglich, einem Wert der Entscheidungsvariablen einen eindeutigen Wert der Zielfunktion zuzuordnen. In Abhängigkeit der tatsächlich auf dem Markt erzielten Preise kann ein und dieselbe Angebotsmenge sowohl zu hohen Gewinnen als auch (im Extremfall) zu hohen Verlusten führen. Eine „herkömmliche" Entscheidungsfindung im Sinne der (mathematischen) Maximierung der Zielfunktion ist daher nicht möglich. Statt dessen erfordert die vorhandene Unsicherheit eine Transformation des Entscheidungsproblems, bei der im Zuge einer „Verdichtung" der Mehrwertigkeit eine neue, modifizierte Zielfunktion entsteht, welche nun wiederum den benötigten eindeutigen Zusammenhang zwischen Entscheidungsvariable und Zielwert gewährleistet.

Im Rahmen stochastischer Modelle wird hierfür üblicherweise die Erwartungswertbildung verwendet, bei der eine Mittelung über alle möglichen Umweltzustände erfolgt, so dass der erwartete Zielwert in der benötigten Weise mit der Entscheidungsvariablen in Beziehung steht. Diese Vorgehensweise besitzt aus ökonomischer Sicht (mindestens) zwei gravierende Nachteile. Zum einen ignoriert eine schlichte Mittelung über *alle* Zustände die Tatsache, dass Abweichungen des tatsächlich eintretenden Preises vom erwarteten Preis von der Unternehmung eigentlich unterschiedlich bewertet werden: Ein unerwartet hoher Preis ist von Vorteil, wogegen ein unerwartet niedriger Preis als „schlecht" angesehen werden kann. Die Erwartungswertbildung kann diese Unterschiede jedoch (zumindest bei Zugrundelegung der „üblichen" symmetrischen Verteilungen) nicht abbilden, so dass positive und negative Abweichungen gleichermaßen in das Entscheidungskalkül eingehen. Zum anderen ist zu beachten, dass die Betrachtung des erwarteten Gewinns nur bei Risikoneutralität des Entscheiders eine sinnvolle Vorgehensweise darstellt. Bei Risikoaversion oder Risikofreude muss dagegen zusätzlich unterstellt werden, dass die Unternehmung den verschiedenen Gewinnen Nutzenwerte zuordnet, so dass auf die Betrachtung des Erwartungsnutzens übergegangen werden kann und die Risikoeinstellung durch die Gestalt der Nutzenfunktion repräsentiert wird. Abgesehen von den grundsätzlichen Einwänden, die gegen das Erwartungsnutzenkonzept vorgebracht werden können, resultiert hieraus das Problem, die Zielwerte nicht mehr in Geld-, sondern nur noch in Nutzeneinheiten angeben zu können. Dies erscheint insbesondere im Hinblick auf eine praktische Anwendung des Konzeptes unbefriedigend.

Bei einer Modellierung der Unsicherheit über unscharfe Mengen bestünde prinzipiell ebenfalls die Möglichkeit, die neue Zielfunktion über eine Art „Mittelwertbildung", d.h. die Gewichtung der möglichen Gewinne mit den jeweiligen Zugehörigkeitswerten und anschließender Summation, abzuleiten. Weil sich die Zugehörigkeitswerte jedoch nicht notwendig zu Eins addieren *und* eine entsprechende Normierung der Zugehörigkeitsfunktion in praktischen Anwendungen häufig nicht sinnvoll oder möglich ist, erweist sich diese Vorgehensweise von vornherein als nicht vielversprechend. Darüber hinaus sollte man versuchen, die o.g. Nachteile des Konzeptes der Erwartungsnutzenmaximierung bei der Transformation des unscharfen in ein scharfes Entscheidungsproblem zu vermeiden. In der Theorie der unscharfen Mengen wird eine derartige Transformation als *Defuzzifizierungsstrategie* bezeichnet. Wir werden im folgenden ein spezielles Verfahren vorschlagen, das unserer Ansicht nach ökonomisch plausibel ist und die tatsächliche Entscheidungsfindung in Gegenwart von Unsicherheit gut abbildet. Diese Defuzzifierungsstrategie liefert in drei Schritten eine neue, scharfe Zielfunktion, durch deren Maximierung die optimale Angebotsmenge gefunden werden kann. Den Kern der Defuzzifizierung bildet dabei die sogenannte *Hurwicz*-Regel, mit der ein Kompromiss zwischen dem best- und dem schlechtestmöglichen Fall als Folge einer Aktion gefunden werden kann. Auf diese Weise ist es möglich, eine unterschiedliche Gewichtung positiver und negativer „Überraschungen" vorzunehmen, indem je nach den Präferenzen des Entscheidungsträgers über den *Hurwicz*-Index entweder dem besten oder dem schlechtesten Fall ein größeres Gewicht beigemessen wird. Darüber hinaus werden sowohl die beiden Extremfälle als auch ihr gewichteter Durchschnitt in Geldeinheiten gemessen, so dass nicht auf ein Nutzenkonzept ausgewichen werden muss.

Zur Erläuterung der Defuzzifizierungsstrategie betrachten wir konkret das Gewinnmaximierungsproblem einer Unternehmung bei unsicheren Preisen.[1] Dazu bezeichne C: $\mathbf{R} \to \mathbf{R}$ ihre Kostenfunktion, $x \in \mathbf{R}$ die Produktionsmenge und $p \in \mathbf{R}$ den mit Unsicherheit behafteten Preis, der ggf. auch von der Menge x abhängen kann. Damit ist der Gewinn der Unternehmung durch

$$G(p,x) = p \cdot x - C(x) \tag{4}$$

gegeben. Die Unsicherheit in den Preisen wird durch eine unscharfe Menge B_x mit Zugehörigkeitsfunktion $m_{B_x}: \mathbf{R} \to [0,1]$ modelliert, wobei der Index x die möglicherweise vorhandene Abhängigkeit des Preises von der Menge kennzeichnet.[2] Aufgrund dieser Unschärfe (bzw. genauer: der unscharfen Information) ist jede mögliche Angebotsmenge x mit einem Kontinuum möglicher Gewinne verbunden. Die Unternehmung ist somit zwar nicht in der Lage, den aus einer Angebotsmenge x tatsächlich resultierenden Gewinn zu prognostizieren, sie kann jedoch auf Basis ihrer unscharfen Vorinformation bestimmen, welcher Gewinn nach ihrer Einschätzung bestenfalls oder schlechtestenfalls zu erzielen ist.

An dieser Stelle erweist es sich als sinnvoll, zusätzlich auf die sog. α-Schnitte der unscharfen Menge B_x, welche die unsicheren Preise repräsentiert, zurückzugreifen. Bei diesen α-Schnitten handelt es sich um scharfe Mengen (d.h. Mengen im Sinne der klassischen Mengentheorie) der Gestalt

$$B_{x,a} = \{p \in \mathbf{R}\colon m_{B_x}(p) \geq \alpha\} \tag{5}$$

für alle $\alpha \in (0,1]$. Offenbar enthält $B_{x,\alpha}$ sämtliche Preise mit einem Zugehörigkeits- bzw. Plausibilitätsgrad größer oder gleich α. Die Unternehmung kann sich nun ein bestimmtes Plausibilitätsniveau α vorgeben und für eine gewisse Angebotsmenge x diejenigen Preise $p_{x,\min}$ und $p_{x,\max}$ bestimmen, die ihren Gewinn über der Menge aller Preise mit Zugehörigkeitsgrad $m_{B_x}(p) \geq \alpha$ minimieren bzw. maximieren. Durch Einsetzen dieser Preise in die Gewinnfunktion (4) erhält man dann für jede mögliche Menge $x \in \mathbf{R}$ und jedes Plausibilitätsniveau $\alpha \in (0,1]$ den aus Sicht der Unternehmung minimal möglichen Gewinn $G_{\min}^{\alpha}(x) = \min_{p \in B_{x,\alpha}} G(p,x)$ sowie den maximal möglichen Gewinn $G_{\max}^{\alpha}(x) = \max_{p \in B_{x,\alpha}} G(p,x)$. Dieser erste Schritt der Defuzzifizierung bringt für

[1] Diese Vorgehensweise wird lediglich im Hinblick auf einen intuitiven Zugang gewählt. Die Defuzzifizierungsstrategie ist nicht auf diese Problemklasse beschränkt, vgl. etwa *Hauenschild/Stahlecker* (2001a).

[2] Der Einfachheit halber werden die Nichtnegativitätsrestriktionen für Mengen und Preise vernachlässigt. Man beachte, dass p im Fall vollkommener Konkurrenz nicht durch x beeinflusst wird und im Fall eines Oligopols auch von den Angebotsmengen der Konkurrenten abhängt.

die Unternehmung den Vorteil mit sich, dass sie nicht mehr alle möglichen Preise, die bei der Angebotsmenge x denkbar sind, beachten muss und sich statt dessen auf den durch $p_{x,\min}$ und $p_{x,\max}$ beschriebenen „Bereich" möglicher Preise konzentrieren kann. Die Größe dieses Bereichs hängt u.a. vom Wert des Parameters α ab. Bei einem großen α werden lediglich Preise mit hohen Plausibilitätswerten berücksichtigt, so dass der relevante Bereich mit wachsendem α kleiner wird.

Bei jeder (technologisch) möglichen Angebotsmenge ist die Unternehmung offenbar mit dem *Risiko* niedriger Preise und damit verbundener geringer Gewinne sowie mit der *Chance* hoher Preise und Gewinne konfrontiert, wobei die Extremfälle (für gegebenes α) jeweils durch $G^{\alpha}_{\min}$ bzw. $G^{\alpha}_{\max}$ gegeben sind. Für die konkrete Entscheidungsfindung ist es somit wesentlich, wie die Unternehmung mit diesen verschiedenen denkbaren Ergebnissen umgeht, wodurch also ihre Risikoeinstellung gekennzeichnet ist. Dieser Aspekt wird im zweiten Schritt der Defuzzifizierungsstrategie erfasst, für den wir unterstellen, dass ein gewichtetes Mittel der beiden „extremen" Ergebnisse gebildet wird. Die Unternehmung zieht zur Auswahl ihrer Produktionsmenge folglich die Zielfunktion

$$G^{\alpha}_{q}(x) = q \cdot G^{\alpha}_{\min}(x) + (1-q) \cdot G^{\alpha}_{\max}(x) \tag{6}$$

heran, wobei $q \in [0,1]$ einen vom Entscheider zu wählenden Parameter bezeichnet. Dieser Ansatz folgt dem aus der Entscheidungstheorie bekannten *Hurwicz*-Prinzip. Eine *pessimistische* Unternehmung wird sich in erster Linie mit dem Risiko bzw. der Gefahr niedriger Preise auseinandersetzen und bestrebt sein, negative Überraschungen in Form geringer Gewinne zu vermeiden. Daher wird eine pessimistische Unternehmung dem ungünstigsten „Szenario" mit dem Gewinn $G^{\alpha}_{\min}$ ein höheres Gewicht beimessen und $q > 1/2$ (bzw. im Extremfall $q = 1$) setzen. Im Gegensatz dazu ist eine *optimistische* Unternehmung vorwiegend an der Chance höherer Preise interessiert und bezieht dementsprechend positive Überraschungen in Form höherer Gewinne verstärkt in ihr Entscheidungskalkül ein. Sie wird somit dem durch $G^{\alpha}_{\max}$ repräsentierten vorteilhaften Szenario ein größeres Gewicht verleihen und $q < 1/2$ oder sogar $q = 0$ setzen. Schließlich kann eine Unternehmung als indifferent oder *neutral* angesehen werden, wenn sie Chance und Risiko bei ihrer Entscheidungsfindung gleich gewichtet, ihre Angebotsmenge also derart wählt, dass der Gewinn aus (6) mit $q = 1/2$ maximiert wird. Der Parameter q kann in diesem Zusammenhang folglich als Optimismus-Pessimismus-Index bezeichnet werden, der ein Maß für die Risikoeinstellung der Unternehmung bzw. genauer ein Maß für ihre Haltung gegenüber Chance und Risiko darstellt.

Die Zielfunktion G_q^α aus (6) ist für praktische Zwecke nicht vernünftig handhabbar, da sie von dem (freien) Parameter α abhängt. Im dritten und letzten Schritt der Defuzzifizierung erfolgt daher eine Aggregation über α, um schließlich zu einer nur noch von der Entscheidungsvariablen x abhängigen Zielfunktion zu gelangen. Bei dieser Aggregation berücksichtigen wir zusätzlich eine (normierte) Gewichtungsfunktion w: $(0,1] \to \mathbf{R}_+$ mit $\int_0^1 w(\alpha)d\alpha = 1$, die jedem G_q^α das Gewicht $w(\alpha)$ zumisst. Damit erhält man aus dem ursprünglichen Gewinnmaximierungsproblem bei unscharfer Preisinformation die neue Zielfunktion

$$Z_q(x) = \int_0^1 w(\alpha) \cdot G_q^\alpha(x)d\alpha, \qquad (7)$$

die bzgl. x zu maximieren ist. Üblicherweise wird eine streng monoton wachsende Gewichtungsfunktion w verwendet, so dass möglichen Gewinnen mit einem hohen Plausibilitätsniveau α auch ein hohes Gewicht in der Zielfunktion zukommt. Allerdings sind auch ökonomisch interessante Fragestellungen denkbar (etwa in der Versicherungsökonomik), bei denen es sinnvoll ist, Ergebnisse mit sehr geringem Plausibilitätsgrad bei der Entscheidungsfindung in größerem Ausmaß zu berücksichtigen.

Es ist aufschlussreich, den soeben beschriebenen Ansatz mit dem üblichen Vorgehen in stochastischen Modellen zu vergleichen. Dort wird die Risikoeinstellung über eine Nutzenfunktion erfasst und die Mehrwertigkeit im Entscheidungsproblem durch die Betrachtung des Erwartungsnutzens beseitigt. Die Unternehmung muss folglich sowohl die Wahrscheinlichkeitsverteilung als auch die Nutzenfunktion kennen, um zu einer Entscheidung zu gelangen. Hier wird die Risikoeinstellung durch den *Hurwicz*-Index modelliert und die Mehrwertigkeit durch die Verwendung von α-Schnitten (mit anschließender Aggregation) sowie die Betrachtung von best- und schlechtestmöglichen Fällen aufgehoben. Die Unternehmung muss somit die Zugehörigkeitsfunktion, die Gewichtungsfunktion und den *Hurwicz*-Index festlegen, um eine Entscheidung treffen zu können. Unserer Ansicht nach ist dieser Ansatz intuitiv einsichtiger, zumal die auftretenden Funktionen im Gegensatz zu Dichte- und Nutzenfunktionen *keinen* nennenswerten Regularitätsbedingungen unterliegen müssen. Darüber hinaus misst die Funktion Z_q aus (7) die Zielgröße genau wie den Gewinn in *Geld*einheiten und stellt somit ein plausibles Entscheidungskriterium bereit. Aus entscheidungstheoretischer Sicht ist ferner anzumerken, dass das *Hurwicz*-Prinzip mit seiner Wahl zwischen besten und schlechtesten *möglichen* Ergebnissen gut mit der Modellierung der

Unsicherheit über eine Zugehörigkeitsfunktion, welche die *Möglichkeitswerte* verschiedener Preise angibt, harmoniert.[1]

4. Marktform und Preisbildung

In diesem Abschnitt wollen wir den oben dargestellten Modellierungsansatz im Rahmen eines einfachen linearen Modells veranschaulichen und dabei insbesondere aufzeigen, welche Konsequenzen sich aus der unscharfen Information für das Angebotsverhalten einer Unternehmung ergeben. Wir unterstellen im folgenden stets ein Einproduktunternehmen mit der linearen Kostenfunktion

$$C(x) = cx + F, \tag{8}$$

wobei $c > 0$ die konstanten Grenzkosten und $F > 0$ seine Fixkosten bezeichnen. Der (möglicherweise von der Menge x abhängige) Preis p_x sei unbekannt. Die Unternehmung verfügt jedoch über vage (unscharfe) Vorstellungen über diesen Preis, die durch eine unscharfe Menge mit Zugehörigkeitsfunktion

$$m_{B_x}(p_x) = \frac{1}{1 + T(p_x - \overline{p}_x)^2} \tag{9}$$

beschrieben werden. Hierbei bezeichnet $T > 0$ eine Konstante und $\overline{p}_x > 0$ einen gegebenen Preis. Offenbar gilt $m_{B_x}(\overline{p}_x) = 1$ und $m_{B_x}(p_x) < 1$ für alle $p_x \neq \overline{p}_x$, so dass dieser Preis aus Sicht der Unternehmung den plausibelsten bzw. möglichsten Preis angibt. Der Parameter T kann als Maß der Unsicherheit angesehen werden. Je kleiner T ist, um so mehr Preise mit hohen Zugehörigkeitswerten sind vorhanden, woraus folgt, dass die Unternehmung verhältnismäßig schlecht über die möglichen Preise informiert ist.[2]

4.1. Vollkommene Konkurrenz

Bei vollkommener Konkurrenz ist der Marktpreis für die Unternehmung ein Datum.[3] Bezeichnet also $\overline{p}$ den von x unabhängigen plausibelsten Preis, ergibt sich aus der Defuzzifizierung die Zielfunktion

---

[1] Es sei darauf hingewiesen, dass der oben beschriebene Weg über α-Schnitte nicht die einzige Möglichkeit zur Beseitigung der Mehrdeutigkeit im Entscheidungsproblem darstellt. Beispielsweise wird in *Arnold/Größl/Stahlecker* (2000) aus der Zugehörigkeitsfunktion der Preise zunächst mit Hilfe des sog. Erweiterungsprinzips (vgl. *Zimmermann* (1996)) eine Zugehörigkeitsfunktion für die Gewinne bestimmt und dann eine gewichtete Zielfunktion mit best- und schlechtestmöglichen Ergebnissen betrachtet. Das *Hurwicz*-Prinzip bleibt jedoch das zentrale Element der Defuzzifizierungsstrategie.

[2] Bei perfekter Information würde es genau einen Preis mit Zugehörigkeitswert Eins geben, wogegen alle übrigen Preise einen Zugehörigkeitswert von Null hätten.

[3] Die in diesem Abschnitt präsentierten Resultate sind aus *Arnold/Größl/Stahlecker* (2000) entnommen. Für deren Herleitung sowie ausführlichere Interpretationen sei auf diese Arbeit verwiesen. Wie bereits

$$Z_q(x) = \tfrac{1}{2}\left(G(\overline{p},x) - (2q-1)\sqrt{G(\overline{p},x)^2 + x^2/T}\right), \qquad (10)$$

wobei

$$G(\overline{p},x) = (\overline{p}-c)x - F \qquad (11)$$

den Gewinn beim plausibelsten Preis $\overline{p}$ bezeichnet. Man beachte, dass für $q = 1/2$ die Gleichung $Z_q = (1/2)G(\overline{p},x)$ gilt, d.h., eine neutrale Unternehmung orientiert sich nur an demjenigen Gewinn, der sich beim plausibelsten Preis einstellt und ignoriert mögliche Abweichungen von diesem Preis völlig. Weil aus $q = 1$ unmittelbar $Z_q \leq 0$ für alle x sowie aus $q = 0$ entsprechend $Z_q \geq 0$ für alle x folgt, zeigt sich darüber hinaus, dass eine pessimistische Unternehmung vorwiegend negative Gewinne (Verluste) berücksichtigt, wogegen eine optimistische Unternehmung in erster Linie positive Gewinne in ihr Entscheidungskalkül einbezieht.

Bemerkenswerterweise existiert hier trotz der linearen Kostenfunktion eine optimale Angebotsmenge unterhalb der Kapazitätsgrenze, sofern die Unternehmung hinreichend pessimistisch, d.h. $q \geq 1/2$ hinreichend groß ist. Wir konzentrieren uns dabei auf den ökonomisch interessanten Fall $\overline{p} > c$ und setzen $d := T \cdot (\overline{p}-c)^2$. *Wenn* nun $1/2 \leq q \leq 1$ *und* $4q(1-q)(1+d) < 1$ gilt, existiert ein inneres Maximum von Z_q aus (10), und die zugehörige optimale Angebotsmenge ist durch

$$x_q = \frac{F}{1+d}\left(1 + \frac{1}{\sqrt{1-4q(1-q)(1+d)}}\right)T(\overline{p}-c) \qquad (12)$$

gegeben (*Arnold/Größl/Stahlecker* (2000), S. 57, Proposition 3). Normalerweise würde eine Unternehmung mit linearer Kostenfunktion im Fall $\overline{p} > c$ (und bei Sicherheit!) stets an der Kapazitätsgrenze produzieren, da höhere Mengen die Erlöse und damit den Gewinn steigern würden. Eine pessimistische Unternehmung berücksichtigt jedoch nicht nur den plausibelsten Preis $\overline{p}$, sondern bezieht auch andere mögliche Preise mit Plausibilitätsgrad kleiner Eins, die zu geringeren Gewinnen als $G(\overline{p},x)$ bzw. sogar zu Verlusten führen, in ihre Entscheidung ein. Weil höhere Mengen diese Verluste steigern, ergibt sich hieraus ein reduzierender Einfluss auf die Angebotsmenge. Unter der Parameterkonstellation

---

zuvor angedeutet wurde, basieren diese Ergebnisse auf einer Defuzzifizierungsstrategie, die keine α-Schnitte verwendet. Zudem wird dort der Fall einer Mehrproduktunternehmung betrachtet.

$4q(1-q)(1+d)<1$ ist dieser Effekt stärker als der „traditionelle", und es existiert eine eindeutige innere Lösung.[1]

4.2. Monopol

Wenn die betrachtete Unternehmung auf ihrem Absatzmarkt als Monopolist agiert, sieht sie sich einer inversen Nachfragefunktion gegenüber, deren exakten Verlauf sie jedoch nicht kennt.[2] Diese Unsicherheit soll erneut durch eine unscharfe Menge mit einer Zugehörigkeitsfunktion der Gestalt (9) modelliert werden, wobei wir einen linearen Zusammenhang zwischen der Angebotsmenge und dem plausibelsten Preis $\overline{p}_x$ unterstellen, d.h., es gilt

$$\overline{p}_x = a - bx \tag{13}$$

mit $a,b>0$. Unter Verwendung der in Abschnitt 3 beschriebenen Defuzzifizierungsstrategie erhält man daraus die Zielfunktion

$$Z_q(x) = (a-c)x - bx^2 - F - (2q-1)r\sqrt{x^2/T} \tag{14}$$

mit

$$r = \int_0^1 w(\alpha)\sqrt{\tfrac{1-\alpha}{\alpha}}d\alpha > 0. \tag{15}$$

Ähnlich wie bei der vollkommenen Konkurrenz macht die Zielfunktion (14) deutlich, dass eine neutrale Unternehmung sich lediglich am möglichsten Preis $\overline{p}_x$ orientiert und jegliche denkbare Abweichung hiervon ignoriert. Eine pessimistische Unternehmung ($q>1/2$) berücksichtigt diese hingegen über einen Abschlagsterm. Die optimale Angebotsmenge ist als Maximalstelle von (14) durch

$$x = \frac{(a-c)-(2q-1)r/\sqrt{T}}{2b} \tag{16}$$

gegeben.[3] Offenbar wählt damit eine neutrale Unternehmung die gleiche Menge wie im Standardmodell bei Sicherheit ($x=(a-c)/2b$), in dem die plausibelsten Werte a und b mit den tatsächlichen übereinstimmen. Eine pessimistische Unternehmung wird eine *geringere* Menge anbieten, wobei die Abweichung von der

---

[1] Man beachte, dass die Angebotsmenge hier auch von den fixen Kosten (ggf. einschließlich einer Zielgewinnkomponente) abhängt, vgl. dazu *Arnold/Gröẞl /Stahlecker* (2000).

[2] In diesem Abschnitt orientieren wir uns an *Stahlecker/Größl/Arnold* (1999). Der duale Fall einer Preissetzung bei unsicherer Nachfrage wird in *Arnold/Hauenschild/Stahlecker* (2003) behandelt. In beiden Arbeiten wird darüber hinaus ausführlich das Modell einer Mehrproduktunternehmung diskutiert.

[3] Dies ist natürlich nur dann der Fall, wenn für x aus (16) tatsächlich $x>0$ gilt, die Parameterkonstellation also derart ist, dass der Zähler in (16) ein positives Vorzeichen besitzt.

„neutralen“ Menge um so größer wird, je stärker der Pessimismus ausgeprägt ist (q größer) und je höher der Grad der Unsicherheit ausfällt (T kleiner). Die ökonomische Begründung für dieses Verhalten liegt darin, dass eine pessimistische Unternehmung sich insbesondere vor zu niedrigen Preisen und daraus möglicherweise resultierenden Verlusten fürchtet. Daher wird sie eine kleinere Menge bevorzugen, bei welcher die Verluste in derartigen Situationen möglichst klein gehalten werden. Dagegen interessiert sich eine optimistische Unternehmung in erster Linie für die Chance von höheren Preisen mit überproportionalen Gewinnen. Sie wird demzufolge eine größere Menge als bei Neutralität auf den Markt bringen, um in diesen Fällen in besonderem Maße von den Gewinnen zu profitieren.

4.3. Duopol

Wenn zwei Unternehmungen i und j auf dem Produktmarkt miteinander konkurrieren, ist das Optimierungsproblem jeder einzelnen formal im wesentlichen identisch mit jenem aus Abschnitt 4.2 Allerdings wollen wir abweichend vom Monopolmodell annehmen, dass die Unsicherheit sich nicht mehr direkt auf die inverse Nachfragefunktion, sondern auf die vom Konkurrenten angebotene Menge bezieht.[1] Die inverse Nachfragekurve hängt von beiden Angebotsmengen ab und sei für Unternehmung i annahmegemäß durch

$$p_i = a_i - b_i x_i - b_j x_j \tag{17}$$

gegeben. Weil jedoch x_j unbekannt ist, ergibt sich letztendlich auch hier ein unsicherer Marktpreis für jede Angebotsmenge von Unternehmung i. Wie üblich soll diese Unsicherheit über die Menge des Konkurrenten mit Hilfe einer unscharfen Menge und einer zu (9) analogen Zugehörigkeitsfunktion modelliert werden, d.h., es sei $m(x_j) = 1\big/\left(1 + S_i(x_j - \overline{x}_j)^2\right)$, wobei $S_i > 0$ gilt und $\overline{x}_j$ die plausibelste Angebotsmenge bezeichnet. Mit der in Abschnitt 3 beschriebenen Defuzzifizierungsstrategie erhält man daraus auf dem gleichen Wege wie im Monopolmodell die Zielfunktion

$$Z_q^i(x_i) = \left[a_i - c_i - b_i x_i - b_j \overline{x}_j - (2q_i - 1)\rho_i\right] x_i - F_i \tag{18}$$

mit

$$\rho_i = \frac{b_j}{\sqrt{S_i}} \int_0^1 w_i(\alpha) \sqrt{\tfrac{1-\alpha}{\alpha}}\, d\alpha. \tag{19}$$

---

[1] Die nachfolgende Analyse basiert auf *Hauenschild/Stahlecker* (2001b). Eine substantielle Modellerweiterung sowie die Übertragung auf den Fall der Preissetzung wird in *Hauenschild/Stahlecker* (2003) durchgeführt.

Um das Marktgleichgewicht zu beschreiben, benötigt man nun eine sinnvolle Verallgemeinerung des Konzepts eines *Nash*-Gleichgewichts auf den Fall unscharfer Information. In dem hier gewählten linearen Modellrahmen erweist es sich dabei als zweckmäßig anzunehmen, dass jede Unternehmung im Gleichgewicht die tatsächlich angebotene Menge des Konkurrenten als plausibelsten Wert in ihrer Zugehörigkeitsfunktion berücksichtigt.[1] Man beachte aber, dass dies anders als beim deterministischen *Nash*-Gleichgewicht *nicht* impliziert, dass die Unsicherheit im Gleichgewicht „verschwindet". Über die Zugehörigkeitsfunktion zieht jede Unternehmung auch weiterhin die Möglichkeit in Betracht, dass der Konkurrent eine andere Menge als die plausibelste anbietet. Keine der Unternehmungen hat zwar einen Anreiz, von dieser Menge abzuweichen; sie weiß jedoch nicht, dass der Konkurrent ebenfalls keinen Anreiz hierzu besitzt.

Unterstellt man zusätzlich homogene Produkte, d.h. $a_i = a_j = a$ und $b_i = b_j = b$, so ist das *Nash*-Gleichgewicht im Duopol bei unscharfer Information durch

$$\begin{pmatrix} x_i^* \\ x_j^* \end{pmatrix} = \frac{1}{3b} \begin{pmatrix} 2 & -1 \\ -1 & 2 \end{pmatrix} \begin{pmatrix} a - c_i - (2q_i - 1)\rho_i \\ a - c_j - (2q_j - 1)\rho_j \end{pmatrix} \tag{20}$$

gegeben.[2] Man beachte zunächst die auffallende Ähnlichkeit dieser Lösung zu (16) aus dem Monopolmodell. Dementsprechend lassen sich auch die Interpretationen aus Abschnitt 4.2 hinsichtlich der Höhe der Angebotsmengen bei neutralen, pessimistischen bzw. optimistischen Firmen übernehmen. Um die im Duopol zusätzlich zu gewinnenden Einsichten zu verdeutlichen, betrachten wir exemplarisch den Fall, dass Unternehmung i über höhere Grenzkosten verfügt ($c_i > c_j$). Im Standardmodell ohne Unsicherheit (bzw. für $q_i = q_j = 1/2$) würde sich daraus ein geringerer Marktanteil (und damit auch ein kleinerer Gewinn) von Unternehmung i ergeben. Wenn jedoch Unternehmung i deutlich besser über das Verhalten ihres Konkurrenten informiert ist als Unternehmung j ($r_i < r_j$) und/oder Unternehmung i optimistischer ist als ihr Konkurrent ($q_i < q_j$), würde dies für sich genommen zu einem höheren Marktanteil von Unternehmung i führen. Es kann also durchaus passieren, dass dieser aus dem Informationsdefizit der Unternehmungen resultierende Effekt den Standardeffekt der verschiedenen Grenzkosten überwiegt. Dies impliziert, dass der Marktpreis nicht alleine durch

---

[1] Die in *Hauenschild/Stahlecker* (2003) vorgenommene Verallgemeinerung des *Nash*-Gleichgewichts ist weitaus umfassender. Das dort vorgestellte Konzepte eines „defuzzifizierten *Nash*-Gleichgewichts" reduziert sich jedoch in dem simplen Modellrahmen auf den o.g. Spezialfall.

[2] Um dies zu zeigen, setze man in den beiden Optimalitätsbedingungen (d.h. $\partial Z_q^i / \partial x_i = 0$ und $\partial Z_q^j / \partial x_j = 0$) $\bar{x}_i = x_i$ sowie $\bar{x}_j = x_j$ und löse das resultierende Gleichungssystem nach x_i und x_j auf, vgl. *Hauenschild/Stahlecker* (2001b).

objektive Komponenten (Kosten, Technologien), sondern vielmehr auch durch subjektive Aspekte (Vagheit, Pessimismus) signifikant beeinflusst werden kann, wenn Unsicherheiten eine bedeutende Rolle spielen.

5. Schlussbemerkungen

Ökonomische Entscheidungen werden üblicherweise unter Unsicherheit gefällt. Zum Zeitpunkt der Entscheidungsfindung sind einem Wirtschaftssubjekt weder alle relevanten Rahmenbedingungen, das Verhalten anderer Wirtschaftssubjekte, noch die genauen Auswirkungen einer Entscheidung bekannt. Demzufolge kann nicht vorab prognostiziert werden, welchen Wert die gerade herangezogene Zielgröße (z.B. Nutzen oder Gewinn) für verschiedene Ausprägungen der Entscheidungsvariablen annimmt. Vielmehr besteht jeweils das *Risiko* einer ungünstigeren als der vom Wirtschaftssubjekt vermuteten Entwicklung sowie die *Chance* eines unerwartet positiven Ausganges. Für die konkrete Entscheidung erweisen sich somit zwei Aspekte als wesentlich: Zum einen spielt der Informationsstand zum Zeitpunkt der Entscheidung eine wichtige Rolle, wobei sich dieser sowohl auf den Umfang als auch auf die Art der vorhandenen Unsicherheit bezieht. Zum anderen ist die Bewertung der jeweiligen Chancen und Risiken durch das Wirtschaftssubjekt von zentraler Bedeutung.

In vielen Bereichen der Wirtschaftstheorie wird der Aspekt der Unsicherheit erstaunlicherweise vollständig ignoriert und eine ausschließlich deterministische Analyse durchgeführt. Wenn Unsicherheit berücksichtigt wird, verwendet man üblicherweise den stochastischen Ansatz, und die Risikoeinstellung wird durch das Konzept der Erwartungsnutzenmaximierung erfasst. Die stochastische Modellierung macht möglicherweise dann Sinn, wenn Märkte in der Reife- oder Stagnationsphase betrachtet werden, da dann unter Umständen hinreichend Erfahrungen vorhanden sind bzw. Beobachtungsmaterial zur Verfügung steht, um mit statistischen Ansätzen das künftige Marktergebnis zuverlässig zu prognostizieren. Handelt es sich jedoch um die Einführung neuer Produkte oder Produktionsverfahren auf neuen, sich rasch entwickelnden Wettbewerbsmärkten, sind gerade diese frequentistisch begründeten statistischen Methoden nicht zuverlässig einzusetzen. In dieser Arbeit haben wir sowohl hinsichtlich der Modellierung der Unsicherheit als auch in bezug auf die Bewertung von Chancen und Risiken einen alternativen Ansatz vorgestellt. Die Theorie der unscharfen Mengen ermöglicht es dabei, Unsicherheit in Form vager und unpräziser Vorstellungen über Parameter und Variablen auf intuitiv einsichtige Art und Weise zu erfassen. Darüber hinaus stellt die Verwendung der *Hurwicz*-Regel zur Gewichtung von Chance und Risiko ein bei vager Information vernünftiges Entscheidungsprinzip dar. Dies wurde im Rahmen eines einfachen Modells für drei verschiedene Marktformen veranschaulicht, wobei die jeweils erhaltenen Lösungen ökonomisch plausibel und gut interpretierbar sind.

Vor diesem Hintergrund erscheinen eine weiterführende Analyse der Modellierung von Unsicherheit über unscharfe Mengen und eine Anwendung dieses Konzeptes auf andere Fragestellungen angezeigt. Insbesondere halten wir die in *Hauenschild/Stahlecker* (2003) vorgenommene Verallgemeinerung eines *Nash*-Gleichgewichtes für sehr vielversprechend, da sie u.a. neue Erkenntnisse und Ansätze in der Spieltheorie und im *Economic Design* sowie deren „Anwendungsgebieten" erwarten lässt. Darüber hinaus existiert ein mit der oben behandelten Problematik eng verwandtes Gebiet, dessen ausführliche Behandlung den Rahmen dieser Arbeit jedoch gesprengt hätte. Bei diesem Ansatz steht nicht ein einzelnes statisches Entscheidungsproblem im Mittelpunkt des Interesses, sondern die Frage, wie bzw. ob eine bereits früher getroffene Entscheidung als Reaktion auf veränderte Rahmenbedingungen oder neue Informationen angepasst wird. Grundlage hierfür ist das sog. Minimax-Anpassungsprinzip bzw. seine Varianten, bei denen ebenfalls die *Hurwicz*-Regel und vage Informationen eine zentrale Rolle spielen.[1] Ähnlich wie in dieser Arbeit ergeben sich bei der Anwendung des Minimax-Anpassungsprinzips ökonomisch plausible Entscheidungsregeln, so dass auch eine umfassende Betrachtung und Analyse dieses Ansatzes wünschenswert erscheint.

Literaturverzeichnis

Aliprantis, C. D./Brown, D. J./Burkinshaw, O. (1990): Existence and Optimality of Competitive Equilibria, Berlin et al.

Arnold, B. F./Größl, I./Stahlecker, P. (2000): Competitive Supply Behaviour when Price Information is Fuzzy, in: Journal of Economics, Vol. 72, 1, S. 45-66.

Arnold, B. F./Größl, I./Stahlecker, P. (2002): The Minimax, the Minimin, and the Hurwicz Adjustment Principle, in: Theory and Decision, Vol. 52, 3, S. 233-260.

Arnold, B. F./Hauenschild, N./Stahlecker, P. (2003): Monopolistic Price Setting under Fuzzy Information, in: European Journal of Operational Research, erscheint demnächst.

Bandemer, G./Gottwald, S. (1995): Fuzzy Sets, Fuzzy Logic, Fuzzy Methods with Applications, Chichester.

Hauenschild, N./Stahlecker, P. (2001a): Precautionary Saving and Fuzzy Information, in: Economics Letters, Vol. 70, 1, S. 107-114.

Hauenschild, N./Stahlecker, P. (2001b): Fuzzy Information and Fuzzy Nash-Equilibria in a Heterogeneous Oligopoly, in: Beiträge aus dem Institut für Statistik und Ökonometrie der Universität Hamburg Nr. 57.

Hauenschild, N./Stahlecker, P. (2003): Nash-Equilibria in a Heterogeneous Oligopoly with Fuzzy Information, in: Review of Economic Design, Vol. 8, 2, S. 165-184.

Klir, G. J./ Wierman, M. J. (1998): Uncertainty-Based Information, Heidelberg, New York.

Martin, S. (2002): Advanced Industrial Economics, 2nd ed., Oxford.

[1] Vgl. hierzu *Arnold/Größl/Stahlecker* (2002).

Müller, U. (1975): Wettbewerb, Unternehmenskonzentration und Innovation, Göttingen.

Okuguchi, K./Szidarovsky, F. (1999): The Theory of Oligopoly with Multi-Product Firms, 2nd ed., Berlin et al.

Stahlecker, P./Größl, I./Arnold, B. F. (1999): Monopolistic Competition and Supply Behaviour under Fuzzy Price Information, in: Homo Oeconomicus, Vol. 15, 4, S. 561-579.

Stahlecker, P. (1984): Konzentration und gesamtwirtschaftliche Stabilität, Frankfurt a.M. et al.

Tirole, J. (1988): The Theory of Industrial Organization, Cambridge, London.

Zimmermann, H.-J. (1996): Fuzzy Set Theory – and Its Applications, 3rd ed., Dordrecht.

Wettbewerb, Kapitalstruktur, Konjunktur

Einige grundsätzliche Bemerkungen über einen komplexen Zusammenhang

Ulrich Fehl

> "One reason why economists are increasingly apt to forget about the constant small changes which make up the whole economic picture is probably their growing preoccupation with statistical aggregates, which show a very much greater stability than the movements of the detail" (*Hayek* 1945, S. 523).

1. Einführung und Problemstellung

Die Begriffe Wettbewerb, Kapitalstruktur und Konjunktur zusammenzustellen, mag auf den ersten Blick verwundern, denn man hat sich inzwischen daran gewöhnt, dass die Nationalökonomie gespalten ist in die Mikroökonomik einerseits und die Makroökonomik andererseits; und die genannten Begriffe beziehen sich teils auf die Mikro-, teils auf die Makroökonomik. So wird man den Wettbewerb der mikroökonomischen und die Begriffe Kapitalstruktur und Konjunktur der makroökonomischen Sphäre zurechnen. Schaut man sich die Dinge aber etwas genauer an, so spricht durchaus einiges dafür, den Wettbewerb und die Konjunktur in einen Zusammenhang zu bringen, denn die Konjunkturtheorie bezieht sich ja in erster Linie auf Marktwirtschaften, und der Wettbewerb stellt deren konstituierendes Prinzip dar, wie verschieden er im Einzelfall auch ausgeprägt sein mag. So werden schließlich auch Makroökonomen den Zusammenhang zwischen Wettbewerb und Konjunktur bejahen und darauf hinweisen, dass die Abschottung zwischen mikroökonomischer und makroökonomischer Betrachtungsweise keineswegs vollständig sei, denn immerhin gebe es so etwas wie eine mikroökonomische Fundierung der makroökonomischen Aussagenzusammenhänge. Die Art und Weise freilich, in der dies geschieht, hat mit dem zu erfassenden Wettbewerb wenig zu tun, wenn man diesen als einen evolutorisch-dynamischen Prozess versteht. Das abstrakte Bekenntnis, Wettbewerb über die Schiene der mikroökonomischen Fundierung in der makroökonomischen Betrachtung von Konjunkturen berücksichtigen zu wollen, ist eine Sache. Die Art der Umsetzung freilich ist eine andere.

Es stellt sich daher als erstes die Aufgabe, die Charakteristika des Wettbewerbs kurz herauszustellen, wobei dieser als ein evolutorisch-dynamischer Prozess verstanden werden soll. Dabei ist gleichzeitig aufzuzeigen, wie wichtig die Ergebnisse dieses Wettbewerbsprozesses auch für die makroökonomische Fragestellung sind. Anschließend ist darzulegen, wie es durch die spezifische Vorgehensweise der makroökonomischen Modellbildung geradezu verhindert wird, diese für den Konjunkturablauf wichtigen Wettbewerbsmomente auf der Makroebene zu erfassen. Hierfür sind insbesondere zwei Gründe verantwortlich: Zum einen denkt die Makroökonomik in Aggregaten oder Wertsummen, was dazu führt, dass die auf der Mikroebene vorhandene Heterogenität der Akteure auf der Makroebene zwangsläufig unterdrückt werden muss. Zum anderen borgt sich die Makroökonomik das gleichgewichtszentrierte Instrumentarium der Mikroökonomik aus, was wiederum zur Folge hat, dass sie von einem halbierten Wettbewerbsbegriff ausgeht. Der eigentliche Sinn einer mikroökonomischen Fundierung der makroökonomischen Theorie und damit auch der Konjunkturtheorie wird aber auf diese Weise verfehlt. Nachdem dies klargelegt worden ist, soll kurz auf den Ansatz von *Schohl* (1999) eingegangen werden, der eine markttheoretische Erklärung der Konjunktur versucht. In diesem Ansatz spielt gerade die Heterogenität der Akteure auf der Mikroebene eine zentrale Rolle, und zwar insbesondere die Verschiedenartigkeit der Unternehmen. Es spricht einiges dafür, dass diese markttheoretische Betrachtung noch an Plausibilität gewinnt, wenn man die dort weitgehend für sich oder in ihrer Branche stehenden Akteure in eine kapitaltheoretische Struktur einbettet. Damit wird ein gewisser Rückgriff auf die Konjunkturtheorie der Österreichischen Schule vorgenommen, in der bekanntlich Produktions- und Kapitalstruktur eine zentrale Rolle spielen. Allerdings soll nicht – wie etwa bei *Hayek* (1931) – der Akzent auf den Zusammenhang zwischen Kredit, Zinssatz und Produktionsstruktur gesetzt werden; vielmehr soll es um die Veränderung der Produktionsstruktur gehen, die durch den technischen und organisatorischen Fortschritt veranlasst wird. Derartige Veränderungen der Produktionsstruktur sind aber die Folge des Auftretens von Innovationen, die ihrerseits durch den Wettbewerbsprozess hervorgebracht werden. Um diesen Zusammenhang zu erfassen, wird auf eine Taxonomie des technischen Fortschritts zurückgegriffen, die *Hicks* (1973) in seinem Buch „Capital and Time" bereits in den siebziger Jahren des zwanzigsten Jahrhunderts vorgelegt hat. Je nachdem nun, welche Form der technische Fortschritt annimmt, kommt es zu mehr oder weniger ausgeprägten Wanderungen der Produktionsfaktoren zwischen den Sektoren, was sich in schwankenden Investitionshöhen manifestiert. Da solche Schwankungen aber letztlich auf Innovationen zurückgehen, diese aber als ein Ergebnis des Wettbewerbsprozesses betrachtet werden können, schließt sich der Kreis: Wettbewerb, Kapitalstruktur und Konjunktur stehen in einem sachlichen Zusammenhang, wie es eingangs behauptet worden ist.

2. Wettbewerb als dynamisch-evolutorischer Prozess

Es reichen einige wenige Bemerkungen aus, um ein Bild von dem Wettbewerbsprozess zu entwerfen, das dem hier verfolgten Zweck genügt. Grundlegend für die Wettbewerbstheorie ist bekanntlich *Schumpeter* (1911) mit seiner „Theorie der wirtschaftlichen Entwicklung", in welcher der Innovationsprozess in das Zentrum der wettbewerblichen Auseinandersetzungen zwischen den Akteuren gerückt wird. Dieser Ansatz ist dann später von *J. M. Clark* (1961) und anderen verfeinert worden. Zentral ist die Erkenntnis, dass man sich den Wettbewerbsprozess aus Vor- und Nachstößen zusammengesetzt vorstellen muss. So ist es nach *Schumpeter* der Pionierunternehmer, der eine neue Produktionsidee aufgreift und sich dadurch von den übrigen Produzenten abzusetzen versucht (Vorstoßen). Sobald sich zeigt, dass dies von Erfolg gekrönt ist, versuchen Scharen von Imitatoren, dem Pionierunternehmer seinen Vorsprungsgewinn wieder abzujagen (Nachstoßen). Festzuhalten ist somit, dass sich der Wettbewerb als Prozess aus Akten des Vor- und Nachstoßens aufbaut.

Vorsprungsgewinne, die durch einen Akt des vorstoßenden Wettbewerbs entstehen, bedrohen zugleich die Wettbewerbsposition von anderen Akteuren. Diese werden daher zur Aufrechterhaltung oder Wiederherstellung ihrer Marktstellung ihr schöpferisches Potential mobilisieren und dabei den Einsatz der unternehmerischen Aktionsparameter so umgestalten, dass sie wieder mit einer Verbesserung ihrer Position rechnen können. Mit anderen Worten, sie werden nicht nur versuchen, den Vorsprung des Wettbewerbers wettzumachen, sondern diesen Wettbewerber nach Möglichkeit noch zu überflügeln. Die zu diesem Zweck eingesetzten unternehmerischen Aktionsparameter können sich in der kurzen Frist auf den Preis, die Werbung, den Service usw. beziehen, längerfristig aber wird es um die Verbesserung und Erneuerung der Produktpalette gehen (Produktinnovation) oder auch um neue Produktionsverfahren (Verfahrensinnovationen). Darüber hinaus können neue Roh- und Werkstoffe oder eine neue Verwendung alter Rohstoffe entdeckt, schließlich die organisatorischen Strukturen in der Unternehmung oder auf dem Markt neu gestaltet werden (organisatorische Innovation). All dies spielt sich unter marktlicher Ungewissheit ab, das heißt, der gewandelte Aktionsparametereinsatz im Wettbewerbsprozess lässt sich mit dem Aufstellen und Prüfen neuer Hypothesen vergleichen (Wettbewerb als Hypothesentest). Die Hypothesen werden entweder bestätigt oder widerlegt, was so oder so einen Zuwachs von Wissen impliziert. Wettbewerb kann deshalb in diesem Sinne auch als ein Entdeckungsverfahren verstanden werden (*Hayek*). Es ist wichtig, sich klarzumachen, dass es hierbei um einen *trial and error*-Prozess geht, in dem die Akteure ihre Positionen ständig zu verbessern suchen. Es geht also gerade nicht um einen Vorgang, den man als einen Optimierungsprozess abbilden sollte. Dadurch, dass man der Marktgegenseite immer wieder neue Möglichkeiten anbietet, die man zunächst aus der subjektiven Sicht und Interpretation der Marktverhältnisse für eine Verbesserung hält, versucht man, sich in eine bessere Marktsituation gleichsam hineinzutasten. Betrachtet man die Dinge in dieser Weise, so hat dies zur Folge, dass man den Wettbewerbsprozess nicht als einen Gleichgewichtszustand interpretieren darf (Wettbewerb als Zustand), der aus der schlagartigen, allseitigen Optimierung gegebener Sachverhalte resultiert. Vielmehr stellt der

Wettbewerb ein Koordinationsgefüge dar, das ständig in Bewegung ist. Die Ordnung dieses Prozesses wird gleichsam durch die Gleichzeitigkeit von vorstoßenden und nachstoßenden Bewegungsformen aufgespannt. Ein Wettbewerbsprozess kann somit kein reiner Anpassungsprozess sein, sondern inkorporiert zugleich auch immer diejenigen Akte und deren Wirkungen, die der Bewegung des Systems zum Gleichgewicht entgegengesetzt sind.

Wenn die Akteure im Marktprozess aber einem solchen Wettbewerbsprozess ausgesetzt sind, in dem sie gewissermaßen ständig gefordert bleiben und daher ihr schöpferisches Potential unter Ungewissheit permanent einsetzen müssen, so werden sie durch die Kraft des Wettbewerbs geradezu wie von selbst dazu geführt, ihre Marktstellung durch Neuerungen zu verbessern. Dies stellt die nachhaltigste Strategie dar, vorausgesetzt freilich, dass die Innovation gelingt, ihre Durchführung also nicht auf einer subjektiven, aber eben falschen Einschätzung der Marktsituation beruhte. Da größere und kleinere Innovationen ständig in der Luft liegen, wenn vorstoßende und nachstoßende Bewegungen im Wettbewerb gleichzeitig ablaufen, wird es allerdings schwierig, in der Manier *Schumpeters* einen Zyklus begründen zu wollen. *Schumpeter* hat nämlich versucht, aus der Bewegungsform des Wettbewerbs unmittelbar auf den Konjunkturverlauf zu schließen. Durch das Zusammenwirken von Pionierunternehmer und Imitatoren wird eine Innovation im Markt heimisch gemacht, was zunächst einen Auf- und danach einen Abschwung herbeiführt. Da der Pionierunternehmer die neue Kombination der Produktionsfaktoren – also die Innovation – nur durchsetzen kann, wenn er (bei Vollbeschäftigung) Produktionsfaktoren aus alten Verwendungen abzieht, leitet er über die Faktormärkte den Aufschwung ein, dem dann, zeitlich versetzt, der Abschwung folgt, wenn nämlich die Produktionsprozesse der Imitatoren ausreifen und deren Produkte auf den Markt geworfen werden. Es muss folglich der Pionier „ruhen", wenn die Imitatoren aktiv werden und umgekehrt. Schließlich „ruhen" Pionier und Imitator, wenn die Innovation durchgeführt worden ist. Um einen Konjunkturverlauf zu erhalten, muss man daher das zyklische Auftreten von Innovationen postulieren, mithin auch das zyklische Auftreten von Pionierunternehmern und – zeitlich versetzt – von Imitatoren. Hält man dies für unbefriedigend, muss man nach einer anderen Begründung für die Zyklik suchen, wobei zugleich von einem anhaltenden Wettbewerbsprozess auszugehen ist. Hier setzt die markttheoretische Erklärung der Konjunktur an (*Schohl* 1999).[1]

Es ist somit festzuhalten, dass der Wettbewerb für Innovationen und – damit letztlich für technischen und organisatorischen Fortschritt – eine zentrale Antriebskraft darstellt. Dies ist nicht nur wichtig für die Erklärung von Konjunktur-

---

[1] *Schumpeter* hat in Verfeinerung seines konjunkturtheoretischen Ansatzes Faktoren für die zeitweilige Verdichtung und Abschwächung des Innovationsprozesses ins Spiel gebracht, um die Zyklik bei anhaltendem Wettbewerbsprozess zu begründen. Siehe hierzu die kritische Darstellung bei *Schohl* (1999a, S. 22 ff.; 1999b, S. 3 f.).

verläufen, es muss darüber hinaus gesehen werden, dass der Innovationsprozess tendenziell zugleich auch Wachstumsprozess sein wird. Weiterhin sollte man im Auge behalten, dass der wettbewerbsgesteuerte Innovationsprozess bestimmt ist durch die Gleichzeitigkeit beider Bewegungsrichtungen des Wettbewerbs, so dass sich der Prozess nicht als Gleichgewichtsprozess vollziehen kann.

3. Konjunkturbewegungen in der Sicht der Makroökonomik

Obgleich *Schumpeters* zentrale Idee, Konjunkturbewegungen aus dem Innovationsprozess heraus zu erklären, durchaus noch ihre Anhänger findet, so hat sie sich doch nicht als eine Idee im Mainstream-Denken etablieren können. Das Mainstream-Denken selbst ist dabei freilich keineswegs einheitlich. Es existiert eine Reihe von makroökonomischen Schulen, die mal mehr, mal weniger allgemeine Anerkennung finden. Aber eines haben diese Schulen gemeinsam, sie denken in Aggregaten und Wertsummen. Ihre Theorien bestehen darin, Verknüpfungen zwischen Aggregaten herzustellen. Dieses Denken in Aggregaten setzt mit dem Siegeszug des Keynesianismus in den dreißiger und vierziger Jahres des zwanzigsten Jahrhunderts ein. Die zur Debatte stehende Vorgehensweise der Makroökonomik hat durchaus ihre Vorteile, weil sie die Kreislaufzusammenhänge in stark vereinfachter Weise abzubilden gestattet. Doch man hat für diese Vereinfachung einen Preis zu zahlen. Bei der Bildung von Aggregaten müssen nämlich zwangsläufig Unterschiede innerhalb der Grundgesamtheiten, auf die sich die Aggregate beziehen, ignoriert werden. Auf diese Weise können wichtige Strukturmerkmale, die für die Bewegung der Konjunktur unter Umständen von ausschlaggebender Bedeutung sind, nicht mehr berücksichtigt werden. Hierfür sei nur ein Beispiel genannt, das aber um so bezeichnender ist. So werden alle Unternehmen in einem Unternehmenssektor zusammengefasst, und dieser Unternehmenssektor wird als eine handelnde Einheit vorgestellt, deren Verhalten sich beispielsweise durch eine Investitionsfunktion beschreiben lässt. Bereits an dieser Stelle wird deutlich, dass man damit den Wettbewerbsprozess praktisch schon ausgeblendet hat, denn im Wettbewerbsprozess sind die Unternehmen gerade durch Verschiedenartigkeit gekennzeichnet. Es liegt daher in der makroökonomischen Betrachtungsweise nahe, das Unternehmertum in Form des sogenannten repräsentativen Unternehmens einzuführen.[1] Dieses repräsentative Unternehmen wird dabei in aller Regel als Mengenanpasser konzipiert, um zumindest eine Vielzahligkeit der Akteure zu suggerieren. Ein Wettbewerbs*prozess* lässt sich jedoch auf diese Weise nicht simulieren und sei es nur ein Wettbewerb bezüglich des Aktionsparameters Preis. Angelegt ist das Ganze vielmehr so, dass ein Optimierungsprozess – gegebenenfalls ein stochastisch bestimmter – simuliert wird mit dem Ziel, einen Gleichgewichtszustand zu fixieren.

---

[1] Als Pendant wählt man für den Haushaltssektor den repräsentativen Haushalt.

Wie bereits festgestellt worden ist, gibt es keine einheitliche Schule der Makroökonomik, sondern verschiedene Ansätze. Deshalb wird die soeben beschriebene Prozedur in einen jeweils unterschiedlichen Kontext gestellt, der dann für die Konjunkturschwankungen verantwortlich gemacht wird. Auf diese Weise werden entweder die effektive Nachfrage (Keynesianismus), der Einfluss des Geldes (Monetarismus) oder schließlich die Erwartungsbildung ins Zentrum der Betrachtung gerückt. Um die Dinge zu vereinfachen, wird dann nur allzu gern auf eine Wirtschaft mit gegebener Technik zurückgegriffen. Wettbewerb, Innovationen und technischer Fortschritt bleiben ausgeblendet. Eine rühmliche Ausnahme von dieser Vorgehensweise stellt die *real business cycle*-Theorie der Konjunktur dar.[1] Hier wird wenigstens der technische Fortschritt als eine Ursache für gesamtwirtschaftliche Aktivitätsschwankungen herausgestellt. Deshalb sei die Vorgehensweise der Makroökonomik an diesem Beispiel etwas ausführlicher demonstriert. Dies erscheint um so berechtigter, als die Art des methodischen Vorgehens der *real business cycle*-Schule inzwischen auch von bestimmten Anhängern des Neukeynesianismus als vorbildlich eingestuft wird.[2]

Es ist im Abschnitt über den Wettbewerbsprozess herausgestellt worden, dass technische und organisatorische Fortschritte im wesentlichen als Ergebnis von Wettbewerbsprozessen auftreten, also endogen vom Marktprozess erzeugt werden. Hiervon kann im Modellansatz der *real business cycle*-Schule jedoch keine Rede sein.[3] Technischer Fortschritt stellt hier lediglich eine Störgröße dar, die man dann konsequenterweise als exogenen Schock definiert. Formal wird er als stochastischer Prozess modelliert. Das „normale“ Geschäft sowohl des Haushaltssektors als auch des Unternehmenssektors besteht dann ausschließlich in der Optimierung. Der technische Fortschritt, der plötzlich irgendwie da ist und als Schock auftritt, wird von dem repräsentativen Unternehmen lediglich als eine Steigerung der totalen Faktorproduktivität erfahren und entsprechend im Gewinnmaximierungsprozedere berücksichtigt, was auf eine reine Anpassungsreaktion hinausläuft. Die daraus resultierenden Änderungen der Faktorpreise werden dann vom repräsentativen Haushalt wahrgenommen, der unter Bildung von rationalen Erwartungen seine intertemporale Faktorallokation anpasst. Unter der Annahme, dass auf allen Märkten durchgehend Gleichgewichte realisiert werden, hat dies zur Folge, dass der Haushaltssektor im Falle eines, die totale Faktorproduktivität steigernden, technischen Fortschrittes seine Arbeitszeit ebenso ausdehnt wie das repräsentative Unternehmen seine Produktion und Investition, so dass ein Aufschwung generiert wird. Als Folge des „technologischen“ Schocks

---

[1] Einen knappen Überblick gibt *Arnold* (2002), S. 74 ff.

[2] Siehe hierzu etwa *Arnold* (2002), S. 90. Es muss allerdings darauf hingewiesen werden, dass die von den Vertretern der real business cycle-Schule gewählte Prozedur im Neukeynesianismus mit anderen Inhalten gefüllt wird. Siehe in diesem Zusammenhang *Arnold* (2002), S. 96 ff.

[3] Technischer Fortschritt fällt also quasi vom Himmel.

steigt die Wachstumsrate des Sozialprodukts vorübergehend an, muss sich aber mit der Absorption des technischen Fortschritts längerfristig wieder zurückbilden. Dann gehen auch das Arbeitsangebot und die Investitionen wieder zurück. All dies vollzieht sich unter Wahrung des Gleichgewichtes, und die dabei auftretende Beschäftigungsminderung wird als freiwillige Arbeitslosigkeit interpretiert. Damit das System nicht zur Ruhe kommt, bedarf es eines weiteren exogenen Schocks im Sinne der Steigerung der Faktorproduktivität, um das System in einen erneuten Aufschwung zu treiben. Mit anderen Worten, es sind die exogenen Schocks, die als Impulsgeber fungieren und dem System seine Zyklik verleihen.

Nun mag es modelltechnische Gründe geben, Entstehung und Verarbeitung von technischen und organisatorischen Fortschritten in dieser Form zu erfassen, aber es ist klar, dass diese Vorgehensweise nichts mit der Art und Weise zu tun hat, in der im Wettbewerbsprozess technischer und organisatorischer Fortschritt erzeugt und umgesetzt wird. So folgen die Unternehmen im Wettbewerbsprozess eben nicht einer reinen Anpassungsbewegung im Sinne einer Optimierung, denn für eine solche Optimierung fehlen den Unternehmen in aller Regel die nötigen informatorischen Voraussetzungen. Vielmehr versuchen sie im Sinne des beschriebenen *trial and error*-Prozesses, ihre Position im Wettbewerbsprozess durch den neuartigen Einsatz von Aktionsparametern zu verbessern.[1] Sie reagieren nicht nur im Sinne einer Anpassungsbewegung, sondern sie agieren auch im Sinne einer vorstoßenden Wettbewerbsbewegung, und dabei handeln sie, wie sich im nächsten Abschnitt zeigen wird, auf durchaus unterschiedliche Weise. Kurz, auch im Modell der *real business cycle*-Schule, in dem der technische Fortschritt immerhin thematisiert wird, geht man von einer verkürzten Vorstellung vom Wettbewerbsprozess aus. Damit stellt sich die Frage, ob man diesen Mangel bei der markttheoretischen Erklärung der Konjunktur (*Schohl* 1999) vermeiden kann.

4. Zur markttheoretischen Erklärung der Konjunktur

Da die makroökonomische Analyse mit Aggregaten arbeitet, kann sie die konjunkturelle Bewegung nur durch die Schwankungen des Sozialproduktes bzw. der Wachstumsrate des Sozialproduktes erfassen oder, wenn man auf das Produktionspotential abstellt, durch einen schwankenden Auslastungsgrad dieses Produktionspotentials. Wie zuvor ausgeführt worden ist, werden diese Schwankungen auf die Optimierungsentscheidungen des repräsentativen Haushalts einerseits und der repräsentativen Unternehmung andererseits zurückgeführt. Damit werden aber die Wettbewerbskräfte im Sinne eines dynamisch-evolutorischen Wettbewerbsprozesses zwangsläufig in den Hintergrund gedrängt. In der markttheoretischen Erklärung der Konjunktur – wie sie insbesondere von *Schohl* vertreten wird – gibt es die repräsentative Unternehmung nicht. Vielmehr bleiben

---

[1] Als Ziel wird der technische und organisatorische Fortschritt sowohl beim aktiven als auch beim reaktiven Einsatz von Aktionsparametern angestrebt.

die einzelnen Unternehmen prinzipiell selbst Gegenstand der Analyse, sie werden nicht zu einem Unternehmenssektor aggregiert.[1]

Der Ansatzpunkt der Analyse von *Schohl* liegt zunächst auf der empirischen Seite. Er kann auf einen umfangreichen Datensatz großer deutscher Unternehmen (in der Rechtsform der Aktiengesellschaft) mit langen Zeitreihen bezüglich der Jahresabschlüsse zurückgreifen. Damit wird es möglich, die Entwicklung von Umsätzen, Lagerhaltung und Produktion sowie Gewinnen über mehrere Jahre hinweg zu verfolgen und diese Entwicklung gleichzeitig zu kontrastieren mit dem gesamtwirtschaftlichen Konjunkturverlauf, wie er sich aus den Daten der Deutschen Bundesbank ergibt. Bei diesem Vergleich tritt nun eine ausgesprochene Heterogenität der betrachteten Unternehmen hervor, die auf der Makroebene aufgrund der geschilderten Aggregationsprozedur gar nicht in Erscheinung treten kann. So zeigt sich zunächst einmal, dass in allen makroökonomisch definierten Konjunkturphasen ein Teil der Unternehmen steigende Werte von Umsatz, Lagerhaltung und Produktion aufweist, während gleichzeitig andere Unternehmen sinkende Werte ausweisen. Allerdings ändert sich im Konjunkturverlauf die jeweilige Anzahl der Firmen, die in die Reihe steigender Werte, und derjenigen, die in die Reihe sinkender Werte einzuordnen sind. Um diese Heterogenität einzufangen, konstruiert *Schohl* den sogenannten *Hultgren*-Index.[2] Dieser ist definiert als die Anzahl der Unternehmen mit steigenden Werten, bezogen auf die Anzahl der erfassten Unternehmen insgesamt.[3] Wie zu erwarten, verläuft der *Hultgren*-Index prozyklisch, das heißt, im Aufschwung steigt beispielsweise die Anzahl der Unternehmen mit steigendem Umsatz an, entsprechend nimmt der Anteil von Unternehmen mit steigendem Umsatz im Abschwung ab.

Schon hier lässt sich eine gewisse Beziehung zur wettbewerbstheoretischen Betrachtungsweise herstellen. Gehören von den betrachteten Unternehmen mehrere der gleichen Branche an und weisen von diesen Unternehmen einige steigende Umsätze, steigende Produktion und gegebenenfalls auch steigende Gewinne auf und zur gleichen Zeit andere Unternehmen entsprechend sinkende Werte, so liegt die Vermutung nahe, dass die betrachteten Unternehmen sich in unterschiedlichen Phasen des vor- oder nachstoßenden Wettbewerbs befinden. Da, wie ein-

---

[1] Die Denkfigur des repräsentativen Individuums ist zuerst in der Mikroökonomik verwendet worden (*Marshall* 1890). Im Rahmen der Entfaltung der industrieökonomischen Ansätze und der Wettbewerbstheorie zeigten sich aber sehr bald gravierende Mängel dieses Konzeptes, so dass man davon wieder abrückte. Gerade zu dieser Zeit begann jedoch der Aufstieg der Makroökonomik, die aufgrund ihrer Konstruktionsprinzipien nur allzu bereit war, das in der Mikroökonomik bereits als untauglich erkannte Konzept aufzugreifen. Siehe hierzu im einzelnen *Schohl* (1999), S. 63 ff.

[2] Diese Definition bezieht sich auf den Beitrag von *Hultgren* (1950).

[3] Beträgt der *Hultgren*-Index z.B. 65 v. H., so bedeutet dies, daß 65 v. H. der Unternehmen steigende Umsätze, Lagerhaltung oder Produktion aufweisen, 35 v. H. der Unternehmen zeigen hingegen stagnierende oder sinkende Werte. Man beachte, dass die maximale Heterogenität bei einem Wert des *Hultgren*-Indexes von 50 v. H. auftritt.

gangs geschildert worden ist, in diesem Wettbewerbsprozess auch Innovationen hervorgebracht werden, so liegt der weitere Schluss nahe, dass bei dieser Betrachtungsweise markttheoretischer Art der mit den Innovationen verbundene technische Fortschritt nicht als etwas Exogenes behandelt wird, sondern als Ausfluss unternehmerischer Aktion oder Reaktion aufgefasst werden kann. Schließlich sei noch darauf hingewiesen, dass die unterschiedliche Situation, in der sich die Unternehmen zu einem bestimmten Zeitpunkt befinden, nicht als das Ergebnis einer einheitlichen Reaktion im Sinne des repräsentativen Unternehmens gedeutet werden kann. Vielmehr liegt hier eine Populationsbetrachtung vor, in der eine ständige Bewegung zwischen „steigenden" und „fallenden" Reihen stattfindet. Je nachdem, welche Bewegungsrichtung dominiert, kann die Art der vorherrschenden „Reihe" wechseln. Dies macht sich auf der Marktebene als „Konjunkturumschwung" bemerkbar.

Für die Konjunkturtheorie relevant ist nun allerdings vor allem die Frage, was den *Hultgren*-Index in Bewegung setzt, was also den Wechsel der Unternehmen von steigenden Reihen zu fallenden Reihen oder umgekehrt bewirkt. Um dieser Frage auf die Spur zu kommen, hat *Schohl* ein weiteres Moment der Heterogenität offengelegt, und zwar indem er die Gesamtkapitalrentabilität der Unternehmen ins Visier nimmt. Hier zeigt sich ein überraschender Befund. Die Differenz der Rentabilitäten zwischen den Unternehmen ist nämlich im Tiefpunkt der Konjunkturbewegung stärker ausgeprägt als im Hochpunkt der Konjunktur, oder wie es *Schohl* formuliert: Es kommt zu einer Aufspreizung der Renditestruktur im Abschwungsprozess. Diesen Vorgang misst er genauer durch die Renditen-Querschnittsvarianz und die Varianz der Renditenänderungen. Dabei geht es, wie gesagt, zunächst einmal um eine empirische Feststellung.

Wenn es aber zu der geschilderten stärkeren Veränderung der Renditestruktur bzw. der gestiegenen Varianz der Renditenänderung im Abschwungsprozess kommt, so muss offenbar das Verhalten der Unternehmen, was den zeitlichen Vorlauf betrifft, ebenfalls durch Heterogenität gekennzeichnet sein. Anders ausgedrückt, diejenigen Unternehmen, deren Rendite im Abschwungsprozess relativ hoch ausfällt, müssen tendenziell ihr Aktivitätsniveau beim Aktionsparametereinsatz relativ früh gesteigert haben, jedenfalls früher als diejenigen Unternehmen, deren Rendite relativ zurückfällt. Damit liegt wiederum der Bezug zum Wettbewerbsprozess nahe, denn dieser ist, wie herausgestellt, durch vor- und nachstoßende Akte gekennzeichnet. Es drängt sich hier die Vermutung auf, dass diesem gesteigerten Aktivitätsniveau eine höhere Innovationsaktivität entspricht, was im vorliegenden Kontext darauf hinausläuft, dass die Unternehmen unterschiedlich früh der sich abschwächenden Konjunktur mit innovatorischen Aktivitäten gegensteuern. Nun denkt man bei dem Begriff Innovation nur allzu gern an einen technischen oder vielleicht auch organisatorischen Fortschritt. Aber um einen solchen muss es sich bei einem gesteigerten Aktivitätsniveau nicht unbedingt handeln. *Schohl* schlägt daher den Begriff Produktionspuls[1] vor, um zum Ausdruck zu bringen, dass sich das erhöhte Aktivitätsniveau auf den Aktionsparametereinsatz insgesamt beziehen kann. Das heißt, es muss nicht in jedem Falle zu neuen Produkten, Produktvarianten, Verfahrensfortschritten von beachtlichem Ausmaß kommen, sondern es können sich die Produktionspulse auch darauf beziehen, dass schlicht die Anstrengung im Wettbewerbsprozess erhöht wird, oder anders gewendet, dass X-Ineffizienz abgebaut wird. Da in diesem Prozess aber in jedem Falle auch Innovationen von größerer Bedeutung durchgeführt werden, soll im folgenden davon ausgegangen werden, dass die Renditenspreizung bzw. die Erhöhung der Varianz der Renditenänderung primär mit dem Innovationsprozess und damit mit dem Prozess des technischen Fortschritts in engem Zusammenhang steht. Mit der erhöhten Innovationsaktivität, oder etwas allgemeiner formuliert, mit der Setzung vermehrter Produktionspulse, wird eine Angebotsänderung vorbereitet und durchgeführt, die dann zeitlich versetzt zu der Renditenveränderung führt. Es liegt daher für *Schohl* nahe, eine Varianz der Angebotsänderungen zu definieren und diese mit der Varianz der Renditenänderung in Beziehung zu setzen. Formal geschieht dies in der Form von *Lotka-Volterra*-Gleichungen. Mit anderen Worten, es ergibt sich hieraus ein zyklischer Prozess.[2] In einem Phasendiagramm wird damit der Konjunkturverlauf durch das Zusammenwirken zweier Spreizmaße, nämlich durch die Varianz der Angebotsänderungen einerseits und durch die Varianz der Renditenänderungen andererseits, darstellbar.

Die zyklische Bewegung der Varianz der Angebotsänderungen bedeutet also, dass das Aktivitätsniveau der Unternehmensleistungen (Innovationsaktivität) nicht konstant ist, sondern der Veränderung unterliegt. Was aber ruft diese Aktivitätsschwankungen hervor? Naheliegend ist die Verbindung zum Wettbewerbsprozess. In der Tat versucht *Schohl*, diese Schwankungen vollständig aus dem Wettbewerbsprozess heraus zu erklären. Damit macht er sich die Sache freilich schwerer, als es notwendig ist. Er begreift die einzelnen Unternehmen praktisch nur vom Wettbewerb in ihrer Branche her, was die zeitliche Struktur und Verteilung der Produktionspulse angeht. Er stellt die Unternehmen somit nicht in ein Handlungsfeld, in dem sie sich auch über die Branchengrenzen hinaus wechselseitig beeinflussen können, etwa indem sie sich in die eine oder in die andere Richtung stimulieren. Geht man nämlich einmal davon aus, dass die einzelnen Unternehmen ihr Aktivitätsniveau nur nach den Wettbewerbsverhältnissen in

---

[1] „Die Veränderungen der individuellen Produktionsleistungen, die man vereinfacht auch als ‚Produktionspulse' bezeichnen könnte, stellen die Beiträge der Unternehmen zur Veränderung der gesamtwirtschaftlichen Kapazitätsauslastung dar. Diese Produktionspulse bilden die ‚Elementareinheiten' der Konjunktur" (*Schohl* 1999a, S. 208). Die Produktionspulse sind von unterschiedlicher Dauer. Zumindest einigen Produktionspulsen müssen offenbar Innovationsaktivitäten (z. B. in Form von Forschung und Entwicklung) vorausgehen.

[2] Für die Einzelheiten siehe *Schohl* (1999a), Kap. 6.

ihrer eigenen Branche ausrichteten, so wäre es durchaus vorstellbar, dass im Grenzfall – bezogen auf die Gesamtwirtschaft – ein in etwa gleichmäßiges Aktivitätsniveau in der Gesamtwirtschaft realisiert würde.[1] Da aber tatsächlich Konjunkturschwankungen existieren, spricht vieles dafür, die Unternehmen in einen solchen Zusammenhang zu stellen, dass „Ansteckungseffekte“ und somit auch Schwankungen in der Gesamtwirtschaft möglich werden. Genau dies wird erreicht, wenn man die volkswirtschaftlichen Verflechtungszusammenhänge im Sinne der Lieferstruktur berücksichtigt, oder etwas anders ausgedrückt, indem man die volkswirtschaftliche Kapitalstruktur mit in die Überlegungen einbezieht.

5. Die Bedeutung der Kapitalstruktur für die Erklärung von Konjunkturbewegungen

Die volkswirtschaftliche Lieferstruktur lässt sich bekanntlich anhand von Input-Output-Tabellen beschreiben und sagt zugleich etwas über die volkswirtschaftliche Produktionsstruktur aus. Außerdem lässt sich von hier aus ein Bogen zur Kapitalstruktur im volkswirtschaftlichen Sinne schlagen. Die Lieferverflechtungen machen deutlich, dass das Aktivitätsniveau der Unternehmungen nicht nur von den Wettbewerbsverhältnissen auf der gleichen Produktionsstufe (Sektor oder Branche) bestimmt wird, sondern dass wichtige Impulse über den Nexus der abgeleiteten Nachfrage auf vorgelagerte Stufen oder über den Nexus des nach vorne gerichteten Absatzzusammenhangs auf nachgelagerte Stufen übertragen werden. Auf diese Weise können sich Wettbewerbsimpulse über die Produktionsstufen hinweg ausbreiten und so zu einer gewissen Verstärkung der Aktivitätsschwankungen beitragen.[2] Um die damit angesprochenen Wirkungen in ihrer ganzen Tragweite zu erfassen, darf man nicht nur an die Preissignale oder an die Mengenveränderungen denken, über die in vertikaler oder diagonaler Richtung bestimmte Stimuli wettbewerblicher Aktivität übertragen werden. Vielmehr ist hier auch die Innovationsaktivität zu berücksichtigen und mit ihr der technische und organisatorische Fortschritt.

Auf den Zusammenhang zwischen Wettbewerb, Innovationsaktivität und technischem Fortschritt ist bereits eingegangen worden. Zu fragen bleibt allerdings noch, wie sich die Umsetzung des im Wettbewerbsprozess erzeugten technischen Fortschrittes auf die Produktionsstruktur auswirkt. Dies zu bedenken ist deshalb wichtig, weil hierdurch die Art des Austausches zwischen den einzelnen Produktionsstufen betroffen ist und damit auch die Kommunikation, die bei der Imple-

---

[1] In diesem Falle wären die „Branchenkonjunkturen“ über die Zeit vollkommen gleichmäßig verteilt, das heißt, das Maximum des Aktivitätsniveaus in den einzelnen Branchen würde dann jeweils zeitlich versetzt erreicht. *Schohl* würde dem seinen empirischen Befund der Varianz der Renditenänderungen entgegenhalten, der mit einer solchen Verteilung des Aktivitätsniveaus über die Branchen hinweg nicht vereinbar ist. Wie aber ist der empirische Befund seinerseits zu erklären?

[2] Man kann hierbei durchaus an die Produktionspulse *Schohls* denken.

mentierung des technischen Fortschrittes zwischen den Stufen erforderlich wird. Mit anderen Worten, die als Folge der verstärkten Wettbewerbsaktivität an einer bestimmten Stelle des Systems einsetzende, verstärkte Neigung zur Umsetzung neuen technischen Wissens wird zu einer Verstärkung der Impulse führen, die an anderer Stelle wirksam werden. Damit kann verstärkte Wettbewerbsaktivität schließlich gesamtwirtschaftlich relevant werden und zur Entstehung von Konjunkturbewegungen beitragen.

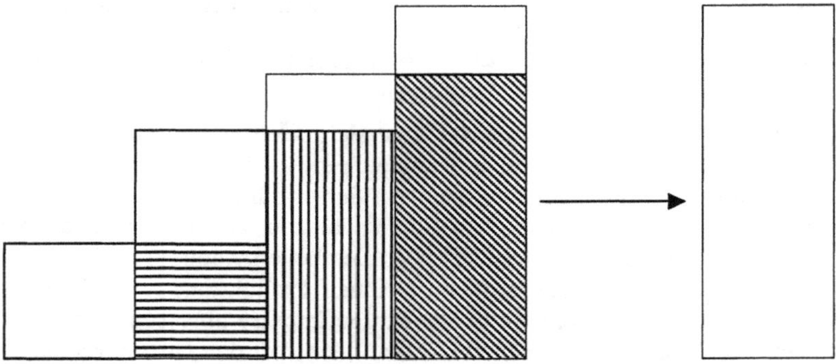

Abbildung 1

Der soeben angesprochene Zusammenhang lässt sich an dem in Abbildung 1 wiedergegebenen einfachen Stufenschema demonstrieren.[1] Auf einer ersten Produktionsstufe wird nur mit Arbeitskraft produziert. Das fertige Produkt wird dann auf die Produktionsstufe zwei weitergereicht. Dort wird unter Zusatz von neuer Arbeitsleistung ein weiteres Zwischengut produziert, das dann auf die dritte Produktionsstufe weitergereicht wird und so fort, bis schließlich die Konsumgutstufe

[1] Dabei handelt es sich um einen Spezialfall der allgemeinen Verflechtungsmatrix, und zwar insofern, als es hier eine eindeutige Bewegungsrichtung der volkswirtschaftlichen Lieferströme gibt, nämlich angefangen von der „Urproduktion" hin zum Konsum. Man spricht auch von einem linearen Modell. In Abbildung 1 ist nur das Umlaufkapital berücksichtigt. *Hicks* hat in seinem Buch „Capital and Time" ein ähnliches lineares Schema verwendet, allerdings die Fixkapitalgüter mit in die Betrachtung einbezogen (*Hicks* 1973). Im übrigen geht dieses Stufenschema auf die Österreichische Schule zurück. Es entspricht weitgehend dem sogenannten Arbeitsring *von Böhm-Bawerks*. Später hat insbesondere *von Hayek* mit diesem Stufenschema gearbeitet. Berücksichtigt man die sogenannten „Rückversetzungen", erhält man ein „zirkulares" Modell, in dem keine eindeutige Lieferrichtung mehr zu erkennen ist. Vgl. hierzu *Helmstädter* (1965).

erreicht wird.[1,2] Um die Dinge weiter zu vereinfachen, sei im folgenden von einem Zweistufenmodell ausgegangen, so dass jeweils ein Investitionsgüter- und ein Konsumgütersektor existieren (siehe Abbildung 2). Kommt es nun zum technischen Fortschritt, der sich hier als Verfahrensfortschritt darstellt, so kann dieser ganz verschiedene Formen annehmen. Beispielsweise kann der erforderliche Arbeitseinsatz prozentual auf beiden Stufen in gleicher Weise abnehmen. Dann spricht *Hicks* von neutralem technischen Fortschritt. Neutral ist der technische Fortschritt deswegen, weil in diesem Falle der technische Fortschritt absorbiert werden kann, ohne dass es zu Umsetzungen der Arbeitskräfte von einer Stufe zur anderen Stufe kommt. Der technische Fortschritt kann allerdings auch darin bestehen, dass die Einsparung an Arbeitsleistungen auf der Kapitalgüterstufe ausgeprägter ist als auf der Konsumgüterstufe. In diesem Falle spricht *Hicks* vom *backward-biased* technischen Fortschritt. Den umgekehrten Fall bezeichnet er als *forward-biased*. Schließlich kann es noch zum *strong forward-biased* technischen Fortschritt kommen. In diesem Falle ist die prozentuale Einsparung an Arbeitskraft im Konsumgütersektor besonders stark ausgeprägt, wofür allerdings ein Arbeitsmehraufwand auf der Kapitalgüterstufe erfolgen muss.[3] Im umgekehrten Falle spricht *Hicks* vom *strong backward-biased* Fall. Die vier zuletzt genannten Fälle des technischen Fortschrittes sind allesamt nicht-neutral. *Hicks* kommt in seiner Analyse zu dem Ergebnis – und gerade dies ist aus konjunkturtheoretischer Sicht aufschlussreich –, dass im Falle des nicht-neutralen technischen Fortschrittes Wanderungsbewegungen der Arbeitskräfte (der Produktionsfaktoren) notwendig werden, wenn die Vollbeschäftigungsbedingung aufrechterhalten werden soll. Wanderungen der Arbeitskräfte zwischen den Sektoren bedeuten aber im Zweistufenmodell nichts anderes als Schwankungen der Investitionen.[4] Die Wirkungskette Wettbewerb – Innovationsaktivität – techni-

---

[1] Man beachte, dass bei Berücksichtigung der volkswirtschaftlichen Produktionsstruktur auch insofern eine wichtige Modifikation vorgenommen wird, als man nun nicht mehr von einem homogenen, gesamtwirtschaftlichen Kapitalbestand – symbolisiert durch eine Mengengröße K – ausgeht, sondern es erhält das volkswirtschaftliche Kapital eine sachliche und zeitliche Gestalt. Nicht zuletzt hieraus erklären sich die im Zusammenhang mit dem *Hicks*schen Modell geschilderten Umsetzungsnotwendigkeiten in Bezug auf die Arbeitskräfte. Es sei noch vermerkt, dass auch dieser Zusammenhang in der *real-business-cycle*-Theorie unterdrückt wird, weil man dort in aller Regel von einem homogenen Kapitalbestand ausgeht.

[2] Das Stufenschema ist bekanntlich in der *Hayek*schen Konjunkturtheorie verwendet worden, um die durch eine Kreditexpansion über eine Zinssatzsenkung ausgelöste Verzerrung der Produktionsstruktur zur Erklärung der Konjunkturbewegung heranzuziehen. Diese monetären Aspekte müssten auch bei einer markt- oder wettbewerbstheoretischen Erklärung beachtet werden. Es bleibt allerdings zu prüfen, wie groß die Bedeutung dieser Verzerrungseffekte ist und wie sie sich in einem evolutorisch-dynamischen Kontext ausnehmen. Diese Aspekte werden im vorliegenden Beitrag nicht verfolgt.

[3] Es sei darauf hingewiesen, dass in diesem Falle die Konsumgüterproduktion zunächst rückläufig sein kann, ein Sachverhalt, den man im allgemeinen gerade nicht mit dem Begriff des technischen Fortschritts assoziiert. Bezüglich einer vereinfachten Darstellung des *Hicks*schen Ansatzes siehe *Fehl* (1975).

[4] Man beachte, dass der Arbeitsaufwand auf der ersten Stufe der Produktion (Investitionsgüterstufe) die Höhe der Investitionsgüterproduktion widerspiegelt. Bei mehr als zwei Stufen ist die unterschiedliche Bindungszeit des originären Faktoreinsatzes zusätzlich zu beachten.

scher Fortschritt bringt somit ein durchaus konjunkturrelevantes Phänomen, nämlich die Schwankungen der Investitionen, mit sich.[1]

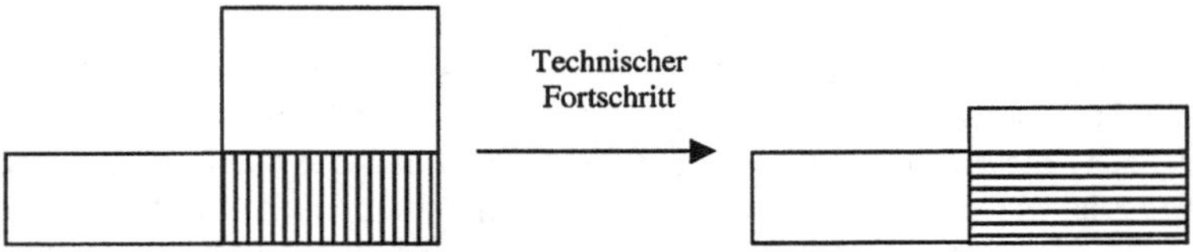

Abbildung 2

Nun ist das *Hicks*sche Modell nicht ohne weiteres auf die Welt anwendbar, die im Wettbewerbsprozess vorausgesetzt worden ist. In der *Hicks*schen Modellwelt werden nämlich die technischen Fortschritte nacheinander abgearbeitet, während im Wettbewerbsprozess der technische und organisatorische Fortschritt sozusagen immer am Werke ist, so dass bei anhaltend steigendem Wissen permanent Neuerungen in das System eingespeist werden.[2] Außerdem wird man in der Realität nicht immer Vollbeschäftigung unterstellen können.[3] Weiterhin wird man nicht – wie *Hicks* – von durchgehend homogener Arbeitskraft ausgehen dürfen.[4] Außerdem kommt bei *Hicks* der Prozesscharakter des wettbewerblichen Innovationsprozesses nicht in den Fokus. Aber selbst wenn man all dies bedenkt, so kann man doch von der *Hicks*schen Modellbetrachtung einiges lernen. Sie weist nämlich auf eine bestimmte Tendenz hin, nämlich auf die notwendige Wanderung der Arbeitskräfte – oder allgemeiner gesprochen, der Produktionsfaktoren – zwischen den Sektoren als Folge des technischen Fortschritts.[5] Diese Tendenz

---

[1] Im Falle des zirkularen Modells (mit Rückversetzungen) können sich die Dinge etwas anders präsentieren. An der Tendenz der Aussage dürfte sich hingegen nichts ändern. Siehe hierzu grundsätzlich *Helmstädter* (1958).

[2] Die Koexistenz verschiedener Techniken ist somit der Normalfall, während bei *Hicks* die „Gleichzeitigkeit des Ungleichzeitigen" nur eine vorübergehende Situation darstellt.

[3] Vielmehr wird gerade die mit Umsetzungen von Arbeitskräften verbundene Implementation von technischen und organisatorischen Fortschritten zu Beschäftigungsschwankungen Anlass geben. Siehe hierzu *von Delhaes/Fehl* (1979).

[4] Es sind daher gegebenenfalls Lernprozesse erforderlich, die zu einer Veränderung des Humanvermögens führen. Außerdem gilt es zu berücksichtigen, dass mit neuen technischen Verfahren immer auch erst die passenden Inputs (Kapitalgüter) bereitgestellt werden müssen, die gegebenenfalls völlig neue Eigenschaften aufweisen können.

[5] Man wird ja nicht ohne weiteres unterstellen dürfen, dass der technische Fortschritt durchgehend neutral im Sinne von *Hicks* ist.

gilt es, in der Konjunkturtheorie zu beachten. Das bedeutet vor allem, dass die einzelnen Sektoren bzw. Stufen des Produktionsprozesses den technischen Fortschritt nicht unabhängig voneinander implementieren können, sondern in aller Regel eine gewisse Zusammenarbeit erforderlich ist. Anders ausgedrückt, der technische Fortschritt führt wegen der im allgemeinen zu erwartenden Schwankungen des sektoralen Arbeitseinsatzes zu einem verstärkten Koordinationsbedarf zwischen den Sektoren: Verstärkte Aktivität wirkt ansteckend.

Das verweist zugleich auf die Bedeutung des sogenannten technologischen Paradigmas. Bekanntlich kommt es in diesem Falle zu einer verstärkten Notwendigkeit der Zusammenarbeit einzelner Produktionsstufen schon aus dem rein technischen Zusammenhang heraus, das heißt, es geht dann nicht, wie im soeben geschilderten Fall, lediglich um unterschiedliche Prozentsätze bei der Einsparung von Arbeitsleistungen auf den verschiedenen Stufen des Produktionsprozesses. Liegt ein technologisches Paradigma vor, so können die Akteure einzelne Innovationsschritte in ihrem eigenen „Waltbereich" sinnvollerweise nur dann vornehmen, wenn diese innerhalb des gleichen technologischen Paradigmas verbleiben.[1] Mit anderen Worten, die einzelnen Akteure sind nicht unabhängig voneinander in der Lage, den technischen Fortschritt zu implementieren oder fortzuentwickeln. Dies wird besonders bedeutsam für den Fall, dass es im Rahmen der technischen Weiterentwicklung zu einem Wechsel[2] des technologischen Paradigmas kommt. Dann wird eine verstärkte Wettbewerbsaktivität (Innovationsaktivität) – z.B. über Innovationsführerschaft – eine verstärkte Aktivität auch in anderen Bereichen anstoßen.[3]

Damit zeigt sich insgesamt ein Ergebnis, das dem von *Schumpeter* ähnlich ist. Auch bei *Schumpeter* sind es Innovationen im Hinblick auf Produkt- oder Verfahrensverbesserungen, die den eigentlichen Grund für die zyklische Bewegung ausmachen. Allerdings muss man bei der Berücksichtigung der Kapitalstruktur (und ihrer Veränderungen) und des technologischen Paradigmas nicht auf die Metapher vom Pionierunternehmer und der Schar der Imitatoren zurückgreifen. Vielmehr entwickelt sich die Konjunkturbewegung ganz natürlich aus dem anhaltenden Wettbewerbsprozess heraus. Im Wettbewerbsprozess kommt die von *Schohl* herausgestellte Heterogenität zum Tragen. Sie ist verantwortlich dafür,

---

[1] Anders ausgedrückt, der technische Fortschritt lässt keine „autonomen" Aktionen seitens der einzelnen Unternehmen bzw. Sektoren zu.

[2] Der Wechsel des technologischen Paradigmas bezieht sich freilich nicht auf den alltäglichen Prozess der Produktion von Verbesserungen, sondern betrifft einen größeren Innovationsschritt. Ein solch größerer Technikwechsel im Sinne eines Paradigmenwechsels ist vor allem dann zu erwarten, wenn in bestimmten Branchen der Marktphasenzyklus sich von der Experimentier- zur Expansionsphase hin entwickelt hat, also dann, wenn dieser Zweig gesamtwirtschaftlich relevant wird. Wettbewerbsaktivitäten an einer Stelle stimulieren dann Aktivitätssteigerungen an anderen Stellen des Marktsystems.

[3] Dies gilt gegebenenfalls selbst für den Fall, dass der technische Fortschritt im *Hicks*schen Sinne neutral sein sollte.

dass die Innovationsaktivitäten in einer Branche über die Zeit ungleich verteilt sind. Andererseits kommt es zu bestimmten wechselseitigen Verstärkungseffekten, die es zudem mit sich bringen, dass die Innovationsaktivitäten auch in der Gesamtwirtschaft zeitlich nicht vollkommen gleich verteilt sind. Dieser Sachverhalt lässt sich mit Hilfe der volkswirtschaftlichen Kapitalstruktur verdeutlichen. Durch letztere wird gleichsam das Handlungsfeld konstituiert, in dem sich der Wettbewerb zwischen den Unternehmen über die Branchen bzw. Sektoren hinweg abspielt. Zu diesem Handlungsfeld gehören gegebenenfalls weitere Restriktionen, die sich aus der Existenz von technologischen Paradigmen ergeben können. Sie bedingen einen erhöhten Koordinationsbedarf zwischen den Stufen oder Sektoren, was zu bestimmten Häufungen von Innovationen längs der Zeitachse führen kann. Die Umsetzung von Neuerungen zieht regelmäßig Änderungen der volkswirtschaftlichen Kapitalstruktur nach sich: Je nach dem Profil des technischen Fortschritts werden zyklische Bewegungen von Produktionsfaktoren zwischen den Sektoren notwendig. Diese Bewegungen implizieren ebensolche zyklischen Schwankungen der Investitionen, was wiederum ein Indikator für konjunkturelle Schwankungen darstellt.[1] Damit aber erreicht die Wirkungskette Wettbewerb – Innovationen – technischer und organisatorischer Fortschritt – Änderungen der Kapitalstruktur – Investitionsschwankungen – Konjunktur ihren Endpunkt. Es ist der Wettbewerb, welcher die konjunkturellen Schwankungen auf die von *Schohl* geschilderte Weise generiert. Die Veränderung der Kapitalstruktur aber, die durch den wettbewerbsgetriebenen Innovationsprozess ausgelöst wird, offenbart zugleich, dass es auch auf das zeitlich-sachliche Profil des technischen Fortschritts ankommt. Mit anderen Worten, der technische Fortschritt kann nicht schlicht als exogene Störgröße betrachtet werden, wenn man die von ihm ausgelösten Bewegungen von Produktionsfaktoren zwischen den Sektoren und die hiermit einhergehenden Schwankungen der Investitionen und der zeitlichen Bindung von Produktivkräften adäquat verstehen will. Das Profil des technischen Fortschritts stellt ein wichtiges Moment der vom Wettbewerb erzeugten Aktivitätsschwankungen dar, weil es auf der gesamtwirtschaftlichen Ebene das Muster der zeitweiligen Verdichtung und Verdünnung von Innovationsaktivitäten im Sinne einer gewissen Synchronisation reproduziert.[2]

---

[1] Ob die sektoralen Arbeitseinsätze als Folge des nicht-neutralen technischen Fortschritts tatsächlich – wie *Hicks* behauptet – schwanken, stellt zunächst lediglich eine Hypothese dar. Hier besteht in empirischer Hinsicht zweifellos ein Forschungsbedarf. Um diesen Aspekt in der Konjunkturtheorie zu berücksichtigen, muss die empirische Forschung allerdings etwas anders ausgerichtet werden als in der gegenwärtig dominierenden Makroökonomik.

[2] In gewisser Hinsicht werden damit die von *Schohl* verworfenen „späten" Versuche *Schumpeters*, die Synchronisation von Innovationen zu erklären, in anderer Form bis zu einem gewissen Grade rehabilitiert.

6. Schlussfolgerungen

Es spricht einiges dafür, dass gewisse Mängel der Makroökonomik etwas zu tun haben mit der Vernachlässigung der dynamisch-evolutorischen Kräfte des Wettbewerbs. Während die Wettbewerbstheorie den Prozess, die Heterogenität der Akteure und den Hypothesentest als Erklärungselemente hervorhebt, setzt die Makroökonomik auf das Gleichgewicht, die Aggregation, repräsentative Wirtschaftssubjekte und Optimierung. Die Konsequenzen dieser unterschiedlichen Vorgehensweise liegen auf der Hand: Der Wettbewerb verweist auf die zentrale Rolle der Innovation als Triebkraft der Veränderung. Dagegen dominiert in der Makroökonomik das Anpassungsverhalten optimierender Wirtschaftssubjekte. Wenn Innovationen im Sinne des technischen Fortschritts überhaupt einbezogen werden, so wird letzterer – wie in der Theorie des *real business cycle* – lediglich als exogener Schock interpretiert. Innovationen und somit technische Fortschritte werden damit nicht als Ergebnis des Einsatzes unternehmerischer Aktionsparameter gedeutet, wie dies in der Wettbewerbstheorie geschieht. Außerdem lebt der Wettbewerb von der Verschiedenartigkeit der Akteure. Diese bleibt der Makroökonomik jedoch verschlossen, weil sie mit Aggregaten und mit der repräsentativen Unternehmung arbeitet, was Homogenität des Verhaltens impliziert. Damit aber entgehen ihr die entscheidenden Impulse auf der Mikroebene, die auf der Heterogenität basieren und in der markttheoretischen Erklärung der Konjunktur in den Mittelpunkt gerückt werden. So sind es die vom Wettbewerb gesteuerten Innovations- und Expansions-/Schrumpfungsprozesse auf der Unternehmensebene, die für die konjunkturellen Bewegungen zentral sind, von der Makroökonomik aufgrund ihrer Vorgehensweise aber nicht erfasst werden können. Die in der markttheoretischen Perspektive sichtbar werdende Zyklik gewinnt noch an Durchschlagskraft, wenn man das Handlungsfeld der Unternehmen über die Grenzen der jeweiligen Branche hinaus ausdehnt, indem man die volkswirtschaftliche Kapitalstruktur und die technologischen Paradigmen einbezieht. Auf diese Weise werden eine gewisse Synchronisierung der Branchenbewegungen und die Verdichtung zu einer gesamtwirtschaftlichen Konjunkturbewegung einsichtig gemacht.

Nicht thematisiert worden sind in dem vorliegenden Beitrag Erwartungen sowie psychologische und monetäre Faktoren als Ursache für konjunkturelle Bewegungen. Sie spielen auch im Rahmen der markt- und kapitaltheoretischen Erklärung eine wichtige Rolle. Hier ging es zunächst um den Kernprozess des Konjunkturzyklus wie er sich in der Perspektive der Wettbewerbstheorie darstellt. Damit ist aber lediglich erst der Grundstein für die Integration von Wettbewerbs- und Konjunkturtheorie gelegt.

Literaturverzeichnis

Arnold, L. G. (2002): Business Cycle Theory, Oxford.

Clark, J. M. (1961): Competition as a Dynamic Process, Washington, D. C.

Delhaes, K. von/Fehl, U. (1979): Systemindifferente Erklärungselemente für Schwankungen realwirtschaftlicher Variabler, in: *Thieme, H. J.* (Hrsg.): Gesamtwirtschaftliche Instabilitäten im Systemvergleich, Stuttgart, New York, S. 55-77.

Fehl, U. (1975): Technischer Fortschritt und Beschäftigung in kapitaltheoretischer Sicht, in: Zeitschrift für Wirtschafts- und Sozialwissenschaften, 95. Jg., 1, S. 135-170.

Hayek, F. A. von (1931): Preise und Produktion, Wien.

Hayek, F. A. von (1945): The Use of Knowledge in Society, in: American Economic Review, Vol. 35, 4, S. 519-530.

Helmstädter, E. (1958): Produktionsstruktur und Wachstum, in: Jahrbücher für Nationalökonomie und Statistik, Band 169, 2, S. 173-212 und 427-449.

Helmstädter, E. (1965): Linearität und Zirkularität des volkswirtschaftlichen Kreislaufs, in: Weltwirtschaftliches Archiv, Band 94, S. 234-261.

Hicks, J. R. (1973): Capital and Time. A Neo-Austrian Theory, Oxford.

Hultgren, T. (1950): Cyclical Diversities in the Fortunes of Industrial Corporations, Occasional Paper 32, New York, NBER; wieder abgedruckt in: *Moore, G. H.* (Hrsg.): Business Cycle Indicators, Princeton 1961, S. 325-349.

Marshall, A. (1890): Principles of Economics, 8th edition, 1978, London.

Schohl, F. (1999a): Die markttheoretische Erklärung der Konjunktur, Tübingen.

Schohl, F. (1999b): A Schumpeterian Heterogeneous Agent Model of the Business Cycle, in: The Quarterly Journal of Austrian Economics, Vol. 2, 1, S. 1-20.

Schumpeter, J. A. (1911): Theorie der wirtschaftlichen Entwicklung. Eine Untersuchung über Unternehmergewinn, Kapital, Kredit, Zins und den Konjunkturzyklus, 4. Auflage, Leipzig 1934.

Schumpeter, J. A. (1939): Business Cycles. A Theoretical, Historical, and Statistical Analysis of the Capitalist Process. Abridged, with an Introduction by Rendigs Fels, New York 1964.

Die Evolution des internationalen Systems der Wettbewerbspolitiken

Oliver Budzinski

1. Internationale Märkte und Wettbewerbspolitik

Die Globalisierung der Märkte stellt die traditionell nationalstaatliche Wirtschaftspolitik vor neue Herausforderungen. Die internationale Dimension der Wirtschafts- und Wettbewerbsordnung kann, wie auch *Udo Müller* (1992, 1996) immer wieder betont hat, nicht mehr als eine exogene Ergänzung zur dominierenden nationalen Ebene und als über die Schnittstelle Außenhandel klar von der Binnenwirtschaft abgrenzbar betrachtet werden. Vielmehr kommt dem internationalen Ordnungsrahmen der Weltwirtschaft zunehmend eine überragende Bedeutung für die Funktionsfähigkeit der (zunehmend grenzüberschreitenden) Märkte zu. Doch die internationale Wirtschaftsordnung ist weiterhin auf eine Ordnung des Außenhandels nationaler Staaten fokussiert und daher auf die Regelung der Schnittstellen zwischen eindeutig abgrenzbaren Binnenmärkten zugeschnitten. Dies erweist sich, in der Sprache der Systemtheorie formuliert (*Müller* 1996), als zunehmend inadäquate Systemabgrenzung, da längst originär internationale Märkte entstanden sind, auf denen Unternehmen wettbewerblich, aber auch wettbewerbswidrig agieren. Die traditionell handelsbezogenen Institutionen der gegenwärtigen, aus der Nachkriegszeit stammenden Weltwirtschaftsordnung erweisen sich aus dieser Perspektive mit ihrer Fokussierung auf staatliche Wettbewerbsbeschränkungen des Außenhandels (wie bspw. Zölle, indirekte Importbeschränkungen, wettbewerbswidrige Exportförderung etc.) als inadäquat zur Kontrolle internationaler privater Wettbewerbsbeschränkungen (wie bspw. internationaler Kartelle, transkontinentaler Megafusionen, vermachtete Weltmärkte und weltumspannende Monopole, internationale Behinderungsstrategien etc.[1]).

Mit dem Übergang von einer außenhandelsfokussierten (Fokus auf nationale Märkte) zu einer wettbewerbsfokussierten Perspektive (Fokus auf supranationale Märkte) bedarf auch die internationale Wettbewerbsordnung einer wettbewerbspolitischen Dimension. Wie dieser Teil der internationalen Wirtschaftsordnung, der (zunächst) als Ergänzung der handelspolitischen Dimension zu verstehen ist, auszugestalten ist, wird in der Wirtschafts- und Rechtswissenschaft seit einigen Jahren (wieder) verstärkt diskutiert. Dabei zeichnen sich drei grundlegende Argumentationslinien ab:

- *Anarchie*: Eine Reihe von Autoren plädiert für ein „System"[2] internationaler Wettbewerbspolitiken, welches auf der autonomen Anwendung des Auswir-

[1] Vgl. mit Beispielen *Budzinski* (2002a,b); *Budzinski/Kerber* (2003).

[2] Strenggenommen besteht hier nicht zwangsläufig ein System im systemtheoretischen Sinn, da die interne Verbundenheit der Elemente bei nicht-koordinierter nationaler Politik verschwindend sein und keine Systemgrenzen gegenüber der Systemumwelt konstituieren kann.

kungsprinzips durch souveräne Staaten beruht.[1] Auf der Basis des Auswirkungsprinzips beansprucht eine Wettbewerbsbehörde Jurisdiktion über alle Wettbewerbsbeschränkungen, die sich auf die inländischen Märkte auswirken, unabhängig davon, wo diese Aktionen beschlossen oder durchgeführt werden. Die Protagonisten eines solchen *anarchischen* (*Stephen* 2003) Systems erhoffen sich einen wohlfahrtssteigernden *Wettbewerb der Wettbewerbspolitiken*[2], gestehen allerdings oftmals ergänzende bilaterale, nicht-systematische bzw. diskretionäre Kooperationen zwischen betroffenen Wettbewerbsbehörden zu, um die offensichtliche Probleme einer konkurrierenden Zuständigkeit mehrerer Wettbewerbsbehörden bei internationalen Fällen, die sich regelmäßig auf eine Reihe von nationalen Märkten auswirken, abzumildern.

- *Harmonisierung*: Im Gegensatz dazu steht die Auffassung, dass der internationale Marktwettbewerb einen einheitlichen und konsistenten Ordnungsrahmen benötigt. Internationale Wettbewerbsregeln, die von einer internationalen Wettbewerbsbehörde durchgesetzt werden, sind hier regelmäßig das langfristige Ziel. Als Weg dorthin wird oftmals eine schrittweise Harmonisierung der nationalen Wettbewerbsregeln vorgeschlagen, bspw. über die Vereinbarung von Minimumstandards oder eine (vorläufige) Konzentration auf konsensfähige Bereiche wie eine Bekämpfung horizontaler Hardcorekartelle.[3]
- *Politikkoordination*: Drittens wird schließlich eine internationale Verfahrensordnung zur Koordination der weiterhin nationalen Wettbewerbsordnungen vorgeschlagen. Hier geht es um eine prozedurale anstelle einer substanziellen Harmonisierung und um systematische multilaterale Kooperation.[4]

Nachdem in der praktischen Wettbewerbspolitik in den vergangenen 60 Jahren mehr oder minder systematische, aber insgesamt wenig erfolgreiche Ansätze zu einer Internationalisierung der Wettbewerbspolitik zu beobachten waren (Abschnitt 2), werden derzeit zwei konkurrierende Ansätze zur Weiterentwicklung des internationalen Systems der Wettbewerbspolitiken verfolgt (Abschnitt 3): zum einen im Rahmen der Welthandelsorganisation (WTO) und zum anderen in Form des neu geschaffenen Internationalen Wettbewerbsnetzwerk (ICN). Beide

---

[1] Da die Europäische Union über eine gemeinsame Wettbewerbspolitik sowie über einen weitgehend vollendeten Binnenmarkt verfügt, wird sie im Kontext des vorliegenden Beitrages unter die Gruppe der souveränen/nationalen Staaten subsumiert. Es ist allerdings völlig klar, dass dies nicht automatisch auf andere Politikbereiche übertragbar ist.

[2] Vgl. bspw. *Hauser/Schöne* (1994); *Meessen* (2000); *Stephen* (2003). Bei einer differenzierten Analyse des Wesens und der Funktionsweisen eines solchen institutionellen Wettbewerbs der Wettbewerbsordnungen zeigt sich allerdings, dass bestimmte Formen dieses Wettbewerbs gerade durch die Anwendung des Auswirkungsprinzips massiv eingeschränkt werden; vgl. ausführlich *Kerber/Budzinski* (2003).

[3] Vgl. neben vielen anderen *Fikentscher/Immenga* (1995); *Jacquemin* (1995); *Klodt* (2001); *Fox* (2003); *Drexl* (2003); *Guzman* (2003).

[4] Vgl. *Kerber* (1999, 2003); *Tarullo* (2000); *First* (2003).

Pfade korrespondieren in unterschiedlicher Weise mit den drei theoretischen Lösungsansätzen und kombinieren teilweise auch deren Elemente. Hier interessiert insbesondere, inwiefern die beiden Pfade einerseits zur Lösung von bestehenden Problemen der Jurisdiktion über internationale Wettbewerbsfälle und zu eine Zentralisierung/Dezentralisierung des internationalen (Wettbewerbs-) Politiksystems beitragen (Abschnitt 4).

2. Bisherige Ansätze: Gescheiterte Harmonisierung und Anarchie

2.1. Havanna Charta und bilaterale Kooperationsabkommen

Die ersten echten Versuche der Schaffung einer umfassenden internationalen Wettbewerbsordnung gehen auf die alliierten Planungen zu einer Nachkriegsordnung während des zweiten Weltkrieges zurück, wobei der geplanten umfassenden Weltwirtschaftsordnung neben ökonomischen Funktionen (Wohlstandssteigerung in der *gesamten* Welt) auch politische Ziele (Friedenssicherung auch durch ökonomische Integration) zukamen. Komplementär zu der monetären Weltwirtschaftsordnung des Bretton-Woods-Systems wurde in der *Havanna Charta* (1948) eine Wettbewerbsordnung für den grenzüberschreitenden Güterhandel vorgelegt. Diese adressierte sowohl staatliche Beschränkungen des internationalen Wettbewerbs, ein Bereich, welcher bereits vorweg als *Allgemeines Zoll- und Handelsabkommen* (GATT 1947; seit 1995 im Rahmen der WTO) umgesetzt wurde, als auch private Beschränkungen des internationalen Wettbewerbs (Kapitel V Art. 46-54 Havanna Charta). Jedoch wurde dieser Teil der Havanna Charta nicht ratifiziert und schließlich 1950 aufgegeben (*Wells* 2002, S. 116-125). Damit war der Versuch, eine verbindliche, harmonisierte internationale Wettbewerbsordnung zu schaffen, für den Rest des Jahrhunderts gescheitert.

Während sich in den folgenden Dekaden eine bemerkenswerte Eigendynamik bezüglich des Abbaus staatlicher Wettbewerbsbeschränkungen des internationalen Handels entwickelte, blieb eine Internationalisierung der Politik gegen private Wettbewerbsbeschränkungen außerhalb von Freihandelszonen und Zollunionen aus.[1] Bis in die 1990er Jahre waren lediglich informelle Initiativen zu verzeichnen. So stellt die OECD seit 1967 mit ihrem *Competition Law and Policy Committee* ein internationales Forum für einen kooperativen multinationalen Austausch über Fragen internationaler Wettbewerbspolitik bereit, welches sich allerdings weitgehend auf die industrialisierten Länder (OECD-Mitglieder) beschränkt. Dabei ging es zunächst vor allem um die regelmäßige Produktion und Diskussion von Berichten über die verschiedenen nationalen Wettbewerbspoli-

---

[1] Neben der sehr ausdifferenzierten Wettbewerbspolitik in der Europäischen Union enthalten eine Reihe weiterer regionaler Freihandelsabkommen mehr oder minder umfangreiche und effektive Regelungen zu Wettbewerbsfragen, wie bspw. NAFTA, Andean Community (mit eigener Wettbewerbsbehörde), Mercosur, APEC oder Caricom (Carribean Islands). Vgl. *Jenny* (2002b), S. 8 f..

tiksysteme, die Erarbeitung gemeinsamer Studien inklusive gemeinsamer Standpunkte zu materiell-rechtlichen Wettbewerbsproblemen (bspw. zu Franchising oder zu Verdrängungspreisstrategien) und die konsensuale Verabschiedung von Politikempfehlungen. Seit den 1990er Jahren wurde der Anspruch, gemeinsame Haltungen zu substanziellen Problemen der Wettbewerbspolitik zu entwickeln, mangels Erfolglosigkeit ebenso aufgegeben wie die Zielsetzung Politikempfehlungen. Statt dessen beschränkt man sich seither auf die Publikation ausführlicher Länderstudien und der Veranstaltung von Runden Tischen zu wichtigen aktuellen Problemen der praktischen Wettbewerbspolitik ohne den Anspruch auf einen Ausgleich oder eine Versöhnung divergierender Positionen (*Jenny* 2002b, S. 9 f.). Mit dem *OECD Global Forum on Competition* soll seit 2001 der unverbindliche Politikdialog zu Fragen internationaler Wettbewerbspolitik noch erweitert werden. Zudem sind noch die Bemühungen der *United Nations Conference on Trade and Development* (UNCTAD) zu erwähnen, die in der Verabschiedung eines *Restrictive Business Practices Code* (1980) mündeten, welcher wettbewerbsmoralische Verhaltensregeln für multinationale Konzerne aufstellt, um unfaire Machtausnutzung dieser Global Players insbesondere gegenüber Entwicklungsländern zu verhindern.[1] Insgesamt blieben die genannten Bestrebungen allerdings vollkommen unverbindlich und haben keine wesentliche Wirkung bezüglich der Generierung einer internationalen Wettbewerbsordnung entfaltet.

Vor dem Hintergrund des Stillstandes in der Entwicklung einer multinationalen Wettbewerbspolitik bei gleichzeitig ansteigenden Fallzahlen von interjurisdiktionellen Wettbewerbsbeschränkungen entstanden seit den 1970er Jahren eine Reihe von bilateralen Kooperationsabkommen zwischen den Wettbewerbsbehörden der wichtigsten Weltwirtschaftsstaaten, bspw. USA-Deutschland (1976), USA-Australien (1982), USA-EG (1991), oder EU-Kanada (1999).[2] Diese sehen jedoch oftmals ‚lediglich' Notifizierungs- und Konsultationspflichten vor und beschränken sich meist auf horizontale Hardcorekartelle. Die wenigen ambitionierteren Abkommen (wie die 1998er Neuauflage des USA-EU-Abkommens) brachten in der Praxis bisher keine großen Fortschritte.[3] Ein Kernproblem der bilateralen Kooperation ist, dass Entwicklungs- und Schwellenländer kaum in den Genuss wettbewerbspolitischer Kooperation mit den großen Industrieländern kommen.

---

[1] Vgl. bspw. *Wins* (2000). Eine vergleichende Analyse der diversen internationalen Netzwerke nationaler Wettbewerbspolitiken liefert *First* (2003).

[2] Vgl. *Fullerton/Mazard* (2001); *Budzinski* (2002a); *Jenny* (2002b).

[3] Das *Positive-Comity-Principle* in dem 1998er USA- EU-Abkommen sieht vor, dass eine Jurisdiktion auf Aufforderung der anderen gegen Wettbewerbsbeschränkungen im Inland vorgeht, die (nur) die andere Jurisdiktion betreffen. Davon wurde bisher allerdings nur einmal Gebrauch gemacht und die Verweisung des SABRE-Falls (Beschwerde eines US *airline computer reservation system* über diskriminierende Benachteiligung gegenüber der europäischen Konkurrenz in Frankreich, Spanien und Deutschland) an die EU durch die USA führte nur zu einer sehr zurückhaltenden Reaktion seitens der Kommission (1999-2000). Die (konfliktträchtige) Fusionskontrolle ist hiervon allerdings ohnehin ausgenommen. Vgl. *ICPAC* (2000, S. 232 ff.).

Ein wesentlicher Grund für das mangelnde Interesse letzterer wird darin gesehen, dass „the risk that firms from developed nations may engage in anticompetitive practices in developing countries is higher than the risk that firms from developing countries restrict competition in developed countries" (*Jenny* 2003, S. 5).[1] Hinzu kommt eine generelle Benachteiligung kleiner Länder, da sowohl der Aushandlungsprozess als auch die tatsächliche Anwendung der Abkommen immer auch von der jeweiligen Verhandlungsmacht geprägt ist, so dass große Jurisdiktionen mit bedeutenden Binnenmärkten ihre Interessen besser durchsetzen können.

2.2. Nicht-kooperative Extraterritorialität

Dabei ist es allerdings keinesfalls so, dass die gegenwärtigen Wettbewerbsbehörden grenzüberschreitenden Wettbewerbsbeschränkungen vollkommen machtlos gegenüberstünden. Mit Hilfe des von den USA im *Alcoa*-Fall (1945) erstmals angewandten Auswirkungsprinzips kann die inländische Wettbewerbspolitik prinzipiell auch gegen im Ausland verortete Wettbewerbsbeschränkungen durchgesetzt werden, sofern sich diese auf den inländischen Markt auswirken.[2] So untersagte die Europäische Kommission 2001 die geplante Fusion zwischen den US-amerikanischen Konzernen *General Electric* und *Honeywell*, weil sie Entstehung und Verstärkung marktbeherrschender Stellungen auf einer Reihe von Einzelmärkten diagnostizierte. Und in den USA wurden im Zusammenhang mit den internationalen Vitaminkartellen europäische Manager europäischer Firmen zu Haftstrafen verurteilt.

Doch das Auswirkungsprinzip kann weder einen lückenlosen noch einen konfliktfreien Schutz des internationalen Wettbewerbs sicherstellen: Probleme bereiten die Ermittlung und Sanktionierung von inlandsmarktbezogenen Wettbewerbsbeschränkungen im Ausland. Zwar können Staaten und Staatengemeinschaften mit großen und wichtigen Binnenmärkten (wie bspw. die USA und die EU) ausländische bzw. internationale Konzerne über den Zugang zu diesen für sie wichtigen Märkten disziplinieren, aber kleinere Länder und insbesondere Schwellenländer stehen hier häufig vor unüberwindbaren Problemen. Bilaterale Kooperation der Wettbewerbsbehörden kann die Ermittlungs- und Sanktionierungsprobleme mildern, falls entsprechende Abkommen zur Amtshilfe bestehen. Wie aber oben bereits gezeigt wurde, sind Entwicklungs- und Schwellenländer nur selten in solche Abkommen eingebunden. Insbesondere wenn die gesuchten Beweise für wettbewerbswidrige Absprachen über mehrere Länder verstreut

[1] Ebd. finden sich auch einige illustrative Beispiele.
[2] Vgl. zum Auswirkungsprinzip ausführlich *Basedow* (1998).

sind, wird die Arbeit der (jurisdiktionellen) Wettbewerbsbehörden in jedem Fall erschwert.[1]

Darüber hinaus treten Probleme auch dadurch auf, dass internationale Wettbewerbsbeschränkungen regelmäßig die Inlandsmärkte mehrerer Wettbewerbsordnungen betreffen und somit von mehreren Wettbewerbsbehörden parallel verfolgt bzw. geprüft werden. Dabei kann es zu einer juristisch fragwürdigen Häufung von Strafen kommen, wie im Fall der Vitaminkartelle, deren Beteiligte sowohl von den US Wettbewerbsbehörden als auch von der Europäischen Kommission mit hohen Strafen belegt wurden. Darüber hinaus kann die Anwendung des Auswirkungsprinzips zwischenstaatliche Konflikte hervorbringen, wenn die jeweiligen Wettbewerbsbehörden zu unterschiedlichen und miteinander unvereinbaren Schlüssen kommen. So führte die Ankündigung der Europäischen Kommission, die in den USA bereits genehmigte Fusion der US Flugzeughersteller und Rüstungskonzerne *Boeing* und *McDonnell Douglas* eventuell zu untersagen (1997), beide Handelspartner an den Rand eines Handelskrieges.[2] Weiterhin bringt die Mehrfachprüfung internationaler Fusionen erhebliche Ineffizienzen mit sich: Neben Administrationskosten bei allen verfahrensbeteiligten Wettbewerbsbehörden, entstehen für die fusionswilligen Unternehmen höhere Transaktionskosten (mehrfache Verfahrenskosten, erhöhte Rechtsunsicherheit usw.), die auch wettbewerbspolitisch letztendlich unproblematische Zusammenschlüssen bürokratiebedingte Zusatzkosten aufbürden.

Der Stand des internationalen Systems der Wettbewerbspolitiken am Ende des 20. Jh. kann als weitgehend anarchisch, d.h. auf die autonome und multiple Anwendung des Auswirkungsprinzips beruhend, charakterisiert werden. Wettbewerbspolitische Kooperation ist ausschließlich bilateral und wird nicht systematisch eingesetzt; sie dient lediglich dazu, auftretende Konflikte und Probleme fallweise abzumildern. Allerdings resultiert das anarchische „System" vorwiegend aus dem Misslingen eines multilateralen Ansatzes nach dem Zweiten Weltkrieg und weniger aus einer bewussten Entscheidung für dieses Grundprinzip. Unter dem Eindruck seiner Mängel hat sich in den letzten Jahren ein weitreichender Konsens in Wissenschaft und Politik herausgebildet, dass eine Internationalisierung der Wettbewerbspolitik prinzipiell notwendig ist.

---

[1] *Jenny* (2003, S. 1 ff.) erläutert dies sehr anschaulich anhand des Zementkartells europäischer und mexikanischer Unternehmen in Ägypten bezogen auf den ägyptischen Markt und auf jenen der kanarischen Inseln.

[2] Vgl. *Fox* (1998); *Budzinski/Kerber* (2003). Weitere Konflikte werden von *Klodt* (2001) diskutiert.

3. Der gegenwärtige Internationalisierungsprozess zwischen WTO und ICN: Harmonisierung oder Politikkoordination?

3.1. Internationale Wettbewerbspolitik und die WTO – von Singapur nach Doha

Die aus den ursprünglichen Havanna-Plänen für eine *Internationale Handelsorganisation* (ITO) über das GATT schließlich entstandene Welthandelsorganisation (WTO) erschien mit ihrem Entstehen 1995 vielen als sozusagen ,natürlicher' Ort für die Ansiedlung einer internationaler Wettbewerbspolitik. Den Schutz des internationalen Handels (und damit internationaler Märkte) vor privaten Wettbewerbsbeschränkungen bei der WTO anzusiedeln, sei naheliegend, da diese Organisation ja denselben Handel bzw. dieselben Märkte vor staatlichen Wettbewerbsbeschränkungen schützen soll.[1] Dieser Linie folgend, startete die Europäische Union 1995 eine neue Initiative für verbindliche internationale Wettbewerbsregeln. Auf Basis des sogenannten *Van-Miert-Berichts* (*Brittan/van Miert* 1996) sollte die WTO um Regeln gegen private grenzüberschreitende Wettbewerbsbeschränkungen ergänzt werden, die die Form von Mindeststandards für nationales Wettbewerbsrecht haben sollten.[2] Damit würde das WTO-Regelwerk als umfassende internationale Wettbewerbsordnung vervollständigt und könnte alle Arten von Beschränkungen des internationalen Wettbewerbs kontrollieren. Auf der WTO Ministerkonferenz in Singapur (1996) gelang schließlich die Einrichtung einer *Working Group on the Interaction of Trade and Competition* (WGITC), die den Weg für Verhandlungen über eine internationale Kartellpolitik und Fusionskontrolle im Rahmen der WTO bereiten sollte. Allerdings regte sich dagegen sehr bald Widerstand, vor allem aus den USA und in einer Reihe von

---

[1] In diese Richtung argumentierten auch die Autoren des *Draft International Antitrust Codes* (DIAC, 1993), eine Gruppe internationaler akademischer Wettbewerbsexperten (vorwiegend Juristen), die einen konkreten Entwurf internationaler Wettbewerbsregeln vorlegten. Vgl. *Fikentscher/Immenga* (1995) und zu einer Betrachtung aus heutiger Perspektive *Drexl* (2003).

[2] In der Literatur wird die verschiedentlich vertretende Auffassung, die WTO-Handelsregeln seien auch auf private Wettbewerbsbeschränkungen mit grenzüberschreitenden Wirkungen anwendbar, mehrheitlich nicht geteilt; vgl. *Hoekman/Mavroidis* (1994); *Fox* (1999). Die Idee hinter der Minderheitsauffassung ist, dass private Wettbewerbsbeschränkungen nur dann dauerhaft bestehen könnten, wenn sie von der öffentlichen Hand in irgendeiner Art und Weise geschützt, unterstützt oder zumindest geduldet würden. Andernfalls würden Marktzutritte (Theorie der bestreitbaren Märkte), potentielle Konkurrenz (Chicago School) und innere Defektionsanreize (theoretische Industrieökonomik) die Wettbewerbsbeschränkung im Wettbewerb untergehen lassen. Jedoch spricht zum einen die Empirie eher gegen diese Auffassung: Wo bspw. wurden die Vitaminkartelle staatlicherseits geschützt? Und eine staatliche Unterstützung der Monopolisierungs- und Verdrängungsstrategien von Microsoft könnte man erst mit der weitgehenden Niederschlagung des Antitrustverfahrens gegen Microsoft durch die *Bush*-Administration und das Chicago-dominierte Berufungsgericht (unter Judge *Richard Posner*) konstatieren. Zum anderen hat der Kodak/Fujifilm-Fall die recht eingeschränkten Möglichkeiten einer WTO-Sanktionierung der staatlichen Promotion privater Wettbewerbsbeschränkungen verdeutlicht: Nachdem Japan seine staatlichen Marktzutrittsschranken infolge einer WTO-Aufforderung abbauen musste, kam es zu einem Importkartell zur Abwehr von ausländischen Marktzutritten, das von den japanischen Wettbewerbsbehörden nicht verfolgt wurde (Privatisierung der Protektion durch selektive Nichtanwendung der Wettbewerbsregeln; vgl. auch *Fox* 2003).

Schwellen- und Entwicklungsländern, womit der Prozess einer Internationalisierung der Wettbewerbspolitik im Rahmen der WTO zunächst einmal stagnierte. Die ablehnende Position der USA wurde ausführlich im Bericht des *International Competition Policy Advisory Committee* (*ICPAC* 2000)[1] dargelegt. Anders als bis dato wird eine Internationalisierung der Wettbewerbspolitik zwar nicht mehr grundsätzlich abgelehnt, aber die WTO wird als ein ungeeignetes Forum gesehen und generell werden bindende Regeln abgelehnt (*ICPAC* 2000, S. 259-277). Der Widerstand zahlreicher Entwicklungsländer resultierte demgegenüber aus Befürchtungen, die Industrieländer könnten internationale Wettbewerbsregeln in der Art durchsetzen, dass die Entstehung international konkurrenzfähiger Industrien in Entwicklungs- und Schwellenländern verhindert wird, bspw. durch die Unterbindung von Kooperationen und Konzentration. Dies dürfte mit der Auffassung einer Reihe von Regierungen dieser Länder korrespondieren, dass weniger ‚harte' Konkurrenz als vielmehr staatliche Industriepolitik und (temporäre) Protektion von *infant industries* der wirtschaftlichen Entwicklung ihrer Länder dienlich sei. Allerdings sprechen sich inzwischen auch zahlreiche Entwicklungs- und Schwellenländer für internationale Wettbewerbsregeln aus, da sie sich anders nicht in der Lage sehen, (tatsächlich oder vermeintlich) unfaire Praktiken multinationaler Konzerne gegen sich und ihre inländischen Produzenten und Konsumenten wirksam zu bekämpfen.

Auf der WTO Ministerkonferenz in Doha/Katar (2001) präsentierte eine Reihe von Mitgliedsstaaten unter der Führung der EU und Japans schließlich einen modifizierten Vorschlag mit dem Ziel, in absehbarer Zeit in konkrete Verhandlungen über WTO-Wettbewerbsregeln einsteigen zu können. Dieser Vorschlag enthält fünf Elemente, die – nach Auffassung der Befürworter – ein konsensfähiges Abkommen beinhalten könnte (*Jenny* 2003, S. 11 f.; *Fox* 2003):

- Eine Verpflichtung der Mitgliedstaaten, eine Reihe von Grundprinzipien der Wettbewerbspolitik zu beachten, bspw. Transparenz, Nicht-Diskriminierung und prozedurale Fairness.
- Eine parallele Verpflichtung, aktiv gegen Hardcorekartelle vorzugehen.
- Die Entwicklung von Modalitäten für die freiwillige Kooperation zwischen den Regierungen der Mitgliedstaaten inklusive ihrer Wettbewerbsbehörden.

[1] Das Komitee wurde vom US-Justizministerium als temporäres Beratungsgremium eingesetzt und Bestand aus US-Experten aus Wissenschaft (4; die Politikwissenschaftlerin *Merit Janow*, die Rechtswissenschaftlerin *Eleanor M. Fox*, beide ausgewiesene Experten in internationalen Antitrustproblemen, der emeritierte Ökonom *John T. Dunlop*, ein Arbeitsmarktspezialist, und der Betriebswirtschaftsprofessor *David B. Yoffie*), Justizpraxis (5), Industrie (3; der damalige CEO von Xerox, *Richard Thoman*, sowie Vertreter der Stahl- und der Chemieindustrie) und Stiftungen (1). Es ist zu erwähnen, dass *Eleanor M. Fox* in einer abweichenden Stellungsnahme eine WTO-Lösung im Grundsatz begrüßte (*ICPAC* 2000, S. 303-305).

- Eine Verpflichtung der Industrieländer, die Einführung von Wettbewerbsregeln und den Aufbau effektiver Wettbewerbsbehörden in Entwicklungsländern aktiv und dauerhaft zu fördern (unter Einbeziehung anderer interessierter – aber nicht näher benannter – Organisationen).
- Die Einrichtung eines ständigen WTO Wettbewerbspolitikkomitees (*WTO Committee on Competition Policy*) zur Administration des vorgeschlagenen Abkommens und als Forum für eine systematische Kooperation.

Dem folgend enthält die *Doha Deklaration* die Vereinbarung, in die Agenda der nächsten Verhandlungsrunde der WTO ein entsprechendes WTO-Wettbewerbsabkommen aufzunehmen, allerdings eine Zustimmung der nächsten Ministerkonferenz vorausgesetzt.[1] Die WGITC ist bis dahin mit der Vorbereitung solcher Verhandlungen beauftragt. Freilich ist gegenwärtig nicht absehbar, inwieweit der bisherige Widerstand gegen eine WTO-Lösung, insbesondere durch die USA, nachhaltig geschwächt ist, so dass eine Einigung über die Verhandlungsmodalitäten tatsächlich erzielt werden kann, zumal mit dem ICN in der Zwischenzeit ein neues, alternatives Forum entstanden ist. Die Doha Deklaration könnte zudem einen Kurswechsel in der WTO-Wettbewerbspolitik mit sich bringen: War die WTO-Lösung bisher eindeutig dem Weg der schrittweisen Harmonisierung als Grundprinzip der Evolution der internationalen Wettbewerbsordnung mit dem Ziel verbindlicher internationaler Regeln und kompetenzmächtiger internationaler Organisationen zuzuordnen, so enthält die Doha Deklaration auch Elemente der Politikkoordination – allerdings wohlmöglich „nur" als Zwischenritt zur Verbesserung der Konsensfähigkeit. Jedoch kann insgesamt festgehalten werden: „we have the seeds of a charter" (*Fox* 2003, S. 2).

3.2. Das International Competition Network – Struktur und Arbeitsweise

Das relevante Alternativforum unterbreiteten die USA auf der Basis der von *ICPAC* (2000) vorgeschlagenen *Global Competition Initiative*, welche als eine dialog- und kooperationsorientierte Alternative zu bindenden internationalen (WTO-) Regeln gedacht war. Damit gaben die USA ihre bis dahin vertretene Position der vollständigen Ablehnung einer internationalen Politik gegen private Wettbewerbsbeschränkungen auf. Auch die Europäer, obwohl weiterhin auf die WTO-Lösung als First-Best-Lösung beharrend, nahmen die Idee auf[2] und somit wurde am 25. Oktober 2001 in New York gemeinsam von Wettbewerbsbehörden

---

[1] „Recognizing the case for a multilateral framework to enhance the contributions of competition policy to international trade and development, and the need for enhanced technical assistance and capacity-building in this area (...), we agree that negotiations will take place after the Fifth Session of the Ministerial Conference on the basis of a decision to be taken, by explicit consensus, at that Session on modalities of negotiations." § 23 WTO Ministerial Declaration 14 Nov. 2001, WT/MIN (01)/DEC/1 vom 20. November 2001.

[2] Vgl. *Davison/Johnson* (2002) zur Entwicklung und Widersprüchlichkeit der europäischen Position(en).

aus 14 Jurisdiktionen (darunter die USA, die EU und Deutschland) das *International Competition Network* (ICN) gegründet, womit eine bedeutendes Alternativforum zur WTO bezüglich einer Internationalisierung der Wettbewerbspolitik geschaffen wurde.[1]

Das ICN stellt ein Netzwerk nationaler (z.Zt. ca. 70 von weltweit knapp 90) und internationaler (z. Zt. 3 aus der EU, der EFTA und der Andean Community) Wettbewerbsbehörden dar, welches nicht durch einen völkerrechtlichen Vertrag konstituiert ist. Es versteht sich selbst als virtuelle Organisation, d.h., es gibt keine feste Organisation mit eigenem Sekretariat, eigenem Personal und eigener Administration, sondern die Mitgliedsbehörden übernehmen diese Aufgaben in zweijähriger Rotation und finanzieren alle anfallenden Aufgaben selbst. Geleitet wird das ICN von einer *Steering Group*, die gegenwärtig von *Konrad von Finckenstein* (Canadian Bureau of Competition) geleitet wird und der neben anderen auch EU-Wettbewerbskommissar *Mario Monti* angehört. Seit 2002 findet einmal jährlich eine Konferenz als eine Art Mitgliederversammlung statt, auf der organisatorische Beschlüsse gefasst werden. Das ICN verfolgt vorrangig drei Ziele: (1) Vereinfachung der Kooperation zwischen Wettbewerbsbehörden bei grenzüberschreitenden Fällen, (2) Förderung einer freiwilligen Konvergenz insbesondere verfahrensrechtlicher aber schließlich auch materieller Regeln und (3) Entwicklung und Publikation sogenannter Best Practices. Das Grundprinzip des ICN ist Freiwilligkeit – sowohl bezogen auf die Mitarbeit im Netzwerk als auch bezogen auf die Annahme der (immer unverbindlichen) Vorschläge des ICN.

Die Verfechter des ICN bauen dabei auf informelle, ihrer Meinung nach aber nicht wenig wirksame Durchsetzungsmechanismen:

- Erstens soll der systematische und permanente Meinungsaustausch der Wettbewerbsbehörden bzw. ihrer (leitenden) Mitarbeiter zu einer Konvergenz der Problemsichten führen und dadurch mögliche Konflikte reduzieren. Wird in einem grenzüberschreitenden Fall von Beginn an gemeinsam ermittelt, so können Konflikte aufgrund unterschiedlicher Faktenlage nicht mehr auftreten und solche aufgrund von unterschiedlichen Interpretation derselben Fakten können sich reduzieren (Herausbildung einer gemeinsamen Wettbewerbskultur; *Schaub* 2001).
- Zweitens soll von der Veröffentlichung von *Best Practices* für eine (verfahrens-) effiziente Kontrolle privater Wettbewerbsbeschränkungen ein informeller Druck zur Übernahme dieser *benchmarks* durch die Mitgliedsbehörden ausgehen (*peer pressure*). Eine Wettbewerbsbehörde, die sich weigert, die gemeinsam entwickelten Best Practices selbst zu praktizieren, bekommt sowohl nach innen als auch nach außen ein Glaubwürdigkeitsproblem.

[1] Vgl. zum ICN insgesamt *Finckenstein* (2003), *Budzinski* (2003b) und *Budzinski/Christiansen* (2003).

Für die eigentliche Arbeit des ICN sind vier inhaltliche und zwei administrative Arbeitsgruppen (AG) zuständig (Stand August 2003):

(1) Die AG *Fusionskontrolle im multijurisdiktionellen Kontext* (kurz: AG Fusionen) ist die gegenwärtig größte AG und wird vom US Justizministerium (Antitrust Division) geleitet. Hierbei geht es vor allem um eine Verfahrenskonvergenz (Anmelde- und Bearbeitungsfristen, Informationsanforderungen, usw.) der an einem internationalen Fusionskontrollfall beteiligten Behörden, um die Effizienz der Verfahren zu erhöhen und Kostenbelastung und (Rechts-) Unsicherheit für die betroffenen Unternehmen zu verringern. Dazu wurde bereits einen Katalog von acht sehr allgemeinen Leitprinzipien für Fusionskontrollsysteme entwickelt.[1] Mittelfristig sollen verfahrensbezogene Best Practices, bspw. bezüglich Aufgreifkriterien und Verfahrensfristen, entwickelt werden. Aber auch ambitioniertere Vorhaben stehen auf der Agenda, wie bspw. die Definition eines angemessenen Nexus zwischen den Inlandswirkungen einer Transaktion und der Zuständigkeit von Wettbewerbsbehörden, die Erstellung von Muster-*merger guidelines*, sowie Musterfahrpläne zu kontinuierlichen Angleichung der nationalen Praktiken an die ICN Best Practice Vorschläge. Darüber hinaus analysiert die AG vergleichend unterschiedliche Kriterien für Untersagungen/Modifikationen von Fusionen (Entstehung/Verstärkung einer marktbeherrschende Stellung; *substantial lessening of competition* (SLC); öffentliches Interesse/Wohlfahrt).

(2) Die AG *Wettbewerbsbehörden als Anwälte des Wettbewerbs* (kurz: AG Wettbewerb) versucht unter der Leitung der *Mexican Competition Commission* die Rolle der Wettbewerbsbehörden als Verfechter prowettbewerblicher Institutionen und Politik in ihren Heimatländern zu analysieren und zu stärken. Dabei sollen die Wettbewerbsbehörden dazu beitragen, in Entscheidungsprozessen innerhalb von Regierungen und Administration, aber auch im öffentlichen Diskurs die Weichen für mehr Wettbewerb zu stellen. In ihrem *Advocacy & Competition Policy Report* hat die AG Wettbewerb eine Bestandsaufnahme bezüglich des politischen Einflusses auf die Mitgliedsbehörden, der unterschiedlichen institutionellen Rahmenbedingungen und der besonderen Lage in Entwicklungsländern vorgelegt, aus welcher dann sukzessive *Best Practices* ermittelt und empfohlen werden sollen.

(3) Die AG *Implementation von Wettbewerbsordnungen* (kurz: AG Implementation) soll unter der gemeinsamen Leitung der *Europäischen Kommission* und des *South African Competition Tribunal* die Entstehung ei-

---

[1] (i) Souveränität, (ii) Transparenz, (iii) Nicht-Diskriminierung, (iv) prozedurale Fairness, (v) Effizienz und Effektivität, (vi) Koordination, (vii) Konvergenz, (viii) Schutz vertraulicher Information.

ner Wettbewerbskultur und die Implementation von Wettbewerbsbehörden in Entwicklungsländern unterstützen, für die Unabhängigkeit der Wettbewerbsbehörden werben und die Bedeutung regionaler Institutionen analysieren.

(4) Auf der Mexiko-Konferenz im Juni 2003 wurde zudem beschlossen, eine AG *Die Rolle der Wettbewerbspolitik in regulierten Sektoren* aus der Taufe zu heben.

(5) & (6) Die eine administrative AG ist für die Mitgliederverwaltung zuständig (Leitung: *Competition Policy Bureau of Korea*), während sich die andere um die Beschaffung von Finanzmitteln bemüht, um auch den Mitgliedsbehörden aus armen Staaten eine vollwertige Mitgliedschaft zu ermöglichen (Leitung: *US Federal Trade Commission*).

Das ICN hat in den ersten knapp zwei Jahren seiner Existenz eine erstaunliche Dynamik entwickelt und eine breite Unterstützung erfahren. Mit seiner Schaffung ist erstmals der Weg der Politikkoordination als Grundprinzip eines internationalen Systems der Wettbewerbspolitiken beschritten worden.

4. Auf dem Weg zu einem adäquaten institutionellen Rahmen für internationale Wettbewerbsprozesse?

4.1. Jurisdiktionelle Konflikte und internationaler Wettbewerb

Eines der Hauptprobleme der auf nicht-koordinierter extraterritorialer Rechtsanwendung beruhenden nationalen Wettbewerbspolitik in internationalen Märkten, die Gefahr jurisdiktioneller Konflikte über Wettbewerbsfälle, ist zweifellos durch die Harmonisierungsstrategie sicher lösbar. Das ist dementsprechend auch immer als ein Hauptvorteil einer WTO-Lösung gesehen worden, zumal damit ein erprobter Konfliktschlichtungsmechanismus nutzbar gemacht werden könnte.

Aber auch die ICN-Strategie der freiwilligen Politikkoordination erhebt den Anspruch hoher Konfliktlösungspotenziale. Anstelle verbindlicher Regeln und eines formalen Konfliktlösungsmechanismus wird dabei allerdings auf eine netzwerkartige Interaktion der beteiligten Wettbewerbsbehörden gesetzt. Intensive, wiederholte, aber freiwillige Interaktionsprozesse (Meinungsaustausch, gemeinsame Faktenermittlung, Kooperation auf allgemeiner und fallspezifischer Ebene) sollen eine kognitive Konvergenz (Harmonisierung der Problemsichten) und eine Stabilisierung der wechselseitigen Erwartungen bewirken und dadurch Vertrauen zwischen den Akteuren schaffen. Damit wird nicht nur die Bereitschaft zu kooperativen anstelle von konfliktären Lösungen erhöht (indem die Kosten der Defektion steigen), sondern zudem auch die Anzahl möglicher Konfliktfälle reduziert, da letztere in der Wettbewerbspolitikpraxis oftmals aus unterschiedlichen wettbewerbstheoretischen Ansätzen und differierenden Fakteninterpretationen resultieren.[1] Eine theoretische Untermauerung der Leistungspotenziale solcher *soft governance concepts* liefern zum einen (wirtschafts-, politik- und rechtswissenschaftliche) Netzwerktheorien[2] und zum anderen die experimentelle Spieltheorie der Ökonomik von Reziprozität und Vertrauen[3].

Dennoch ist Skepsis angebracht, ob die Konfliktlösungspotenziale des ICN an die Möglichkeiten einer WTO-Lösung heranreichen. Es besteht die Gefahr, dass innerhalb des ICN nur leichte Konflikte mit geringen Auswirkungen lösbar sind. Schwerwiegende jurisdiktionelle Konflikte über internationale Wettbewerbsprobleme entstehen vor allem, wenn nicht-wettbewerbliche politische Interessen die Entscheidung der Wettbewerbsbehörden dominieren, wie es für den US-EU-Konflikt über die Boeing-MDD-Fusion gezeigt werden kann (*Fox* 1999). Im ICN können diese Art von Konflikten nur indirekt adressiert werden, da Wettbewerbsbehörden im Regelfall nicht unabhängig von der Regierung (wie bspw. die Federal Trade Commission in den USA) oder sogar Bestandteil selbiger (bspw. die Antitrust Division des US Justizministeriums oder die Generaldirektion Wettbewerb der Europäischen Kommission) sind[4] und eine wettbewerbsorientierte Argumentation somit von anderen politischen/polit-ökonomischen Interessen (strategische Industrie- und Handelspolitik, regionale Wirtschaftsinteressen, Prestige usw.) überlagert werden kann. Zwar versucht das ICN die Rolle von Wettbewerbsbehörden als „Anwälte des Wettbewerbs" gerade auch innerhalb der jeweiligen Administrationen zu stärken, aber auf absehbare Zeit dürfte es fraglich sein, ob damit wirksam dem antikompetitiven Einfluss mächtiger Interessenverbände – insbesondere in verhandlungsmächtigen Jurisdiktionen wie die USA oder die EU – begegnet werden kann.

Insgesamt dürfte eine WTO-Lösung bezüglich der Konfliktreduzierungspotenziale überlegen sein, da sich mit WTO-Wettbewerbsregeln die Möglichkeit verbindet, das Schutzobjekt der Wettbewerbspolitik selbst zu internationalisieren. Ge-

---

[1] Vgl. bspw. *Schaub* (2001). Die konfligierende Beurteilung der Fusion zwischen *General Electric* und *Honeywell*, welche von den US-Wettbewerbsbehörden genehmigt, von der Europäischen Kommission jedoch untersagt wurde, ist bspw. maßgeblich auf ein unterschiedliches Verständnis der Leverage-Theorie zurückzuführen. Hingegen spielten die Unterschiede in der materiell-rechtliche Ausgestaltung der beiden Fusionskontrollordnungen (SLC-Test in den USA versus Marktdominanz in der EU) eine untergeordnete Rolle: Wenn man der Argumentation bzw. Theorieinterpretation der Kommission folgt (*Drauz* 2002), so wäre die GE-Honeywell-Fusion auch unter dem SLC-Test problematisch (und umgekehrt).

[2] Vgl. bspw. *Tarullo* (2000); *Maher* (2002); *First* (2003).

[3] Vgl. bspw. *Güth/Kliemt* (1993); *Gächter/Fehr/Kment* (1996); *Güth/Ockenfels/Wendel* (1997); *Fehr/Gächter* (2000). Zum theoretischen Zusammenhang von modernen Konzepten rationalen Handelns, Institutionen und Wettbewerbsprozessen vgl. auch *Budzinski* (2003a).

[4] Das Bundeskartellamt verfügt zwar im internationalen Vergleich über einen recht hohen Grad an Unabhängigkeit, allerdings demonstrierte der Fusionsfall E.On/Ruhrgas jüngst auch die Grenzen dieser Unabhängigkeit in Form der Ministererlaubnis für den vom Bundeskartellamt untersagten und auch von der Monopolkommission abgelehnten Zusammenschluss. Bundeswirtschaftsminister *Wolfgang Clement* hat zudem im Zusammenhang der nächsten GWB-Novelle eine Ausweitung der Ministererlaubnis angekündigt.

genwärtige (nationale) Wettbewerbspolitik richtet sich auf den Schutz der jeweils heimischen Märkte, weswegen Wettbewerbsbeschränkungen nur in dem Maße geahndet werden, wie sie sich auf nationalen Märkten auswirken. Die im ICN-Ansatz explizit beibehaltene uneingeschränkte wettbewerbspolitische Souveränität der Teilnehmerstaaten (Freiwilligkeitsprinzip) führt somit nicht nur zu einer vor allem unter Effizienzgesichtspunkten fragwürdigen Verfahrenshäufung[1], sondern auch zu Regelungslücken, da internationale Märkte nicht als solche wettbewerbspolitisch erfasst werden. Nationale Wettbewerbspolitik selbst kann zu Beschränkungen des Wettbewerbs auf internationalen Märkten dienen bzw. hierzu missbraucht werden. Neben strategischer Wettbewerbspolitik, die intentional heimische Wettbewerbsbeschränkungen akzeptiert, um einen Wettbewerbsvorteil für heimische Unternehmen auf ausländischen oder internationalen Märkten zu realisieren (Förderung „nationaler Champions" oder „heimischer *global players*" durch permissive Fusionskontrollen, selektive Nichtanwendung nationaler Kartell- oder Fusionsregeln zur Abwehr ausländischer Konkurrenten usw.), werden inländische Wettbewerbsbeschränkungen, die sich ausschließlich auf Auslandsmärkte beziehen (Exportkartelle, usw.), nicht kontrolliert.[2] Die WTO bietet im Gegensatz zum ICN die Möglichkeit, über ein bindendes und durchsetzbares Nicht-Diskriminierungsgebot (ohne welches eine WTO-Lösung wohl kaum vorstellbar wäre) einen Paradigmenwechsel im Sinne einer Definition des internationalen Wettbewerbs als eigenständiges Schutzobjekt einzuleiten.

4.2. Der Best Practice Ansatz: Institutioneller Wettbewerb oder Weg zur Harmonisierung?

Der Best Practice Ansatz des ICN stellt vordergründig ein Instrument zur Förderung eines effizienzsteigernden Wettbewerbs der Wettbewerbspolitiken dar: Die systematische Analyse und Evaluierung der Wettbewerbspolitik der ICN-Mitgliedstaaten schafft eine bisher nicht vorliegende Transparenz bezüglich möglicher wettbewerbspolitischer Praktiken und ihrer komparativen Leistungsfähigkeit. Dies stellt eine bemerkenswerte Beschleunigung eines *yardstick competition* zwischen den Jurisdiktionen dar, der eine wesentliche Komponente institutionellen Wettbewerbs insgesamt aber insbesondere dort darstellt, wo direkte Rechts-

---

[1] In der Minderung dieser Problematik liegt eine der Stärken des ICN-Ansatzes. Da dies allerdings gleichermaßen für eine WTO-Lösung gilt, mit anderen Worten diesbezüglich keine wesentlichen Unterschiede zwischen den Alternativen bestehen, wird dieser Aspekt im vorliegenden Beitrag nicht ausführlich thematisiert. Siehe statt dessen *Budzinski* (2002a, 2003b).

[2] Vgl. *Budzinski* (2002b); *Guzman* (2003); *Fox* (2003); *Kerber/Budzinski* (2003). Dies ist vor allem dann problematisch, wenn Märkte in kleineren oder weniger mächtigen Jurisdiktionen betroffen sind, die entweder nicht über effektive Wettbewerbsordnungen verfügen oder das Auswirkungsprinzip nicht gegenüber internationalen Unternehmen durchsetzen können.

wahlfreiheit und Standortwettbewerb nicht möglich oder nicht wirksam sind.[1] Während die Intensität eines *yardstick competition* üblicherweise durch allerlei Informationsdefizite zwischen den Akteuren unterschiedlicher Jurisdiktionen über die Art und komparative Leistungsfähigkeit ausländischer institutioneller Lösungen gemindert ist, fungiert das ICN hier als Informationsintermediär, der die Wettbewerbsbehörden mit den notwendigen Informationen versorgt, um überlegene Lösungen in anderen Jurisdiktionen (*benchmarks*) zu erkennen und gegebenenfalls zu importieren, und damit letztendlich den Prozess des wechselseitigen Lernens beschleunigt.

Eine WTO-Lösung hingegen bedeutet einen weitgehenden Verzicht auf institutionellen Wettbewerbsprozesse. Hier stehen die Harmonisierungselemente eindeutig im Vordergrund und dezentrale Institutionen, die die Möglichkeit von institutionellem Lernen bewahren, sind bestenfalls als Übergang zu einem zentralisierten System vorgesehen. So sind auch die Integration von freiwilliger Kooperation und anderer dezentraler Elemente in die Doha Deklaration zu verstehen. Institutioneller Wettbewerb, wie immer im Detail ausgestaltet, ist jedoch ein wesentliches Element nicht nur des anarchischen Ansatzes sondern auch der Politikkoordination, die eine Lösung der Probleme von Jurisdiktionskonflikten gerade deswegen über eine Verfahrensordnung anstrebt, um institutionelle Lernprozesse durch weiterhin dezentrale substanzielle Regelsetzung/Politikkompetenzen nicht auszuschließen.[2]

Allerdings offenbaren sich bei genauerer Betrachtung Zweifel daran, ob das ICN als eine Spielart eines organisierten institutionellen Wettbewerbs der Wettbewerbspolitiken bzw. als Instrument zur Politikkoordination gesehen werden kann. Vielmehr verbirgt sich im Best Practice Ansatz eine starke Harmonisierungsorientierung: Zwar soll die vorhandene Vielfalt der Wettbewerbspolitiken genutzt werden, um Best Practices zu ermitteln; diese sollen dann jedoch über *peer pressure* in allen Mitgliedstaaten umgesetzt werden. Damit dient der *yardstick competition* zwar zur Ermittlung der superioren Lösungen im *status quo*, allerdings wird ihm keine dauerhafte Rolle bei der *Generierung* überlegener Lösungen beigemessen. Institutioneller Wettbewerb wird somit zu einem Wettbewerb um die aktuell existierende beste Lösung reduziert und anschließend „beendet". Damit jedoch wird lediglich ein anderer Weg der Harmonisierung beschritten als in der WTO-Lösung: Anstelle einer Harmonisierung „von oben" durch Aushandlung verbindlicher internationaler Wettbewerbsregeln wird eine

---

[1] Im institutionellen Wettbewerb der Wettbewerbspolitiken/-ordnungen ist Rechtswahlfreiheit kaum sinnvoll vorstellbar und Standortwettbewerb beinhaltet erhebliche Gefahren. Siehe dazu *Kerber/Budzinski* (2003).

[2] Die nachfolgende kritische Diskussion des Best Practice Ansatzes weist auf Gründe für solch dezentrale institutionelle Lernprozesse hin. Vgl. aber auch *Easterbrook* (1983); *Kerber* (1999, 2003); *Budzinski* (2002b); *Kerber/Budzinski* (2003); *Stephen* (2003).

Harmonisierung „von unten" durch einen einmaligen (temporären) Wettbewerb der institutionellen Lösungen inthronisiert. Eine solche *best-rule-harmonisation* (*First* 1998) mag die überlegene Harmonisierungsstrategie sein, die eigentlichen Vorteile eines dezentralen (dauerhaften!) institutionellen Lernprozesses kann sie jedoch nicht fruchtbar machen. Dies sei anhand der dem System der internationalen Wettbewerbspolitiken innewohnenden Dynamik (oder genauer: Evolutorik) verdeutlicht:

- Erstens evolviert die Systemumwelt. Wettbewerb auf internationalen Märkten schafft Anreize zu Innovationen und zu kreativem Wettbewerbsverhalten. Dabei werden permanent neue kompetitive und antikompetitive Verhaltensweisen kreiert. Heute ermittelte Best Practices können dies nicht antizipieren, d.h. die Dynamik der Geschäftswelt zwingt zu einer permanenten Resonanz- und Anpassungsfähigkeit des Systems der Wettbewerbspolitiken.
- Zweitens wird (hoffentlich) auch weiterhin wissenschaftlicher Fortschritt in der Wettbewerbsökonomik zu verzeichnen sein. Auch zukünftige Theorieinnovationen können sich nicht in heutigen Best Practices widerspiegeln, weswegen prinzipiell eine Offenheit des internationalen Systems der Wettbewerbspolitiken erforderlich ist, wenn vermieden werden soll, dass Wettbewerbsregeln und wettbewerbspolitische Praktiken veralten und inadäquat werden.

Der ICN-Ansatz, der dezentralen institutionellen Lernprozessen (bisher) keine dauerhafte Rolle einräumt und statt dessen auf einen einmaligen *yardstick competition* mit anschließender Harmonisierung setzt, bietet somit in der Konsequenz keine höhere Evolutionsfähigkeit des internationalen Systems der Wettbewerbspolitiken. Damit wird auch die Grundidee des Ansatzes der Politikkoordination nicht konsequent verwirklicht. Ob sich aus der impliziten Harmonisierungsorientierung des ICN allerdings ein Pfad zur realen Harmonisierung ergibt, hängt in erster Linie davon ab, ob die *soft governance* des ICN eine hinreichende Durchschlagskraft entfaltet.

5. *Fazit*

Die zukünftige Evolutionsfähigkeit des internationalen Systems der Wettbewerbspolitiken wird weder durch eine WTO-Lösung noch durch das ICN gewährleistet. Während die WTO auf verbindliche internationale Regeln zielt, welche die nationalen Wettbewerbspolitiken sukzessive zu marginalisieren drohen[1], ist die Harmonisierungslogik des ICN Best Practice Ansatzes subtiler (und in ihrer Erfolgswahrscheinlichkeit auch ungewisser). Wettbewerb spielt zur (ein-

---

[1] Die innere Dynamik einer solchen Entwicklung kann beispielhaft anhand der Veränderung der relativen Bedeutung von europäischer und nationaler Wettbewerbspolitik in der EU beobachtet werden. Vgl. *Kerber* (2000) und *Budzinski/Christiansen* (2003).

maligen) Entdeckung der Best Practices zwar eine Rolle, aber nachdem die optimalen Lösungen (nach heutigem Wissens- und Systemumweltstand) gefunden sind, wird er beendet und durch Uniformität (auf dem „optimalen" Niveau) ersetzt. Die Instrumentalisierung von Wettbewerb als Harmonisierungspfad korrespondiert durchaus mit einer Vielzahl gleichgewichtsorientierter und stationärer Wettbewerbskonzepte, wie sie aufgrund ihrer guten mathematischen Modellierbarkeit insbesondere in der Industrieökonomik populär sind.[1] Demgegenüber hat *Udo Müller* (1975, 1980a, 1980b) immer ein evolutorisches Verständnis von Wettbewerbsprozessen propagiert, welches Wettbewerb als dauerhaftes Mittel zur Generierung innovativer Lösungen und zur Anpassung an Umweltveränderungen – kurz als Prozess der Evolutionsfähigkeit – versteht. Einmal wettbewerblich ermittelte Best Practices werden aus einer solchen Perspektive nahezu zwangsläufig durch Umweltevolution und Wissensgenerierung obsolet.

Was das Potenzial der beiden Ansätze angeht, die aus konkurrierenden Jurisdiktionen über bzw. fehlenden Zuständigkeiten für internationale Wettbewerbsfälle resultierenden Probleme zu mildern, so verbessern beide die gegenwärtige Situation eines mehr oder minder „anarchisch" geprägten Systems. Da eine WTO-Lösung hier aber direkter und mit größerer Durchsetzungsmacht Konfliktreduktion und (Verfahrens-) Effizienzsteigerung bieten kann, ist diese aus ökonomischer Sicht hier zu präferieren. Ein nicht zu vernachlässigender polit-ökonomischer Vorteil des ICN liegt allerdings in seiner größeren Konsensfähigkeit, da Souveränitätseinbußen für die nationalen Wettbewerbspolitiken (zumindest anfangs) vermieden werden können.

Während also das bisher dominierende internationale System der Wettbewerbspolitiken (basierend auf der autonomen Anwendung des Auswirkungsprinzips) eher dem anarchischen Ansatz zuzuordnen ist (wenn dies auch nicht unbedingt einer bewusst-rationalen Entscheidung der Völkergemeinschaft für eine ungeregelte „Wettbewerbslösung" entspricht), zielt die gegenwärtig absehbare Evolution dieses Systems in Richtung Harmonisierung und die Unterschiede der Pfade liegen vorrangig in alternativen Wegen zu mehr Harmonisierung und Zentralität. Eine konsequente Umsetzung der Idee einer Politikkoordination, also die Konstruktion eines kohärenten Mehrebensystems dezentraler Wettbewerbspolitiken (*Kerber* 2003) als alternativer Evolutionspfad ist gegenwärtig nicht absehbar.

Literaturverzeichnis

Basedow, J. (1998): Weltkartellrecht – Ausgangslage und Ziele, Methoden und Grenzen der internationalen Vereinheitlichung des Rechts der Wettbewerbsbeschränkungen, Tübingen.

[1] Die Beiträge von *Hauenschild/Stahlecker* und *Pasche* in diesem Band zeigen, dass auch anspruchsvollere Wettbewerbskonzepte modellierbar sind.

Brittan, L./van Miert, K. (1996): Towards an International Framework of Competition Rules, in: International Business Lawyer, Vol. 24, 10, S. 454-457.

Budzinski, O. (2002a): Perspektiven einer internationalen Politik gegen Wettbewerbsbeschränkungen, in: List Forum für Wirtschafts- und Finanzpolitik, 28. Jg., 3, S. 233-252.

Budzinski, O. (2002b): Institutional Aspects of Complex International Competition Policy Arrangements, in: *Esser, C./Stierle, M. H.* (Hrsg.): Current Issues in Competition Theory and Policy, Berlin, S. 109-132.

Budzinski, O. (2003a): Cognitive Rules, Institutions, and Competition, in: Constitutional Political Economy, Vol. 14, 3, S. 215-235.

Budzinski, O. (2003b): Towards an International Governance of Transborder Mergers? - Competition Networks and Institutions between Centralism and Decentralism, in: Journal of International Law and Politics, Vol. 35, 4, im Druck.

Budzinski, O./Christiansen, A. (2003): Neue Initiativen für eine internationale Wettbewerbspolitik, in: Orientierungen zur Wirtschafts- und Gesellschaftspolitik, 95, 1, S. 14-21.

Budzinski, O./Kerber, W. (2003): Megafusionen, Wettbewerb und Globalisierung, Stuttgart.

Davison, L./Johnson, D. (2002): The EU's Evolving Stance on the International Dimension of Competition Policy: A Critical Commentary, in: Intereconomics, Vol. 37, 5, S. 244-252.

Drauz, G. (2002): Unbundling *GE/Honeywell*: The Assessment of Conglomerate Mergers under EC Competition Law, in: *Hawk, B. E.* (Hrsg.): Annual Proceedings of the Fordham Corporate Law Institute Conference on International Antitrust Law & Policy, New York, S. 183-201.

Drexl, J. (2003): Do We Need "Courage" for International Antitrust Law?, in: *Drexl, J.* (Hrsg.): The Future of Transnational Antitrust – From Comparative to Common Competition Law, Bern, S. 311-341.

Easterbrook, F. H. (1983): Antitrust and the Economics of Federalism, in: Journal of Law and Economics, Vol. 26, 1, S. 23-50.

Fehr, E./Gächter, S. (2000): Fairness and Retaliation – The Economics of Reciprocity, in: Journal of Economic Perspectives, Vol. 14, 3, S. 159-181.

Fikentscher, W./Immenga, U. (1995/Hrsg.): Draft International Antitrust Code, Baden-Baden.

Finckenstein, K. von (2003): Recent Developments in the International Competition Network, Address to the 2003 Forum on "Hands on in Antitrust Heaven: Current Global Issues and Dilemmas", New York http://www.internationalcompetitionnetwork.org/speech_aba.html, Abruf 28.04.2003, 11 Uhr.

First, H. (1998): Theories of Harmonization: A Cautionary Tale, in: *Ullrich, H.* (Hrsg.): Comparative Competition Law: Approaching an International System of Antitrust Law, Baden-Baden, S. 17-41.

First, H. (2003): Evolving Toward What? – The Development of International Antitrust, in: *Drexl, J.* (Hrsg.): The Future of Transnational Antitrust – From Comparative to Common Competition Law, Bern, S. 23-51.

Fox, E. M. (1998): Antitrust Regulation Across National Borders – The United States of Boeing versus the European Union of Airbus, in: The Brookings Review, Vol. 16, 1, S. 30-32.

Fox, E. M. (1999): The Problem of State Action that Blesses Private Action that Harms 'the Foreigners', in: *Zäch, R.* (Hrsg.): Towards WTO Competition Rules, Bern, S. 325-340.

Fox, E. M. (2003): International Antitrust and the Doha Dome, in: Virginia Journal of International Law, Vol. 43, im Druck.

Fullerton, L./Mazard, C. C. (2001): International Antitrust Co-operation Agreements, in: World Competition, Vol. 24, 3, S. 405-423.

Gächter, S./Fehr, E./Kment, C. (1996): Does Social Exchange Increase Voluntary Cooperation?, in: Kyklos, Vol. 49, 4, S. 541-554.

Güth, W./Kliemt, H. (1993): Menschliche Kooperation basierend auf Vorleistungen und Vertrauen, in: Jahrbuch für Neue Politische Ökonomie, Band 12, S. 253-277.

Güth, W./Ockenfels, P./Wendel, M. (1997): Cooperation Based on Trust: An Experimental Investigation, in: Journal of Economic Psychology, Vol. 18, 1, S. 15-43.

Guzman, A. T. (2003): The Case for International Antitrust, in: *Epstein, R./Greve, M. S.* (Hrsg.): The New Antitrust Paradox: Policy Proliferation in the Global Economy, Washington, D.C., im Druck.

Hauser, H./Schöne, R. (1994): Is There a Need for International Competition Rules?, in: Aussenwirtschaft, Vol. 49, 2-3, S. 205-222.

Hoekman, B./Mavroidis, P. C. (1994): Competition, Competition Policy and the GATT, in: The World Economy, Vol. 17, 2, S. 121-150.

ICPAC (2000): International Competition Policy Advisory Committee: Final Report, Department of Justice, Antitrust Division, Washington, D.C.

Jacquemin, A. (1995): Towards an Internationalisation of Competition Policy, in: The World Economy, Vol. 18, 6, S. 781-789.

Jenny, F. (2002a): Globalization, Competition and Trade Policy: Convergence, Divergence and Cooperation, in: *Jones, C./Matsushita, M.* (Hrsg.): Competition Policy and the Global Trading System, Dordrecht, S. 295-334.

Jenny, F. (2002b): International Cooperation on Competition: Myth, Reality and Perspective, Manuskript präsentiert auf der University of Minnesota Law School Conference on Global Antitrust Law and Policy, 20.-21. September, Minneapolis.

Jenny, F. (2003): Competition Law and Policy: Global Governance Issues, Vortrag an der New York University Law School, 24.03., New York.

Kerber, W. (1999): Wettbewerbspolitik als nationale und internationale Aufgabe, in: *Apolte, T./Caspers, R./Welfens, P. J. J.* (Hrsg.): Standortwettbewerb – Wirtschaftspolitische Rationalität und internationale Ordnungspolitik, Baden-Baden, S. 241-269.

Kerber, W. (2000): Europäische Fusionskontrolle – Entwicklungslinien und Perspektiven, in: *Oberender, P.* (Hrsg.): Die Europäische Fusionskontrolle, Berlin, S. 69-97.

Kerber, W. (2003): International Multi-Level System of Competition Laws: Federalism in Antitrust, in: *Drexl, J.* (Hrsg.): The Future of Transnational Antitrust – From Comparative to Common Competition Law, Bern, S. 269-300.

Kerber, W./Budzinski, O. (2003): Towards a Differentiated Analysis of Competition of Competition Laws, in: ZWeR Journal of Competition Law, Vol. 1 (4), im Druck.

Klodt, H. (2001): Conflict and Conflict Resolution in International Anti-trust: Do we Need International Competition Rules?, in: The World Economy, Vol. 24, 7, S. 877-888.

Maher, I. (2002): Competition Law in the International Domain: Networks as a New Form of Governance, in: Journal of Law and Society, Vol. 29, 1, S. 111-136.

Meessen, K. M. (2000): Das Für und Wider eines Weltkartellrechts, in: Wirtschaft und Wettbewerb, 50. Jg., 1, S. 5-16.

Müller, U. (1975): Wettbewerb, Unternehmenskonzentration und Innovation, Göttingen.

Müller, U. (1980a): Wettbewerbspolitik, in: Handwörterbuch der Volkswirtschaft, Wiesbaden, Sp. 1524-1550.

Müller, U. (1980b): Wettbewerbstheorie, in: Handwörterbuch der Volkswirtschaft, Wiesbaden, Sp. 1550-1573.

Müller, U. (1992): Wettbewerb in der Triade, in: *Rürup, B./Steger, U.* (Hrsg.): Arbeit 2000 – Soziale, ökonomische und politische Trends für Unternehmen, Frankfurt a.M., S. 37-75.

Müller, U. (1996): Systemtheorie – ein interdisziplinärer Ansatz zum Verständnis von Globalisierung?, in: *Steger, U.* (Hrsg.): Globalisierung der Wirtschaft, Heidelberg, S. 56-79.

Schaub, A. (2001): Konvergenz kartellrechtlicher Normen und deren Anwendung auf globale Sachverhalte, in: Wirtschaft und Wettbewerb, 51. Jg., 10, S. 928-933.

Stephan, P. B. (2003): Competitive Competition Law? An Essay against International Cooperation, in: *Epstein, R./Greve, M. S.* (Hrsg.): The New Antitrust Paradox: Policy Proliferation in the Global Economy, Washington, D.C., im Druck.

Tarullo, D. K. (2000): Norms and Institutions in Global Competition Policy, in: The American Journal of International Law, Vol. 94, 3, S. 478-504.

Wells, W. (2002): Antitrust and the Formation of the Postwar World, New York.

Wins, H. (2000): Eine internationale Wettbewerbsordnung als Ergänzung zum GATT, Baden-Baden.

Wissenstransfer und Wagniskapital

*Utz Claassen**

1. Wissenschaftspolitik als Wirtschaftspolitik

Neue, nachhaltig zusätzliche Arbeitsplätze entstehen durch Investitionen. Sie haben deshalb fast immer mit neuen Technologien, neuen Produkten, neuen Produktionsverfahren bzw. neuen Märkten zu tun. Am Anfang steht ganz häufig wissenschaftlicher Fortschritt oder zumindest ein Fortschritt bei angewandter Entwicklung oder angewandten Methoden, insbesondere in den so exportträchtigen Technologiebranchen. Auch neue Dienstleistungsarbeitsplätze haben jedoch in aller Regel mit neuen Erkenntnissen, die eine bessere oder zusätzliche Befriedigung von Kundenbedürfnissen erlauben, zu tun.

Wer sein Technologieportfolio erweitern und mit neuen Produkten neue Märkte erschließen will, der muss investieren. So entstehen neue Entwicklungs- und Produktionskapazitäten und -strukturen, und so entstehen auch neue, zukunftsorientierte Arbeitsplätze. Wettbewerbsfähige Steuerquoten, tolerable Lohnnebenkosten und effiziente Verwaltungsabläufe können (und müssen) dafür sorgen, dass diese Investitionen auch am gewünschten Standort möglich und real werden. Mehr Öl im Getriebe des Arbeitsmarktes kann (und muss) dafür sorgen, dass Angebot und Nachfrage in diesem Bereich einander auch wirklich treffen.

Aber erst eine Wissenschaftspolitik, die sich zugleich als antizipierende Wirtschaftspolitik begreift, kann die entsprechenden Erfordernisse an Qualifikation, Invention und Innovationsdynamik gewährleisten. Wer die wirklichen Entstehungs- und Entscheidungs-Prozessketten kennt, weiß: Wissenschaftspolitik und wissenschaftlicher Erfolg sind eine Vorstufe von Wirtschaftspolitik bzw. wirtschaftlichem Erfolg. Dies gilt regional, national und in der Triade.

2. Forschung, Lehre, Transfer

Forschung und Lehre sind die traditionellen Aufgaben von Wissenschaft und Wissenschaftspolitik. Wollen Wissenschaft und Wissenschaftspolitik jedoch darüber hinaus im gesamtwirtschaftlichen und -gesellschaftlichen Kontext unmittelbar wertschöpfend sein (und damit auch weitere Ressourcenzufuhr rechtfertigen), dann kommt das Thema „Transfer“ zwingend als dritte Komponente hinzu. Neben den ökonomischen und sozialen Auswirkungen, die u.a. im Bereich des Arbeitsmarktes zu erwarten sind, muss eine lebende Wissenschaft ohnehin Interesse daran haben, ihren externen Vernetzungsgrad zu erhöhen und zugleich sicher-

---

* Dieser hier leicht veränderte Beitrag ist bereits erschienen in: *T. Oppermann* (Hrsg.), Vom Staatsbetrieb zur Stiftung: Moderne Hochschulen für Deutschland, Wallstein Verlag: Göttingen 2002, S. 128 -141. Wir danken dem Wallstein Verlag für die Erlaubnis eines Wiederabdruckes.

stellen, dass ihr Erkenntnisfortschritt dort, wo möglich, auch tatsächlich ins reale Leben einfließen und sich somit zum Nutzen von Mensch und Umwelt entfalten kann. Je höher also die Transferleistung ist, umso größer wird der gesellschaftlich generierte Vorteil und damit auch der entsprechende berechtigte Anspruch auf Förderung. Forderung und Förderung beruhen letztlich immer auf Gegenseitigkeit.

Mit einer verbesserten Transferleistung dient die Wissenschaft im Übrigen nicht nur ihren Ressourceninteressen, sondern erhöht zudem gleichermaßen ihre Attraktivität für die besten „High Potentials" und darüber hinaus auch ihre Möglichkeit, selbst aus entsprechenden Rückkopplungen zu lernen und den Erkenntnisfortschritt somit weiter voranzubringen. Für die Entscheidung der größten Talente zugunsten eines Engagements in der Wissenschaft dürfte dabei sowohl das Wissen um die Möglichkeit eines attraktiven Übergangs in die Privatwirtschaft als auch das Interesse an externer Vernetzung und gesellschaftlichem Nutzen eine wichtige Rolle spielen.

Bei aller zentralen Bedeutung effizienter und effektiver Transfermechanismen zwischen Wissenschaft und Wirtschaft darf jedoch selbst aus rein wirtschafts- und arbeitsmarktpolitischer Sichtweise die vitale Bedeutung exzellenter Forschung und Lehre nicht übersehen werden. Zum einen kann nur erfolgreich in die wirtschaftliche Realität transferiert werden, was zuvor in der Forschung entstanden ist. Ohne erfolgreiche Forschung gibt es keinen sinnvollen Transfer. Zum anderen ist die spätere Fähigkeit der Wirtschaft zur Umsetzung des Transferierten (wie überhaupt auch ihre Gesamtleistung) natürlich von der Qualität ihrer Mitarbeiter und Manager abhängig, und damit auch von der Lehre an Universitäten, Hochschulen und Fachhochschulen. Auch ihre eigene interne und externe Vernetzungsfähigkeit wird zudem von der Art und Weise mitbestimmt werden, wie ihre Schlüsseltalente zuvor – auch im universitären Bereich – selbst gelernt haben, Transferleistungen zu erbringen und Prozesskettenorientierung zu entwickeln. Transferaktivität zwischen Wissenschaft und Wirtschaft kann also auch eine Vorbild- und Lernfunktion haben.

Ein weiterer Aspekt kommt hinzu: die langfristige Bedeutung exzellenter Forschung und Lehre und damit exzellenter Wissenschaftspolitik für die Exportpotenziale einer Volkswirtschaft. Die guten und erfolgreichen iranischen Mediziner, ägyptischen Ingenieure oder indischen Naturwissenschaftler, denen wir so oft begegnen: sie alle haben mit Studium und Arbeit in Deutschland nicht nur eine Bereicherung unseres geistigen, sozialen und ökonomischen Lebens bewirkt, sondern sind zugleich Garanten für unser Ansehen in der Welt. Ohne derartige Integrationserfolge wäre das deutsche Exportwunder nur zum Teil zu erklären bzw. überhaupt zustande gekommen.

Dementsprechend ist es sowohl für unseren internen Erkenntnisfortschritt wie auch unseren externen wirtschaftlichen Erfolg von zentraler Bedeutung, auch künftig global Spitzentalente für den Wissenschaftsstandort Deutschland zu interessieren, sowohl im Hinblick auf das Studium als auch bezogen auf die Forschung. Wenn künftig die Auslandsstudenten der wichtigsten Zukunfts- und Wachstumsmärkte China und Indien sich – wie es sich derzeit schon abzeichnet – vornehmlich für Aufenthalte in den Vereinigten Staaten oder im Vereinigten Königreich interessieren und entscheiden, dann werden wir auch an internationaler Wettbewerbsfähigkeit verlieren. Wer in den USA studiert und gearbeitet hat, wird sich – um es einmal überspitzt zu formulieren – später in wichtiger Entscheidungsfunktion vielleicht „eher für Boeing als für Airbus" aussprechen. Um im partnerschaftlichen und konstruktiven ökonomischen Wettbewerb mit unseren amerikanischen Freunden auch weiterhin bestehen zu können, müssen wir also zunächst sicherstellen, dass auch unsere Wissenschaft langfristig in der allerersten Liga mitspielt. Dies setzt exzellente Leistungen und auch ein internationales Wissenschaftsmarketing voraus.

Im Sinne weltweiter Attraktivität hat der frühere Niedersächsische Minister für Wissenschaft und Kultur *Oppermann* dabei unstreitig recht, wenn er fordert: „Lehrt Englisch." Erste Ansätze, die konkret in diesem Zusammenhang verfolgt werden, sind vorbildlich und richtungsweisend. Zu verweisen ist in diesem Zusammenhang auf die bilingualen oder rein englischsprachigen Studiengänge und „PhD"-Programme, die vornehmlich in den Natur- und Ingenieurwissenschaften an den Hochschulen Göttingen, Hannover und Osnabrück eingerichtet wurden. Es überrascht dann auch nicht, dass die Initiatoren dieser Studienangebote neben dem Fakt, dass die Unterrichtssprache englisch ist, meist noch weitere innovative Elemente eingebaut haben wie das Intensivstudium, Praktika-Partnerschaften mit Unternehmen und international anerkannte Abschlüsse. Forschung, Lehre und Transfer haben nur einen Modus – und der ist global.

3. Transfermechanismen

Die Mechanismen zur Förderung des Wissenstransfers sind mannigfaltig. Die britischen „Science Parks" und deutschen „Technologiezentren", die in den 1980er Jahre zu entstehen begannen, markierten den Beginn einer wichtigen Diskussion und Entwicklung. Landesregierungen, Kommunen sowie Universitäten und Fachhochschulen im In- und Ausland begannen, sich verstärkt des Themas Technologietransfer anzunehmen. Die dahinter stehenden Interessenlagen sind ebenso heterogen wie die inzwischen entstandenen diversen Transfermechanismen. Imagesteigerungen von Hochschulen, Leistungsanreize für Wissenschaftler, kommunale oder regionale Wirtschaftsförderung als Zielvorstellungen führten zur Einrichtung ganz unterschiedlicher Institutionen, die von landesbezogenen Technologieagenturen bis zu den Transferstellen einzelner Universitäten reichen.

Was häufig fehlte, war die Einbettung in eine integrierte, ganzheitliche, auch ökonomische Erfordernisse antizipierende Wissenschaftspolitik. Wo beispielsweise Eitelkeiten und Selbstüberschätzungen selbst kleinerer Kommunen nicht zu leistungsförderndem Wettbewerb, sondern zu Konfusion und Verzettelung von Ressourcen führt, kann der Erfolg nur mäßig sein. Wo Wissenstransfer von der Wissenschaft in die Wirtschaft nicht als integraler Bestandteil einer viel umfassenderen Prozesskette an der Schnittstelle zwischen Wirtschafts- und Wissenschaftspolitik verstanden, sondern als isoliert bearbeitbares Einzelthema interpretiert wird, sind langfristige und nachhaltige Erfolge ebenfalls nur in begrenztem Umfang zu erwarten.

Umso erfreulicher ist es, dass sich sowohl in der Politik als auch im unmittelbaren Hochschulbereich mehr und mehr Initiativen und Projekte entwickeln, die die Thematik in der angemessenen Ganzheit und Konsequenz angehen. In einem folgenden Abschnitt dieses Beitrages wird dies noch exemplarisch deutlich werden. Effektiver und effizienter Wissenstransfer ist das entscheidende Bindeglied zwischen vorausschauender Wissenschafts- und wirksamer Wirtschaftspolitik.

Strukturiert unterscheiden lassen sich die verschiedenen Transfermechanismen in solche, die Wissenstransfer von der Wissenschaft in die Wirtschaft quasi „an der Wurzel" katalysieren, und solche, die ihn unterstützen. Die erstgenannten Instrumente setzen unmittelbar im Hochschulbereich an, wohingegen die zweite Gruppe bereits initiierte individuelle Transferprojekte und unternehmerische Initiativen voraussetzt, ihnen jedoch mit entsprechender Beratung, Begleitung oder auch infrastruktureller Unterstützung oftmals erst zum Erfolg verhilft. Beide Arten der Transfermechanismen sind gleichermaßen bedeutsam, beide sind integrale Elemente der Überführung von (wissenschaftlicher) Invention in (ökonomisch tragfähige) Innovation. Oftmals steht der Erfolg einer Volkswirtschaft scheinbar im Widerspruch zu ihrem Inventionspotenzial. Es ist nicht die Invention, die letztlich Fortschritt für Wirtschaft und Gesellschaft bedeutet, sondern deren reale Umsetzung in eine Innovation. Dies ist die zentrale Schnittstelle zwischen Wissenschafts- und Wirtschaftspolitik.

Deshalb sind auch die katalysierenden, zu unternehmerischem Handeln ermutigenden Transferinstrumente, die unmittelbar im Hochschulbereich ansetzen und damit wohl eher der Wissenschaftspolitik zuzuordnen sind, und jene, die bereits entstandenen „Incubator units" durch entsprechende Unterstützung zum erforderlichen wirtschaftlichen Erfolg verhelfen sollen und demgemäss wohl eher der Wirtschaftspolitik zuzuordnen wären, untrennbar miteinander verbunden: Sie bedingen einander in geradezu idealtypischer Weise. Im gelebten und erlebten Transfer- und Innovationsprozess werden somit Brücken geschlagen und Grenzen überwunden.

Bei den ökonomisch unterstützenden Transfermodellen ist zu differenzieren in die Bereitstellung in der Gründungsphase erforderlicher Infrastruktur, in die Gewährleistung inhaltlicher Unterstützung in selektiven Bereichen sowie in das Angebot eines umfassenden und ganzheitlichen Beratungs- und Implementierungskonzeptes für die entsprechenden „Incubator Companies". Manche unternehmerischen Gründungen aus dem Hochschulbereich heraus, sogenannte „University Spin-Offs", bedürfen lediglich einer gewissen operativen Infrastruktur, um ihr – bereits durchdachtes und als tragfähig zu betrachtendes Geschäftsmodell – auch wirklich umzusetzen. Diese benötigte Infrastruktur kann von gemeinsamen Büroeinrichtungen über bereitgestellte Sekretariatsdienste bis hin zur gemeinsamen Nutzung von technologischen Infrastrukturen, z.B. im Laborbereich, reichen. Andere Start-Ups benötigen darüber hinaus konkrete Hilfe und Unterstützung z.B. beim Marktzugang, der Messeförderung, dem Erschließen von Auslandsmärkten oder auch der Entwicklung technologischer Netzwerke. Weitere Ausgründungen schließlich mögen ein herausragendes technologisches Produktkonzept haben, ohne jedoch bereits über ein wirklich ganzheitliches und tragfähiges Geschäftsmodell zu verfügen. Sie bedürfen häufig ganzheitlicher Beratung und Begleitung, die mit der Definition des zu erwartenden Kundennutzens und des zu bearbeitenden Marktes beginnen und mit dem Aufstellen (und Umsetzen) eines konkreten, maßnahmenorientierten, detaillierten und monetär bewerteten Business-Planes, z.B. über eine Zeitachse von fünf Jahren, enden kann.

Alle denkbaren Formen von Wissens- und Technologietransfer sowie die Förderung desselben haben zwei elementare Dinge gemeinsam: Stets geht es um die notwendige Kombination wissenschaftlich-technologischer mit ökonomisch-unternehmerischer Kompetenz; und stets bedarf diese erfolgreiche Verschmelzung zugleich einer verfügbaren tragfähigen Finanzierung.

4. Wagniskapital und Orchesterhypothese

Die Finanzierung der Zukunftsprojekte unternehmerischer „University SpinOffs" ist oftmals eine höchst riskante Sache, da die Umsetzbarkeit des angestrebten Geschäftsmodells und Unternehmenskonzeptes ja ex definitione noch nicht empirisch belegt ist. Zudem gibt es in aller Regel keine Referenzmärkte oder -unternehmen, auf die sich die Finanzierungsinstitute bei ihrer Risikobewertung stützen könnten. Andererseits versprechen die unternehmerischen Bestrebungen der Spin-Offs jedoch häufig hohe oder höchste Renditen im Erfolgsfall, da ja in vielen Fällen innovatorischer Vorsprung mit Alleinstellungsmerkmalen im Markt und einer entsprechenden dominanten Wettbewerbsposition verbunden ist. Die Finanzierung einer einzelnen Incubator Company ist also ziemlich riskant, die Finanzierung einer größeren Anzahl kann jedoch äußerst attraktiv sein, sofern die zu erwartende – hohe – Durchschnittsrendite auf das eingesetzte Kapital das Ausfallrisiko einzelner – stets zu erwartender – Fehlschläge abdecken bzw. überkompensieren kann.

Eigenkapital ist dabei durchgängig das zentrale Thema. Zum einen ist es bei den Gründern selbst oft – eher sogar in aller Regel – nicht bzw. nicht in ausreichendem Umfang vorhanden. Andererseits ist jedoch ohne hinreichende Eigenkapitalbasis weder eine Überbrückung der ohnehin schwierigen Startphase, in der oftmals den erheblichen Vorlaufkosten für technische Entwicklung, Aufbau einer Vertriebsstruktur oder auch Schaffung produktiver Kapazität noch keine nennenswerten Umsatzerlöse gegenüberstehen, noch eine Erlangung kurz- oder langfristiger Bankkredite möglich. Auch die beste Transferkatalyse und -begleitung nutzt also nichts, wenn die Gründer nicht in der Lage sind bzw. in die Lage versetzt werden, sich zügig und in angemessenem und ausreichendem Umfang das erforderliche Kapital zu beschaffen.

Wagniskapital und Beteiligungskapital, „Venture Capital“ (VC) bzw. „Private Equity“, sind dabei die gängigen Begriffe, wenn Beteiligungsgesellschaften bzw. private Geldgeber sich an den entstehenden bzw. entstandenen Unternehmungen beteiligen und statt Fremdkapitalzinsen einen Gewinnanteil erhalten. Dabei gibt es jedoch – trotz generell mehr als hinreichend vorhandenen Kapitals – verschiedene Problemkomplexe, die im Einzelfall für das betroffene Spin-Off die Dinge schwierig gestalten können. Manche Transferprojekte sind beispielsweise vom Potenzial her ganz einfach zu klein, um für „Venture Capitalists“ bzw. „Private Equity“ attraktiv sein zu können, oder auch technologisch zu spezialisiert, als dass sie von den privaten Anlegern noch vernünftig beurteilbar wären.

Ein zweiter Problembereich betrifft die Fristigkeit des Engagements: Beteiligungsgesellschaften wollen sich in der Regel nach einigen Jahren wieder von den entsprechenden Eigenkapitalanteilen trennen, da erst der entsprechende (hohe) Veräußerungserlös für sie das (durchaus riskante) Engagement rechtfertigt. Wo ein solcher „Exit“ aus unternehmensstrukturellen Gründen von vornherein schwierig erscheint, ist die Attraktivität gegenüber möglichen Kapitalgebern deutlich reduziert.

Ein drittes Problem betrifft die Wechselwirkungen zwischen Private Equity und Börsenumfeld. Nachdem der „Neue Markt“, der sich ja ursprünglich gerade an Unternehmen wenden sollte, die sich als „Concept Stocks“ noch in der – wenngleich sehr potenzialträchtigen – Entwicklungsphase befanden, eingebrochen ist und anstelle der „Concept Stocks“, in denen die Idee und das Potenzial eines zukunftsorientierten Geschäftsmodells den wesentlichen Teil der „Investment Story“ darstellten, nun von den Investoren wieder erwiesene Ertragskraft und existierende, bereits erfolgreich im Markt platzierte Produkte gefragt sind, sind Anleger in allen Bereichen deutlich vorsichtiger geworden.

Eigentlich müssten Venture Capital bzw. Private Equity als dem Börsengang vorgelagerte Formen der Eigenkapitalfinanzierung nun an Bedeutung gewinnen, da mit dem Neuen Markt, d.h. mit institutionellen Investoren und privaten Kleinanlegern an der Börse, ein latenter Wettbewerbsbereich weitgehend entfällt. Die Realität sieht jedoch umgekehrt aus: Einerseits haben die Enttäuschungen über viele geplatzte Träume und unrealistische Geschäftsmodelle vom Börsenbereich auch hin zu Venture Capital und Private Equity ausgeschlagen: die Vorsicht hat auch hier zu- und die Risikobereitschaft abgenommen. Zum anderen ist der beabsichtigte „Exit" oft an einen später geplanten Börsengang gekoppelt. Wird dieser aufgrund der Kapitalmarktsituation schwieriger oder unwahrscheinlicher, sinkt auch die primäre Investitionsbereitschaft der Risikokapitalgeber. Schließlich haben die drastisch gesunkenen Unternehmensbewertungen am Neuen Markt, die unabhängig von schlechter Performance auch mit deutlich niedrigeren Bewertungs-Multiples einhergehen, indirekt auch die Menge des Kapitals, das in einer Gründungsphase beschafft werden kann, entsprechend reduziert.

Damit hier kein prozyklischer Effekt einsetzt, ist es umso wichtiger, dass die Rahmenbedingungen dafür geschaffen werden, dass der Wagniskapitalstrom nicht versiegt. Dies gilt übrigens nicht nur aus konjunktur-, prozess- und wissenschaftspolitischer Sicht, sondern auch und ganz besonders bei ordnungs- und strukturpolitischer Betrachtung: Gemäß der von *Udo Müller* immer wieder betonten „Orchesterhypothese" sind es weder die ganz großen noch die ganz kleinen Unternehmen allein, die das Innovationspotenzial einer Volkswirtschaft bestimmen. Es ist vielmehr das vernetzte Zusammenwirken kleiner, mittlerer und großer Unternehmen – quasi im „Orchester" –, das die gesamtwirtschaftliche Innovationskraft wesentlich determiniert. Wagniskapital für Start-Ups und SpinOffs ist kein modisches Schlagwort von Politik oder Finanz; es ist vielmehr zentrale Voraussetzung einer effektiven und effizienten Wirtschaftsstruktur, in der industrialisierte Abläufe des Heute und mutige Gestaltungsperspektiven des Morgen sinnvoll und erfolgreich miteinander verbunden werden.

5. Praktische Beispiele niedersächsischer Vorstöße

Wege, mit einer neuen Technologie oder einem neuen Produkt den Schritt aus der Wissenschaft in die Wirtschaft zu wagen, lassen sich an zahlreichen niedersächsischen Beispielen studieren. Eines der ganz frühen Spin-Offs aus der Göttinger Universität ist die 1870 gegründete Sartorius AG – ein HighTech-Unternehmen mit im Jahre 2002 weltweit fast 4000 Mitarbeitern. Gründer *Florenz Sartorius* war Universitätsmechanikus und entwickelte, baute und vertrieb innovative wägetechnische Produkte nach „Materialrezepturen" des Chemikers *Friedrich Wöhler*. Auch in den Folgejahrzehnten war es die Universität in Person ihrer Nobelpreisträger *Richard Zsigmondy* und *Otto Hahn*, die konstitutiv für weitere Geschäftsfelder des Unternehmens in der Separarations- und Gleitlagertechnik wirkte. Bis heute profitiert die Sartorius AG in ihren derzeitigen Sparten Biotechnologie, Mechatronik und Umwelttechnik von ihrem befruchtenden örtlichen Umfeld mit Hochschulen und Max-Planck-Instituten (MPI) und ist aktive Partnerin in den regionalen Technologienetzwerken BioRegioN und Measurement Valley.

Als Transferbeispiel aus dem Norden des Landes bietet sich das Kompetenzzentrum „HörTech" in Oldenburg an. „HörTech" vereint Projektpartner aus Forschung und Lehre, Bildung sowie der Industrie. Im Mittelpunkt der Arbeit dieses Zentrums steht die anwendungsorientierte audiologische Forschung, aber auch die Verfeinerung der Spezialdiagnostik und die Entwicklung neuer Therapien im Bereich der Hörstörungen. Im Jahr 2000 konnte sich „HörTech" in einem Wettbewerb "Kompetenzzentren Medizintechnik" des Bundesforschungsministeriums erfolgreich durchsetzen und wird von Bund und Land in zweistelliger Millionenhöhe gefördert. Mittlerweile sind erste Produkte auf dem Markt und sichern signifikante Einnahmen aus der Arbeit des Zentrums heraus.

Eine enge Verzahnung universitärer Forschung und industrieller Entwicklung realisiert das im Bau befindliche „Produktionstechnische Zentrum" in Hannover. Zukünftig werden hier in einem Gebäudekomplex die Maschinenbauinstitute der Universität unterkommen, die bisher auf sechs verschiedene Standorte verteilt sind. Daneben werden namhafte Industrieunternehmen einziehen, um an gemeinsamen Neuentwicklungen in der Automobilbranche, der Luft- und Raumfahrtindustrie zu planen und zu bauen. Der Neubau – für den 48 Millionen € investiert werden – wird nicht nur optimale Arbeitsbedingungen für Forschung und Lehre im Bereich Produktionstechnik bieten, er ist Teil eines bundesweit einmaligen Konzepts für einen intensiven Technologietransfer. Schon im Wintersemester 2004 werden rund 450 Maschinenbaustudenten, 350 Wissenschaftler und Techniker sowie rund 300 Mitarbeiter aus Industrieunternehmen am neuen Standort lernen, lehren, forschen und arbeiten.

Die dargelegten Beispiele zeigen einen erfolgreichen Weg auf, den andere Einrichtungen noch gehen müssen. Welche Voraussetzungen wurden in den letzten Jahren geschaffen, um dies zu ermöglichen?

6. Invention und Innovationsdynamik

Die niedersächsische Wissenschaftspolitik hat dazu in den letzten Jahren die drei Felder Lehre, Forschung und Transfer mit den Zielen Qualifikation, wissenschaftliche Invention und wirtschaftliche Innovationsdynamik auf den unterschiedlichsten Ebenen adressiert:

Im Bereich der Lehre wurden Mängel aufgedeckt, Desiderate formuliert und konsequent angegangen: Eine Verkürzung der Studienzeiten, praxisnahes Studium, bilingualer Unterricht, obligatorische Auslandsaufenthalte, Extra-Angebote für besonders leistungsstarke und leistungsbereite Studierende: die „Baustellen“ sind klar identifiziert. Die Einführung von Langzeitgebühren ist erfolgt, Pilotprojekte wie das „Intensiv-Studium“ oder die „Graduate Schools“ finden bundesweit Nachahmer und setzen nicht nur qualitativ Akzente, sondern gewinnen auch quantitativ an Bedeutung. Eine sehr beachtenswerte Einrichtung wurde mit dem „Experimentallabor für junge Leute“ (XLAB) geschaffen, das schon bei den Schülern Interesse für Naturwissenschaften und Technik wecken und diese spielerisch an entsprechende Fragestellungen und Methoden heranführen soll.

Forschungspolitik heißt „Stärken stärken“, sprich Ressourcen für herausragende und international gefragte Forscher bündeln, interdisziplinäre Zusammenarbeit zwischen außeruniversitärer und Hochschulforschung fördern und strukturell auch den „jungen Köpfen“ eigenständige Arbeit ermöglichen. Gute Forschungspolitik knüpft stark an herausragende Forscherpersönlichkeiten an und schafft für diese ein adäquates wissenschaftliches Umfeld. Niedersachsen hatte als erstes Bundesland die Juniorprofessur eingeführt und darauf gesetzt, Spitzenwissenschaftlern attraktive und wettbewerbsfähige Berufungs- oder Bleibeangebote machen zu können, um den „Brain Drain“ in die angelsächsischen bzw. angloamerikanischen Länder zu stoppen. Ein aktives Wissenschaftsmarketing, das sich auf globaler Basis an die wichtigsten Talent-Pool-Regionen richtet, spielt hier ebenfalls eine entscheidende Rolle. Oftmals werden dabei selbst renommierte Universitäten einer zentralen Unterstützung und Koordination bedürfen, die eindeutig auch Aufgabe einer zukunftsorientierten Wissenschaftspolitik ist. Entsprechende Delegationsreisen unter ministerieller Leitung können dafür im Sinne von Kontakten und Wurzeln entscheidende Akzente setzen.

Um eine Kultur der Selbstständigkeit an den Hochschulen zu schaffen, sprich den Wissenstransfer in das Hochschulsystem zu etablieren, kombinierte die Niedersächsische Hochschulpolitik ältere Instrumente wie die Hochschultransfergesellschaften mit neuen Initiativen. Im Jahr 2001 brachte Niedersachsen eine Bundesratsinitiative ein, die darauf zielte, § 42 des Arbeitnehmererfindungsgesetzes zu novellieren und das sogenannte „Professorenprivileg“ für die Anmeldung von Erfindungen als Patente abzuschaffen. Um die Vermarktung von Know How aus den Hochschulen nicht nur rechtlich zu vereinfachen, sondern zusätzlich attraktiv zu gestalten, startete das Land eine Patentoffensive, die neben der fachlichen Begleitung von Patentanträgen auch die Übernahme der erheblichen mit der Patentanmeldung und -durchsetzung verbundenen Kosten vorsieht.

Um weitere Dynamik zu entfachen, erlaubt das neue Landeshochschulgesetz den Hochschulen inzwischen auch, Firmen zu gründen oder sich an Firmen zu beteiligen. Die Universität Göttingen hat darauf mit der Gründung der InnovationCapital Göttingen GmbH reagiert. Die so genannte „innocap“ ist eine Beteiligungsgesellschaft mit Schwerpunkt „Pre Seed“ und „Seed Capital“ für Life Sciences, die Gründern den Schritt in die Selbstständigkeit durch adäquate Finanzierungsformen ebnen soll. Gesellschafter der innocap sind neben der Universität und zwei VC-Gesellschaften auch mehrere Unternehmen aus der Region, die den Start Ups zusätzlich zu Kapital ihr Know How über betriebswirtschaftliche Geschäftsprozesse, Märkte und Vertrieb anbieten. Die Sartorius AG wurde zu der führenden Industriepartnerin der innocap. Sie hatte die Übernahme ihres Anteils mit mehreren Erwartungen verbunden: zum einen mit den üblichen finanziellen Interessen einer Beteiligungsgeberin, darüber hinaus jedoch auch mit Knowhow-Transfer und Information für die eigene Forschung und Entwicklung. Durch ihr Engagement zielte sie darauf, ihre Fühler am Puls der Wissenschaft zu halten, die vor dem Sprung in die wirtschaftliche Verwertung steht. Im Gegenzug sollte sie ihre Marktkenntnis und -erfahrung ebenso im Sinne der geförderten Incubator Units einbringen wie auch unter Umständen ihre Kontakte und ihren Marktzugang.

In eine von regem und konstruktivem Austausch zwischen Wissenschaft und Wirtschaft geprägte Landschaft passt dann auch das von der Sartorius AG im Jahr 2001 gegründete Sartorius College. Aufgabe des College ist es, den Fluss von Wissen zu organisieren und zu managen – innerhalb des Unternehmens, aber vor allem auch zwischen Unternehmen und externen Partnern. Ein wichtiger Partner ist für jedes High Tech Unternehmen die Wissenschaft und Forschung, und deswegen ist es vielleicht auch kein Zufall, dass das Sartorius College mit einem internationalen Workshop der Universität Göttingen zum Wissenstransfer seinen Betrieb aufnahm.

7. Ausblick

Die in Niedersachsen entwickelten und umgesetzten Konzepte haben zu belegbaren Erfolgen geführt. Die Grundlagen für weitere positive Entwicklungen sind ebenfalls bereits geschaffen. Dennoch werden auch hier noch weitere innovative Gestaltungsansätze für das Zusammenspiel zwischen Wissenschaft, Industrie, Dienstleistungsgewerbe und Finanzsektor folgen (müssen), da die Welt sich ständig weiterbewegt und auch die beste Wissenschaftspolitik sich entsprechend weiter entwickeln muss, um ihre Führungsposition zu halten oder auszubauen. Aus den vorhandenen Erfordernissen lassen sich dabei drei Trends klar ableiten, die allesamt mit der Überwindung scheinbarer Widersprüche zu tun haben: zum ersten das Primat globaler Präsenz und globalen Erfolgs bei gleichzeitiger regionaler Verankerung und Verantwortung; zum zweiten die Überwindung des scheinbaren Interessengegensatzes zwischen Wirtschaft und Politik; und zum dritten die Beschäftigung mit den kulturellen Aspekten von Transfer und Wagnis.

Auf Seiten der Wirtschaft kann sich in vielen technologischen Bereichen und Marktsegmenten nur noch derjenige behaupten, der global präsent und erfolgreich ist. Die Restrukturierungstendenzen in vielen Industrien, die längst nicht mehr nur die Großkonzerne erfasst haben, belegen dies eindeutig. Dies steht jedoch keinesfalls im Gegensatz zu klarer regionaler Verankerung und hoher regionaler (Sozial-)Verantwortung. Die Unternehmenspolitik von Sartorius ist hier nur ein Beispiel unter vielen. Ähnlich stellt sich die Situation auch im Wissenschaftsbereich dar. Globale Attraktivität und weltweite Anerkennung auf der einen Seite steht oft im Einklang mit der Einbindung in regionale Netzwerke und Kompetenzzentren auf der anderen. Der Trend zum „Europa der Regionen" wird diese Entwicklung in Wissenschaft und Wirtschaft weiter forcieren. Es kann auf Dauer nicht effektiv sein, alles an allen Standorten und in allen Regionen zu leisten. Das Prinzip der funktionalen Spezialisierung, welches ja in der Biologie ebenso gültig ist wie in der Ökonomie, wird sich weiter durchsetzen. Dementsprechend wird auch unsere Region sich ihre besonderen Kompetenzbereiche definieren und entwickeln müssen; Automobiltechnik, Biotechnologie und Umwelttechnik gehören sicherlich dazu. Regionale Verankerung kann mithin sogar zur Grundlage globalen Erfolges werden.

In Wirtschaft wie Wissenschaft werden auch weiterhin Brücken zu schlagen und Grenzen zu überwinden sein. Häufig ist festzustellen, dass die Wirtschaft an die Politik Forderungen stellt, die Politik diese Forderungen nicht oder nicht ganz erfüllen kann und die Wirtschaft danach dann die Politik kritisiert. Dies ist eine klar asymmetrische Situation. An dieser Stelle bieten sich Zielvereinbarungen als neues Instrument der Zusammenarbeit zwischen Wirtschaft(sverbänden) und Wirtschafts- sowie auch Wissenschaftspolitik an. Auf diese Weise könnte die bisherige Asymmetrie einer fairen Symmetrie weichen, in der dann verstärkt nach „Win-Win"-Situationen (und nicht nach Begründungen für disruptive Meinungsunterschiede) gesucht wird. Wieso soll das, was in erfolgreichen Unternehmen schon lange und in fortschrittlichen Universitäten inzwischen auch praktiziert wird, nämlich das Steuern durch Zielvereinbarungen, nicht auch ein probates Mittel zur Überwindung scheinbarer Interessengegensätze zwischen Politik und Wirtschaft sein? Dabei sind ganz unterschiedliche Themenbereiche und auch ganz verschiedene Kommittierungsgrade und -umfänge denkbar.

Schließlich ist noch der kulturelle Aspekt von Transfer und Wagnis anzusprechen. Wir brauchen nicht nur Mechanismen und Instrumente, die Wissenstransfer begünstigen; wir brauchen vielmehr auch eine Kultur, die Transfer fördert und mit Wagnis vernünftig umgeht. Eine Gesellschaft, in der das Sprichwort „Wissen ist Macht" gilt, ist sicherlich nur begrenzt wissenstransferfördernd. Der Grundsatz „Wissen teilen ist Macht" ist für Unternehmen und Hochschulen ebenso wie für Gesellschaft, Volkswirtschaft und wissenschaftlichen Erkenntnisfortschritt sehr viel zielführender. Ebenso darf – absolut notwendiges – Risikomanagement nicht zur nachhaltigen Restriktion führen. Das Auslassen einer Chance kann im übrigen – gerade im Wettbewerbsumfeld – unter Umständen das größte Risiko darstellen. Wer jedoch zehn zukunftsträchtige Projekt angeht, wird nicht zehnmal erfolgreich sein. Gesellschaft, Politik, Hochschulen und Unternehmen müssen lernen, die richtigen Leistungen richtig zu beurteilen und zu belohnen und dabei auch mit einzelnen Fehlleistungen sachgerechter umzugehen. Wer im Sport regelmäßig 6:4 gewinnt, d.h. trotz starker Offensivleistungen durchaus auch Gegentore kassiert hat, steht am Ende vor demjenigen, der stets ein sauberes 0:0 hält. Wissenschaft und Wirtschaft sind Talente zu wünschen, die nicht nur den Status quo im Sinne eines 0:0 verteidigen wollen, sondern die bereit sind, unter Eingehen von – vernünftigen und überschaubaren – Risiken selbst das Spiel und damit die Zukunft in die Hand zu nehmen. In diesem Sinne sind Wissenschafts-, Wirtschafts- und Gesellschaftspolitik untrennbar miteinander verbunden.

Zur Koevolution von Technik und Institutionen: Das Gentechnikgesetz

Ralf Tostmann

1. Einleitung

Mit dem *Gesetz zur Regelung der Gentechnik (Gentechnikgesetz - GenTG)* von 1990 und seiner Revision von 1993 wurde ein Schutzgesetz in Deutschland implementiert, dass neben der Gefahrenvermeidung den „…rechtlichen Rahmen für die Erforschung, Entwicklung, Nutzung und Förderung der wissenschaftlichen, technischen *und wirtschaftlichen* Möglichkeiten der Gentechnik“[1] schaffen soll. Wenngleich dieser Fördergedanke eines Schutzgesetzes für einen im ökonomischen *curriculum* sozialisierten Leser auf den ersten Blick zumindest nicht ungewöhnlich erscheint, hat diese Formulierung bei Juristen und in juristischen Textsammlungen für Aufsehen gesorgt und ist nicht nur positiv aufgenommen worden.[2] Das deutsche *GenTG* nähert sich damit zumindest von der Zweckbestimmung alternativen technologie- und innovationspolitischen Instrumenten. Inzwischen hat das *GenTG* seine zweite Novellierung erfahren und wird im Vergleich zu seiner ersten Fassung von den öffentlichen Einrichtungen und der Industrie nicht mehr grundsätzlich kritisiert.[3] Dennoch bleibt die Frage bestehen, ob ein Schutzgesetz den selbstgewählten Anspruch der Wirtschaftsförderung überhaupt erfüllen kann?[4] Neben der sich dadurch aufzwingenden und naheliegenden Versuchung, diese Norm ökonomisch zu evaluieren, stellen sich für den wirtschaftspolitisch interessierten Betrachter vielfältige weitere Forschungsfragen wie z.B., ob *effizientere alternative rechtliche Ausgestaltungen* existieren, welche *Einflussfaktoren die Hybridisierung der Norm* bewirkt haben und inwieweit *Technologie- und Normentwicklung* einander bedingen? Während der ersten Frage an anderer Stelle nachgegangen wird[5], sollen die letzten beiden Fragen zumindest in Ansatzpunkten in diesem Beitrag erörtert werden.

---

[1] GenTG (1993), §1 Nr. 2 (Hervorhebungen durch den Verf.). In der ersten Fassung von 1990 fehlte noch der Verweis auf die wirtschaftlichen Möglichkeiten. Mit dem zweiten Gesetz zur Änderung des Gentechnikgesetzes (2. GenTG-Ändg) vom 16. August 2002 fand die bisher letzte tiefergehende Anpassung der Rechtslage statt, die zum Zeitpunkt des Entstehens dieses Artikels (März 2003) berücksichtigt werden konnte.

[2] „Die in einem Schutzgesetz unübliche und entbehrliche Rahmensetzung ist eine politische Formulierung…“, *Matzke* (1999), S. 71, FN 2.

[3] Vgl. für eine Kritik früherer Ausgestaltungen des GenTG *Schlumberger/Brauer* (1995). Ein Grund für die inzwischen pragmatischere Beurteilung ist, dass sowohl seitens der antragsstellenden privaten und öffentlichen Einrichtungen als auch auf Seiten der prüfenden und genehmigenden Verwaltung Lerneffekte im Umgang mit dem Gesetz stattgefunden haben. Vgl. *Peter* (2002), S. 132.

[4] Dass die nationale gentechnologische Regelungspraxis das Verhalten der Industrie beeinflusst, wird unter dem Stichwort der Standortdebatte von *Simon* (1995) ausgeführt.

[5] Vgl. *Tostmann* (2003).

Meine These ist, dass Technologie- und Normgenese koevolvieren und dass sich (abhängig von der Einbettung der Technologie in dem jeweiligen nationalen konstitutiven Rahmen und der Wahrnehmung des technologischen Potenzials durch die staatlichen Instanzen) differenzierte Regulierungsregimes im Umgang mit den spezifischen Erfordernissen der neuen Technologie herausbilden. Da diese Regimes den Output nationaler innovativer Technologiesektoren beeinflussen, bewirken die Erfahrungen der Wirtschaftsakteure mit dem Gesetz, Rückkoppelungseffekte, die den internationalen institutionellen Wettbewerb forcieren und in Teilbereichen nivellieren.[1] Diese These soll am Beispiel der Entwicklung des deutschen *GenTG* illustriert werden. Parallel dazu wird die Entwicklung der amerikanischen *NIH Guidelines for Research involving Recombinant DNA Molecules* (*NIH [National Institute of Health] Guidelines*)[2] betrachtet. Ziel dieser Vorgehensweise ist es, wesentliche Einflussfaktoren der Evolution und Diffusion für die Normgebung aufzuzeigen.

Wenngleich ich mit diesen beschriebenen Zusammenhängen nicht den Anspruch auf besondere Originalität erhebe, hoffe ich doch, einen (wenn auch kleinen) Beitrag zu der Konkretisierung des Wechselspiels von Rechtsrahmen und Technologieentwicklung zu leisten. Für eine Einschätzung der Ausführungen ist es wichtig darauf hinzuweisen, dass nach meinem Verständnis ökonomischer Zusammenhänge selbigen keine scharfe Trennung zwischen ökonomisch relevanten Variablen und als *konstant* angenommen *Daten* zugrunde liegt. Methodologisch ist dieser Beitrag demzufolge mehr in dem Teilgebiet der *ökonomischen Analyse des Rechts*[3] bzw. bei der *Institutionenökonomik*[4] als in der *Neoklassik* angesiedelt. Entsprechend der von *Udo Müller* gelebten und gelehrten Philosophie erfolgt der Zugang zu dem Wirtschaftssystem interdisziplinär und beinhaltet ein evolutionäres Verständnis des Zusammenspiels der ökonomischen, technologischen und rechtlichen Parameter.

Der Aufbau dieses Beitrages ist wie folgt: (1) Begriffsbestimmung und Ableitung eines funktional-verbalen Modells zur Erklärung der Norm- und Technologiegenese, (2) Beschreibung der Normgenese und Normdiffusion in den USA und in Deutschland am Beispiel der Gentechnologie und (3) Ausblick. Aufgrund des

---

[1] Besonders im Bereich der pharmazeutischen Industrie sind hier Wechselwirkungen zwischen Industrie und staatlichen Instanzen beobachtbar. So ist bspw. die Entwicklung des Patentrechts stark von den Interaktionen der beteiligten Akteure geprägt. Neben dem Einfluss der amerikanischen Pharmaindustrie auf den Gesetzgeber im Bereich der Patentlaufzeiten, der in der Verlängerung des staatlichen Patenschutzes von 17 auf 20 Jahre resultierte und letztlich auch im Rahmen des TRIPS-Abkommes auf internationaler Ebene zementiert und nivelliert wurden, spielen hier vermutlich auch informelle Netzwerke und lobbyistische Maßnahmen eine große Rolle. Vgl. *Strimpel* (1997), S. 287.

[2] Im Gegensatz zu der deutschen Regelung existiert in den USA keine einheitliche Gesetzesnorm, die den Schutzgedanken an den Besonderheiten des gentechnischen Herstellungsprozesses festmacht.

[3] Zu der Abgrenzung bzw. dem Verhältnis der ökonomischen Analyse des Rechts und der Neoklassik vgl. *Kirchner* (1993), S. 62 f.

[4] Zu der Unterscheidung von Institutionenökonomik und der Neoklassik vgl. *Dugger* (1979).

Querschnittscharakters der Bio- und Gentechnologie werde ich mich bei der Wirkungsanalyse im wesentlichen auf das Verhalten der relevanten Akteure im pharmazeutischen Sektor beschränken. Hier werden der Gentechnik die stärksten Potenziale zugestanden,[1] ebenso hat in diesem Bereich die ökonomische Etablierung und Adaption der neuen Technologie bereits weitestgehend stattgefunden. Diese Betrachtungsweise blendet spezifische Regelungsinhalte des *GenTG* wie bspw. die Freisetzung gentechnisch veränderter Organismen weitestgehend aus. Alternative technologiepolitische Innovationen, die im Kontext einer „legal-*missionsorientierten*"[2] roten Biotechnologiepolitik relevant sind, werden jedoch kursorisch erwähnt.

2. Gentechnik im Kontext ökonomischer Betrachtungen

2.1. Zur Koevolution von Technologie und Institutionen und Einordnung der Gentechnik

2.1.1. Institutionen und institutioneller Wandel im technologischen Lebenszyklus

Institutionen sind nach *North* (1991, S. 97) „humanly devised constraints that structure political, economic and social interaction. They consist of both informal constraints (sanctions, taboos, customs, traditions, and codes of conduct), and formal rules (constitutions, laws, and property rights)." Die formalen Regeln können dabei die Wirksamkeit formloser Beschränkungen durch bspw. die Senkung der Transaktionskosten erhöhen oder vice versa die informalen Regeln abschwächen bzw. ersetzen. Die in der Literatur im Zusammenhang mit Innovationen und technischem Wandel typischerweise diskutierten formalen Normen sind dabei Gesetze, die über die Entwicklung von Anreizordnungen (Patentgesetz, rechtliche Ausgestaltung des Schutzes von Geschäftsgeheimnissen, etc.) die Ertragsrate von Innovationen erhöhen.[3] Neben der tatsächlichen Ausgestaltung der

---

[1] Dabei muss berücksichtigt werden, dass viele der Prognosen in diesem Bereich von Wissenschaftlern und industriellen Akteuren stammen, die ein großes Interesse daran haben, verstärkt auf die potenziellen technologischen Möglichkeiten hinzuweisen. Hier zeigt sich ein altes bereits von *de Solla Price* erkanntes Muster der (wissenschaftlichen) Kommunikationspolitik in Technologien, die stark von staatlicher Förderung abhängen „...since the days when Archimedes and Leonardo sought state support for pure scientific research by telling about the technology they could master to produce...", *de Solla Price* (1965), S. 567. Inzwischen existieren allerdings etliche therapeutisch wirksame gentechnisch hergestellte Medikamente, so dass die Kritik nicht in der vollen Schärfe greift. Allerdings ist die Entwicklung nicht so schnell vorangeschritten wie in den Anfängen von den Koryphäen der Biotechnologie beschworen wurde. Vgl. zu den Begründungen für die Diskrepanz von Erwartungen und Realität *Drews* (2002), S. 58 ff. und *Kleemann* (2002), S. 507.

[2] Der Begriff der *"missionsorientierten"* Technologiepolitik geht auf *Ergas* zurück, der schwerpunktmäßig direkte staatliche Fördermaßnahmen betrachtet. In seiner Analyse kennzeichnet Ergas die USA als *"mission-oriented country"* und Deutschland als *"diffusion-oriented country"*. Vgl. *Ergas* (1987), S. 53-55 und S. 66. Zumindest ab Anfang der neunziger Jahre wird die deutsche Klassifizierung auch von anderen Autoren bestätigt. Vgl. *Cantner/Pyka* (2001) sowie (nicht explizit) *Keck* (1993), S. 144 f.

[3] Vgl. *North* (1992), S. 56 und S. 90.

Gesetze wirken dabei auch die Erwartungen der Wirtschaftsakteure über die künftige Entwicklung der Rahmenbedingungen handlungsleitend.[1] Dabei üben nationale institutionelle Konfigurationen einen großen Einfluss auf das in den jeweiligen Ländern unterschiedliche Innovationsverhalten aus und haben dementsprechend einen großen Einfluss auf die Struktur und Leistungsfähigkeit nationaler Innovationssysteme (NIS).

In diesem Bereich existieren jedoch wenig Kenntnisse über das Zusammenwirken von Innovationen und Institutionen.[2] Insofern müssen vor einer Analyse möglicher Kausalketten die zahlreichen Komponenten, deren Wechselwirkungen untereinander und deren Einfluss auf den ökonomischen Erfolg eines Systems betrachtet werden. *Hollingsworth* (2000) identifiziert dabei fünf Komponenten *(Institutionen, institutionelle Arrangements, Institutionelle Sektoren, Organisationen, Output und Performance)*, die ich um zwei weitere Komponenten ergänzen möchte *(technologisches Paradigma und technologische Opportunitäten)*.

Unter Institutionen werden wie erwähnt Normen, Regeln, Gewohnheiten und Werte verstanden. Da eine derart breite Typisierung für die Analyse wenig hilfreich ist, werden Institutionen meistens nach formalen und informalen Grad differenziert. Die typische Unterscheidung zwischen diesen beiden Begrifflichkeiten ist, dass Regelverstöße im ersten Falle durch staatliche Instanzen und im letzteren Falle durch privat organisierte Instanzen bzw. Gruppen sanktioniert werden.[3] Grundsätzlich stellen Gesetze wie bspw. das Embryonenschutzgesetz oder das *GenTG* eine Begrenzung der Handlungsalternativen dar, weil sie entweder bestimmte Handlungen verbieten oder über Sicherheitsanforderungen die Freiheitsgrade der innerbetrieblichen Organisation der FuE und Produktion verringern.

Der ökonomische Charme von Institutionen liegt nun darin, dass sie dazu beitragen, Entscheidungssituationen zu erleichtern. Da die Wirtschaftsakteure aufgrund kognitiver Grenzen begrenzt rational handeln, kommt den Institutionen hierbei eine große Bedeutung zu. Institutionen stellen insofern *„handlungserleichternde Handlungsbeschränkungen"* dar. Diese scheinbar paradoxe Eigenschaft resultiert daraus, dass durch die institutionell bedingte Einschränkung des Alternativenraumes, die mit dem Entscheidungsvorgang verbundene Komplexität reduziert und damit vereinfacht wird.[4] Ebenso wirken Institutionen risikoreduzierend, da konformes Verhalten durch Akzeptanz belohnt wird, bzw. auf formaler Ebene die

---

[1] Vgl. *Orsenigo* (1989), S. 167.

[2] „...but at present, we do not have a good understanding of how the institutional makeup of a society is associated with its style of innovativeness", *Hollingsworth* (2000, S. 1). Ähnlich argumentieren auch *Nelson/Nelson* (2002) und *Nelson* (2002).

[3] Vgl. *Rai* (1999), S. 81. Der Begriff der Sanktion beinhaltet im soziologischen Sprachgebrauch neben dem Aspekt der Bestrafung auch den Aspekt der Belohnung. Vgl. *Okruch* (1999), S. 39.

[4] Vgl. *Annecke* (2001), S. 118. Zwar schließt dies illegales (normverletzendes) Verhalten nicht aus, allerdings wird m.E. aufgrund der mit den Sanktionen verbundenen Kosten die Wahrscheinlichkeit dafür verringert.

Konsequenzen der Handlungen überschaubarer werden. Erfolgreiche Unternehmen sind oft dadurch gekennzeichnet, dass sie ihre Aktivitäten den formalen und informalen Rahmenbedingungen adäquat anpassen, bzw. erfolgreich Einfluss auf die Ausgestaltung der Rahmenbedingungen nehmen können. Kennzeichnend für den Innovationsprozess ist, dass im nationalen und internationalen Kontext eine Vielzahl von Institutionen nebeneinander existieren, dass Institutionen dazu beitragen, Unsicherheiten des Innovationsprozesse zu reduzieren und Einfluss auf die Koordination der Anwendung des relevanten Wissens haben.[1]

Die formalen Institutionen stellen die *Rechtsordnung* dar. Diese wirkt allein allerdings nicht handelnsleitend. Hierzu sind zusätzlich individuelle Ziele zu berücksichtigen. Für den Unternehmenssektor stellt dabei das Gewinnmotiv, bzw. die Möglichkeit, Renten zu realisieren einen Anreiz für die Bereitschaft in FuE und Produktion zu investieren dar. Wobei i.d.R. nicht das mikroökonomisch basierte Gewinnmaximierungskalkül dominiert, sondern das Erreichen einer als annehmbar erachteten Rendite unter den gegebenen Rahmenbedingungen für betriebliche Investitionsentscheidungen ausschlaggebend sein dürfte. Die *Rechtsordnung* etabliert den Rahmen für eine *Handelnsordnung*. Die *Handelnsordnung* ist dadurch gekennzeichnet, dass Wirtschaftsakteure Vertragsbeziehungen eingehen. Dies können Kontrakte sein, aber auch die Bildung von Interessengruppen. So zeigt sich, dass in technologische Sektoren, die sich durch besonders hohen staatlichen Interventionismus (Agrarsektor, Bergbau, oder besonders reglementierte Märkte), der die FuE- und die Produktionsbedingungen aber auch die Strukturen auf den Angebots- und Nachfragemärkten[2] beeinflusst, auszeichnen, das verstärkte Auftreten von Interessengruppen zu beobachten ist. Es besteht also ein Anreiz für die Akteure, sich in Interessengruppen zu organisieren und darauf hinzuwirken, restriktive Gesetze und dadurch die individuellen Handlungsoptionen zu beeinflussen. Die *Handelnsordnung* kann also wieder auf die *Rechtsordnung* zurückwirken und die Ausgestaltung derselben beeinflussen. In der kulturellen Regelevolution wird sich nach *Hayek* (1969, S. 159) diejenige Regel durchsetzen, die die handelnden Akteure besser stellt. Die Frage ist nun, wo sich die Aspekte, die die Handelnsordnung beeinflussen in den oben genannten Komponenten wiederfinden? M.E. kann sie in den Organisationen, den institutionellen Arrangements, dem Output und dem *technologisch-ökonomischen Paradigma* angesiedelt werden.

Organisationen sind zwar von den Institutionen zu unterscheiden, allerdings wirken Normen, Regeln und Konventionen auf die organisatorischen Strukturen der Organisation zurück, so dass sie sachlogisch verbunden sind. Normen können so

---

[1] Vgl. *Hollingsworth* (2000), S. 10.

[2] So ist der Markt der verschreibungspflichtigen Medikamente durch die vermittelte Nachfrage über den Arzt gekennzeichnet. Dies macht es für die pharmazeutische Industrie attraktiv, Ressourcen in die Produktinformation für Ärzte zu investieren.

die Ausbildung organisatorischer Isomorphismen begünstigen, wenn bspw. die Vorschrift einer Rechnungslegung dazu führt, dass Buchhaltungsabteilungen gegründet werden. Für den Handlungsraum ist aber ebenso maßgeblich, dass die Organisationen bzw., genauer gesagt, die in den Organisationen handelnden Akteure Ziele und Interessen verfolgen. Die Ziele und Interessen sind konstitutiv für individuelle Handlungen. Erweiternd dazu enthalten institutionelle Sektoren alle Organisationen einer Gesellschaft, die bestimmte Dienstleistungen mit Blick auf die Leistungsfähigkeit der Organisationen anbieten. Darunter fallen bspw. das Bildungssystem, die Finanzmärkte oder das Ausbildungssystem.

Institutionelle Arrangements koordinieren den Austausch von Gütern, Informationen und Wissen. Zu den institutionellen Arrangements zählen *Märkte, Netzwerke oder Hierarchien.* Sie werden durch zwei Dimensionen bestimmt. Zum einen wirkt das Handlungsmotiv (selbstinteressiert oder einem sozialen Interesse verpflichtet) und zum anderen die Ausgestaltung der Verteilung der Macht (horizontal vs. vertikal) als klassifizierend. So sind bspw. die Handlungen auf Märkten eigennutzorientiert und durch horizontale Machtverteilung gekennzeichnet. Hierarchien sind bei eigennutzorientiertem Handeln demgegenüber durch vertikale Machtverteilungen gekennzeichnet. Im Gegensatz zu der konstitutionellen Phase der Rechtsordnung sind institutionelle Arrangements auf der postkonstitutionellen Ebene angesiedelt.[1]

Output und Performance beinhalten im Unternehmenssektor die Quantität und die Qualität der Produkte sowie den sektoralen Erfolg. Sie sind die ökonomischen Konsequenzen von Handlungen und erlauben einen Abgleich von Zielen und Zielerreichungsgraden. Der realisierte Erfolg wirkt wieder auf die Ziele oder die anderen Komponenten zurück und bewirkt bei Anspruchsdifferenzen Änderungen der Ausgestaltung von Normen, Zielen, etc.

Die oben beschriebenen Komponenten bilden miteinander einen theoretischen Hintergrund für die institutionelle Analyse von nationalen Produktionssystemen,[2] allerdings fällt es schwer in diesen Rahmen den Begriff des technologischen Wandels zu integrieren.[3]

Einen ersten Ansatz hierzu bietet der von *Dosi* geprägte Begriff des *technologischen Paradigmas.*[4] Nach *Annecke* wird die Handelnsordnung vom aktuellen

---

[1] Vgl. ähnlich *Annecke* (2001), S. 141.
[2] Vgl. *Hollingsworth* (1993 und 2000).
[3] Dieses Problem wird auch von *Hollingsworth* (2000, S. 29) gesehen.
[4] Ein *technologisches Paradigma* kann als Problemlösungsmuster für spezifische techno-ökonomische Fragestellungen, die mit der Anwendung naturwissenschaftlichen Prinzipien verbunden sind, gesehen werden. Es besteht aus Artefakten und Heuristiken und definiert die *technologischen Opportunitäten*, die weiteren Innovationsaufwand attraktiv erscheinen lassen. Insofern tragen sie zu der Entwicklung bestimmter technologischer Trajektorien bei. Vgl. *Dosi* (1988), S. 224-225.

technologischen Paradigma beeinflusst.[1] In Abgrenzung zu seinen Ausführungen sehe ich eine wesentliche Leistung des Konstrukts des technologischen Paradigmas darin, dass es dazu beiträgt, den Suchraum der für die Produktion zielführenden Technologien zu verengen und damit ähnlich wie die Institutionen, komplexitätsreduzierend wirkt.[2] Das *technologische Paradigma* erleichtert somit das Auffinden technologisch potenziell erfolgreicher Opportunitäten. Das Erkennen eines und das Einschwenken eines nationalen technologischen Sektors auf ein neues *technologische Paradigma* kann dabei durchaus von institutionellen und organisatorischen Trägheiten beeinflusst werden. In den Sektoren, die international mit vergleichbaren Produkten konkurrieren ist es jedoch wahrscheinlich, dass die Bereitschaft die technologische Leistungsfähigkeit alternativer Paradigmen zu prüfen, mit dem Erfolg der sich auf der alternativen Trajektorie bewegenden Konkurrenten steigen wird.

Darüber hinaus scheint es im Zusammenhang mit der Biotechnologie im allgemeinen und der Gentechnik im besonderen, dass diese Technologien, die Charakteristika erfüllen, die mit einem *technologisch-ökonomischen Paradigma* einhergehen, auch wenn die damit verbundenen Implikationen, bspw. bezüglich des Auftauchens eines neuen *Kondratieff*, kritisch gesehen werden müssen.[3] Ein technologisch-ökonomisches Paradigma ist von der Begrifflichkeit weiter gefasst als bei *Dosi*, da es direkt und indirekt den Erfolg fast aller Branchen einer Volkswirtschaft beeinflusst. *Freeman/Perez* (1988, S. 47) sprechen deshalb von einem Metaparadigma, dass das Potenzial hat ein technologisches Regime zu

---

[1] Vgl. *Annecke* (2001), S. 145 ff.

[2] Der Begriff des *technologischen Paradigmas* ist im Zusammenhang mit der Analyse biotechnologischer Innovationen nicht frei von Kritik. Vgl. für den Begriff *Kuhn* (1976), sowie in dem hier betrachteten Zusammenhang *Carlsson* (2000, S. 12) und *Peter* (2000), S. 37. Neben der dort besprochenen Problematik ist aber auch ein weiteres Problemfeld, dass aus der Verwendung von Analogien resultiert, betroffen. Dies soll an den unterschiedlichen Anreizsystemen der biotechnologisch relevanten Akteure verdeutlicht werden. Die Belohnungs- und Anreizsysteme im Wissenschaftssystem sind typischerweise anders ausgestattet als im Wirtschaftssystem. Dies bedeutet, dass wissenschaftliche Belohnungen wie bspw. der von *Merton* erkannte *Matthäuseffekt* dazu führen, dass Konzentrationen und eine Monopolisierung vorherrschender Schulen bzw. Theoriegebäude stattfinden. Dies führt wiederum dazu, dass es „lohnenswert" ist, sich möglichst lange innerhalb eines bestimmten Paradigmas zu bewegen. Demgegenüber „lohnt" es sich in ökonomischen Systemen frühzeitig auf eine neue ökonomisch attraktivere technologische Trajektorie einzuschwenken und damit Innovationsrenten zu realisieren. Dies wird in den Unternehmen aufgrund begrenzter Wissenskapazitäten und auch aufgrund der mit der Umstellung verbundenen Kosten nicht permanent und fließend erfolgen können, allerdings werden im Markt diejenigen Unternehmen bestehen, die den Wechsel realisieren können. Während das eine System also Paradigmen erhaltend konzipiert scheint, scheint das andere System tendenziell auf die Zerstörung von Paradigmen ausgerichtet zu sein. Diese Unterscheidung scheint zunächst nur akademischer Natur, wird aber m.E. dann relevant, wenn es darum geht die Wissenschaftsbindung sinnvoll in das Konzept der natürlichen Trajektorien zu integrieren. *Kuhn* selbst verwendete in späteren Jahren übrigens nicht mehr den Begriff des Paradigmas sondern sprach von *„sozialer Matrix"*.

[3] Vgl. für eine kritische Sichtweise *Freeman/Perez* (1988). Für eine positive Einschätzung, dass die Biotechnologie ein neues technologisch-ökonomisches Paradigma etablieren kann, vgl. *Peter* (2002), S. 68, FN 29.

begründen. Das *technologisch-ökonomische Paradigma* beinhaltet einen sektorenübergreifenden, alle Komponenten, verbindenden Aspekt. Auch werden von dem Metaparadigma nicht nur die ingenieurstechnischen sondern auch die grundsätzlichen wissenschaftsrelevanten Fragestellungen beeinflusst. Dies ist insofern bedeutend, als dass die Relevanz eines technologisch-ökonomischen Paradigmas für die Erreichung unterschiedlicher Ziele von einer Vielzahl von Organisationen und Akteuren als potenziell wichtig erachtet wird. Dieser Gleichlauf in der Wahrnehmung der Bedeutung wirkt so auch auf das politische System. Daraus folgt aber auch, dass bei den gesetzgebenden Institutionen potenziell positive Prädispositionen in den Bereichen vorhanden sind, bzw. geweckt werden, die tendenziell eine Diffusion der Technologie erleichtern können.[1]

2.1.2. Charakterisierung der Gentechnik

Die Gentechnik ist ein Teilgebiet der neuen Biotechnologie und stellt eine molekularbiologische Methode dar, die die Bildung neuer Genkombinationen aus DNA-Molekülen zum Ziel hat, wobei die Gene mittels passender Vektoren (Träger) in geeignete Wirte (Zellen) transferiert werden. In der Literatur werden dabei oftmals die Begrifflichkeiten der Gentechnologie und der Gentechnik simultan benutzt. Zu einer besseren Unterscheidung will ich jedoch in diesem Beitrag unter dem Begriff Gentechnik lediglich ein technisches Verfahren verstehen, dass sich von der Gentechnologie dadurch abgrenzt, als das letztere neben den Methoden wie der rekombinanten DNA-Technik zusätzlich auf einen sozial konstruierten Technologiebegriff fokussiert. Durch die Einbettung in den sozialen Kontext gewinnt der Begriff der Gentechnologie an Dimension und tangiert verstärkt gesellschaftspolitisch relevante Fragestellungen wie die der Ethik, der Grenzen der Wissenschaft und den sozialen Risiken der neuen Technologie. Demgegenüber ist der erste Begriff instrumental orientiert. Die Gentechnik repräsentiert -semantisch betrachtet- eine Methode, die das Anwendungsspektrum der Biotechnologie erweitert.[2] Sie hat bspw. in diesem Zusammenhang den Forschungs- und Entwicklungsprozess der pharmazeutischen Wirkstoffentwicklung wesentlich dadurch beeinflusst, dass die pharmazeutischen FuE-Möglichkeiten

[1] Man kann argumentieren, dass jede Komponente mit jeder anderen Komponente durch wechselseitige Beziehungen verbunden sein sollte, dies führt jedoch zu einer gewissen Beliebigkeit der Zusammenhänge. M.E. ändern sich die Beziehungen und deren Bedeutung zwischen den Komponenten im Lebenszyklus eines Paradigmas. So ist zu vermuten, dass der Einfluss des Erkennens eines neuen technologischen Paradigmas in frühen Phasen des Lebenszyklus besonders von Routinen beeinflusst wird. Die Charakterisierung der technologischen Opportunitäten für den Bereich der Biotechnologie ist selbstreferentiell, da die Gentechnik durch die Möglichkeit, bestimmte Instrumente selbst zu entwickeln, die es dann wieder ermöglichen Produkte zu entwickeln, den Opportunitätsraum erhöht.

[2] Vgl. zu der Begriffsabgrenzung auch *Driesel/Danneberg/Loh* (1995), S. 118 ff. Einen ähnlichen Standpunkt nimmt auch *Hasskarl* (1997, S. 5) bei der Bewertung des GenTG ein: „Die industrielle Gentechnik hat keine ethischen Implikationen." Die ethischen Probleme werden bei *Hasskarl* in anderen Rechtsgrundlagen wie bspw. dem Embryonenschutzgesetz verortet.

neben dem *random screening* durch die Optionen der *rational drug discovery* ergänzt wurden.[1]

Bei den hier zu untersuchenden Zusammenhänge sind besonders weitere Merkmale relevant. So kann die Gentechnik als wissenschaftsbasiert (*science based*)[2] charakterisiert werden, ebenso weist sie globale Spillover Effekte auf und kann letztlich als generische Technologie mit einer Vielzahl technologischer Opportunitäten charakterisiert werden (Abb. 1).

Die Taxonomierung von Sektoren in wissenschaftsbasierte Sektoren (neben angebotsinduzierten Sektoren, spezialisierten Anbietern und skalenintensiven Sektoren) geht auf *Pavitt* (1984) zurück, der in diesen Sektoren die Art des technischen Fortschritts verortet, die durch naturwissenschaftliche Wissenssprünge ermöglicht wird. Auf einer abstrakteren Ebene bewirken Wissensfortschritte der *scientific community* demzufolge eine Erhöhung der sektoralen technologischen Opportunitäten. Dies lässt allerdings vermuten, dass nationale Maßnahmen, die die wissenschaftliche Forschung bzw. den technologischen Transfer aus dem Wissenschaftssektor in den industriellen Sektor beeinflussen, großen Einfluss auf die Entwicklung der nationalen technologischen Trajektorie haben. Eine zusätzliche pragmatischere Konsequenz ist, dass - wie noch gezeigt werden wird - die ersten Lösungsansätze zur Beurteilung von und zum Umgang mit potenziellen Gefahren, die aus der Handhabung neuer Technologien entstehen in enger Abstimmung mit dem Wissenschaftsbereich zu erwarten sind. Aufgrund des kontinuierlichen Lern- und Erfahrungsprozesses der beteiligten akademischen Akteure, können diese am ehesten das Risiko und die notwendigen Maßnahmen zur Gefahrenvermeidung ab- und einschätzen. Da hier allerdings u. U. zwei unterschiedliche Werte (wissenschaftliches Forschungs- und Publizierungsinteresse vs. Schutzinteresse) miteinander konkurrieren, ist es plausibel anzunehmen, dass neben dem Vorhandensein des Problembewusssteins eine Mindestanzahl an Wissenschaftlern vorhanden ist, die gleiche Ziele verfolgen und so normgebend wirken können.

Mit der Wissenschaftsbasis verbunden ist der Begriff der generischen Technologie. Der Begriff der generischen Technologie geht auf *Nelson* (1987, S. 75 ff.) zurück, der damit Technologien kennzeichnete, die auf ein breites naturwissenschaftliches Wissensfundament zurückgreifen, das unter anderem ein allgemeines Wirkungswissen, das Wissen um erfolgsbeeinflussende Schlüsselfaktoren aber auch heuristisches Problemlösungswissen beinhaltet. Wengleich der letztere Aspekt die Nähe des Begriffs zu *Dosis* „technologischem Paradigma" verdeutlicht,

---

[1] Vgl. *Lynskey* (2001), S. 138 ff.

[2] Vgl. für eine empirische Untersuchung der Wissenschaftsbasiertheit verschiedener Technikgebiete *Grupp/Schmoch* (1992).

existieren dennoch ein paar wirtschaftspolitisch interessante Besonderheiten generischer Technologien.

So sind generische Technologien im Anfangsstadium durch eine hohe Unsicherheit bzgl. der ökonomischen Nutzbarkeit gekennzeichnet. Es muss erst der Beweis erbracht werden, dass aus dem breiten Wissensfundament marktfähige Artefakte hervorgebracht werden können. Erreicht bspw. im Zuge der Entwicklung naturwissenschaftlicher Disziplinen die Wissensbasis einen Punkt an dem die Forschungsergebnisse für industrielle Anwendungen interessant werden, bedarf es i.d.R. einer Demonstration der Leistungsfähigkeit und Anwendbarkeit der Technologie für gewerbliche Anwendungen, bevor die Investitionsbereitschaft der Industrie steigt. Die Existenz eines Prototyps oder eines Laborbeweises für mögliche Anwendungen stellt dabei eine Bedingung für Folgeinvestitionen der Wirtschaft im FuE Bereich dar. Verzögerungen dieses Nachweises wirken sektoral investitionshemmend. Dies bedeutet, dass eine marktnahe Orientierung der Forscher in dem originären wissenschaftlichen Sektor die Diffusion begünstigen kann.

Ebenso wichtig ist der hohe Spillover Charakter der Technologie. Die Spillover Effekte sind i.d.R. nicht lokal beschränkt, sondern beinhalten globale Potenziale. Aufgrund der großen Freiheitsgrade, die die Wissensbasis beinhaltet, bieten sich dementsprechend viele Ansätze für potenzielle Produkt- und Prozessinnovationen, die sowohl in der pharmazeutischen Gentechnik aber auch im Umwelt- oder dem Agrarbereich nutzbar sind. Dies kann stark vereinfacht in einem Isoquanten-Diagramm mit diskreten Technologien dargestellt werden (Abb. 1 a1). Reduziert man die Effizienz bestimmter Technologien lediglich auf die Relation des Arbeits- und Kapitaleinsatzes innerhalb eines bestimmten technologischen Feldes und unterstellt, dass Innovationen effizienzsteigernd sind, zeigt sich der besondere Charme des Querschnittscharakters darin, dass nicht nur das originäre Technologiefeld an der Innovation partizipiert. So sind gentechnische Erkenntnisfortschritte tendenziell auch für Anwendungen der Pharmazie und der Umwelttechnologie, der Agrartechnik und anderer Bereiche interessant.

Für die wirtschaftspolitischen Instanzen bedeutet dies aber auch, dass die Förderung bestimmter Technologiefelder mit diesen generischen Eigenschaften zumindest potenziell eine breite Übernahmebasis findet und somit vielen Sektoren zugute kommt. Hier sind aber auch potenzielle Hemmnisse für eine auf eine Wissensdiffusion zielende Wirtschaftspolitik erkennbar. So besteht die Möglichkeit, dass sich die technologischen Aufholprozesse unter einem inadäquaten ordnungspolitischen Regime verzögern, im Extremfall kann es zu einen institutionell bedingten *lock-in* kommen.

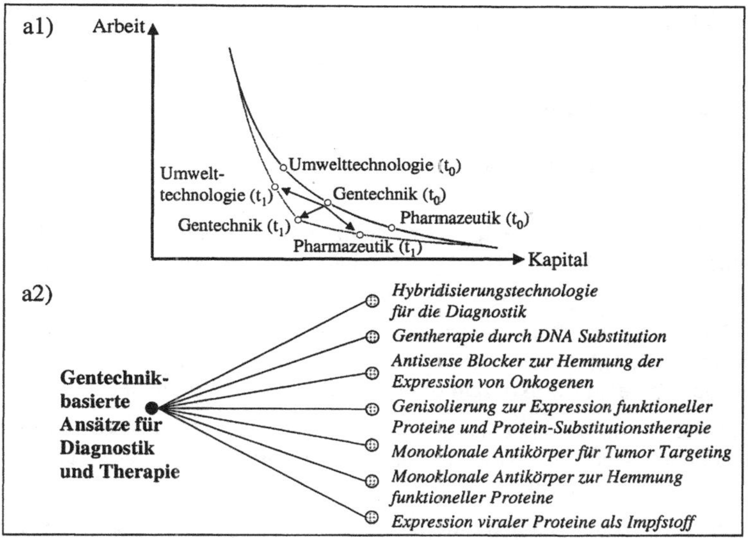

Abb. 1: Globale Spillover (a1) und Anwendungsgebiete (a2) der pharmazeutischen Gentechnik

Quellen: a1) eigen und a2) nach *Werner* (1995, S. 59)

2.1.3. Ansätze zur Integration und Analyse formaler Institutionen in einen technologiepolitischen Rahmen

Die Entwicklung der Gentechnik von einer Grundlagenwissenschaft zu einer angewandten Wissenschaft, fiel in einen Zeitraum, der international durch den Wechsel „technologiepolitischer Paradigmen“,[1] einer hohen Innovationsrate der Instrumentenentwicklung und deren wirtschaftspolitischen Einsatz gekennzeichnet war. Neben den direkt mit Blick auf die Biotechnologie und der Appropriierbarkeit des im FuE Prozess geschaffenen Wissens zielenden Anpassungen des Patentrechtes[2], allgemeineren, den Technologietransfer unterstützenden Maßnah-

[1] *Bozemann* identifiziert in diesen Zeitraum für den amerikanischen Raum drei teilweise konkurrierende Politikmodelle, bzw. technologiepolitische Paradigmen: den Marktversagensansatz, den missionsorientierten Ansatz und den Kooperationsansatz. Vgl. *Bozemann* (2000), S. 630 ff.

[2] Diese können unterschieden werden nach Effekten der Rechtsprechung auf die Möglichkeiten der Patentierung biotechnologischer Erfindungen und Gesetzesänderungen, die Einfluss auf das Patentierverhalten hatten. Für den US-amerikanischen Raum repräsentiert das Urteil zum Rechtsstreit *Diamond vs. Chakrabaty* einen Quantensprung für die Möglichkeit, biotechnologisch hergestellte Organismen zu patentieren. Für einen Überblick über dieses und weitere Gerichtsurteile vgl. *Beier/Crespi/Straus* (1984). In den USA ist das Patentsystem auch mit dem *Federal Court Improvement Act* von 1982, der eine (patentfreundlichere) Zentralinstanz (*Court of Appeals for the Federal Circuit*) zur Lösung von Patentstreitigkeiten geschaffen hat, gestärkt worden, vgl. *Jaffe* (2000), S. 532 ff. Das ursprünglich für die Belange der Ingenieurswissenschaften geschaffene Patentrecht wurde aber auch sukzessive den Anforderungen der Biotechnologie angepasst. Neben der Berücksichtigung spezifischer patentrechtlicher Probleme, die aus

men[1] sind in Deutschland auch Förderprogramme, die die Ausformung und Prämierung regionaler Biotechnologie-Cluster[2] beinhalten, beobachtbar gewesen. Allgemein lässt sich konstatieren, dass die Rolle der Technologiepolitik einen wesentlichen Einfluss auf die Entwicklung der Biotechnologie gehabt hat. Ungeachtet der Verschiedenheit der einzelnen nationalen Ausgestaltungen können dabei folgende wesentliche Einflüsse der Politik auf den technologischen Wandel an verschiedenen Stellen beobachtet werden.[3]

- Auf der Stufe der Grundlagenforschung haben öffentliche Technologiemaßnahmen die Fähigkeiten des Wissenschaftssystems und die kontextuellen Bedingungen der Forschungslandschaft beeinflusst.
- Auf der angewandten Forschungsebene haben die Maßnahmen Anreize für die industriellen Akteure geschaffen, Forschungsanstrengungen zu unternehmen und Innovationsaktivitäten im Biotechnologiebereich zu entwickeln.
- Sie haben (direkt oder indirekt) die Muster der Wissenschafts-Industrie-Beziehungen und die Arbeitsteilung der im Biotechnologie-Sektor engagierten Firmen beeinflusst.
- Über die Setzung des institutionellen Rahmen wurde das Verhalten, die Strategien und die Erwartungen der Akteure beeinflusst.

Die Frage ist nun, wie das GenTG in den industriepolitischen Instrumentenkasten einzuordnen ist. Folgt man der klassischen Unterscheidung in direkte Fördermaßnahmen und einer ordnungspolitischen Charakterisierung auf der einen und bezüglich der Spezifika der Wirkungsweise bestimmter Maßnahmen auf der anderen Seite, kann man folgende grobe Matrix erstellen.

---

der Vervielfältigung von Organismen resultieren und die durch zusätzliche internationale Vereinbarungen wie den Budapester Verträgen von 1978 (Hinterlegungspflicht für Mikroorganismen) gelöst werden konnten, wurden auch die originären Patentgesetze erweitert. Vgl. hierzu *Sterckx* (1997), S. 13 ff. Aktuelle Entwicklungen in diesem Bereich sind bspw. auf der europäischen Ebene mit der Verabschiedung der EU Patentrichtlinie (RL 98/44/EG) zu erkennen, diese ist aber noch nicht von allen Mitgliedsländern in nationales Recht umgesetzt worden. Vgl. auch *Thumm* (1999).

[1] Großen Einfluss in den USA hatte der sogenannte Bayh-Dole Act (P.L. 96517) von 1980, der im wesentlichen die Bedingungen für die Patentierung von universitären Inventionen in Forschungsprojekten mit staatlicher Förderung verbesserte und besondere Erleichterungen für einheimische kleinere Unternehmen schuf. Vgl. für eine differenziertere Übersicht zu den Wirkungen des Gesetzes *Henderson/Jaffe/Trajtenberg* (1998).

[2] Der BioRegio-Wettbewerbs ist eine Innovation in der deutschen Technologiepolitik. Er weist drei Charakteristika auf, die bis dato noch keine Rolle gespielt haben. Neben der missionsorientierten Zielsetzung und der Initiierung von Aufholprozessen in der Biotechnologie, fördert er den regionalen Technologiewettbewerb und bezieht die Regionen als Akteure der Technologiepolitik mit ein. Vgl. zu der ökonomischen Würdigung des BioRegio-Wettbewerbs *Dohse* (2000; 2001) und *Koschatzky/Eickelpasch/ Dohse/Gehrke et al.* (2000), S. 420 ff.

[3] Vgl. hierzu und im folgenden *Orsenigo* (1989), S. 166 ff.

Tabelle 1: Eingliederung des GenTG in einen für die rote Biotechnologie relevanten innovationspolitischen Instrumentenkasten (Beispiele)

Ansatz Wirkung	Institutionelle Rahmenbedingungen	Hybride	Direkte Förderung
exploration[1]	- Patentgesetz - Patent Term Restoration Act - Gebote - moral suasion - GenTG	- Orphan Drug Act	- FuE-Programme - staatliche Nachfrage - Prämien - Steuervergünstigungen - Ausschreibungen
Exploitation	- Patentgesetz - sonstige Eigentumsrechte - Wettbewerbsrecht - Verbote - GenTG	- Orphan Drug Act	- Steuervergünstigungen
Technologietransfer und regionen-spezifische Förderung	- Bayh-Dole Act - Arbeitehmererfindungsgesetz		- Transfereinrichtungen - Technologieparks und Inkubatoreinrichtungen - BioRegio Wettbewerb

Nicht überraschend finden sich in dieser Matrix die rechtlichen Rahmenbedingungen in der linken Spalte, allerdings sind die Analysemöglichkeiten m.E. durch die Berücksichtigung der technologischen Wirkungshebel tiefergehender und erlauben eine Berücksichtigung sektoraler und institutioneller Besonderheiten. Neben den eindeutig abgrenzbaren Instrumenten ist beachtenswert, dass Instrumente mit hybridem Charakter zunehmend wichtig für die Entwicklung der Biotechnologie werden. Der *Orphan Drug Act* bspw. beinhaltet einen besonderen

[1] Die Unterscheidung nach dem Wirkungspunkt der Maßnahmen zwischen *"exploration"* und *"exploitation"* findet sich bei *van Waarden* (2000, S. 228 ff.). Zwar können auch Wirkungen bzgl. des Technologietransfers in diese Kategorien subsumiert werden, allerdings rechtfertigt m.E. der besondere Stellenwert, den die regionenspezifische Wirtschaftspolitik in der Biotechnologie in den letzten Jahren erfahren hat, eine separate Berücksichtigung.

Marktschutz (in Abgrenzung zum patentrechtlichen Ausschlussrecht) für Medikamente, die zur Behandlung seltener Krankheiten nutzbar sind und erfüllt damit die Kriterien für eine Einordnung als institutionelle Rahmenbedingung, gleichzeitig sind aber auch Steuervergünstigungen für den FuE Aufwand in diesen Bereichen vorgesehen. Das Gesetz rückt damit in die Nähe des Instrumentenkastens der direkten Förderung.

2.2. *Normentwicklung und Normdiffusion im Bereich der Gentechnologie*

2.2.1. *Von den NIH Richtlinien zu dem GenTG*

Der Umgang mit biologischen Agenzien erfordert die Einhaltung geeigneter Schutzmaßnahmen, um Gefahren für die im Gentechnikbereich arbeitenden Mitarbeiter aber auch von der Umwelt abzuwenden. Im Forschungsfeld der Gentechnologie ist hier eine Entwicklung erkennbar gewesen, bei der die Lösung der Probleme zunächst im Wissenschaftsbereich in der Form eines *informed consensus*[1] angesiedelt war und zunehmend mit den Kenntnissen des Gefährdungspotenzials der neuen Technologie von der staatlichen Seite institutionalisiert wurde. Als Anfangspunkt der folgenden narrativ geprägten Analyse der Institutionengenese soll dabei die 1973 in den USA abgehaltene *Gordon Research Conference on Nucleic Acids* dienen, auf der neben den Möglichkeiten der neuen Technologie auch auf deren mögliche Gefahren aufmerksam gemacht wurde. Die möglichen Risikopotenziale, die aus der Anwendung gentechnologischer Verfahren bzgl. der menschlichen Gesundheit und der Umwelt entstehen können, wurden im gleichen Jahr als *Gordon Conference Letter* in *Science* veröffentlicht. Adressaten des Briefes waren andere Wissenschaftler und die *National Academy of Science (NAS)*. Inhaltlich zielte der Brief darauf ab, den wissenschaftlichen Risikodiskurs zu forcieren und Druck auf die *NAS* auszuüben, Schritte für die Evaluierung potenzieller Risiken und deren Vermeidung einzuleiten. Allerdings blieb dieser Aufruf ohne große Wirkung auf die Öffentlichkeit.[2] Diese wurde vielmehr den 1974 in den Zeitschriften *Nature* und *Science* veröffentlichten *Berg Committee Letter* zuteil, der auch als *Moratorium Letter* bezeichnet wird. *Paul Berg* war der Leiter der von der *NAS* beauftragten Gruppe zur Evaluierung der biotechnologischen Risiken. Die wesentlichen Inhalte des Aufrufs waren:[3]

(1) Die Einrichtung eines Forschungsmoratoriums für bestimmte Experimente mit neukombinierter DNA.

---

[1] Schwierigkeiten bestanden bei dem Konzept des *informed consensus* vor allem darin, den relevanten Personenkreis abzugrenzen. Vgl. *Winter/Mahro/Ginzky (1993)*, S. 2, FN 9, die sich wiederum auf *Krimsky (1982)*, S. 64, FN 2 beziehen.

[2] Vgl. im folgenden *Weiner (2000)*, S. 909.

[3] Vgl. *Berg et al (1974a,b)*.

(2) Eine Aufforderung an den Direktor des *National Institute of Health (NIH)*, eine Kommission mit der Risikobewertung für Experimente mit bestimmten rekombinanten DNA, sowie der Ausarbeitung sicherer Herstellverfahren und Richtlinien im Umgang mit rekombinanter DNA zu beauftragen.

(3) Einberufung einer internationalen Konferenz mit involvierten Wissenschaftlern, um den wissenschaftlichen Fortschritt und den adäquaten Umgang mit den potenziellen Risiken in diesen Bereich zu diskutieren.

Die Konferenz wurde 1975 einberufen und wurde als *Asilomar Konferenz* berühmt. Als Ergebnis des Risikodiskurses etablierte sich die Auffassung, dass gentechnische Risken auf rein technischen Problemen basierten und dementsprechend mit technischen Mitteln gelöst werden konnten. Ethische Aspekte wurden nicht berücksichtigt. Die vorgeschlagenen Lösungen zum Umgang mit der Gentechnologie fußten auf zwei Bausteinen, die durch den Eindämmungsgedanken (containment) dominiert wurden. Zum einen wurden baulich organisatorische Ausschlussverfahren (Unterdruckräume, Kleiderwechsel der Labormitarbeiter) und zum anderen biologische Eindämmungsverfahren (Schaffung von Organismen und Stämmen, die nur unter Laborbedingungen lebensfähig sind) als geeignete Maßnahmen zur Risikovorsorge identifiziert. Diese Stämme wurden von dem Wissenschaftler *Roy Curtiss* entwickelt und standen 10 Monate nach der Konferenz zur Verfügung.[1] Damit waren die biologischen Voraussetzungen für die *NIH* Richtlinie gegeben. Parallel dazu wurde von dem *NIH* das *Recombinant DNA Advisory Committee (RAC)* gegründet, das im Januar 1975 die Arbeit aufnahm. Die Mitglieder waren bekannte Wissenschaftler aus dem Gebiet der Gentechnik, die die auf der Asilomar Konferenz gemachten provisorischen Vorschläge weiter ausarbeiten sollten. Im diskursiven Wechselspiel zwischen *NIH/RAC* und der *scientific community* wurden die *NIH* Richtlinien formuliert, die im Juli 1976 verabschiedet wurden und nur für Forschungsarbeiten, die von der *NIH* gefördert wurden, Gültigkeit besaßen. Inhaltlich gingen sie über die auf der *Asilomar Konferenz* verabschiedeten Grundsätze hinaus, da sie alle Experimente verboten, die unbestimmbare Risiken mit sich brachten.

Die Genehmigung von gentechnischen Arbeiten erfolgte durch mehrere Instanzen. Zum einen war das *RAC* durch die Ausarbeitung und Modifikation der Richtlinien sowie der Beurteilung von Anträgen involviert. Die eigentliche Genehmigung von Forschungsarbeiten und der Erlass der Richtlinie erfolgte durch den Direktor des *NIH*, der sich allerdings streng auf die *RAC* Empfehlungen stützte. Die Fördermittel erhaltende Organisation musste darauf hin ein lokales *Institutional Biosafety Committee (IBC)* gründen, welches für die Genehmigung von Forschungsarbeiten niedrigere Sicherheitsstufen zuständig war. Weitergе-

[1] Vgl. *Hallwirth (1999)*, S. 8.

hende Rechtsfolgen bei einer Missachtung der Richtlinien waren allerdings nicht zu befürchten.[1] Dennoch hatten die Richtlinien für die von Fördergeldern abhängigen Forschungseinrichtungen eine faktische Bindungswirkung.

Der Vorteil der Ausgestaltung eines Regelungswerkes in derartigen Richtlinien liegt in der hohen Flexibilität, die eine schnelle Anpassung an den Stand der Wissenschaft ermöglichen. Anträge auf Änderungen der Richtlinien können von einzelnen Forschern und Unternehmen gestellt werden. Die auf der anderen Seite mit dieser Ausgestaltung einhergehende Rechtsunsicherheit ist allerdings als negativ zu beurteilen.

Die Unsicherheit der Anwendung gentechnischer Verfahren für die Umwelt und die geringe Bindungswirkung auf Institutionen, die nicht von dem *NIH* finanziert wurden, führte allerdings dazu, dass vereinzelt kommunale Entscheider von sich aus Regelungen trafen, die größere Sicherheit auf lokaler Ebene gewährleisten sollten. Als erste Kommune schaltete sich die Stadtverwaltung von Cambridge in den Prozess der Behandlung gentechnischer Arbeiten ein. Als vertrauensbildende Maßnahme wurde eine Verordnung erlassen, die sich an den *NIH*-Richtlinien orientierte und sowohl für private als auch öffentliche Forschung bindend war. Dies repräsentiert die erste legale Regelung im Zusammenhang mit rekombinanten DNA und kann als öffentliche Bestätigung der *NIH* Richtlinien interpretiert werden. Andere Kommunen folgten dem Beispiel von Cambridge.

Auch auf nationaler Ebene wurden verstärkt Anstrengungen unternommen, um ein einheitliches Regelwerk zu etablieren. Allerdings setzte sich der Versuch, auch auf dieser Ebene eine verbindliche Regelung zu finden nicht durch, da bei den beteiligten Wissenschaftlern ein Wechsel der Beurteilung der Gefährlichkeit gentechnischer Arbeiten zu konstatieren war. Durch eine nationale Regelung befürchteten sie strengere regulative Auflagen, die sie in ihren Forschungen behindern würden. Sie intervenierten deshalb gegen restriktivere nationale Regelungen. Gleichzeitig wurden die politischen Entscheider ab Anfang der 1980er Jahre sich zunehmend der ökonomischen Potenziale der Gentechnik und Biotechnologie für die heimische Wirtschaft bewusst. Bei einer zu starken Reglementierung fürchtete man die Schaffung eines *"gene gaps"*. Diese wahrgenommene Gefahr und das in den 1980er Jahre in den USA vorherrschende wirtschaftspolitische Primat der Deregulierung führten dazu, dass keine nationalen Regelungen getroffen wurden. Die Maßnahmen auf kommunaler Ebene galten als ausreichend. Auch setzte sich zunehmend die Erkenntnis durch, dass ein generelles Verbot bestimmter gentechnischer Arbeiten nicht adäquat ist.

---

[1] 1977 verstießen *Herbert Boyer und William Rutter* gegen die Vorschriften, indem sie mit Plasmiden arbeiteten, die von der NIH noch nicht genehmigt waren. Trotz der Kritik an den Forschern gab es keine strafrechtlichen Konsequenzen. Vgl. *Walters (2000)*, S. 261.

Heute sind keine Arbeiten mehr grundsätzlich untersagt, sondern die Forschungsarbeiten werden in vier Kategorien mit verschiedenen Sicherheitsanforderungen unterteilt. Die Erfahrungen im Umgang mit gentechnischen Arbeiten führten dazu, dass sukzessive die Bestimmungen an die Anforderungen gentechnischer Arbeiten gelockert wurden.[1] Ebenso wurden die *NIH* Richtlinien in dem Anwendungsbereich erweitert, um die freiwillige Einhaltung der Richtlinien durch nicht vom *NIH* geförderte Forschungsarbeiten zu regeln.[2]

Die nicht nur von den Politikern wahrgenommenen ökonomischen Potenziale der rekombinanten Gentechnik führten auch dazu, dass nicht mehr die Wissenschaftsfreiheit und der Erkenntnisfortschritt Mittelpunkt der Entwicklung waren, sondern zunehmend kommerziell interessierte Akteure die technologische Arena betraten. Damit war aber auch der *informed consensus* nicht mehr tragfähig, da eine offene Diskussion von Forschungsergebnissen den Wettbewerb um Patente, Forschungsgelder und Marktanteile zuwiderlief.[3] Der marktliche Druck führte dazu, dass die Kontrollkapazitäten des *NIH* zunehmend erschöpft wurden. In Abwesenheit einer staatlichen Regelung und eines geeigneten Diskussionspodiums wurden die Sicherungsmechanismen der Arbeiten für den Laborversuch von der Industrie übernommen. Es setzte sich ein produktbezogenes Regelungskonzept durch, dass die Gefahren nicht bei den Prozessen verortete, sondern bei den Produkten. Die Genehmigungsbehörden betrachten dabei die aus den Produkten und deren Nutzung resultierenden Risiken und nicht die Gefährdung durch Prozesse. Hier fielen dann die Kontrollen in den Bereich der Zulassungsbehörden, d.h. im Bereich der Medikamentenentwicklung war die *Food and Drug Administration* (FDA) und im Bereich der Freisetzung die *Environmental Protection Agency* (EPA) zuständig. Das *RAC* bekam dennoch zunehmende Bedeutung im Zusammenhang mit der Beurteilung der Risiken der Gentherapie.[4]

Die *NIH* Richtlinien waren Vorbild für nachfolgende nationale und supranationale Maßnahmen. So wurde dass Containment Konzept für Laborsicherheitsmaßnahmen von den *Richtlinien zum Schutz vor Gefahren durch in-vitro neukombinierte Nukleinsäuren* (*BMFT* Richtlinie) aufgegriffen. Auch die *BMFT* Richtlinie beschränkte sich lediglich auf von der Bundesregierung geförderte Projekte. Für die Sicherheitsüberwachung war die *Zentrale Kommission für Biologische Sicherheit* (ZKBS) zuständig.

Auf europäischer Ebene lassen sich Bezüge der *NIH* Richtlinien zu den EG-Richtlinien 90/219/EWG *(Anwendung genetisch veränderter Organismen in geschlossenen Systemen)* und 90/220/EWG *(Freisetzungsrichtlinie)* nachweisen,

---

[1] Vgl. *Hohmeyer/Hüsing/Maßfeller/Reiß (1994)*, S. 56 ff.
[2] Vgl. *Hohmeyer/Hüsing/Maßfeller/Reiß (1994)*, S. 52.
[3] Vgl. *Winter/Mahro/Ginzky (1993)*, S. 9.
[4] Vgl. *Walters (2000)*.

die wiederum auch von den *BMFT* Richtlinien beeinflusst wurden. Über die Umsetzung der EG Richtlinien in die nationale Gesetzgebung wirkten und wirken die Richtlinien wiederum auf die Formulierung des Deutschen *GenTG* zurück. Die Richtlinie 90/219/EWG wurde bspw. mit der Richtlinie des Rates vom 26.10. 1998 zur Änderung der Richtlinie 90/219/EWG über die Anwendung genetisch veränderter Mikroorganismen in geschlossenen Systemen (98/81/EG) novelliert. Eine Anpassung des *GenTG* erfolgte 2002.

In Deutschland blieben lange Zeit die *BMFT* Richtlinien sowie spezielle Rechtsverordnungen[1] für den Bereich der Gentechnik vorherrschend. Problematisch war jedoch, dass ein Rechtsschutz nur unzureichend gewährleistet war. Weder wurden Zuwiderhandlungen mit Straf- oder Bußgeldern geahndet noch existierten verbindliche Zulassungsverfahren für nicht staatliche geförderte Projekte. Der Bedarf für eine einheitliche Regelung war also gegeben. Entsprechend waren auch Anstrengungen der politischen Entscheider, eine nationale Regelung zu finden, beobachtbar. Frühe Referentenentwürfe für ein Gentechnikgesetz beinhalteten allerdings Regelungen, die seitens des Wissenschaftssektors als belastend wahrgenommen wurden und waren deshalb nicht konsensfähig. Nicht zuletzt auch aufgrund des zunächst geringen Interesses in der Öffentlichkeit setzte die Bundesregierung zunehmend auf eine beobachtende Taktik, die sich an den internationalen Entwicklungen orientierte und in sukzessiven Anpassungen der *BMFT*-Richtlinien mündete.

Zwei Entwicklungen forcierten jedoch den nationalen Prozess der Entwicklung des *GenTG*. Zum einen wurde 1984 die Enquête-Kommission *Chancen und Risiken der Gentechnologie* ins Leben gerufen, die in ihrem Abschlussbericht 1987 vorschlug, Sicherheitsbestimmungen für wissenschaftliche und industrielle Zwecke gesetzlich vorzuschreiben.[2] Zum anderen setzte sich zunehmend die Wahrnehmung der Biotechnologie als sogenannte Schlüsseltechnologie durch. Die Genforschung wurde zu einem Forschungsschwerpunkt der Bundesregierung. Entsprechend sah man großen Handlungsbedarf bei der Setzung des Rahmenfeldes, um Abwanderungen der Industrie zu verhindern.[3]

---

[1] Im Einzelnen waren dies: die Verordnung über genehmigungsbedürftige Anlagen (4. BIMSCHG), die Abwasserherkunftsverordnung und das Gesetz über die Umweltverträglichkeitsprüfung. Vgl. *Hasskarl (1991)*, S. 17.

[2] Vgl. *Enquête (1987)*, S. 202 ff.

[3] Als ein in der Literatur vielbesprochenes Beispiel für den *Standortnachteil* Deutschland und die Rechtsunsicherheit gelten die Entscheidungen der Hoechst AG, die 1980 eine zehnjährige Forschungskooperation mit einem Bostoner Hospital eingingen und das sog. Insulinurteil des VGH (Verwaltungsgerichtshofes) Kassel von 1989. Der VGH hielt gentechnische Anlagen grundsätzlich nicht für genehmigungsfähig, da die gesetzlichen Grundlagen fehlten und ein eigenständiger (respektive Gentechnikgesetz) notwendig sei. Zwar konnte sich der VGH letztlich nicht mit seiner Rechtsauffassung durchsetzen, sorgte aber für einen Handlungsdruck und dass das GenTG innerhalb von sechs Monaten von der Bundesregierung in den Bundestag eingebracht wurde. Vgl. *Winter/Mahro/Ginzky (1993)*, S. 13 ff.

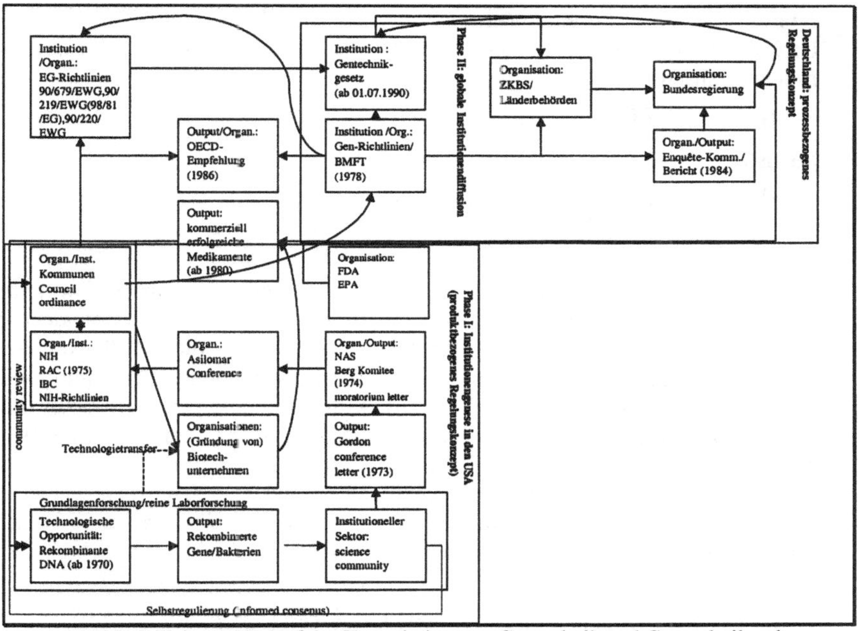

Abb. 2: Stilisierter Verlauf der Koevolution von Gentechnik und Gentechnikrecht

Das *GenTG* sollte dabei für entsprechende Rechtssicherheit bei den wirtschaftlichen Akteuren sorgen. Es trat am 01.07.1990 in Kraft. Im Gegensatz zu der US-amerikanischen Lösung wurde damit eine *de jure* Regelung mit nationaler Bindungswirkung implementiert, die eine andere Gefahrenkultur als in den USA erkennbar werden lässt. In Deutschland wurde ein prozessbezogenes Regelungskonzept verfolgt, d.h., dass Gefahren innerhalb der Technologie verortet wurden und das die gesetzliche Regelung sowohl für öffentliche als auch private Einrichtungen, die gentechnische Forschungslabors oder Produktionsstätten betreiben wollten, relevant war.

Das *GenTG* (Stand 16. August 2002) umfasst folgende Regelungsinhalte:

- Erster Teil: Allgemeine Vorschriften über den Zweck und den Anwendungsbereich des Gesetzes sowie Begriffsbestimmungen und Beschreibung der Aufgaben der ZKBS.
- Zweiter Teil: Vorschriften für gentechnische Arbeiten in gentechnischen Anlagen. Hier die werden die Arbeiten in vier Sicherheitsstufen eingeteilt und abhängig von den Arbeiten Vorschriften über Anmelde- bzw. Genehmigungsverfahren spezifiziert.
- Dritter Teil: Vorschriften zu Freisetzung und Inverkehrbringen.

- Vierter Teil: Gemeinsame Vorschriften über die Verwendung und Vertraulichkeit von Unterlagen sowie über die Ausgestaltung von Anhörungsverfahren.
- Fünfter Teil: Haftungsvorschriften.
- Sechster Teil: Straf- und Bußgeldvorschriften.
- Siebter Teil: Übergangs- und Schlussvorschriften.

2.2.2. Ausdifferenzierung des GenTG

Das *GenTG* von 1990 hat inzwischen zwei Novellierungen erfahren. Die erste Novellierung erfolgte 1993.[1] Die letzte Anpassung erfolgte 2002 und derzeit (Stand März 2003) wird bereits eine erneute Anpassung diskutiert.[2] Neben Einflüssen der europäischen Richtlinien sind für die Entwicklungen vor allem zwei Gründe relevant. Zum einen sorgte der Druck der wirtschaftlichen Akteure für eine *innovationsfreundlichere* Ausgestaltung des Gesetzes, zum anderen sind Lerneffekte in Bezug auf die Gefahren der Technologie durch die zuständigen Instanzen als Erklärungsgrund anzuführen. Tabelle 2 gibt einen Überblick über die wesentlichen Änderungen, wobei ich vor allem auf die Änderungen des *GenTG* im Zusammenhang mit den gentechnischen Arbeiten in gentechnischen Anlagen fokussiere.

Tabelle 2: Übersicht über ausgewählte Änderungen des GenTG

Themengebiet	GenTG (1990)	GenTG (1993)	GenTG (2002)
Sicherheitsstufen:	Def. § 6 a (1)	Def. § 7 (1)	Def. § 7 (1)
1 (gentechnische Arbeiten, bei denen nach dem Stand der Wissenschaft nicht von einem Risiko für die menschliche Gesundheit und die Umwelt ausgegangen werden kann.)	Die Errichtung und der Betrieb gentechnischer Anlagen bedarf der Genehmigung (§ 7 (1)). Die Errichtung und der Betrieb gentechnischer Anlagen der Stufe 1 zu Forschungszwecken und die vorgesehenen Arbeiten sind drei Monate vor Beginn anzumelden (§ 7 (2)).	Die Errichtung und der Betrieb gentechnischer Anlagen bedarf der Genehmigung (§ 8 (1)). Für Arbeiten der Sicherheitsstufe 1 ist vor Aufnahme der Tätigkeit eine Anmeldung erforderlich (§ 8 (2)).	Erstmalige Arbeiten (§8) der Stufe 1 sind anzumelden, entsprechend ist bei wesentlichen Änderungen der Anlagen zu verfahren. Weitere gentechnische Arbeiten der Sicherheitsstufe 1 (§ 9) können ohne Anmeldung oder Anzeige erfolgen.
2 (gentechnische Arbeiten, bei denen nach dem Stand der Wissenschaft von einem geringen Risiko für die mensch-	Die Errichtung und der Betrieb gentechnischer Anlagen bedarf der Genehmigung (§ 7 (1)).	Die Errichtung und der Betrieb gentechnischer Anlagen bedarf der Genehmigung (§ 8 (1)).	Erstmalige Arbeiten (§8) der Stufe 2 sind anzumelden bzw. können genehmigt werden, entsprechend ist bei wesentlichen Änderungen der Anlagen zu

[1] Vgl. *Schlumberger/Brauer (1995).*
[2] Vgl. *o.V. (2003 a).*

liche Gesundheit und die Umwelt ausgegangen werden kann.)			verfahren. Weitere gentechnische Arbeiten der Sicherheitsstufe 2 (§ 9) sind der zuständigen Behörde anzumelden, bzw. können genehmigt werden.
3 (gentechnische Arbeiten, bei denen nach dem Stand der Wissenschaft von einem mäßigen Risiko für die menschliche Gesundheit und die Umwelt ausgegangen werden kann.)	Die Errichtung und der Betrieb gentechnischer Anlagen bedarf der Genehmigung (§ 7 (1)).	Die Errichtung und der Betrieb gentechnischer Anlagen bedarf der Genehmigung (§ 8 (1)).	Erstmalige Arbeiten (§ 8): Arbeiten der Stufen 3 und 4 bedürfen der Anlagengenehmigung, ebenso wesentliche Änderungen der Anlagen, die in diesem Stufen zum Einsatz kommen. Weitere gentechnische Arbeiten der Sicherheitsstufe 3 und 4 (§ 9) bedürfen einer Genehmigung.
4 (gentechnische Arbeiten, bei denen nach dem Stand der Wissenschaft von einem hohem Risiko oder dem begründeten Verdacht eines solchen Risikos für die menschliche Gesundheit und die Umwelt ausgegangen werden kann.)	Die Errichtung und der Betrieb gentechnischer Anlagen bedarf der Genehmigung (§ 7 (1)).	Die Errichtung und der Betrieb gentechnischer Anlagen bedarf der Genehmigung (§ 8 (1)).	
Besonderheiten bzgl. der Sicherheitsstufen.			§ 7 (1a) Bei Zweifeln über die Einordnung der Sicherheitsstufe ist die höhere Sicherheitsstufe zu berücksichtigen. Im Einzelfall kann die zuständige Behörde auf Antrag Sicherheitsmaßnahmen in einer niedrigeren Sicherheitsstufe zulassen, wenn ein ausreichender Schutz für Mensch und Umwelt nachgewiesen ist.
Unterscheidung zwischen weiteren gentechnischen Arbeiten zu Forschung bzw. zur gewerblichen Nutzung.	Zu Forschungszwecken (§ 8): Arbeiten der Stufen 2,3,4 sind bei der zuständigen Behörde zwei Monate vor Beginn anzumelden. Bei einer Höherbewertung der Sicherheitsstufe ist Genehmigung erforderlich. Zu gewerblichen Zwecken (§ 9): Arbeiten der Stufe 1	Zu Forschungszwecken (§9): Arbeiten der Stufe 2,3,4 sind vor Beginn der zuständigen Behörde anzumelden (Fristen werden nicht genannt). Anlagen, zur Erfüllung der Erfordernisse des Budapester Vertrages bzw. auf Veranlassung der zuständigen Behörde zu Untersuchungszwecken genutzt werden, bedürfen keiner Genehmigung.	Wird nicht mehr differenziert.

	sind spätestens 2 Monate vor dem Beginn anzumelden. Arbeiten der Stufe 2,3,4 sind vor Aufnahme zu genehmigen.	Zu gewerblichen Zwecken (§ 10): Arbeiten der Stufe 1 sind anzumelden (Fristen werden nicht genannt). Arbeiten der Stufe 2,3,4 sind vor Aufnahme zu genehmigen.	
Genehmigungsverfahren	Genehmigungsverfahren setzt Schriftform voraus. Unterlagen müssen bestimmte Angaben enthalten (§ 10 (2), bzw. § 10 (4)). Der Eingang des Antrages und Mitteilung über Vollständigkeit der Unterlagen ist unverzglich zu bestätigen (§ 10 (5)).Über Genehmigung ist innerhalb von drei Monaten zu entscheiden, Verlängerung der Frist um drei Monate seitens der zuständigen Behörde ist zulässig, bei Erstantrag (§ 10 (6)). Vor Entscheidung der Behörde ist eine Stellungnahme der ZKBS einzuholen, sowie weiterer betroffener Behörden (§ 10 (8)). In § 12 (Genehmigungsvoraussetzungen) wird eine Positivliste genannt bei der die Genehmigung, bzw. eine Teilgenehmigung zu erteilen ist	Genehmigungsverfahren setzt Schriftform voraus. Unterlagen müssen bestimmte Angaben enthalten (§ 11 (2), bzw. § 11 (4)). Der Eingang des Antrages und Mitteilung über Vollständigkeit der Unterlagen ist unverzüglich zu bestätigen (§ 11 (5)). Über Genehmigungsantrag ist innerhalb von drei Monaten zu entscheiden, bei gentechnischen Arbeiten zu Forschungszwecken der Stufe 2 binnen eines Monats, wenn die Arbeit mit einer von der ZKBS im Bundesgesundheitsblatt veröffentlichten Arbeit vergleichbar ist (§ 11 (6 und 6a)). Vor Entscheidung ist Stellungnahme der ZKBS einzuholen, sowie weiterer betroffener Behörden (§ 11 (8)). In § 13 (Genehmigungsvoraus-setzungen) wird eine Positivliste genannt bei der die Genehmigung, bzw. eine Teilgenehmigung zu erteilen ist	Genehmigungsverfahren setzt Schriftform voraus. Unterlagen müssen bestimmte Angaben enthalten (§ 10 (2), bzw. § 10 (3)). Der Eingang des Antrages und Mitteilung über Vollständigkeit der Unterlagen ist unverzüglich zu bestätigen (§ 10 (4)). Über Genehmigungsantrag ist innerhalb von 90 Tagen zu entscheiden, bei gentechnischen Arbeiten zu Forschungszwecken der Stufe 2 binnen 45 Tagen, wenn die Arbeit mit einer von der ZKBS im Bundesgesundheitsblatt veröffentlichten Arbeit vergleichbar ist. Falls weitere Behörden betroffen sind verlängert sich Frist auf maximal 90 Tage (§ 10 (5)) . Vor Entscheidung ist Stellungnahme der ZKBS einzuholen. Die ZKBS hat bei der Bearbeitung der Stellungnahme sicher zu stellen, dass die Fristen eingehalten werden können.(§ 10 (7)). In § 11 (Genehmigungsvoraussetzungen) wird eine Positivliste genannt bei der die Genehmigung, bzw. eine Teilgenehmigung zu erteilen ist.
Anmeldeverfahren	Eine Anmeldung bedarf der Schriftform. Erstanmeldung erfordert gleiche Angaben wie im Genehmigungsverfahren, ansonsten nach § 11(3). Sofortige Bestätigung der Anmeldung durch die Behörde, Ablauf der	Eine Anmeldung bedarf der Schriftform. Erstanmeldung erfordert ähnliche (geringere) Angaben wie im Genehmigungsverfahren, ansonsten nach § 12 (3). Sofortige Bestätigung der Anmeldung durch die Behörde, Entscheidung über die Anmeldung hat innerhalb eines Monats zu erfol-	Eine Anmeldung bedarf der Schriftform. Erstanmeldung erfordert ähnliche (geringere) Angaben wie im Genehmigungsverfahren, ansonsten nach § 12 (2 a). Sofortige Bestätigung der Anmeldung durch die Behörde, Entscheidung über die Anmeldung hat innerhalb eines Monats zu erfol-

	Dreimonatsfrist gilt als Zustimmung (§11 (6)). Stellungnahme der ZKBS ist einzuholen.	gen. Der Ablauf der Dreimonatsfrist (bzw. zwei Monaten bei Arbeiten zu weiteren Zwecken) gilt als Zustimmung (§12 (6,7,8,9)). Stellungnahme der ZKBS ist einzuholen.	gen, der Ablauf der Dreimonatsfrist (bzw. zwei Monaten bei Arbeiten zu weiteren Zwecken) gilt als Zustimmung (§12 (6,7,8,9)). Stellungnahme der ZKBS ist im Falle der Stufe zwei einzuholen, wenn die Arbeit nicht mit einer bereits von der ZKBS eingestuften Arbeit vergleichbar ist. DIE ZKBS hat bei der Beantwortung sicher zu stellen, dass die Verfahrensfristen eingehalten werden können (§ 12 (4)). Der Betreiber kann mit der Errichtung und dem Betrieb der Anlage im Fall der Stufe 1 nach 30 Tagen, bei der Stufe 2 nach 45 Tagen (Erstanmeldung) bzw. nach 30 Tagen (Anmeldung weiterer Arbeiten) beginnen (§ 12 (5).
Haftung	Gefährdungshaftungstatbestand: Höchstbetrag von 160 Millionen DM	Gefährdungshaftungstatbestand: Höchstbetrag von 160 Millionen DM	Gefährdungshaftungstatbestand: Höchstbetrag von 160 Millionen DM

Wesentliche Erleichterungen waren die im Zuge der Novellierungen resultierenden Erleichterungen bei Arbeiten der Sicherheitsstufe 1, die im ersten Gesetz restriktivere Anmeldevoraussetzungen als in der letzten Fassung zu erfüllen hatten. Ebenso haben die inhaltlichen Voraussetzung für Anmelde- und Genehmigungsverfahren eine deutliche Erleichterung erfahren.

2.2.3. Synopse wesentlicher Inhalte des GenTG und des US-amerikanischen Regelungsrahmens

Obwohl die Entwicklung nationaler Rechtsregimes für den Umgang mit der Gentechnik sich auf amerikanische Wurzeln zurückführen lässt, zeigt sich doch, dass im institutionellen Diffusionsprozess nationale Besonderheiten für die jeweilige Ausgestaltung der Normen eine Rolle spielen. Neben den oben beschriebenen Unterschieden in der *Philosophie* des Regelungsansatzes war das US-amerikanische System anfangs durch eine höhere Flexibilität und Dezentralität gekennzeichnet. Die grundsätzlichen Unterschiede zum deutschen System sind allerdings geringer geworden, da hier zunehmend mehr Anlagen durch die Landesbehörden genehmigt werden können. Wesentliche Unterschiede bleiben die höhere Rechtssicherheit des deutschen Systems, die auch durch die Fixierung des

Haftungshöchstbetrages gewährleistet wird. Das amerikanische System ist hinsichtlich des Strafrechts durch eine prinzipiell unbegrenzte Haftungshöhe gekennzeichnet.

Tabelle 3: Gegenüberstellung ausgewählter Regelungsansätze im deutsch-amerikanischen Vergleich

	Deutschland	USA
Regelungsansatz	Prozessbezogen	Produktbezogen
Rechtskonsequenzen	Haftungshöchstbetrag, Gefährdungshaftung	Prinzipiell unbegrenzte Haftung, Besonderheiten des amerikanischen Strafrechts
Umfang	Gilt zwingend für alle gentechnischen Arbeiten	Orientierung an den NIH- Richtlinien für private Akteure auf freiwilliger Basis
Zentralitätsgrad	Im Verlauf der Novellierungen des GenTG und wachsender Erfahrungswerte steigende Einbindung der Landesbehörden, hohe Zentralität bei Produktgenehmigungen	Hohe Dezentralität bei Kontrolle gentechnischer Arbeiten, hohe Zentralität bei Produktgenehmigungen
zuständige Instanzen	ZKBS, Landesbehörden	RAC, Landes- und kommunale Behörden Produktgenehmigung: NIH, FDA, EPA, USDA
Flexibilität / Anpassung an den Stand der Wissenschaft	Im Zuge der Novellierung gegeben, erstmalige Genehmigungen der ZKBS gelten als Maßstab für die Genehmigungen weiterer Anlagen mit vergleichbarer Art	Bei den NIH Richtlinien sehr groß
Vorschriften für bestimmte bauliche Maßnahmen	Ja	Nein
Öffentlichkeitsbeteiligung	Anhörungsverfahren bei gewerblichen Anlagen der Sicherheitsstufe 3 und 4, ggf. auch bei Anlagen der Stufe 2.	FDA: Nicht explizit allerdings sind auf Verlangen Unterlagen zugänglich zu machen

3. Schluss

Am Anfang des Beitrages wurden mehrere Fragestellungen formuliert. Neben der an anderer Stelle vertieft behandelten Frage nach der effizienteren alternativen Ausgestaltung rechtlicher Rahmenbedingung[1] stand dabei das Wechselspiel von Institutionen- und Technologieentwicklung in dem Mittelpunkt der Untersuchung. Der hier entwickelte Rahmen für die Analyse der Zusammenhänge ist m.E. adäquat und hat trotz des narrativen Charakters den Vorteil, dass das Handeln der Akteure und die Wechselwirkungen auf die anderen institutionenökonomischen Komponenten durch die kohäsive Funktion des technologisch-öko-

[1] Vgl. *Tostmann* (2003).

nomischen Paradigmas erklärbar und strukturierbar sind. Insofern erklärt sich auch die Hybridisierung des GenTG, dass sowohl den Schutz- als auch den Fördergedanken beinhaltet. Inwieweit die Entwicklung anderer Sektoren mit einem derartigen Analysekonzept nachvollziehbar sind, kann an dieser Stelle nicht geklärt werden. Es zeigt sich, dass technologiepolitisch induzierte Eingriffe auf den Rechtsrahmen und i.d.R. nicht isoliert wirken, sondern das Ensemble der institutionellen Rahmenbedingungen handlungswirksam beeinflussen. Wesentlich für das Handeln der Akteure sind dabei die Möglichkeiten, Innovationsrenten erzielen zu können. Wie die Entwicklung im Bereich der Gentechnologie weitergehen wird, ist derzeit nicht absehbar. Zur Zeit ist eine funktionale Differenzierung der Technologie und eine Notwendigkeit der besseren Verknüpfung der damit einhergehenden *"-omic-disciplines"* (genomic, transcriptomic, proteomic, glycomic, metabolomic, etc.) erkennbar, die auch die künftige Rechtsfortentwicklung beeinflussen dürften Handlungsleitend werden aber immer noch die ökonomischen Optionen bleiben oder wie es der Medizin-Nobelpreisträger *Sydney Brenner* formulierte:

„...in biotechnology the one –omics that really counts is economics."[1]

Literaturverzeichnis

Annecke, J. P. (2001): Technischer Fortschritt und institutioneller Wandel - eine evolutionäre Analyse der Volkswirtschaft zur Adaption grundlegenden technischen Fortschritts, Köln.

Beier, F. K./Crespi, R. S./Straus, J. (1984): Biotechnology and Patent Protection an International Review, Paris.

Berg, P. et al (1974a): Potential Biohazards of Recombinant DNA Molecules, in: Science, Vol. 185, S. 303.

Berg, P. et al. (1974b): NAS Ban on Plasmid Engineering, in: Nature, Vol. 250, S. 175.

Bozemann, B. (2000): Technology and Public Policy: A Review of Research and Theory, in: Research Policy, Vol. 29, 4-5, S. 627-655.

Cantner, U./Pyka, A. (2001): Classifiyng Technology Policy from an Evolutionary Perspective, in: Research Policy, Vol. 30, 5, S. 759-775.

Carlsson, B. (2000): A System Framework for the Study of Economic and Social Dynamics of Biotechnology, in: *de la Mothe, J./Niosi, J. (Hrsg.):* The Economics and Social Dynamics of Biotechnology, Dordrecht, S. 9-28.

de Solla Price, D. J. (1965): Is Technology Historically Independent of Science? A Study in statistical Historiography, in: Technology and Culture, Vol. 6, 4, S. 553-568.

Dohse, D. (2000): Technology Policy and the Regions – the Case of the BioRegio Contest, in: Research Policy, Vol. 29, 9, S. 1111-1133.

[1] *o.V.* (2003 b), S. 8.

Dohse, D. (2001): Taking Regions Seriously: Recent Innovations in German Technology Policy, Paper zum international Workshop Innovation Clusters and Interregional Competition vom 12-13.11.2001, Kiel.

Dosi, G. (1988): The Nature of the Innovative Process, in: *Dosi, G./Freeman, C./Nelson, R. R./Silverberg, G./Soete, L. (Hrsg.):* Technical Change and Economic Theory, London, S. 221-238.

Drews, J. (2002): Der Beitrag der Biotechnologie zur Auffindung und Entwicklung neuer Wirkstoffe, in: *Herstatt, C./Müller, C. (Hrsg.):* Management-Handbuch Biotechnologie: Strategien, Finanzen, Marketing, Recht, Stuttgart, S. 55-62.

Driesel, A. J./Danneberg, G./Loh, W. (1995): Entwicklungstendenzen in der Bio- und Gentechnologie, in: *Zahn, E. (Hrsg.):* Handbuch Technologiemanagement, Stuttgart, S. 117-150.

Dugger, W. M. (1979): Methodological Differences Between Institutional and Neoclassical Economics, in: Journal of Economic Issues, Vol. 13, 4, S. 899-909.

Enquête (1987) (Enquête-Kommission des Deutschen Bundestages: Chancen und Risken der Gentechnologie): Chancen und Risiken der Gentechnologie. Dokumentation des Berichtes an den Deutschen Bundestag, München.

Ergas, H. (1987): The Importance of Technology Police, in: *Dasgupta, P./Stonemann, P. (Hrsg.):* Economic Policy and Technological Performance, Cambridge, S. 51-96.

Freeman, C./Perez, C. (1988): Structural Crisis of Adjustment: Business Cycles and Investment Behaviour, in: *Dosi, G./Freeman, C./Nelson, R./Silverberg, G./Soete, L. (Hrsg.):* Technical Change and Economic Theory, London, S. 38-66.

Grupp, H./Schmoch, U. (1992): Wissenschaftsbindung der Technik: Panorama der internationalen Entwicklung und sektorales Tableau für Deutschland, Heidelberg.

Hallwirth, S. (1999): Der Einstieg in die Gentechnik, Seminararbeit im Rahmen des Seminars Historische Entwicklung und aktuelle Probleme des deutschen und europäischen Verkehrs- und Technikrechts, Tübingen, www.jura.uni-tuebingen.de/~ronellen/archiv/seminare/ss99/ Gentechnik.pdf

Hasskarl, H. (1991): Gentechnikrecht: Textsammlung (Gentechnikgesetz und Rechtsverordnungen), 2. überarbeitete Auflage, Aulendorf.

Hasskarl, H. (1997): Gentechnikrecht: Textsammlung (Gentechnikgesetz und Rechtsverordnungen), 4. überarbeitete Auflage, Aulendorf.

Hayek, F. A. von (1969): Freiburger Studien: Gesammelte Aufsätze, Tübingen.

Hayek, F. A. von (1996): Die Anmaßung von Wissen: Neue Freiburger Studien, Hrsg. von *Kerber, W.*, Tübingen.

Henderson, R./Jaffe, A. B./Trajtenberg, M. (1998): University Patenting Amid Changing Incentives for Commercialization, in: *Navaretti, G. B./Dasgupta, P./Mäler, K.-G./Siniscalco, D. (Hrsg.):* Creation and Transfer of Knowledge: Institutions and Incentives, Berlin u.a.O., S. 87-114.

Hohmeyer, O./Hüsing, B./Maßfeller, S./Reiß, T. (1994): Internationale Regulierung der Gentechnik: Praktische Erfahrungen in Japan, den USA und Europa, Heidelberg.

Hollingsworth, R. (1993): Variation among Nations in the Logic of Manufacturing Sectors and International Competitiveness, in: *Foray, D./Freeman, C. (Hrsg.):* Technology and the Wealth of Nations: The Dynamics of Constructed Advantage, London, S. 301-321.

Hollingsworth, R. (2000): Doing Institutional Analysis: Implications for the Study of Innovation, ICE-Working Paper Series, Wien.

Jaffe, A. B. (2000): The U.S. Patent System in Transition: Policy Innovation and the Innovation Process, in: Research Policy, Vol. 29, 4-5, S. 531-557.

Kleemann, A. (2002): Perspektiven der Biotechnologie aus Sicht der pharmazeutischen Industrie, in *Herstatt, C./Müller, C. (Hrsg.):* Management-Handbuch Biotechnologie: Strategien, Finanzen, Marketing, Recht, Stuttgart, S. 505-516.

Koschatzky, K./Eickelpasch, A./Dohse, D./Gehrke, B. et al. (2000): Regionale Verteilung von Innovations- und Technologiepotentialen in Europa. Endbericht an das Bundesministerium für Bildung und Forschung Referat Z 25, Karlsruhe.

Keck, O. (1993): The National System for Technical Innovation in Germany, in: *Nelson, R. R. (Hrsg.):* National Innovation Systems: A Comparative Analysis, New York, S. 115-157.

Kirchner, C. (1993): Ökonomische Analyse des Rechts. Interdisziplinäre Zusammenarbeit von Ökonomie und Rechtwissenschaft, in: *Assmann, H.-D./ Kirchner, C./Schanze, E. (Hrsg.):* Ökonomische Analyse des Rechts, Tübingen, S. 62-78.

Krimsky, S. (1982): Genetic Alchemy, Cambridge/Mass.

Kuhn, T. S. (1976): Die Struktur wissenschaftlicher Revolutionen, zweite revidierte und um das Postskriptum von 1969 ergänzte Auflage, Frankfurt.

Linskey, M. J. (2001): Technological Distance, Spatial Distance and Sources of Knowledge: Japanese 'New Entrants' in 'New' Biotechnology, in: *Burgelman, R. A./Chesbrough, H. (Hrsg.):* Comparative Studies of Technological Evolution, Amsterdam u.a.O., S. 127-206.

Matzke, U. (1999): Gentechnikrecht: Textausgabe mit Einführung und Erläuterungen, Stand BGBl. I Nr. 2 vom 21. Januar 1999, Baden-Baden.

Nelson, R. R. (1987): Understanding Technical Change as an Evolutionary Process, Amsterdam u.a.O.

Nelson, R. R. (1993): National Innovation Systems: A Comparative Analysis, New York.

Nelson, R. R. (2002): Bringing Institutions in Evolutionary Growth Theory, in: Journal of Evolutionary Economics, Vol. 12, 1-2, S. 17-28.

Nelson, R. R./Nelson, K. (2002): Technology, Institutions, and Innovation Systems, in: Research Policy, Vol. 31, 2, S. 265-272.

North, D. C. (1991): Institutions, in: Journal of Economic Perspectives, Vol. 5, 1, S. 97-112.

North, D. C. (1992): Institutionen, institutioneller Wandel und Wirtschaftsleistung, Tübingen.

Okruch, S. (1999) Innovation und Diffusion von Normen: Grundlagen und Elemente einer evolutorischen Theorie des Institutionenwandels, Berlin.

Orsenigo, L. (1989): The Emergence of Biotechnology, London.

o.V. (2003a): "Grüne Gentechnik" rückt näher. Bundesregierung will Markt für gentechnische Pflanzen öffnen, in: Hannoversche Allgemeine Zeitung vom 3. März 2003, S. 2.

o.V. (2003b): A Voyage of Discovery. Biotechnology May Yet Renew the Pharmaceutical Industry, in: The Economist, Vol. 366, 8317, Sonderbeilage Climbing the Helical Staircase: A Survey of Biotechnology, S. 5-11.

Peter, V. (2002): Institutionen im Innovationsprozeß: Eine Analyse anhand der biotechnologischen Innovationssysteme in Deutschland und Japan, Heidelberg.

Pavitt, K. (1984): Sectoral Patterns of Technical Change: Towards a Taxonomy and a Theory, in: Research Policy, Vol. 13, 6, S. 343-373.

Rai, A. K. (1999): Regulating Scientific Research: Intellectual Property Rights and the Norms of Science, in: Northwestern University Law Review, Vol. 94, 1, S. 77-152.

Schlumberger, H. D./Brauer, D. (1995): Die Bedeutung rechtlicher Rahmenbedingungen für die Anwendung der Gentechnik in der Bundesrepublik Deutschland, in: *von Schell, T./Mohr, H. (Hrsg):* Biotechnologie-Gentechnik: Eine Chance für neue Industrien, Berlin u.a.O., S. 389-421.

Simon, J. (1995): Gentechnik als Grundlage neuer Industrien unter der den rechtlichen Rahmenbedingungen der EG und Deutschlands, in: *von Schell, T./Mohr, H. (Hrsg):* Biotechnologie-Gentechnik: Eine Chance für neue Industrien, Berlin u.a.O., S. 358-388.

Sterckx, S. (1997): European Patent Law and Biotechnological Inventions, in: *Sterckx, S. (Hrsg.):* Biotechnology, Patents and Morality, Aldershot u.a.O., S. 1-54.

Strimpel, H. M. (1997): Comments on the Proceedings of the Conference on Biotechnology, Patents and Morality, in: *Sterckx, S. (Hrsg.):* Biotechnology, Patents and Morality, Aldershot u.a.O., S. 283-291.

Thumm, N. (1999): Patentschutz für biotechnologische Erfindungen: Anreiz für europäische Biotech-Innovatoren, in: IPTS-Report, Vol. 33, S. 29-36.

Tostmann, R. (2003): Gesetzgebung und Technologiepolitik im Kontext des technologischen und institutionellen Wandels: Evaluierungsansätze am Beispiel des GenTG, unveröffentlichtes Manuskript, Hannover.

van Waarden, F. (1999): Innovation and Prototypical Institution: Law and Regulation, Paper written for a literature survey commission by the Dutch Ministry of Economic Affairs, o.O.

Walters, L. (2000): Federal Policy Making for Biotechnology, Executive Branch, RAC, in: *Murray, T. H./Mehlman, M. J. (Hrsg.):* Encyclopedia of Ethical, Legal and Policy Issues in Biotechnology, New York u.a.O., S. 261-266.

Weiner, C. (2000): Recombinant DNA Policy, Asilomar Conference, in: *Murray, T./H., Mehlman, M. J. (Hrsg.):* Encyclopedia of Ethical, Legal and Policy Issues in Biotechnology, New York u.a.O., S. 909-914.

Winter, G./Mahro, G./Ginzky, H. (1993): Grundprobleme des Gentechnikrechts, Düsseldorf.

Wettbewerb im Gesundheitssystem: Zur Implementierung von Vertragsfreiheit in ausgewählten Bereichen

Torsten Sundmacher und *Jenny Sundmacher*

1. Gesundheitssysteme – chronisch krank und multimorbide?

Gesundheitssysteme stehen in vielen europäischen Ländern vor einer Vielzahl von Problemen, die sich bei einer Beibehaltung der derzeitigen Institutionen eher verschärfen denn selbsttätig verbessern dürften. Als wesentliches Problemfeld anzusehen ist einerseits die Finanzierung öffentlicher Gesundheitssysteme, die sich zunehmend schwieriger gestaltet – erstens bedingt durch die ,vergreisende' demographische Entwicklung in Europa und zweitens (in noch stärkerem Maße) induziert durch einen medizintechnischen Fortschritt, der sich durch viele (kostentreibende) Produkt- und wenige (kostensparende) Prozessinnovationen auszeichnet. Andererseits spielen Outcome-Probleme von Gesundheitssystemen eine zunehmende Rolle.

In den letzten beiden Jahrzehnten ist ein beständiges Anwachsen der Diskussion um Reformalternativen zu konstatieren, die – in der der überwiegenden Tendenz – den bisherigen Regulierungsansatz umkehren und marktlicher Koordination eine stärkere Bedeutung geben wollen.[1] Aus der Diskussion resultieren teilweise Umsetzungsversuche; allerdings ist der Reformstand bislang insgesamt als ungenügend zu klassifizieren. Insbesondere ist bisher kein Vorzeigebeispiel zu erkennen. Zwar kann man sicher ,von Nachbarn lernen', wenn auch ein Partialtransfer von Lösungen aufgrund großer institutioneller Unterschiede konkreter (das heißt im wesentlichen nach wie vor: nationalstaatlich abgegrenzter) Gesundheitssysteme ebenfalls wie ein Totaltransfer, der schon mangels positivem Beispiel scheitert, so einfach nicht möglich ist. So führt bis auf weiteres kein Weg daran vorbei, nationalstaatliche Gesundheitssysteme näher in Augenschein zu nehmen, wenn Reformmaßnahmen erfolgreich sein sollen.

Eine ordnungspolitische Reform des deutschen Systems der Gesetzlichen Krankenversicherung (GKV) hin zu einer stärkeren Einführung von marktlichen Koordinationsverfahren könnte eine Möglichkeit sein, einige der oben genannten gravierenden Probleme öffentlicher Gesundheitssysteme zu mildern oder zu lösen. Neben der Schaffung von Anreizen zu effizienten Lösungen kann Wettbewerb in seinem dynamischen Ergebnis als Entdeckungsverfahren dazu beitragen, dass medizintechnischer Fortschritt insbesondere auch im Interesse der zukünftig zu Versorgenden wirksam wird. Die Ermöglichung von (partieller) Vertragsfreiheit ist für die Initiierung von Wettbewerbsprozessen eine wesentliche Voraus-

---

[1] Vgl. *Wessen* (1999); zu Reformvorhaben in der Bundesrepublik in den 1980er Jahren *Rosewitz/Weber* (1990), zur neueren Reformdebatte vgl. z.B. *Beske* (2003).

setzung. Auf allen drei vorstellbaren ,Vertragsfeldern', die (bei freierer Vertragswahl) Wettbewerbsfelder des GKV-Systems werden könnten (*Cassel* 2002, S. 25) sind bisher keine oder nur sehr eingeschränkte einzelvertragliche Regelungen vorhanden (als Übersicht *Steinmeyer* 2003; *Sundmacher* 2003). Auf dem Leistungsmarkt dominieren besonders im ambulanten, aber auch im stationären Sektor gemeinsame und einheitliche Regelungen, wie sie durch das SGB V vorgegeben werden. Auf dem Behandlungsmarkt herrscht auf Seiten der Leistungserbringer ein weitgehender Kontrahierungszwang, wohingegen mit der (eingeschränkten) Arztwahl durch die Patienten Wahlfreiheit besteht, die aber aufgrund weitgehend fehlender Informationen etwa über die Qualität der Leistungserbringer nur unzureichend wettbewerbswirksam genutzt werden kann. Der Versicherungsmarkt schließlich ist gekennzeichnet durch die Möglichkeit der freien Krankenkassenwahl, ohne dass hiermit allerdings – bei weitgehend gemeinsam und einheitlich festgelegtem Leistungskatalog – echte Alternativen gewählt werden könnten.

Diesem Status Quo widerfuhren in den letzten Jahren einige Veränderungsversuche. Zunächst wurde mit dem Gesundheitsreformgesetz von 1989 die Möglichkeit zu auf maximal 8 Jahre befristeten (wissenschaftlich zu begleitenden) Modellprojekten geschaffen (§§ 63 ff. SGB V). Nach weitgehender Anwendungslosigkeit 1997 noch einmal reformiert sind neben sogenannten Leistungsmodellen (§ 63 Abs. 2 SGB V), die insbesondere im Bereich von Prävention und Früherkennung Anwendung fanden, auch Strukturmodelle möglich (§ 63 Abs. 1 SGB V), die von kollektivvertraglichen Lösungen abweichend die Form der Leistungserbringung (z.B. Organisation der Versorgung, Vergütung) betreffen. Diese Modelle waren jedoch in vielen wesentlichen Punkten (z.B. bei der Bereinigung der kollektiven Budgets) von der Zustimmung aller bisherigen Vertragspartner abhängig. Mit Inkrafttreten des GKV-Gesundheitsreformgesetzes 2000 wurde diese (häufig genutzte) Blockademöglichkeit zwar ersetzt durch die Möglichkeit einzelner Krankenkassen oder ihrer Verbände, Einzelverträge mit Leistungserbringern abschließen zu können (§ 64 Abs. 1 Satz 2 SGB V). Allerdings bestehen hinsichtlich der Regelung der (häufig entscheidenden) Budgetfragen weiterhin kollektivvertragliche Regelungen (§ 64 Abs. 3 SGB V) und auch ihre praktische nachhaltige Bedeutung ist bislang aufgrund fortbestehender Restriktionen gering.

Eine weitere Möglichkeit zu abweichender Vertragsgestaltung bieten die Strukturverträge nach § 73a SGB V. Hierbei handelt es sich nicht um Modellversuche, sondern um dauerhafte Vertragsbeziehungen, die zwischen den Spitzenverbänden der Krankenkassen und den KVen auf Landesebene zustande kommen und durch bundeseinheitliche Rahmenverträge ergänzt werden können. Inhaltlich müssen sich diese Versorgungsverträge entweder auf eine ,Hausarztstruktur' (d.h. eine Stärkung der Koordinationsfunktion des Hausarztes) oder auf „Vernetzte Praxen" (als Form der Integration unterschiedlicher Leistungsanbieter im ambulanten

Sektor) erstrecken. Anders als in den Modellvorhaben kann hier das bestehende Vergütungsrecht nur in geringem Umfang außer Kraft gesetzt werden und es lässt sich insgesamt nur entfernt von einer freivertraglichen Lösung sprechen: Den Leistungserbringern ist es freigestellt, solchen gemeinsam und einheitlich ausgehandelten Verträgen beizutreten, aber echte einzelvertragliche Lösungen in Form von Abschlüssen zwischen Krankenkassen und ausgewählten Leistungserbringern sind nicht möglich. Insgesamt hat sich auch diese Form abweichender Vertragsgestaltung als nicht sehr erfolgreich erwiesen, insbesondere da die starken Einschränkungen bei der Vergütungsregelung wenig Anreiz für einen Beitritt setzen (*Ullrich* 2002, S. 53).

Einen wesentlichen Schritt zu einer stärkeren einzelvertraglichen Regelung insbesondere des Leistungsmarkts hätten die 2000 eingefügten Regelungen der §§ 140a ff. SGB V bewirken können. Inhaltlich geht es hierbei um die Möglichkeit des Abschlusses integrierter, (überwiegend) sektorübergreifender Versorgungsverträge[1] außerhalb der üblichen kollektivvertraglichen Regelungen. Vom Gesetzgeber so angelegt, ist nach § 140b Abs. 2 eine einzelvertragliche Lösung zwischen einer Krankenkasse und einem (integrierten) Leistungserbringer ebenso wie kollektivvertragliche Regelungen möglich. Ähnlich wie bei den Modellprojekten kann nach § 140b Abs. 4 SGB V weitgehend von den kollektivvertraglichen Vergütungsvorschriften (Kapitel 4 SGB V sowie Krankenhausfinanzierungsgesetz) abgewichen werden. Grundsätzlich existiert für solche einzelvertraglichen Lösungen keine Zustimmungspflicht der Selbstverwaltungsorgane. Allerdings führen die Regelungen des § 140f SGB V zumindest die Notwendigkeit ein, dass sich die Vertragspartner der Kollektivbudgets über seine Bereinigung um die Vergütungen der Leistungen aus Integrierter Versorgung (IV) einigen. Weiterhin besteht nach § 140d SGB V für die Kollektivvertragsparteien im ambulanten Sektor die Pflicht, sich auf einen bundeseinheitlichen Rahmenvertrag zu verständigen[2] – dieser wurde im Juni 2000 abgeschlossen und nimmt faktisch alle einzelvertraglichen Elemente der gesetzlichen Regelungen zurück. Angefangen von der Vorlagepflicht von Verträgen zur IV bei der zuständigen KV (§ 13 Abs. 2 der Rahmenvereinbarung) bis hin zur Einrichtung eines Schiedsverfahrens mit paritätischer Besetzung bei auftretenden Streitigkeiten bei der Ausgestaltung von Einzelverträgen ist deutlich zu erkennen, dass die Akteure der ‚alten Ordnung' mit diesem Rahmenvertrag die Regelungen zur IV wiederum materiell in die kollektivvertraglichen Bahnen zurückholen. Damit existiert ein Genehmigungsvorbehalt der bisherigen Strukturen durch die Akteure, die bisher Nutznie-

[1] Auch Versorgungsformen, die nur Leistungserbringer des ambulanten Sektors beinhalten, können eine Integrierte Versorgung i.S.v. §§ 140a ff. SGB V sein.

[2] Außerhalb des ambulanten Bereichs besteht die Möglichkeit zu Rahmenverträgen mit der Deutschen Krankenhausgesellschaft (§ 140e SGB V); wenn sie geschlossen werden, sind sie aber für alle Vertragsparteien bindend.

ßer des Status Quo waren. Darüber hinaus bestehen (weitere) Ausgestaltungshürden, die IV für viele Akteure wenig attraktiv macht.[1] So wundert es denn auch wenig, dass die entsprechend dieser Regelungen etablierten Versorgungsformen eine nur geringe Wirksamkeit (und Persistenz) zeigen.[2]

Insgesamt kann somit festgestellt werden, dass sich bisher wenig in Richtung Vertragswettbewerb bewegt hat, ja sogar einige Bewegungsversuche (vorerst) wieder zurückgenommen wurden. Damit bleibt das Thema einer Einführung von mehr Vertragswettbewerb wohl bis auf weiteres auf der Agenda.

2. *Vertragstheorie und Gesundheitssystem*

Die Einführung von (partieller) Vertragsfreiheit im GKV-System und einem hierdurch induzierten Wettbewerb (auch um die Ausgestaltung von Verträgen)[3] ist unter Berücksichtigung von (vor-)vertraglichen Problemen, individuellen Lösungsmöglichkeiten und institutionellen Sets, die Lösungskorridore schaffen, ein besonderes Problem, das nicht ohne weiteres durch Übertragung von in anderen, wettbewerblich organisierten Märkten gefundener Verfahren gelöst werden kann. Besondere Ausgestaltungsprobleme eines optimalen Vertrags im Gesundheitswesen zeigen sich in mehrfacher Hinsicht:

- Unterschiedliche Menschenbilder bzw. ein Geflecht sehr differenzierter Verhaltensprogramme, die auf der Grundlage differenzierter Einflussgrößen zu Stande kommen, führen zu einer beschränkten Möglichkeit der Anwendung der Vertragstheorie zumindest so weit sie auf Rationalverhaltensannahmen beruht; hierdurch ändern sich entsprechend die Anforderungen an einen optimalen Vertrag. Einflussgrößen, die mit Homo-Oeconomicus-Modellen

[1] So besteht z.B. ein Beitrittsrecht Dritter nach dreijähriger Laufzeit; diese können risikolos Gewinne aus risikobehafteten und nur durch die Gründer getragenen Investitionen schöpfen.

[2] In den neueren Auseinandersetzungen um die Ausgestaltung von Vertragsfreiheit sind im Entwurf des damaligen Gesundheitssystemmodernisierungsgesetzes (mit Stand vom 9.05.2003) vor allem zwei Entwicklungen von Interesse – einmal die Möglichkeit der Versicherten zur Einschränkung der freien Arztwahl durch die Wahl eines Hausarztsystems (dort § 67) und zum anderen die Ermöglichung des selektiven Kontrahierens von niedergelassenen Fachärzten (dort § 106b). Hausärzte, Augenärzte und Gynäkologen sollten hierbei der kollektivvertraglichen Lösung unterstellt bleiben, andere bisher zugelassene Fachärzte wären aus dem Kollektivvertrag ausgeschieden, wobei den Krankenassen die Wahl ermöglichst worden wäre, einzelvertragliche Lösungen oder solche auf Landesebene der Krankenkassenverbände anzustreben. Im späteren Kompromisspapier (Stand 12.08.2003) ist diese Möglichkeit gestrichen worden; stattdessen ist im geänderten § 17 Apothekenbetriebsordnung ein neuer Kontrahierungszwang – in diesem Fall für Versandhandelsapotheken – eingeführt worden: Diese werden zur Lieferung des gesamten in Deutschland zugelassenen Angebots an Arzneimitteln verpflichtet.

[3] In der gesundheitsökonomischen Literatur (z.B. *Jacobs/Schräder* 2002, S. 96) wird häufig von Vertragswettbewerb gesprochen – gemeint ist hiermit nicht so sehr wie im obigen Gebrauch der Wettbewerb um die Ausgestaltung von Verträgen (im allgemeinen), sondern (im besonderen) der Wettbewerb zwischen den Krankenkassen (als potentielle Vertragsanbieter). Unterschieden wird dieser Vertragswettbewerb dann vom Anbieterwettbewerb als Wettbewerb zwischen den Leistungserbringern (klassifiziert als potentielle Vertragsnehmer).

schwer erfassbar sind, sind z.B. die starke Stellung von ärztlicher Ethik (etwa dem *hypokratischen* Eid), Standesrecht und Standesreputation für das ärztliche Verhalten sowie die große Bedeutung von Vertrauen in der Arzt-Patientenbeziehung.

- Asymmetrische Informationen in allen ihren Ausprägungen haben ein erheblich größeres Gewicht als auf vielen anderen Märkten; hinzu kommen hohe Informations- und Kontrollkosten. So sind etwa medizinische Leistungen überwiegend Vertrauensgüter, bei denen eine Enttäuschung tödlich enden kann; erschwerend wirkt, dass die Bestimmung von Qualität und ihre Kontrolle sowie die Etablierung von akteursspezifischen Qualitätsindikatoren vielleicht nicht grundsätzlich, zumindest aber gegenwärtig im deutschen Gesundheitssystem stark unterentwickelt ist.
- Lösungsstrategien für asymmetrische Informationen haben vermutlich eine geringere Wirksamkeit; z.T. auch deshalb, da sie rechtlich bisher ausgeschlossen sind. Z.B. ist ein Signaling von Leistungserbringern sinnlos, wenn Kontrahierungszwang ohne Diskriminierungsmöglichkeiten für die Krankenkassen besteht.
- Andere Koordinationsverfahren spielen im Gesundheitssystem eine große Rolle; dies ist u.U. dadurch gerechtfertigt, dass es sich beim Gesundheitssystem um ein System mit Versicherungspflicht handelt, und deshalb Vertragsfreiheit da eingeschränkt werden muss, wo Zustände (vor allem Marktversagenstatbestände), die die Einführung der Versicherungspflicht begründen, bei Vertragsfreiheit wiederum eintreten.[1]
- Bei Vertragsfreiheit können sich Marktformen ergeben, die unerwünschte Ergebnisse hervorbringen. So ist – vor allem in ländlichen Gebieten – damit zu rechnen, dass sowohl bei niedergelassenen (Haus-)Ärzten als auch bei der Notfallversorgung vielerorts lokale Monopole von Leistungserbringern vorhanden sind, die auch kaum contestable sein dürften.[2]
- Vertragsfreiheit ist schließlich auf weitere institutionelle Reformen angewiesen – solange diese nicht realisiert sind, ist auch Vertragsfreiheit problematisch. So fehlt im deutschen Wettbewerbsrecht bisher eine explizite Zuordnung des öffentlich-rechtlichen GKV-Bereichs (*Boerner* 2003), so dass hier

[1] So kann beim Versagen von Versicherungsmärkten der Umfang des Leistungskatalogs nicht Bestandteil des Vertrags sein, da hierdurch Gesunde – wie bei Versicherungsfreiheit – u.U. nur minimale Versicherungsleistungen nachfragen werden und so insgesamt die Ausstattung mit Versicherungsleistungen unter das optimale Niveau sinkt. Zur Diskussion – anhand der Wirkung wählbarer Selbstbehalte in der Schweiz – vgl. mit unterschiedlichen Schlussfolgerungen *Schellhorn* (2002) und *Werblow* (2002); zu einer (theoretischen) Lösung über (perfekte) risikoadäquate Prämien *Zweifel/Breuer* (2002).

[2] Dies hat sich etwa in den Niederlanden gezeigt, wenn auch hier andere staatliche Eingriffe (Schaffung hausärztlicher Gatekeeper, Förderung von Netzwerken sowie staatliche Bedarfsplanung) diese Situation noch verschärft haben; vgl. *Gress* (2000), S. 111.

die auf Wettbewerbsmärkte bezogenen Teile des GWB (Gesetz gegen Wettbewerbsbeschränkungen) und das UWG (Gesetz gegen unlauteren Wettbewerb) nicht gelten.[1]

3. Die Implementierung von Vertragsfreiheit – Kriterien für eine rationale Einführung

3.1. Transformationsökonomik von Systemen – zur Frage von Wandel, Wandelbarkeit und Bedingungen des Wandels

Eine Möglichkeit, der Beantwortung der Frage nach dem ‚wie' einer Implementierung von Vertragsfreiheit näher zu kommen, ist die Beschäftigung mit theoretischen Zugängen, die Systemverhalten insbesondere in den Dimensionen Beharrung und Wandel untersuchen und hiermit zum einen dem beharrlichen Status Quo des Gesundheitssystems, zum anderen aber auch der Anforderung nach Reformen dieses Systems angemessen sind. Ein solches (Forschungs-)Feld lässt sich als ‚Transformationsökonomik' mit folgenden Fragestellungen benennen:[2]

- Was sind die systemstabilisierenden, konservativen Elemente in einem System? Wie wird temporär ‚Gleichgewicht' hergestellt (*Beharrungsgenese*)?
- Wie werden Veränderungsprozesse ausgelöst und woher stammen sie (*Impulsgenese*)?
- Wie muss ein Impuls beschaffen sein, um Transformation auszulösen (*Impulsanforderungen*)?
- Wie durchlaufen (revolutionäre, d.h. echte, systemverändernde) Impulse ein System (*Transformation i.e.S.*)?
- Wie ‚schlägt das System zurück' in dem es z.B. erstens Impulse erst gar nicht wahrnimmt, sie zweitens in etablierte Bahnen lenkt oder drittens neue Institu-

---

[1] Zumindest gelten – wie bei allen öffentlich-rechtlichen Verträgen – die Vorgaben des Vergaberechts; jedoch ist zu vermuten, dass es sich bei Verträgen zwischen Krankenkassen und Leistungserbringern um solche handelt, die nach Vergabeverordnung (VgV) und der Verdingungsverordnung für freiberufliche Dienstleistungen (VOF) abzuwickeln sind (*Ebsen u.a.* 2003, S. 32), so dass sich (wenn es sich um ex ante nicht eindeutig und erschöpfend bestimmte Dienstleistungen handelt) i.d.R. keine Ausschreibungspflicht oder andere einschneidende vergaberechtliche Anforderungen ergeben. Zumindest aber dürfte der europäische funktionale Unternehmensbegriff auf Krankenkassen anwendbar sein (vgl. insgesamt nur Bedeutung des EU-Rechts für das nationale Sozialrecht *Giesen* 1999, als Übersicht *Sundmacher/Jasper* 2003) – nur ist dieser lediglich bedeutsam im Fall (potentieller) Ausländerdiskriminierung (also z.B. bei grenzüberschreitenden Transaktionen) und seine wettbewerbspolitischen Implikationen sind durch die Überprüfungsnotwendigkeit, ob es sich um Dienstleistungen von allgemeinem wirtschaftlichen Interesse handelt (Art. 86 Abs. 2 EGV), eingeschränkt.

[2] Diese Bezeichnung erfolgt in bewusster Anlehnung an die Forschungen zur Transformation ganzer Gesellschaftssysteme, denen insbesondere mit dem Zusammenbruch des osteuropäischen Wirtschafts- und Gesellschaftssystems eine große Aufmerksamkeit zu Teil geworden ist und die hier ausgeweitet (und eingeengt) werden soll auf das Untersuchungsobjekt kleinerer (eingebetteter) ‚Transformationseinheiten'.

tionen hervorbringt, die die Impulse absorbieren, ohne dass Kernbestandteile des Systems berührt werden (*Transformationsreaktion*)?

- Welche Bedingungen im System sind notwendig (und u.U. durch weitere Impulse erst herzustellen), um eine stabile, nicht wieder in den ursprünglichen Zustand zurückfallende Systemtransformation zu erreichen (*Bereichsanforderungen*)?

Aus einigen eher heterodoxen Theorien des Wandels können nun vor dem Hintergrund dieser Forschungsfragen Kriterien bestimmt werden, die eine Beurteilung von unterschiedlichen Varianten der Einführung von Vertragswettbewerb möglich machen.

3.2. Heterodoxe Theorien und ihre Bedeutung für eine Transformationsökonomik

Vorgestellt werden drei Theoriefelder, die i.d.R. eine ganze Schar an Einzeltheorien beinhalten: erstens Evolutionstheorien von Systemen, zweitens Mentale Modelle und drittens kulturtheoretische Ansätze. Alle drei Theoriefelder haben inzwischen in mehr oder weniger großem Umfang Eingang gefunden in die fachwissenschaftliche ökonomische Diskussion, auch wenn ihre Herkunft (mehr oder weniger stark) in anderen Disziplinen liegt. Ihre Behandlung erfolgt nach folgendem Schema: Zunächst wird das Theoriefeld kurz charakterisiert und insbesondere mit Blick auf die Begründung der Beharrungsgenese untersucht. Sodann werden ableitbare Impulsanforderungen und Bereichsanforderungen (die für das Zustande kommen revolutionärer Impulse bedeutsam sind) bestimmt.

3.2.1. Evolutionstheorie von Systemen

Biologische Evolutionstheorien bilden den Kern der Konzepte in diesem Theoriefeld.[1] In der ökonomischen Variante als Evolutorische Ökonomik umfasst dieser Teil des Theoriefeldes eine recht große Streuung von Grundpositionen.[2] Durchweg handelt es sich bei Evolutionstheorien von Systemen um dynamische

---

[1] Ihr relativ schnelles Auswandern in andere Bereiche der Sozialwissenschaft erreichte die Ökonomik allerdings zunächst nicht – das damalig rezente (besonders walrasianische) neoklassische Forschungsprogramm erwies sich als weitgehend inkompatibel mit ihren veränderungsorientierten Vorstellungen. Erst mit dem Wiederentdecken des Interesses für Institutionen fanden evolutorische Ansätze seit Beginn der 80er Jahre den Eingang in die ökonomische Theorie.

[2] Einige hierunter fassbare Forschungsgebiete sind erstens die Organisationsökonomik (klassisch hierzu *Nelson/Winter* 1982), zweitens die österreichische Marktprozesstheorie (mit den prominenten Vertretern *Hayek*, *Kirzner* und *Lachmann*), drittens die *schumpetersche* Tradition, viertens der Bereich Subjektivismus und Zeit (insbesondere von *Shackle* initiiert) und fünftens die stärker naturwissenschaftlich orientierten Ansätze. Zu nennen sind hier z.B. die (,natürliche') Irreversibilitäten betonende Schwerpunktsetzung (*Georgescu-Roegen* 1974), evolutionsbiologisch orientierte Ansätze (z.B. vertreten durch *Witt*) oder Synergetik bzw. Soziodynamik mit der Betonung der Mikro-Makro-Interaktion. Eine Übersicht hierzu findet sich z.B. bei *Witt* (1990) und *Erlei/Lehmann-Waffenschmidt* (2002).

Theorien, die ein Variations-Selektions-Retentions-Schema (oder zumindest Teile hiervon) als Grundlage ihrer Theorieentwicklung verwenden.

Die Entstehung von Veränderung (Impulsgenese) ist bisher eher wenig vertieft, auch wenn sie zumindest in den (formalen) Zusammenhängen, die die Soziodynamik untersucht,[1] thematisiert werden. Hinsichtlich der Klassifizierung des Entstehens von Veränderung bzw. von Veränderungen selbst lassen sich zumindest vier von der neoklassischen Sichtweise abweichende Positionen festhalten: Erstens können Veränderungen ein emergentes Phänomen sein, zweitens wird konstatiert, dass ‚Population Matters' und somit der methodische Individualismus partiell seine Gültigkeit verliert, drittens ist das angemessene Zeitkonzept ein historisches (‚History Matters'), so dass die Irreversibilität einer Veränderung betont wird, und viertens können Nichtlinearitäten in Ursache-Wirkungszusammenhängen bedeutsam sein.[2] Einmal ‚so' (wie oben beschrieben) aufgetretene Veränderungen können sich im System und darüber hinaus verbreiten. Die Analyse solcher Diffusionsprozesse – insbesondere von (technischen) Innovationen[3] – kann als eine besondere Stärke dieses Forschungsfelds gelten. Hierbei spielt erstens die Untersuchung von Spill-Over-Effekten besonders aus einem ‚veränderungsinfizierten' Teilsystem hinaus eine bedeutsame Rolle, zweitens die Anforderung, vor der Ausbreitung bestehende Restriktionen innerhalb des Systems überwinden zu müssen[4] und drittens die mögliche Existenz von Bifurkationspunkten, an der sich eine Entwicklung gabelt und trotz gemeinsamer ‚Vorfahren' eine gänzlich andere Richtung nimmt. Zur Reaktion von Systemen auf Veränderung sind hier insbesondere aus der Organisationsökonomik stammend zwei Vorstellungen zu nennen: Zum einen werden durch Impulse Lernprozesse angestoßen, die – z.B. durch Veränderung von Routinen – ein neues ‚Gleichgewicht' zwischen Umwelt und Systeminneren herstellen; zum anderen aber können Veränderungsimpulse aber auch zu solch drastischen Umbrüchen führen, in denen eine langsame, evolutive, lernende Systemreaktion nicht mehr möglich ist.[5]

Den Gegenpart zur Thematisierung von Veränderung stellen Beschreibungsmodi der Beharrungsgenese dar; solche Konservativitätsannahmen beziehen sich vor

---

[1] Zufällige Fluktuationen auf der Mikroebene, die als Veränderungsgrund aufgefasst werden können, führen zur Herausbildung von Ordnung im Makrobereich; diese – der Ordner – versklavt die Prozesse auf der Mikroebene und erst besondere Erschütterungen können den entstandenen Ordnungszustand verändern.

[2] Diese werden z.B. in der Chaos-Theorie beschrieben oder in Form des Übergangs von quantitativen in qualitativen Veränderungen als Phasenübergänge in der Synergetik thematisiert.

[3] Neuerdings wird auch die Diffusion von Wissen und von Institutionen im Allgemeinen behandelt (letzteres ist als Forderung an die Verbreiterung des Forschungsobjekts in *Nelson* (2002, S. 19 ff.) zu finden).

[4] In der Synergetik sind Veränderungen der bisherigen Ordnung erst mit Erreichen einer kritischen Masse von ‚Infizierten' auf der Mikroebene möglich; Ähnlichkeiten hierbei bestehen zum Konzept des Herdenverhaltens (*Hirth/Walter* 2001).

[5] Brüche als notwendige Bedingung für Wandel beschreibt insbesondere die Evolutionsbiologie; vgl. z.B. *Gowdy* (1992), S 4; *Eggertson* (1997).

allem auf die Vorstellung einer Entwicklung, die ‚normalerweise' in ‚geregelten Bahnen' entlang von Trajektorien bzw. Pfaden verläuft. Insofern ist diese Form der Konservativität eine dynamische – umfangreichere Veränderungen, die zu Sprüngen und hierdurch z.B. zur Überwindung von (technologischen) Lock-Ins à la QWERTY führen können, sind jedoch gegenüber dem ‚normal change' das bevorzugte Untersuchungsobjekt Evolutorischer Ökonomik.

Im Sinne der transformationsökonomischen Fragestellung lassen sich nun Anforderungen an einen (revolutionären) Impuls ableiten:

(1) Ein Impuls muss eine bestimmte Größe haben, um Konservierung zu überwinden (z.B. muss – folgt man der Synergetik – eine Kritische Masse an ‚Impulsierten' erreicht werden).

(2) Möglichkeiten zum Systemlernen müssen geschaffen werden, wenn die Transformation evolutiven Charakter haben soll (diese Anforderung kann im Widerspruch zur notwendigen Größe des Impulses stehen); bei revolutionären Absichten empfiehlt sich entsprechend die Unterbindung von (systeminternen) Lernmöglichkeiten, um einen Bruch als ‚Neustart' zu fördern.

(3) Zurückhaltung in der Vorhersagbarkeit der Wirkungen von Impulsen ist (aufgrund von Emergenz, Nichtlinearität und Bifurkationen) notwendig; fehlendes Wissen kann durch gerichtetes Ausprobieren (eben: Evolution) ersetzt werden.

(4) Rückführungsmöglichkeiten müssen geschaffen werden (wenn sie als Absicherung notwendig sind), da durch historische Zeit eine einfache Rücknahme einer Veränderung selten möglich ist.

Auf Seiten der Bereichsanforderungen lässt sich folgendes festhalten:

(1) ‚Spill-Over-Kompetenz' von Akteuren bzw. Teilsystemen ist eine wesentliche Voraussetzung einer umfassenderen Transformation; wenn diese nicht vorhanden ist, droht ein Impuls ‚stecken' zu blieben; hieraus kann sich die Anforderung an einen entsprechend gerichteten (Meta-)Impuls ergeben.[1]

(2) Brüche (bei revolutionären Veränderungen) müssen verkraftet werden können; dies nötigt zur ‚Toleranz' gegenüber (später schöpferischer) Zerstörung.

---

[1] Allerdings können auch negative Spill-Overs aus anderen Systemen, die Spill-Over-Kompetenz ‚nutzen', um eine Transformationsumkehr zu bewirken.

3.2.2. Mentale Modelle

Mentale Modelle[1] als zentrales Element kognitionswissenschaftlicher Forschung werden heute in unterschiedlichsten Disziplinen als Erklärungsansatz für menschliches Verhalten aufgegriffen. Der Grundgedanke Mentaler Modelle ist die Vorstellung von verinnerlichten Denkstrukturen, die als kognitive Interpretationsmuster individuelle Gedankengänge prägen, da sie sowohl die Wahrnehmung als auch die reflektorische Weiterverarbeitung äußerer Impulse als Raster der Kategorisierung beeinflussen: Ereignisse aus der Umwelt werden vom Individuum spontan gemäß seiner bisherigen Erfahrungen in seine mentalen Kategorien eingeordnet und damit zugleich derart interpretiert, dass sie sich als Fragment in sein vorhandenes Weltbild einpassen. Mentale Modelle haben somit im alltäglichen Verhalten eine entlastende Funktion, da mit der Einordnung äußerer Ereignisse/Impulse in vorhandene Kategorien häufig auch ein bestimmtes (Routine-)Verhaltensmuster angesprochen wird, zugleich aber auch eine stark konservative Wirkung, da Ereignisse so weit wie möglich immer erst in vorhandenen Denkmustern interpretiert und neue Sichtweisen damit zunächst ausgeschlossen werden (*Shephard/Cooper* 1982). Ist eine entsprechende Einordnung des Ereignisses in den bewährten Mustern nicht sinnvoll möglich, entstehen psychische Spannungen (Verwirrung), die ggf. zur Einführung neuer Denkkategorien und damit verbundenen Verhaltensweisen führen.[2] Insofern sind Mentale Modelle grundsätzlich (wenn auch i.d.R. stark verzögert) dynamisch. Allerdings kann eine solche Dynamik auch zu (alltagssprachlichem) Chaos führen, wenn für obsolet werdende Mentale Modelle (zunächst) kein adäquater Ersatz bereit steht.

Mentale Modelle haben nun nicht nur einen Einfluss auf das individuelle (Interpretation-)Verhalten, sondern bestimmen im wesentlichen Umfang die Ausgestaltung z.B. von Institutionen oder Ergebnissen von Koordinationsverfahren. Insofern können reale Veränderungen bei starker Festigung und hoher Bedeutung Mentaler Modelle oftmals nur über eine Veränderung dieser Modelle erreicht werden. Aus dieser Skizze ergeben sich nun folgende Impulsanforderungen:

(1) Die Wahrnehmbarkeit des Impulses als Impuls muss hinsichtlich Merklichkeit und Passung zum verwendeten Interpretationsmodell von Wirklichkeit gegeben sein.

(2) Neuerungen können zwei Wege gehen: Erstens an bereits vorhandene Denkmuster derart anknüpfen, dass die Impulse sich in vorhandene Denkkategorien einordnen lassen und das damit verbundene Verhalten

---

[1] Vgl. begriffsbestimmend *Johnson-Laird* (1983).

[2] Wie zu sehen ist, stellt das Theoriefeld Mentaler Modelle keinen primär institutionenökonomischen Zugang dar, da der Schwerpunkt der Betrachtung auf der individuellen psychischen Erklärungsdimension liegt; diese allerdings ist (überwiegend) sozial geprägt, insofern sind also hier wiederum Institutionen relevant.

hervorrufen, oder zweitens fremd genug sein, um sich nicht in die bestehenden Strukturen zu einem Thema einordnen zu lassen (d.h. zunächst Verwirrung stiften!), aber bekannt genug, um aus der Verwirrung mit neuen Kategorien-Verhaltens-Mustern hervorzugehen, die sich in das Weltmodell der Individuen spannungslos integrieren lassen. Damit verbunden ist eine unterschiedliche Bestimmung des notwendigen Fremdheitsgrades eines Impulses (der Schrittgröße), die einen eher evolutiven oder revolutiven Veränderungspfad zur Folge hat.

(3) Langer Reform-Atem kann notwendig sein, da manche Mentale Modelle mit den Trägern aussterben müssen.

(4) Eine Abfederung des Impulses kann dann notwendig sein, wenn ansonsten das Unsicherheitsempfinden (Verwirrung) die Veränderungsbereitschaft untergräbt.

Als theoriefeldbezogene Bereichsanforderungen ergeben sich:

(1) Die Verwendung der gemeinsamen Mentalen Modelle beim ‚Reformator' und den anzusprechenden Akteuren ist häufig notwendig; ihre Verwendung erleichtert aber zumindest – z.B. gegenüber dem Versuch reiner Machtanwendung – die Arbeit des Reformators. Allerdings kann beim Einüben Mentaler Modelle auch die Gefahr der Korrumpierung bestehen.

(2) Die Auswahl eines isolierten Bereichs mit wenigen Assoziationsnetzen ist von Vorteil, da er leichter zu durchschauen und zu verändern ist.

3.2.3. Kulturtheoretische Ansätze

Im Gegensatz zu Mentalen Modellen handelt es sich bei kulturtheoretischen Ansätzen nicht um individuumsbezogene Erklärungsansätze; vielmehr benennt Kultur eher spezifische Settings, wie Handlungen in bestimmten Situationen ‚normalerweise' in einer Gemeinschaft von Individuen organisiert sind. Kulturspezifische Normen können dabei als geteilte Mentale Modelle der Mitglieder des entsprechenden sozialen Systems verstanden werden, die zu interindividuell ähnlichen Interpretationen und Reaktionen in bestimmten, kulturell geprägten Situationen führen und somit einen gegenseitig erwartungsstabilisierenden Charakter haben. Insgesamt existieren sehr heterogene Bestimmungsversuche von Kultur,[1] die ähnlich geartet auch bei der Verwendung des Kulturbegriffs in der ökonomischen Theorie zu konstatieren sind.[2] Generell können kulturtheoretische

---

[1] Z.B. hinsichtlich des Beharrungsgrads bzw. Verhaltensbeeinflussungsgrads von Kultur – ein Vertreter mit ausgesprochener Persistenzvermutung ist z.B. *Hofstede* (1991).

[2] Große Bedeutung im ökonomischen Kontext hat Kultur z.B. im Rahmen der deutschen Historischen Schule (und hier insbesondere im Werk von *Schmoller*); wieder entdeckt wurde sie im Zusammenhang mit der institutionenökonomischen Durchdringung der Disziplin (vgl. z.B. *North* 1988, bei dem Kultur als

Ansätze als spezifische institutionenökonomische Ansätze eingeordnet werden; als Differenzierungsmöglichkeit zur klassischen Institutionenökonomik lässt sich erstens festhalten, dass Kultur z.T. eine stärker ethnologische Dimension hat bzw. spezifische Verhaltensweisen in abgegrenzten Bereichen (mit Kriterien wie Raum oder Alter der Kulturträger) thematisiert, zweitens langfristige, den meisten Akteuren in dem abgegrenzten Bereich gemeinsame und häufig informelle Institutionen meint und drittens eher fundamentale Institutionen im Sinne grundlegender Wirklichkeitsinterpretationen beschreibt. Kulturtheoretischen Ansätzen gemeinsam ist, dass die Ausführung von in einer Kultur vorhandenen (geteilten) Verhaltensweisen wahrscheinlicher ist als die Invention neuer, da die erwartungsstabilisierende Funktion der Kultur nur bei entsprechenden Beharrungstendenzen greifen kann. Diese Konservierung erprobter und anerkannter Verhaltensweisen ist positiv mit dem Phänomen der Risikoaversion verbunden: Ein Ausscheren aus dem bekannten kulturellen Interpretations- und Verhaltensmuster bedeutet ein mit (zumindest) psychischen Kosten verbundenes Wagnis für den entsprechenden Akteur, das um so größer ist, je weniger Mitglieder zugleich mit „ausscheren".[1] Als Anforderungen an einen Transformationsimpuls ergeben sich vor diesem Hintergrund:

(1) Die Passung des Impulses zur Kultur des zu transformierenden Bereiches ist zu berücksichtigen (insbesondere beim Import fertiger Lösungsansätze aus anderen Bereichen) oder – sofern alte Pfade gänzlich verlassen werden sollen – ein derart starker Anreiz zum Kulturbruch zu etablieren, dass er von möglichst vielen Individuen als lohnend empfunden wird (auch bei der Ausgestaltung dieses Anreizes ist die Kultur der Adressaten wiederum einzubeziehen).

(2) Die Etablierung einer Veränderungskultur bzw. einer Kultur des Lernens kann als Begleitmaßnahme erforderlich sein; dies betrifft insbesondere solche Konstellationen, die bisher sehr nachhaltig durch Veränderungslosigkeit geprägt waren.

(3) Veränderungsimpulse sind aufgrund der Persistenz kultureller Phänomene langfristig anzulegen, wenn sie über das Verhalten einzelner (wenig risikoaverser) Individuen hinaus kulturelle Normen beeinflussen sollen.

Bezogen auf den zu transformierenden Bereich ergeben sich in diesem Kontext die folgenden Ableitungen:

---

am wenigsten Form gebende grundlegende Institutionen (neben Recht und staatliche Gewalt) erscheint; als Überblick *Schefold* 1999), ähnliche neuere Ansätze firmieren z.B. auch als Sozio-Ökonomik (*Granovetter* 1985) oder als Social-Capital-Ansätze (*Putman* 1993).

[1] Vgl. zur Kontroverse um eine generelle Klassifizierung von Risikopräferenzen im Zusammenhang mit ‚*Heiner*- vs. *Lachmann*-Akteure' z.B. *Priddat* (1994), S. 6.

(1) Das Vorhandensein von Institutionen für Veränderungsprozesse ist von Vorteil (s.o.); als Paradebeispiel einer solchen Institution ist hier der Markt zu nennen.

(2) Ein langfristig angelegtes Gesamtspiel ist zu etablieren, da in Erwartung einer Endspielsituation anarchische Verhaltensweisen entstehen und schlimmstenfalls zu einem neuen Gleichgewicht führen könnten, so dass Kulturlosigkeit im elementaren Sinne statt einer Kulturveränderung eintritt.

3.3. Anforderungen an die Ausgestaltung von Transformationsimpulsen und die Auswahl von Transformationsbereichen

An dieser Stelle werden als Implikationen der vorgestellten, entsprechend der Anforderungen an eine Transformationsökonomik ‚quergelesenen' heterodoxen Theoriefelder einige Kriterien benannt, die zur Beurteilung von Einführungsvarianten von Vertragswettbewerb herangezogen werden können.[1]

Wie gesehen, spielt in allen drei vorgestellten Theoriefeldern der *Umfang der Neuerung* eine große Rolle. Erstens lassen sich zwei unterschiedliche Formen von Veränderung unterscheiden – solche, die das System und seine Funktionsweise weitgehend unangetastet lassen (die evolutiven Veränderungen), und solche, die zu deutlichen Brüchen, Sprüngen oder anderen Formen führen (die revolutiven Veränderungen). Beide Formen von Veränderungen führen zu unterschiedlichen Anforderungen an den notwendigen Neuerungsumfang. Bezogen auf das Gesundheitssystem sind – auch im Sinne der Zustimmungsanforderungen zu Reformen im politischen Prozess – revolutive Veränderungen im Sinne eines unmittelbaren vollständigen Wechsels des Koordinationsverfahrens für das gesamte Gesundheitssystem wenig wahrscheinlich. Insofern bleibt hier hinsichtlich einer angemessenen, zu Transformation führenden ‚Schrittlänge' zunächst festzuhalten, dass Impulse weder unter einer Spürbarkeitsgrenze bleiben dürfen (die durch Wahrnehmungsfähigkeit oder interner Impulsverarbeitung bestimmt wird), noch zu einem kompletten Systemumbruch ohne Möglichkeit zu lernender Anpassung führen dürfen.

Unmittelbar hieran an schließt die *Entwicklungsfähigkeit von Systemen*. Konkret bedeutet dies z.B., dass die Auswahl von ‚Erprobungsfeldern' einer Einführung von Vertragsfreiheit nicht hochgradig ‚sensible' Bereiche treffen sollte (wie z.B. die Brustkrebsbehandlung), da hier Implementierungsprobleme zur sofortigen Rücknahme der Marktöffnung führen können. Allgemeiner formuliert geht es bei

[1] Festzuhalten ist, dass es sich hierbei eher um eine Ideenskizze, denn um eine (auch formal) umfassend fundierte Ableitung handelt. Insofern möchten die Autoren, die jeweils aus unterschiedlicher Richtung am Thema der Modellierung von (Verhaltens-)Änderungsprozessen arbeiten, darauf hinweisen, dass es sich hierbei um *work in progress* handelt.

diesem Kriterienset um die Sicherstellung von Lernfähigkeit zunächst einmal insbesondere hinsichtlich der Ausgestaltung der Implementierung – denn es ist kaum anzunehmen, dass ein dirigistischer Akt der Einführung von partieller Vertragfreiheit sofort zu einem ‚perfekten' Marktergebnis führen wird. Eine Möglichkeit, eine solche Lernfähigkeit der Institutionen zu erreichen, stellt sicherlich die Option dar, nicht nur Wettbewerb mit, sondern auch (in zu ziehenden Grenzen) um Vertragsfreiheit zuzulassen. So lassen sich dann auch Institutionen (wie insbesondere Märkte) etablieren, deren explizite Funktion das Hervorbringen und Verbreiten von Veränderung ist. Bei der Ermöglichung von Systementwicklung zu beachten ist die Nutzung vorhandener Mentaler Modelle, die eine wichtige Funktion besonders bei der Stabilisierung von Veränderung einnehmen können. Mentale Modelle können genutzt werden, wenn sie ‚schwach' genug sind und nicht jeden Impuls ohne Veränderung absorbieren – allerdings lassen sich viele Mentale Modelle auch (z.B. durch ökonomischen Druck) ‚schwächen'. Hierfür ist es aber wichtig, dass andere Mentale Modelle stabil genug sind, um die Dispensierung oder Schwächung Mentaler Modelle überstehen zu können. Diese können dann den Ausgangspunkt für den Aufbau neuer Ordnung (also auch: neuer Mentaler Modelle) sein.[1]

Zusammenhängend mit der Frage nach Evolution und Revolution sowie der vorangegangen thematisierten Entwicklungsfähigkeit in einem System steht das Kriterienset *Pfadabhängigkeiten.* Erstens gehört hierzu die Berücksichtigung von bestehenden Pfadabhängigkeiten. Für Reformvorhaben im Gesundheitssystem besonders wichtig sind hier solche Trajektorien, die den politischen Entscheidungsprozess selbst und die (bisher) eklatante Durchsetzungsschwäche einmal getroffener Entscheidungen betreffen. Das Wissen um die Probleme in diesen beiden Bereichen, sofern es von den Akteuren im Gesundheitssystem geteilt wird, führt wahrscheinlich zusätzlich dazu, dass es in noch höherem Maße Realität erlangt, der bisherige Pfad weiter ausgetreten wird und ein Veränderungsimpuls somit wirkungslos bleibt. Zweitens zu beachten ist die Schaffung gewünschter neuer Pfadabhängigkeiten. Dies kann z.B. dadurch geschehen, dass Investitionen in spezifische Assets gefördert werden (wie z.B. Ausbildung, Management-Fähigkeiten, Infrastruktur oder Medizintechnik), die bei einer Rückkehr zum Status Quo entwertet würden. Entsprechend ist drittens darauf zu ach-

[1] So wird eine Ausweitung der Vertragsfreiheit, wenn sie zur Dominanz marktlicher Koordination führt, wahrscheinlich auf das Fortbestehen ärztlicher Ethik setzen müssen (also auf die Stabilität dieses Mentalen Modells), zumindest solange bis die Anreizstrukturen innerhalb des neuen Systems der Koordinationsverfahren so ausgestaltet sind, dass perverse Reaktionen (z.B. keine Behandlung schlecht vergüteter Krankheiten oder Patienten) keine Rolle mehr spielen.

ten, dass neue Pfadabhängigkeiten, die nicht gewünscht werden, vermieden werden.[1]

Ähnlich wie die Bestimmung der richtigen Schrittgröße eines Impulses ist auch die Beziehung zur Umwelt eines vom Impuls veränderten Systems Thema aller drei heterodoxen Theorienfelder. Formen der Beziehung zur Umwelt werden aufgenommen im Kriterienset *Assoziative Netze und Spill-Overs*. Ein Bereich mit insgesamt geringen oder schwachen Beziehungen zur Umwelt (mithin also einem wenig dicht geknüpftem systemübergreifendem Assoziativem Netz) hat sicher den Vorteil, nicht von der nichtreformierten Systemumgebung wieder ‚eingefangen' werden zu können, trägt aber anderseits vermutlich wenig zur Verbreitung des Veränderungsimpulses über sich selbst hinaus bei. Insofern ist als Anforderung zu formulieren, dass solche Bereiche für eine exemplarische Einführung auszuwählen sind, bei denen erstens negative Spill-Overs aus noch regulierten Märkten verhindert werden. So sollten den Nutznießern bisheriger Formen keine Verhinderungsmöglichkeit bei der Ausgestaltung des reformierten Bereichs eingeräumt werden. Zweitens ist darauf zu achten, dass positive Spill-Overs in regulierte Märkte hinein möglich sind und so die Diffusion eines Impulses gefördert wird.

Das im folgenden vorzustellende Kriterienset *Begrenzung negativer Effekte (eines Scheiterns)* berücksichtigt im besonderen Maße die Bedingungen des Gesundheitssystems als einem Bereich mit freiwillig systematisch zu geringem Konsum des Gutes Gesundheitsleistungen, in dem die Existenz einer Versicherungspflicht für die Versicherten keine Exit-Option und – gegenwärtig – wenig Möglichkeiten zur Voice-Option eröffnet. Damit ergibt sich bei Reformvorhaben, die auch scheitern können, eine besondere Verantwortung gegenüber den gebundenen Betroffenen (Patienten bzw. Beitragszahlern).[2] Zur Minderung solcher Effekte kann eine Begrenzung z.B. in Form eines Eingriffs, der Vertragsfreiheit einschränkt (und z.B. den Leistungskatalog sowie Mindestqualitätsstandards vorschreibt), gerechtfertigt sein. Eine weitere Form der Begrenzung stellt

---

[1] Im obigen Beispiel bedeutet dies etwa, dass zu spezifische Assets, die nur für eine sehr spezielle Vertragsform Verwendung finden können (z.B. Informationssysteme für Hausarztmodelle), die sich aber im Wettbewerb möglicherweise als nicht sinnvoll herausstellen, dazu führen können, dass ein Reformversuch insgesamt (z.B. als zu kostenträchtig) aufgegeben wird.

[2] Insoweit ihr Beitritt zu einem Reformprojekt freiwillig erfolgt (wie bei den derzeit diskutierten Ausgestaltungen von Hausarzt- und DMP-Modellen), ist zunächst die Anforderung einer Absicherung des Scheiterns weniger bedeutsam – erst wenn die Bindungswirkung eines einmal gewählten Modells erheblich ist (z.B. im Extremfall: Entscheidung für die gesamte Zugehörigkeit zur GKV mit erheblichen Auswirkungen dieser Festlegung auf Leistungen und Beitragssätze) können u.U. wiederum die Gründe, die die Einführung eines Pflichtversicherungsmodells im Gesundheitssystem rechtfertigen, bedeutsam werden. Entstünde beispielsweise ein Versicherungsangebot mit sehr günstigen Beitragssätzen und unzureichender Behandlungsqualität (welches naturgemäß insbesondere von Gesunden gewählt werden dürfte), so wäre hierdurch im Extremfall die Möglichkeit geschaffen, der Versicherungspflicht materiell zu entgehen.

eine Einengung des ,Versuchsfelds' dar – hier können sich allerdings schnell Widersprüche zum Kriterienset Umfang der Neuerung ergeben, wenn die Implementierung in einem zu ,abseitigen' Bereich stattfindet.

Das letzte Kriterienset beinhaltet die *Notwendigkeit von ,Transformationshilfen' und Begleitmaßnahmen.* Hierunter zu verstehen sind erstens Übergangsregelungen zur Beseitigung temporären Marktversagens. Dabei ist einerseits zu fragen, in welchem Umfang solche Transformationshilfen notwendig sind, und zum anderen ist zu berücksichtigen, ob Transformationshilfen, wenn sie denn schon nötig sind, Ausgestaltungsbedingungen erfüllen, die ihre Effizienz und Effektivität (weitgehend) gewährleisten können. Einige Bereiche in vielen Fällen vermutlich notwendiger (zumindest aber effizienter) Transformationshilfen sind z.B. Hilfen hinsichtlich Ermittlung und Einhaltung von Qualität oder F+E- bzw. Gründungsförderung (insbesondere für neue, einzelvertraglich etablierte innovative Versorgungsformen wie die Integrierte Versorgung). Hierdurch lassen sich bis zur Erreichung eines Zustands, in dem wesentliche Vertragsparteien gelernt haben, verlässliche Kalkulationen auch über das Verhalten der jeweils anderen durchzuführen, Fehlinvestitionen in größerem Umfang vermeiden. Neben temporären Transformationshilfen können allerdings auch zweitens dauerhafte Begleitmaßnahmen notwendig werden, wenn Marktversagenstatbestände persistent sind. Zu solchen Maßnahmen können gehören erstens eine (ex ante-) Wettbewerbsaufsicht, zweitens eine verschärfte und länderübergreifend einheitliche Krankenkassenaufsicht (die ein Race-To-The-Bottom der Regulierungsintensität, wie z.B. bei den Landesmedienanstalten zu beobachten ist, vermeiden kann) und drittens die Bereitstellung öffentlicher Güter bzw. Schaffung von Bedingungen, unter denen öffentliche Güter bereitgestellt werden können.

4. Konkrete Vorschläge einer Transformationspolitik zur Einführung von Vertragsfreiheit[1]

4.1. Sektorspezifische Einführung von Vertragsfreiheit: Einzelvertragliche Kontrahierung von Fachärzten

Eine sektorspezifische Einführung von Vertragsfreiheit kann als klassischer Lösungsvorschlag bezeichnet werden – ein Reformvorschlag, zumindest für Teile der neu hinzukommenden Fachärzte eine einzelvertragliche Zulassung als Pflicht einzuführen sowie für bereits Zugelassene die Möglichkeit zu eröffnen, die kollektivvertragliche Lösung zu verlassen, ist eine Ausgestaltungsmöglichkeit dieser Einführungsvariante (*Ebsen u.a.* 2003, S. 64 ff.). Aufgrund der Präsenz dieses Vorschlags in der politischen Diskussion wird dieser auch im folgenden anhand der vorangehend entwickelten Kriterien untersucht.

---

[1] Zur Diskussion weiterer Einführungsvarianten vgl. *Sundmacher* (2003).

In Hinblick auf den *Umfang von Neuerungen* sind hierbei grundsätzlich zunächst nur ausgewählte, neu hinzukommende Fachärzte auf jeden Fall betroffen – ob es zu einem Wechsel zugelassener Ärzte in das neue Koordinierungsmodell käme, hinge sicher in erheblichem Maße vom (sichtbaren) Erfolg einzelvertraglich agierender Kollegen ab. Wenn dieser ‚zweite Schub' freiwilliger Beitritte spät einsetzt oder insgesamt klein bleibt (was aufgrund der vermutlich recht großen Risikoaversion der zugelassenen Leistungserbringer, die ihren durch wenig dynamische Koordinationsverfahren geprägten Mentalen Modellen entspricht, nicht gerade unwahrscheinlich ist), ist kaum zu erwarten, dass eine kritische Masse erreicht wird, die für eine Ausbreitung des Impulses im Gesundheitssystem notwendig ist.[1] Insofern ist die Wahrscheinlichkeit positiver *Spill-Overs* auch als nicht sehr groß einzuschätzen. Allerdings wäre zumindest die Auswahl des ambulanten Sektors insoweit beispielgebend, da dieser besonders durch kollektivvertragliche Regelungen betroffen ist. Wenn also hier einzelvertragliche Lösungen möglich sind, dann ist in anderen Sektoren die notwendige Stärke des Transformationsimpulses vermutlich eher geringer. Einzelsektorale Lösungen beinhalten jedoch generell die Gefahr, dass bestehende Probleme mit der strikten sektoralen Trennungen noch verschärft werden – Verhandlungen über Modelle der Integrierten Versorgung müssen dann u.U. sowohl unter kollektiv- wie auch unter einzelvertraglichen Bedingungen mit Akteuren der ambulanten Versorgung geführt werden. Wenn hier überhaupt Ergebnisse erzielt werden, ist zumindest mit ansteigenden Koordinationskosten zu rechnen. Vor dem Hintergrund des Kriteriensets *Entwicklungsfähigkeit* ist anzumerken, dass der ausgewählte Bereich vermutlich nicht als sehr sensibel zu bezeichnen ist. Veränderungen des institutionellen Settings durch Lernen aus Fehlern scheint relativ gut möglich, da z.B. auftretende Versorgungsprobleme wesentlich einfacher zu lösen sein dürften als bei der Gruppe der Hausärzte.[2] Auch bleibt durch den langsamen Wechsel von kollektiv- zu einzelvertraglichen Lösungen die grundlegende Systemstruktur erhalten – Organe der Ärzteschaft etwa können auftretende Übergangsprobleme abmildern helfen. Entsprechend ist die *Begrenzung* von negativen Wirkungen im Falle eines Scheiterns auch recht ausgeprägt. Aufgrund des oben angesprochenen Problems mit dem Umfang der Neuerung ergibt sich auch hinsichtlich der bestehenden *Pfadabhängigkeiten* eine ungünstige Situation. Zwar haben die neu hinzukommenden speziellen Fachärzte keine Wahl, wenn sie niedergelassener Kassenarzt werden wollen, als den neuen Pfad ‚Einzelverträge' zu betreten. Fraglich

---

[1] So kann bei diesem Einführungsmodell nicht damit gerechnet werden, dass wesentliche Akteure innerhalb des Gesundheitssystems die Idee einzelvertraglicher Lösungen vorantreiben (und ihre Einführung bei politischen Entscheidungsträgern für sich einfordern) – eine weitergehende Transformation wäre wohl auf jeden Fall auf weitere externe Impulse angewiesen.

[2] Dies liegt zum einen schlicht an der geringeren Frequentierungszahl der intendierten Ärztegruppe, zum anderen aber auch an der in Deutschland vorhandenen Doppelstruktur von niedergelassenen Fachärzten und klinischen Fachabteilungen, so dass über den stationären Sektor (temporäre) Ausweichmöglichkeiten bestehen.

ist allerdings, ob auch die andere Seite – die Krankenkassen – ihnen dabei folgen wird. Mangels Masse verfügbarer frei kontrahierbarer Leistungserbringer ist es durchaus vorstellbar, dass Kassen auf einzelvertragliche Lösungen verzichten, da eventuell dadurch entstehende Vorteile für die einzelne Kasse in Form verbesserter Versorgungsqualität und/oder verringerten Leistungskosten nicht zu tragbaren (vor allem: administrativen) Kosten erreichbar sind. Dies betrifft insbesondere kleine (vor allem betriebliche) Krankenkassen, die zumindest Anfangs Investitionen in spezifische Assets (wie z.B. ‚echte' Einkäufer) vermeiden werden. Werden in den freien Verträgen lediglich die Regelungen der Kollektivverträge übernommen und wird wiederum mit allen kontrahiert, so lohnt sich auch bei Anwachsen der Gruppe ‚an sich' frei kontrahierbarer Leistungserbringer zu einem späteren Zeitpunkt der Einstieg ins Vertragsgeschäft nicht.

Zusammenfassend ist festzuhalten, dass es sich bei der sektorspezifischen Einführung von partieller Vertragsfreiheit in der hier zu Grunde gelegten Form um einen Versuch handelt, der geringe Risiken für das Auftreten von Instabilitäten beinhaltet, es aber gleichzeitig nicht unwahrscheinlich ist, dass ein positiver Effekt vor allem aufgrund des sehr langsamen (oder gar nicht vorhandenen) Auftretens von Veränderungen nicht eintritt, da vor allem auch die Krankenkassen nicht in relevantem Umfang in den Vertragswettbewerb einsteigen. Als weiterer negativer Nebenaspekt zu nennen ist, dass alle sektorspezifischen Einführungsversuche von Vertragswettbewerb die Erreichung des Ziels einer integrierten Versorgung beeinträchtigen können.

4.2. Integrierte Versorgung als Einstieg in den Vertragswettbewerb

Die bisher dominierende Form der Versorgung im deutschen Gesundheitssystem ist eine, die sich sehr strikt an sektoralen Grenzen orientiert und dabei ökonomische, medizinische und soziale Probleme in erheblichem Umfang durch fehlende Flexibilität der Leistungszuweisung zwischen den Sektoren (Stichwort ambulante Nachbetreuung im Krankenhaus) sowie durch fehlende Leistungsangebote an den Schnittstellen (Stichwort integrierte Betreuung durch Hausarzt und Krankenhaus) verursacht. Die partielle Überwindung sektoraler Grenzen setzt häufig Eigeninitiative des Patienten bzw. seiner Angehörigen voraus, ohne dass diese Gruppen tatsächlich effiziente und effektive Ergebnisse zu erreichen in der Lage wären. Bisherige Bemühungen, Angebote neuartiger „integrierter" Dienstleistungspakete haben – zumindest auf der Grundlage der bisherigen Regelungen der §§ 140 a ff. SGB V – keinen Erfolg gehabt.[1] Insofern könnte die tatsächliche Herauslösung der IV aus den kollektivvertraglichen Regelungen möglicherweise ein Schritt sein, der sowohl zur (derzeit politisch) gewünschten Versorgungsform führt als

[1] Zu einigen Aspekten bisheriger Formen einer IV vgl. z.B. *Tophoven/Siebolds* (2000), *Jacobs/Schräder* (2002).

auch durch freivertragliche Elemente den Wettbewerb auf Leistungs-, Versicherungs- und Behandlungsmarkt stimuliert.

Die *Schrittweite* einer Einführung von Vertragswettbewerb im Bereich der IV ist im wesentlichen abhängig von der Reaktion bisheriger und zukünftiger Leistungserbringer, denn da eine Verpflichtung zum Angebot integrierter Versorgung wenig vereinbar wäre mit der Intention, durch Einzelverträge Wettbewerb im Gesundheitssystem einzuführen, müsste wohl ein solches freiwillig erfolgen. Ob – und wenn ja in welchem Umfang – dies geschieht, hängt von den Anreizbedingungen ab, die sich aus den verhandelten Verträgen ergeben. Da diese aber in erheblichem Maße geprägt sein werden durch ordnungspolitische Rahmenvorgaben (die insbesondere Reformen der bisheriger Regelungen der §§ 140a ff. vornehmen müssten; siehe hierzu den Punkt Transformationshilfen und Begleitmaßnahmen), von denen schwer zu sagen ist, ob und wie sie realisiert werden, kann der Transformationsimpuls sehr klein ausfallen. Betroffen durch die Einführung von IV ist insofern kein sensibler Bereich, als dass Schnittstellenprobleme bekannt sind und sich die Akteure wohl auch weitgehend an sie gewöhnt haben (inklusive der Herausbildung entsprechender Mentaler Modelle). Insofern kann durch die Einführung allenfalls eine Verbesserung des Status Quo erreicht werden. Bei entsprechender Ausgestaltung des Rahmens (z.B. hinsichtlich der Ermöglichung von Markteintritten) kann somit die *Entwicklungsfähigkeit* und die *Begrenzung negativer Effekte* dieser Form der Implementierung von Vertragsfreiheit sichergestellt werden. Je nach Schrittweite ist es möglich, dass bestehende *Pfadabhängigkeiten* für einen dominierenden Teil der Versorgung beibehalten werden. Allerdings ist denkbar, dass ein neuer Pfad mit ‚doppelter Zielerreichung' (IV und Vertragsfreiheit) realisiert wird, und die sektorale Separierungs-Trajektorie verlassen wird. Zutritte zur IV, die hier die wesentliche Form positiver *Spill-Overs* darstellen, sind neben ihrer oben angedeuteten Abhängigkeit von der konkreten Anreizsituation durch hohe Markteintrittsschwellen begrenzt. Hier spielen spezifische Mentale Modelle der ärztlichen (und unternehmerischen) Selbständigkeit insbesondere im ambulanten Bereich eine große Rolle, die vermutlich nur durch starke ökonomische Anreize überwunden werden können. Zumindest ist aber damit zu rechnen, dass sich viele Akteure in diesem Sektor extrem risikoavers verhalten werden. Andere positive Spill-Overs sind zwar möglich (z.B. die Übernahme von integrierten Behandlungsmethoden auch in den ‚konventionellen' Bereichen) – hierfür sind aber keine systematischen Anreize erkennbar. Negative Spill-Overs können dann entstehen, wenn die Möglichkeit besteht, eine Verschiebung von Kosten oder Leistungen zwischen Vergütungssystemen vorzunehmen.[1] Ausschließen lässt sich dies dadurch, dass jeder Leistungserbringer zwischen IV und ‚normaler' Versorgung (mit entsprechend

[1] Ein Arzt könnte dann eine Leistung entweder nach der freiverhandelten Vergütungsform der IV oder nach den sektoralen Vergütungsmodalitäten berechnen.

langer Bindungswirkung) wählen muss – allerdings erhöht dies die Markteintrittsschranken und verringert somit die Wahrscheinlichkeit einer Systemtransformation.

Begeleitmaßnahmen zur Unterstützung der Etablierung von Vertragsfreiheit spielen im Bereich der Integrierten Versorgung eine sehr große Rolle (z.B. *Ebsen u.a.* 2003, S. 20-49). Zentrale Reformen betreffen die folgenden Punkte:

(1) Die Leistungen der IV müssen – zumindest wenn sie mehr ist als ein Modellprojekt sein sollen – aus den bisherigen Budgets vollständig bereinigt werden, da sonst für Krankenkassen IV auf jeden Fall mit zusätzlichen Kosten verbunden sind.

(2) IV muss bei der Bedarfsplanung berücksichtigt werden ((§§ 99 ff. SGB V sowie für Krankenhausplanung § 8 KHG), wenn diese ansonsten erhalten bleiben soll. Wenn dies nicht geschieht, entstehen wie oben notwendigerweise zusätzliche Kosten durch Überhangkapazitäten. Ähnliches gilt auch für die Notdienst-Systeme.

(3) Das Beitrittsrecht Dritter zu Verträgen der IV muss abgeschafft werden, da durch die hierdurch entstehenden positiven externen Effekte die Markteintrittswahrscheinlichkeit von IV-Anbietern sinkt (Free-Rider-Problematik).

(4) Die Aufnahme bisher nicht zugelassener Anbieter muss jenseits der kollektivvertraglichen Lösungen möglich sein, um echte Outsider-Konkurrenz zu initiieren.

(5) Die Möglichkeit, Leistungen aus dem Bereich IV anzubieten, muss unabhängig von der Gesellschaftsform möglich sein – bisher sind juristische Personen des Privatrechts in den meisten Ländern (diese verfügen über die entsprechenden Regelungskompetenzen im Berufsrechts) nicht zur ambulanten Versorgung zugelassen.[1] Ansonsten droht die Gefahr, dass z.B. aufgrund der Risikosituation des Marktes besonders adäquate Gesellschaftsformen ausgeschlossen werden und so die Schrittlänge dieser Maßnahme zu kurz bleibt.

Im Bereich der *Transformationshilfen* ließe sich an eine Unterstützung der Einführung von IV durch allgemeine wirtschaftspolitische Maßnahmen z.B. im Bereich regionaler Wirtschaftsförderung oder F+E-Politk denken. Spezifischer könnte eine Regelung der Praxisnachfolge (§ 103 Abs 4 und 5 SGB V) in überversorgten Gebieten zu Gunsten der IV diese unterstützen. Hierbei ist allerdings stets zu beachten, dass durch solche Maßnahmen nicht nur Vertragswettbewerb,

---

[1] Besonders problematisch sind in diesem Zusammenhang auch die Sonderregelungen des Apothekenrechts, die ohne Aufnahme einer zugelassenen Apotheke die Bereitstellung von Arzneimitteln in einem integrierten Versorgungskonzept nicht möglich machen.

sondern eine spezifische Form der Leistungserstellung gefördert wird, ohne dass zumindest hinsichtlich des Ausmaßes an Integration klar ist, welche Lösung auf Wettbewerbsmärkten gefunden werden würde.[1]

Der besondere Charme dieses Vorschlags einer Verbindung von Vertragsfreiheit und IV ist die Hoffnung, hiermit „zwei Fliegen mit einer Klappe" zu erschlagen. Dies ist jedoch auch gerade das Problem – um im Bild zu bleiben, werden viele Anläufe benötigt, um dann eine Klappe zu haben, die diese Leistungen erbringen kann. Die Bedingungen, bei deren Erfüllung freivertragliche IV eine angemessen große Schrittweite realisieren kann, sind zahlreich und im politischen Prozess nicht eben einfach umzusetzen. Insofern scheint dieser Lösungsvorschlag leider eher eine Reformperspektive darzustellen.

4.3. Vertragsfreiheit hinsichtlich spezifischer Leistungspakete: Spitzenmedizinische Versorgung im Krankenhaus

Von uns zur weiteren Diskussion vorgeschlagen wird eine freivertragliche Regelung zwischen Krankenkassen und Krankenhäusern hinsichtlich spitzenmedizinischer Leistungen. Unter Spitzenmedizin sind in diesem Zusammenhang Leistungen zu verstehen, die Eingriffe beinhalten, die erstens planbar sind, zweitens hohe Kosten verursachen, drittens hohe technologische Ansprüche stellen und viertens (als Ableitung aus dem vorher gesagten) für die absehbar keine regionalen Monopole bestehen und für die Reisetätigkeit auch unter heutigen Bedingungen in Kauf genommen werden. Für solche Leistungen kann die Möglichkeit gegeben werden, über Preise, Mengen und im wesentlichen auch Qualitäten zu verhandeln. Dies kann u.U. mit dem DRG-System als Kalkulationsgrundlage und den dort formulierten Qualitätsvorgaben als Mindeststandards geschehen.

Die *Schrittweite* dieses Vorschlags ist zunächst relativ bescheiden; allerdings betrifft dieser Vorschlag einen besonders relevanten Bereich eines besonders bedeutsamen Sektors (z.B. hinsichtlich des Ressourcenverbrauchs). Auch ist dieser Bereich – z.B. aufgrund einer ‚Faszination Hochtechnologie' – sicher nicht gerade unsensibel, auch wenn er keiner dramatischen öffentlichen Aufmerksamkeit unterliegt, die die *Entwicklungsfähigkeit* der Transformation bei auftretenden Problemen erheblich verhindern könnte. Wegen des anstehenden Wechsels des Budgetierungsverfahrens besteht im gesamten stationären Sektor eine geringe Bindung an bisherige *Pfade*; für den hier anvisierten Bereich kommt hinzu, dass hier häufig eine technologisch bedingte Veränderungskultur zu beobachten ist, die zumindest für einige Veränderungsfelder hohe Dynamik an sich wertschätzt. Gleichzeitig könnte mit diesem Vorschlag die Entwicklungsrichtung des neu eingeschlagenen Pfads des DRG-Festpreissystems, das keine Berücksichtigung von

---

[1] Vgl. hierzu eingehend *Jasper/Sundmacher* (2003).

Economies of Scale/Scope ermöglicht, teilweise korrigiert werden.[1] Grundsätzlich ist der Vorschlag offen gegenüber Ausweitungen auf andere Leistungspakete – explizit könnte dies z.B. durch die Bewerbung eines Krankenhauses um die Aufnahme weiterer Behandlungskategorien in den Verhandlungskanon erfolgen, implizit ist mit der Übertragung Mentaler Modelle in andere Bereiche eines Krankenhauses (entsprechend dem Motto ‚die Spitze prägt') zu rechnen. Schließlich können weitere positive *Spill-Overs* durch eine Ausweitung des internationalen Wettbewerbs induziert werden, der sich bereits heute im Bereich der Leistungserbringung auf stationäre Leistungen konzentriert. Hierbei können auch ‚klassische' technologische Spill-Overs auftreten, die allerdings u.U. zu kostensteigerndem medizintechnischem Fortschritt führen. Die Gefahr negativer Spill-Overs etwa in Form von krankenhausinternen Quersubventionierungen aus anderen, nicht freivertraglich geregelten Leistungsbereichen, ist zukünftig aufgrund des DRG-Festpreissystems gering. Mit Blick auf notwendige *Begleitmaßnahmen* ist u.U. zu berücksichtigen, dass das deutsche System der dualen Krankenhausfinanzierung im internationalen Wettbewerb problematisch – da als Dumping gewertet – werden könnte, so dass seine (auch aus anderen Gründen sinnvolle) Abschaffung auch aus diesem Grund vorangetrieben werden müsste.

Insgesamt hat dieser Vorschlag den großen Vorteil, innerhalb eines bisher schon relativ innovativen Bereichs freivertragliche Lösungen realisieren zu können, die einige der bisher diskutierten Restriktionen anderer Einführungsvorschläge vermeiden, und der – durch eine Verbindung mit dem internationalen Wettbewerbsgeschehen – nicht nur auf seine innere bzw. politisch-nationalstaatliche Dynamik angewiesen ist, sondern auch mit Transformationsimpulsen von außen rechnen kann.

5. Auch das Scheitern wagen

Viele konkrete Folgen der Einführung partieller Vertragsfreiheit im Gesundheitssystem sind ex ante kaum genau bestimmbar – dies zeigen sowohl die Erfahrungen aus den bisherigen Reformvorhaben als auch grundsätzliche Überlegungen, die verdeutlichen, dass in komplexen Systemen, wie es das deutsche Gesundheitssystem sehr deutlich eines ist, Detailvorhersagen nicht und Musteraussagen z.T. auch nur beschränkt möglich sind (grundsätzlich hierzu *Müller* 1992). Aus diesem Grund ist die Schaffung eines wettbewerblichen Experimentierfelds, das durch Such- und Entdeckungsprozesse Lösungen hervorbringen kann (die dann möglicherweise portabel auf andere Teilbereiche sind), eine besonders notwendige Aufgabe.

---

[1] Die Möglichkeit, dass der bisherige Status Quo in der Lage war, knappheitsinduzierte Preissignale zu liefern, wird aufgrund der Intransparenz der Kostenstrukturen in den Krankenhäusern und dem geringen Drohpotential der Krankenkassen (Kontrahierungszwang!) allerdings überwiegend als unwahrscheinlich eingeschätzt (z.B. *Ebsen u.a.* 2003, S. 61).

Ein solches Experimentierfeld könnte – eine entsprechende Ausgestaltung des Ordnungsrahmens vorausgesetzt – der vorgeschlagene Bereich der stationären Spitzenmedizin sein. Wichtig zu bedenken bleibt allerdings, dass sowohl für den Erfolg des Transformationsexperiments als auch erst recht für seine Ausweitung (die ohne weitere staatliche Maßnahmen nicht auskommen wird) entscheidend ist, dass – gänzlich anders, als dies in der Vergangenheit zu beobachten war – die Ordnungspolitik, mit einer klaren (theoriegeleiteten) Vorstellung hinterfüttert, Koordinationsverfahren so ausgestalten muss, dass sie den Anforderungen an Effizienz und Effektivität – und nicht an Besitzstandswahrung – entsprechen.

Literaturverzeichnis

Beske, F. (2002): Die Bedeutung des Verschiebebahnhofs und der versicherungsfremden Leistungen für die Finanzsituation der gesetzlichen Krankenversicherung, in: Arzt und Krankenhaus, Nr. 12, S. 356-359.

Beske, F. (2003): Reformen im Gesundheitswesen - Aktuelle Vorschläge aus Politik, Wissenschaft und Gesellschaft, Köln.

Böcken, J./Butzlaff, M./Esche, A. (Hrsg.) (2000): Reformen im Gesundheitswesen. Ergebnisse der internationalen Recherche, Gütersloh.

Boerner, D. (2003): Normenverträge im Gesundheitswesen: Die Verträge über die vertragsärztliche Versorgung zwischen öffentlichem und privatem Recht, Schriften des Instituts für Arbeits- und Wirtschaftsrecht der Universität zu Köln, Bd. 89, Köln.

Boulding, K. E. (1981): Evolutionary Economics, London.

Cassel, D. (2002): Wettbewerb in der Gesundheitsversorgung: Funktionsbedingungen, Wirkungsweise und Gestaltungsbedarf, in: *Arnold, M./Klauber, J./Schellschmidt, H.:* Krankenhaus-Report 2002, Stuttgart, S. 17-31.

Ebsen, I., u.a. (2003): Vertragswettbewerb in der gesetzlichen Krankenversicherung zur Verbesserung von Qualität und Wirtschaftlichkeit der Gesundheitsversorgung, Gutachten im Auftrag des AOK-Bundesverbands, Bonn.

Epstein, A. (1997): Leistungsberichte zur Qualität – Prototypen, Probleme und Aussichten, in: *Arnold, M./Lauterbach, K. W./Preuss, K.-J. (Hrsg.):* Managed Care. Ursachen, Prinzipien, Formen und Effekte, Stuttgart/New York, S. 149-156.

Erlei, M./Lehmann-Waffenschmidt, M. (2002): Was lehrt die Evolutorische Ökonomik?, in: *Erlei, M./Lehmann-Waffenschmidt, M. (Hrsg.):* Curriculum Evolutorische Ökonomik, Marburg, S. 255-276.

Fischer, W. (2000): Grundzüge von DRG-Systemen, in: *Arnold, M./Litsch, M./Schellschmidt, H. (Hrsg.):* Krankenhaus-Report 2000. Schwerpunkt: Vergütungsreform mit DRGs, CD-ROM-Version, Stuttgart, S. 28-48.

Giesen, R. (1999): Die Vorgaben des EG-Vertrages für das internationale Sozial-recht: zu den Auswirkungen des europäischen Primärrechts auf das sozialrechtliche Kollisions- und Sachrecht der Gemeinschaft und ihrer Mitgliedstaaten, Köln.

Granovetter, Mark (1985): Economics and Social Structure. The Problem of Embeddedness, in: American Journal of Sociology, No. 91, pp. 481-510.

Gress, S. (2000): Allokative und distributive Effekte regulierten Wettbewerbs in sozialen Krankenversicherungssystemen – Wirtschaftstheoretische Fundierung, tatsächliche Auswirkungen und Implementierungsprobleme am Beispiel der Niederlande, Bremen.

Hirth, H./Walter, A. (2001): Rationales Herdenverhalten, in: Wirtschaftswissenschaftliches Studium, Nr.1, S. 17-22.

Hofstede, G. (1991): Cultures and Organizations. Software of the Mind, London.

Jacobs, K./Schräder, W. F. (2002): Wettbewerb als Motor der Integration?, in: *Arnold, M./Klauber, J./Schellschmidt, H.:* Krankenhaus-Report 2002, Stuttgart, S. 96-103.

Jasper, J./Sundmacher, T. (2003): Kooperation und Integration im Gesundheitswesen - Die Sicht der Kooperationsforschung, in: Ministerium für Gesundheit, Soziales, Frauen und Familie des Landes Nordrhein- Westfalen (Hrsg.): Tagungsband zur 11. Landesgesundheitskonferenz NRW, Düsseldorf.

Johnson-Laird, Ph. N. (1983): Mental Models - towards a Cognitive Science of Language, Inference, and Consciousness, Cambridge.

Lüngen, M./Lauterbach, K. W. (2003): DRG in deutschen Krankenhäusern: Umsetzung und Auswirkungen, Stuttgart u.a.

Müller, U. (1992): Wettbewerb in der Triade, in: Rürup, B./Steger, U. (Hrsg.); Arbeit 2000 – Soziale, ökonomische und politische Trends für Unternehmen, Frankfurt/Main, S. 37-75.

Nelson, R. R. (2002): Bringing Institutions into Evolutionary Growth Theory, in: Evolutionary Economics, Vol. 12, pp. 17-28.

Nelson, R. R./Winter, S. G. (1982): Evolutionary Theory of Economic Change, Cambridge (Mass.)/London.

North, D. C. (1988): Theorie des institutionellen Wandels, Tübingen.

Priddat, B. (1994): Die Zeit der Institutionen. Elemente einer Theorie der Institutionen in der Ökonomie, Diskussionspapier Universität Witten/Herdecke, Nr. 6, Witten/Herdecke.

Putman, R. D. (1993): The Prosperous Community: Social Capital and Public Life, in: The American Prospect, No. 13, pp. 36-42.

Rosewitz, B./Webber, D. (1990): Reformversuche und Reformblockaden im deutschen Gesundheitswesen, Frankfurt/Main.

Schefold, B. (1999): Wege aus der geistigen Enge der Ökonomie. Zum Zusammenhang von Wirtschaft und Kultur sowie von Nationalökonomie und Geisteswissenschaften, in: *Lehner, F. (Hrsg.):* Wertschöpfung - Maßstäbe einer neuen Ökonomie, München/Mering, S. 134-144.

Schellhorn, M. (2002): Auswirkungen wählbarer Selbstbehalte in der Krankenversicherung: Lehren aus der Schweiz?, in: Vierteljahreshefte zur Wirtschaftsforschung, Nr. 4, S. 411-426.

Schimmelpfeng-Schütte, R. (2002): Der Arzt im Spannungsfeld der Inkompatibilität der Rechtssysteme; in: Medizinrecht, Nr. 6, S. 286-292.

Schumpeter, J.A. (1912/1997): Theorie der wirtschaftlichen Entwicklung. Eine Untersuchung über Unternehmergewinn, Kapital, Kredit, Zins und den Konjunkturzyklus, 9.Aufl., Berlin.

Sehlen, S. (2002): Gesundheitsmanagement in der privaten Krankenversicherung in Deutschland; Bayreuth

Steinmeyer, H.-D. (2003): Vertragswettbewerb und Einzelverträge in der Gesundheitsreform 2003, in: Gesundheits- und Sozialpolitik, Nr. 3/4, S. 9-13.

Sundmacher, J. (2002): Das Menschenbild in der ökonomischen Theorie, Mimeo, Hannover.

Sundmacher, T. (2001): Natürliche Umwelt und ökonomische Theorie, in: *Sundmacher, T./Jasper, J. (Hrsg.):* Ökologische Kompatibilität und technologischer Wandel, Frankfurt/Main, S. 11-67.

Sundmacher, T. (2003): Verträge im Gesundheitssystem. Bestandsaufnahme und Ausgestaltungsvorschläge aus transformationsökonomischer Sicht, Diskussionspapier der Fakultät Wirtschaftswissenschaften der Universität Duisburg-Essen, Duisburg (im erscheinen).

Sundmacher, T./Jasper, J. (2003): The European Union as a Driving Force for Reforms in Europe's National Health Care Systems, Mimeo, Hannover/Duisburg.

SVR KAG (2003): Sachverständigenrat für die Konzertierte Aktion im Gesundheitswesen (SVR KAG) (Hrsg.), Finanzierung, Nutzerorientierung und Qualität, Bonn.

Tophoven, C./Siebolds, M. (2000): Integrationsversorgung: Zukunftsperspektiven im Wettbewerb, in: Deutsches Ärzteblatt, Heft 47, A 3157-3162.

Ullrich, S. (2002): Ordnungspolitische, vertragliche und wettbewerbsrechtliche Aspekte neuer autonomer Versorgungsstrukturen im deutschen Gesundheitswesen; Göttingen.

Werblow, A. (2002): Alles nur Selektion? Der Einfluss von Selbstbehalten in der gesetzlichen Krankenversicherung, in: Vierteljahreshefte zur Wirtschaftsforschung, Nr. 4, S. 427-436.

Wessen, A. F. (1999): Structural Differences and Health Care Reform, in: *Wessen, A. F./Powell, F. de J. (Hrsg.):* Health Care Systems in Transition, London, pp. 369-391.

Witt, U. (1990): Warum evolutorische Ökonomik?, in: *Witt, U. (Hrsg.):* Studien zur Evolutorischen Ökonomik I, Berlin, S. 9-17.

Zweifel, P./Breuer, M. (2002): Weiterentwicklung des deutschen Gesundheitssystems, Gutachten im Auftrag des Verbands der Forschenden Arzneimittelhersteller, Zürich.

Die Rechtsprechung des EuGH im Gesundheitswesen als ordnungsbildender Faktor für die nationalen Gesundheitssysteme in der EU

Jörg Jasper

1. Einleitung

Anders als in anderen Politikbereichen verfügt die Europäische Union im Bereich der Sozialpolitik über vergleichsweise wenige Kompetenzen. Der Gemeinschaft lag in den ersten Jahrzehnten nach ihrer Gründung die Leitidee einer primär „ökonomisch integrierte[n] Gemeinschaft souveräner Wohlfahrtsstaaten"[1] zugrunde, in der Sozialpolitik - und mit ihr auch die Gesundheitspolitik - auf der Ebene der Mitgliedstaaten - am besten aufgehoben sei. Dieses Modell existiert im Grundsatz bis heute fort, wie sich in der Ausgestaltung der zentralen Norm des EG-Vertrages mit explizitem Bezug zur Gesundheitspolitik (Art.152 EG n.F.[2]) eindrücklich zeigt. Dennoch gehen von der europäischen Ebene zunehmend Impulse zu einer Reformierung der Sozialsysteme aus, die in den vergangenen Jahren - nicht zuletzt bedingt durch den Druck der zunehmend voranschreitenden ökonomischen und politischen Integration der Mitgliedstaaten der Gemeinschaft - zugenommen haben.

Im folgenden Artikel wird aufgezeigt, wie der Europäische Gerichtshof (EuGH) ordnungspolitische Reformen im Gesundheitssektor auslöst und welche Problemlagen (aber auch Reformchancen) hieraus für nationale Gesundheitssysteme resultieren. Dabei wird deutlich, dass sich zunehmend ein europäisches Gesundheitsrecht und ein politischer Rahmen auf europäischer Ebene für die Gestaltung nationaler Gesundheitssysteme herausbildet. Dieser Rahmen erstreckt sich auf unterschiedliche Bereiche, der von der Freizügigkeit von medizinischem Personal über die Einführung wettbewerblicher Bedingungen, etwa bei der Ausschreibung öffentlicher Projekte im Gesundheitsbereich bis hin zu Regelungen für den grenzüberschreitenden Zugang zu gesundheitsbezogenen Dienstleistungen reicht. Der Europäische Gerichtshof und die Europäische Kommission spielen hierbei aus unterschiedlichen Motivationslagen gespeiste unterscheidbare Rollen, generieren jedoch gemeinsam eine spürbare Reformkulisse für die Gesundheitssektoren in den Mitgliedstaaten.

2. Grundlagen des Tätigwerdens der Gemeinschaft im Gesundheitssektor

Auf den ersten Blick kommen der Europäischen Gemeinschaft im Gesundheitssektor - wie im gesamten sozialen Bereich überhaupt - nur geringe Kompetenzen

---

[1] *Graser* (2002), S. 334.

[2] Alle Angaben zu Artikeln des EG-Vertrages beziehen sich auf die neue Fassung und die damit einhergehende neue Nummerierung. „EG-Vertrag" wird im Folgenden nach Maßgabe der amtlichen Regelung mit „EG" abgekürzt.

zu. Zwar ist an exponierter Stelle des EG-Vertrages (Art. 3, Abschn. 1, lit. p EG) festgelegt, dass die Tätigkeit der Gemeinschaft im Sinne des Art. 2 auch „(...) einen Beitrag zur Erreichung eines hohen Gesundheitsschutzniveaus“ vorsieht, doch stellt der mit dem Vertrag von Maastricht in den EG-Vertrag eingeführte Art. 152 als explizit einschlägige Vorschrift zur Regelung des Tätigkeitsbereiches der Gemeinschaft auf dem Gesundheitssektor eine insgesamt eher schwache Norm dar. Sie sieht vor, dass bei der Durchführung aller Gemeinschaftsaufgaben ein hohes Gesundheitsschutzniveau sicherzustellen ist und hat die Verbesserung des Gesundheitszustandes der Bevölkerung durch Verhütung und Bekämpfung von Humankrankheiten (wozu auch die Erforschung von deren Ursachen zählt) zum Gegenstand. Dabei wird in der Formulierung der Norm mehrfach unterstrichen, dass die Gesundheitspolitik der Gemeinschaft streng subsidiär hinter den nationalen Gesundheitspolitiken zurückzustehen habe und ihr lediglich ergänzende und koordinierende Funktion zukomme. Darüber hinaus wird nochmals explizit hervorgehoben, dass die Verantwortung der Mitgliedstaaten bei der Tätigkeit der Gemeinschaft im Gesundheitswesen in vollem Umfang gewahrt bleiben muss (Art. 5) und dass bei gemeinschaftlichen Gesundheitsfördermaßnahmen jegliche Harmonisierungsbestrebungen der Rechts- und Verwaltungsvorschriften der Mitgliedstaaten zu unterbleiben haben (Art. 4 lit. c)). Regelungsintensität und Wirkungskreis dieser Norm müssen als sehr begrenzt angesehen werden. Dies ist eine Folge der restriktiven Anwendung der Subsidiaritätsklausel und der Beschränkung auf koordinierende und fördernde Maßnahmen sowie damit einhergehend der Ausklammerung einer Zuweisung ordnungspolitischer Kompetenzen an die Gemeinschaft. Inhaltlich erfolgt eine Kompetenzbeschneidung vor allem durch den Verzicht der Erwähnung von Maßnahmen, die in den Bereich der Erbringung von Gesundheitsleistungen fallen. Art. 152, der die einzige Norm des Titels XIII des EG-Vertrages darstellt, erscheint auch durch diese „Sonderstellung“ auf den ersten Blick als eher randständige Regelung – verstärkt wird dies noch dadurch, dass sie zahlreiche Redundanzen, insbesondere im Verhältnis zu den eingangs erwähnten Normen enthält.

Es würde jedoch viel zu kurz greifen, wenn man annehmen würde, dass sich die Kompetenzen der Gemeinschaft im Gesundheitsbereich mit den erwähnten Regelungen erschöpfen würden, denn für diesen Sektor sind zahlreiche andere Normen des EG einschlägig, denen in ihrer Summe, insbesondere durch die normenkonkretisierenden Entscheidungen des Europäischen Gerichtshofes, erhebliches gesundheitspolitisches Gewicht zukommt. Zu erwähnen sind in diesem Zusammenhang insbesondere die Art. 43-48 EG, die das Niederlassungsrecht regeln, was im Gesundheitssektor vor allem Ärzte und andere Heilberufe betrifft; weiterhin bedeutsam sind die Art. 49 und 50 EG, die die Dienstleistungsfreiheit garantieren bzw. den Dienstleistungsbegriff definieren, da auch gesundheitsbezogene Leistung als Dienstleistung angesehen werden kann. Zwar schließt Art. 152 EG ausdrücklich Maßnahmen zur Harmonisierung der nationalen Gesundheitssysteme aus dem Kompetenzbereich der Gemeinschaft aus, doch ist nach Art. 95 EG sehr wohl eine Angleichung von Rechtsvorschriften in gesundheitsrelevanten Bereichen wie Lebensmittelsicherheit, Tabak, Arzneimitteln, Medizinprodukten, Chemikalien und anderen gefährlichen Stoffen oder Anwendungen der Biotechnologie möglich. Nicht durch das strenge Subsidiaritätsgebot des Art. 152 eingeschränkt sind zudem Maßnahmen auf europäischer Ebene, die in den allgemeinen Aufgabenkanon der Gemeinschaft fallen und den Gesundheitssektor tangieren, so etwa Maßnahmen zur Förderung des wirtschaftlichen und sozialen Zusammenhalts (Art. 158, 161), die im Rahmen von Struktur- und Kohäsionsfördermaßnahmen auch Projekte aus dem Gesundheitsbereich unterstützen, Maßnahmen zur sozialen Sicherheit und dem sozialen Schutz der Arbeitnehmer (Art. 137), Maßnahmen zur Forschungsförderung, die auch den Gesundheitssektor einschließen (Art. 163-173) oder Maßnahmen zur allgemeinen beruflichen Bildung (Art. 149 und 150), wenngleich die Gemeinschaft in den letztgenannten Normen erneut ausdrücklich auf ihre subsidiäre Rolle verwiesen wird. Denkbar sind zudem gesundheitsbezogene Maßnahmen der Gemeinschaft im Außenverhältnis, so im Rahmen der gemeinsamen Handelspolitik (Art. 131-133), im Rahmen der Entwicklungszusammenarbeit (Art. 177) oder beim Abschluss von Abkommen mit Drittländern oder internationalen Organisationen (Art. 300 und 302). Die Fülle dieser Legitimationen für gemeinschaftliches Tätigwerden darf jedoch nicht darüber hinweg täuschen, dass die Rolle der Gemeinschaft im Bereich der gesundheitlichen Versorgung nach wie vor sehr begrenzt ist und die Gestaltung der Gesundheitssysteme noch immer im Kern mitgliedstaatliche Aufgabe ist.[1] Weiterhin ist zu bemerken, dass sich die Diversität der Normen mit Gesundheitsbezug widerspiegelt in der Aufgabenverteilung der Kommissare bzw. ‚ihrer' Generaldirektionen: Trotz der Schaffung einer Generaldirektion „Gesundheit und Verbraucherschutz" sind nach wie vor eine Vielzahl weiterer Generaldirektionen mit bedeutsamen gesundheitspolitischen Themen befasst (etwa die Generaldirektion Unternehmen mit der Arzneimittelzulassung oder die Generaldirektion Beschäftigung und Soziales mit Fragen der Koordinierung von Auslandskrankenbehandlungen). Auch diese Kompetenzdiversität kann als Schwäche einer EU-Gesundheitspolitik gewertet werden.

Strenges Subsidiaritätsprinzip und Kompetenzdiversität ändern aber wenig daran, dass die europäische Ebene in der ordnungspolitischen Regelung des Gesundheitssektors an Gewicht gewinnt. Dies insbesondere deshalb, da national gestaltete Gesundheitssysteme nach Auffassung sowohl der Europäischen Kommission als auch des EuGH die Europäische Integration nicht behindern dürfen (gemeinschaftsseitiger politisch-rechtlicher Reformimpuls), und da national gestaltete Gesundheitssysteme aufgrund der voranschreitenden ökonomischen Integration zunehmend auf den Prüfstand des Systemwettbewerbs geraten (mitgliedstaatli-

---

[1] Vgl. *Lonbay* (2001), S. 46.

cher ökonomischer Reformimpuls). Grundsätzlich zielt das Gemeinschaftsrecht dabei darauf ab, dass in den Mitgliedstaaten die staatliche und durch „unechte" Selbstverwaltung gekennzeichnete Steuerung der Sozialsysteme durch eine Politik der Beschränkung auf die Schaffung von Rahmenbedingungen für eine wettbewerbliche Ausrichtung des Gesundheitssektors abgelöst wird.[1] Die Möglichkeiten der europäischen Ebene, dieses durchzusetzen, sind nach dem Amsterdamer Vertrag gewachsen, als beschlossen wurde, in den Bereichen koordinierendes Sozialrecht, Politik der gesundheitlichen Prävention und Arbeitsschutz anstelle des Einstimmigkeitserfordernisses im Ministerrat das Mitentscheidungsverfahren nach Art. 251 EG anzuwenden. Als eine Entwicklungsperspektive erscheint es möglich, dass sich – analog zu den vorangegangenen Kompetenzausweitungen der Gemeinschaft etwa im Bereich Arbeitsschutz – auch im Gesundheitssektor eine wachsende Bedeutung der Gemeinschaft einstellen wird, nachdem diese Entwicklung nun auf weniger verfahrensrechtliche Grenzen stoßen wird. Dabei ist auch eine Regulierungs-Eigendynamik nicht auszuschließen: das „klassische (gemeinschaftliche) Marktrecht" wird gemeinsam mit einigen Teilkompetenzen der Gemeinschaft so weit ausgeweitet, dass schließlich eine umfassende sozialpolitische Regelungskompetenz der EU notwendig sein wird, um entstandene Lücken zu schließen und Inkohärenzen zu beseitigen.[2]

Im folgenden werden die beobachtbaren Anfänge einer solchen Entwicklung anhand der Bereiche Pharmasektor, Patientenmobilität und Wettbewerbsaufsicht verdeutlicht, wobei ausschließlich der Europäische Gerichtshof als Impulsgeber näher betrachtet werden soll.

3. Der EuGH als ordnungspolitische Einflussgröße für die europäischen Gesundheitssysteme

Der EuGH erkennt die Befugnis der Mitgliedstaaten der Gemeinschaft an, ihre Gesundheitssysteme auch in Zukunft eigenständig auszugestalten.[3] Dieser Kompetenz- und Subsidiaritätsvorbehalt entbinde die Gemeinschaft jedoch nicht von der Verpflichtung, diese Systeme im Einklang mit dem Europarecht fortzuentwickeln.[4] Der EuGH bezieht sich dabei neben den im Amsterdamer Vertrag neu geschaffenen sozialrechtlichen und gesundheitsschützenden Kompetenzen des Art. 152 EG ausdrücklich auch auf die marktintegrierenden Regelungen des Gemeinschaftsprimärrechts, namentlich die Grundfreiheiten und das Wettbewerbsrecht. Damit kreiert der EuGH maßgeblich die Bedingungen, die zur Schaffung eines koordinierten europäischen Sozialrechts beitragen können. Dies hat weit reichende Auswirkungen. Der EuGH stimuliert aufgrund seiner Ausle-

---

[1] Vgl. *Pitschas* (1999), S. 804.
[2] Vgl. *Bieback* (1999), S. 671.
[3] Vgl. *EuGH* (1998), Tz. 17 (*Kohll*).
[4] Vgl. *Pitschas* (1999), S. 806.

gung der Grundfreiheiten und der Anwendung des europäischen Wettbewerbsrechts (verbunden mit der Betonung des Desiderates der Errichtung des Gemeinsamen Binnenmarktes) die wettbewerblichen Elemente der europäischen Gesundheitssysteme und will einen Systemwettbewerb der europäischen Gesundheitssysteme fördern, indem er betont, dass der Gesundheitssektor als Teil des gemeinsamen Binnenmarktes (und nicht *in toto* als grundsätzlicher Ausnahmebereich) zu gelten hat.[1]

Neben dem schon traditionellen Feld der Koordinierung des europäischen Sozialrechts, bei der es sich inhaltlich um die mittlerweile sehr detaillierte Ausfüllung der bekannten Verordnungen (EWG) 1408/71 und 574/72 über die Anwendung der Systeme der sozialen Sicherung der Wanderarbeitnehmer handelt, deren Ziel es ist, Arbeitnehmer und ihre anspruchsberechtigten Angehörigen unabhängig von ihrem Aufenthaltsort innerhalb der Gemeinschaft in den Genuss von sozialen Leistungen kommen zu lassen,[2] ist in den Neunzigerjahren zunehmend das Problemfeld des Konfliktes zwischen dem EU-Wirtschaftsrecht und dem nationalen Sozialrecht in den Vordergrund gerückt.[3] Der EuGH hat durch zahlreiche Entscheidungen deutlich gemacht, dass die nationalstaatlichen Systeme der gesundheitlichen Sicherung den Einwirkungen des europäischen Marktrechts unterliegen. Notabene: das Marktrecht der EU (insbes. das Wettbewerbsrecht) und das Sozialrecht der Mitgliedstaaten unterliegen keinem Rangverhältnis im Sinne einer Überordnung des einen über das andere;[4] vielmehr müssen beide Rechtssphären gleichermaßen zur angemessenen Entfaltung gebracht werden. Dies ist eine Gratwanderung, um die sich der EuGH bemüht. Dabei ist jedoch abzusehen, dass etwaigen Abschottungstendenzen der nationalen Systeme sozialer Sicherung zunehmend das Ansinnen der Gemeinschaft entgegengesetzt wird, dem gemeinschaftlichen Marktrecht wie auch der Koordination der nationalen Sozial(rechts-)systeme zur Geltung zu verhelfen.

3.1. Reformimpulse auf dem Gebiet des Wettbewerbs im Gesundheitssystem

Auf den ersten Blick sind öffentliche Krankenversicherungssysteme aus dem gemeinschaftlichen Marktrecht ausgenommen, wenn sie aufgrund der Art ihrer Finanzierung und Leistungsgewährung sozial umverteilend tätig sind und – nicht zuletzt aus diesem Grund – gesetzlicher Zwangsmitgliedschaft unterliegen, mithin also keine „wirtschaftlichen Tätigkeiten" ausüben.[5]

---

[1] Vgl. bereits *EuGH* (1986) (*EG-Kommission*).
[2] Vgl. *Oberender/Reißmann* (1993), S. 382.
[3] Vgl. *Bieback* (1999).
[4] Vgl. *Bieback* (1999), S. 672.
[5] Vgl. *EuGH* (1993) (*Poucet* und *Pistre*); *EuGH* (1996a) (*Garcia*); auch *EuGH* (1995a) (*Fédération francaise des sociétés d'assurance* u.a.).

Der EuGH vertritt dennoch die Auffassung, dass das europäische Wettbewerbsrecht grundsätzlich auf den Gesundheitsbereich anwendbar ist.[1] Die Ausnahmestellung öffentlicher Anbieter wird nur durch den sozialen Zweck ihrer Tätigkeit definiert. Überall dort, wo die sozialen Krankenversicherungen „wirtschaftlich" z.B. im Sinne einer Annäherung an eine risikobezogene Beitragsgestaltung (etwa auch durch die Einführung eines partiellen Kapitaldeckungsverfahrens) tätig werden oder versicherungsfremde Leistungen abgeschafft werden, kann diese Sonderstellung verloren gehen (was Reformen in der deutschen GKV wohl bisher wenig beachtete Grenzen setzen dürfte). Weiterhin geht der EuGH (wie auch das deutsche Wettbewerbsrecht) vom funktionalen Unternehmensbegriff aus, d.h. auch ein öffentliches Unternehmen wird dann als wirtschaftlich tätige Einheit angesehen und dem Wettbewerbsrecht unterworfen, wenn sie als Anbieter oder Nachfrager auf einem Markt auftreten, etwa wenn sie Dienstleister mit der Versorgung ihrer Versicherten beauftragen. Ein Tätigwerden öffentlicher Einrichtungen als Anbieter oder Nachfrager auf Märkten, wo nach dem Prinzip „Leistung gegen Entgelt" gehandelt wird, gilt demnach als unternehmerisch. Eine Gewinnerzielungsabsicht ist zur Charakterisierung als Unternehmen nicht zwingend erforderlich.[2]

Die Sonderstellung öffentlicher Sozialversicherer schließt explizit nicht aus, dass auch private Leistungsanbieter die Sicherungsfunktion übernehmen und diese auch nicht durch das öffentliche Unternehmen behindert werden dürfen. Letzteres würde – analog zu gewöhnlichen Wirtschaftsunternehmen - unter Art. 82 EG geahndet werden, wie der EuGH im Zusammenhang mit der Dienstleistung „Arbeitsvermittlung" im deutschen und italienischen Arbeitsvermittlungsmonopol eindrücklich klargestellt hat.[3] Im Fall des Arbeitsmarktmonopols reichte es bereits aus, wenn bestimmte Leistungen schon in der Vergangenheit von nichtstaatlichen Einrichtungen verrichtet wurden und diese auch nicht notwendig von staatlichen Einrichtungen verrichtet werden müssen.[4]

Grundsätzlich ist davon auszugehen, dass auch ein nationales Gesundheitssystem wie das deutsche, das durch eine gesetzlich gerechtfertigte Monopolstellung von Sozialleistungsträgern gekennzeichnet ist, in Zukunft zunehmend einer gemeinschaftsrechtlichen Legitimation durch das europäische Wettbewerbsrecht bedarf.[5] In Fortsetzung seines seit längerem vertretenen Standpunktes vertritt das Gericht zwar auch die Position, dass Monopole in Sozialversicherungssystemen nicht

---

[1] Vgl. hierzu *OLG Düsseldorf*, NZS 1998, S. 567 ff.

[2] Vgl. *EuGH* (1995a) (*Fédération francaise des sociétés d'assurance* u.a.).

[3] Vgl. *EuGH* (1991) (*Höfner* und *Elser*); *EuGH* (1997) (*Job Centre*); auch *EuGH* (1993a) (*Corbeau* für den Bereich Postdienste).

[4] Vgl. *EuGH* (1991), Tz. 22 (*Höfner* und *Elser*).

[5] Vgl. *Giesen* (1999), S. 114.

prinzipiell zu beseitigen sind,[1] doch bedarf die Aufrechterhaltung eines Monopols im Einzelfall der Rechtfertigung. Faktisch wird dies jedoch dadurch eingeschränkt, dass das Gericht in seiner jüngeren Rechtsprechung eine zunehmende Hinwendung zu einem in Anwendung auf die gesamte Gemeinschaft zu denkenden marktwirtschaftlichen Modell der Pflege- und Krankenversicherung vollzogen hat, bei dem eine territoriale Begrenzung der Leistungserbringung verworfen wird (s.u.). Eine Bereichsausnahme für die gesetzlichen Krankenkassen der Mitgliedstaaten existiert grundsätzlich nicht, denn der Gesundheitssektor gilt nach der Rechtsprechung des EuGH als Bestandteil des Binnenmarktes,[2] in dem auch das Verhältnis von sozialen und privaten Trägern der Krankenversicherung unter möglichst wettbewerblichen Bedingungen auszugestalten ist.[3] Dabei erkennt der Gerichtshof die Existenz von Teilmärkten innerhalb des Gesundheitssektors, wie etwa für Heil- und Heilhilfsberufe, Arznei- und Hilfsmittel und Dienstleistungen anderer Art an,[4] denen möglicherweise eine jeweils spezifische wettbewerbsrechtliche Behandlung wiederfahren muss.

Gleichwohl ist über die Zulässigkeit nationaler Sozialversicherungsmonopole noch nicht endgültig entschieden, da ein gewisses Maß an Solidarität und sozialem Ausgleich neben der marktwirtschaftlichen Orientierung eines sozialen Sicherungssystems im europäischen Wettbewerbsrecht anerkannt wird, wie es sich aus dem europäischen Sozialstaatsprinzip herleitet.[5] Letzteres impliziert auch, dass der EuGH das finanzielle Gleichgewicht des Sozialsystems als „zwingenden Grund des Allgemeininteresses" wertet und aus diesem Grund Beschränkungen der vier Grundfreiheiten für vertretbar erachtet (z.B. Einschränkung von Auslandsbehandlungen aus diesem Grund).[6]

Zusammenfassend muss die Betonung des Markt- und Wettbewerbsgedankens durch den EuGH als Forderung des Gerichts interpretiert werden, das europäische Wettbewerbsrecht auf alle Handlungen der Sozialversicherungen (damit insbes. auch der sozialen Krankenversicherungen) anzuwenden, die als „unternehmerisch" eingestuft werden müssen.[7] Der EuGH legt den Bereich des „unternehmerischen" oder „wirtschaftlichen" Tätigwerdens recht weit aus und erkennt Monopole der öffentlichen Sicherung nur an, wenn sie durch ihren sozialen Zweck legitimiert werden.

[1] Vgl. *EuGH* (1993) (*Poucet* und *Pistre*).
[2] Vgl. *Eichenhofer* (1999), S. 115 ff.; *v. Maydell* (1999).
[3] Vgl. *Schultz* (1998), S. 271 ff.
[4] Vgl. *Eichenhofer* (1999), S. 115 ff.
[5] Vgl. *Fuchs* (1996), S. 338 ff.; ausführlich *Giesen* (1995).
[6] Vgl. *EuGH* (1998a) (*Kohll*), Tz. 41, 50, 51; auch *EuGH* (2001), Tz. 76-81 (*Smits-Geraets* und *Peerbooms*).
[7] Vgl. *Pitschas* (1999), S. 811; *Lenz* (1997), S. 139.

3.2. Reformimpulse auf dem Gebiet der Grundfreiheiten

Die durch den EG-Vertrag gewährten Grundfreiheiten (Freiheit des Kapital-, Waren und Dienstleistungsverkehrs, die Freizügigkeit der Arbeitnehmer und die Niederlassungsfreiheit) sind als Verbote der Diskriminierung aufgrund nationaler Zugehörigkeiten im Rahmen von grenzüberschreitenden Aktivitäten zu sehen. Rein interne Vorgänge innerhalb der Mitgliedstaaten genießen nicht den Schutz der Grundfreiheiten,[1] allerdings muss der einzelne Mitgliedstaat sein Gesundheitssystem so ausgestalten, dass dadurch keine Diskriminierungen von Ausländern oder Behinderungen des grenzüberschreitenden Verkehrs resultieren. Dabei reicht schon die *Möglichkeit* einer Diskriminierung zur Anwendung des EG-Vertrags aus. Der EuGH hat den Grundfreiheiten ein großes Gewicht eingeräumt, wie im folgenden zu zeigen sein wird. Auf der rechtspraktischen Ebene rührt dieses Gewicht daher, dass sie individuelle subjektive und vom einzelnen Bürger durchsetzbare Freiheitsrechte sind; auf der materiellrechtlichen Ebene ist ihr Gewicht aus der Tatsache zu erklären, dass sie die Durchsetzung des Gemeinsamen Marktes aufgrund der Kompetenzen der Gemeinschaft gem. Art. 95 EG unmittelbar berühren. Bei rein internen Vorgängen hat die Kompetenz der Mitgliedstaaten zur Regelung der sozialen Sicherheit Vorrang. Dies bedeutet aber auch, dass aus der Existenz des Systems der Grundfreiheiten nicht abgeleitet werden kann, dass hierdurch ein Gebot einer „marktlichen" Organisation der nationalen Gesundheitssysteme induziert würde.[2] So sind nationale Festlegungen wie Positiv- oder Negativlisten[3] sowie Bedarfssteuerungen über Zulassungsbeschränkungen für Leistungsanbieter oder Budgetierungen für Heil- und Hilfsmittel weiterhin zulässig, solange sie nicht zum Ausschluss ausländischer Leistungsanbieter führen. Insgesamt existiert jedoch keine ausreichende Rechtfertigung mehr für ein allgemeines „Territorialitätsprinzip" in der Gesundheitsvorsorge, wie etwa in § 18 Abs. 3, S. 3 SGB V, wonach grundsätzlich jede Kostenübernahme bei grenzüberschreitender Leistungsinanspruchnahme unzulässig ist.

Der EuGH vertritt resolut die Auffassung, dass die Regelungen des Gemeinschaftsrechts grundsätzlich gewährleisten, dass Patienten in andere Mitgliedstaaten reisen können, um dort medizinische Hilfe zu erhalten.[4] Der Gerichtshof hat in mehreren Urteilen[5] die Auffassung vertreten, dass Einschränkungen bei der Erstattung von Kosten von Sachleistungen durch die Krankenversicherungsträger, die dem Territorialprinzip verhaftet sind, als rechtswidrig anzusehen sind, d.h. dass nationale Regelungen im Bereich der sozialen Sicherheit die Anwendung der Art. 46, 49 und 50 EG, die insbes. die Dienstleistungsfreiheit regeln,

---

[1] Vgl. *EuGH* (1997a) (*Sodemare*).
[2] Vgl. *Bieback* (1999), S. 683.
[3] Vgl. bereits *EuGH* (1984a) (*Duphar*).
[4] Vgl. bereits *EuGH* (1984) (*Luisi* und *Carbone*).
[5] Vgl. *EuGH* (1998) (*Decker*), *EuGH* (1998a) (*Kohll*).

nicht ausschließen. So können nationale Regelungen, die die Erstattung von Kosten für Leistungen von der Genehmigung des Trägers der sozialen Sicherheit des Versicherten abhängig machen, gegen Art. 49 und 50 EG verstoßen. Dies, so der EuGH, könne nämlich Sozialversicherte daran hindern, sich an Dienstleistungserbringer in einem anderen Mitgliedstaat zu wenden und stehe somit im Widerspruch zur Grundfreiheit des freien Dienstleistungsverkehrs. Erst jüngst entschied der Gerichtshof in der Sache *Müller-Fauré*, dass Patienten, die ambulante medizinische Leistungen in einem anderen Mitgliedstaat in Anspruch nehmen, hierfür keine Erlaubnis ihrer Krankenkasse benötigen, sondern durch die im EU-Vertrag gewährleisteten Grundfreiheiten das Recht haben, eine medizinische Leistung – wie andere Leistungen auch – grenzüberschreitend frei in Anspruch zu nehmen.[1]

Erfolgt die Kostenerstattung nach den Sätzen des Versicherungsstaates, so hat der Einwand einer möglichen Gefährdung des finanziellen Gleichgewichts des Sozialsystems keine Gültigkeit.[2] Auch die Berufung auf die Gefährdung der Qualität des Gesundheitsschutzes ist in diesem Fall nicht einschlägig, da in anderen Mitgliedstaaten anerkannte Ärzte und Zahnärzte als ebenso qualifiziert angesehen werden müssen wie im Inland niedergelassene. Unter den genannten Bedingungen der inländischen Kostenerstattung räumt der EuGH also der Grundfreiheit der grenzüberschreitenden Dienstleistungserbringung eine hohe Priorität ein und schafft mit der Patientenmobilisierung damit zugleich die Grundlagen für einen grenzüberschreitenden Dienstleistungswettbewerb im Gesundheitswesen.

Unter ökonomischen Gesichtspunkten betrachtet ist die Entscheidung des EuGH im Fall *Decker* jedoch ambivalent, wenn es um die Durchsetzung EG-vertraglichen Grundfreiheiten geht: Grundsätzlich ist es Aufgabe des Gemeinschaftsrechts und der Gemeinschaftsorgane, soziale Sicherungssysteme auf nationaler Ebene so zu koordinieren, dass den Unionsbürgern keine Nachteile aufgrund der Ausübung ihrer Grundrechte entstehen.[3] Hierfür existieren derzeit drei Verfahren: eines für Arbeitsmigranten und Arbeitstätige in Grenzgebieten (sogen. E 106-Schema), eines für Bürger, die sich vorübergehend in anderen Mitgliedstaaten aufhalten, wo der Fall eintritt, dass ihr gesundheitlicher Zustand Soforthilfe notwendig macht (E 111-Schema) sowie ein Prä-Autorisationssystem (E 112), das es (insbes. kleinen) Mitgliedstaaten ermöglicht, ihre Bürger zu autorisieren, medizinische Hilfe in anderen Ländern zu erhalten, um nicht selbst entsprechende Kapazitäten vorhalten zu müssen. Zum einen entschied der EuGH im Fall *Decker*, dass das luxemburgische Prä-Autorisationssystem einen Bruch von Art. 28 EG darstellt, da es – im besagten Fall – geeignet war, den Import von Brillengläsern zu beschränken. Damit folgte das Gericht seiner klassischen *Dassonville-*

---

[1] Vgl. *EuGH* (2003).
[2] Vgl. *EuGH* (1998a), (*Kohll*) Tz. 6.
[3] Vgl. *Leidl/Rhodes* (1997).

Entscheidungspraxis,[1] wonach mitgliedstaatliche Maßnahmen, die geeignet sind, den Import zu beschränken, untersagt sind und wertete diese Regelung höher als das durch die Sozialversicherungsregularien der EU gewährleistete nationalstaatliche Recht, Autorisationsprozeduren zu erlassen. Andererseits sah das Urteil vor, dass eine Kostenerstattung lediglich maximal in Höhe der Kostenerstattung möglich sei, wie sie das Wohnsitzland des Patienten gewährt.[2] Bei dieser Entscheidung wurde kritisiert, dass die Fähigkeit der EU-Bürger zur Inanspruchnahme ihrer Grundfreiheiten einkommens- und vermögensabhängig werden könnte und aufgrund dessen die Ausübung der Grundfreiheiten im Vergleich zur Ausgangssituation gerade eingeschränkt werde,[3] denn diese war durch volle Anrechenbarkeit der Kosten gekennzeichnet. Jedoch bleibt die Möglichkeit der Prä-Autorisation auch nach der EuGH-Entscheidung bestehen, so dass hierdurch eine weitere ergänzende Möglichkeit für Auslandsbehandlungen geschaffen wurde.

Die Bedeutung der Grundfreiheiten hat für den EuGH noch weitergehende Konsequenzen. Das Gericht räumt den Grundfreiheiten derart hohe Bedeutung ein, dass auf EG-Vertragswidrigkeit einer Regelung bereits dann erkannt wird, wenn sie dazu führt, dass die Nutzung der Grundfreiheit (etwa des Rechtes der Freizügigkeit) zu Benachteiligungen der betreffenden Person hinsichtlich ihrer sozialen Sicherung führt, so dass Beeinträchtigungen der Freiheiten resultieren würden.[4] Der Grundsatz der Freizügigkeit gilt für alle sozialen Sicherungssysteme, in Deutschland also insbes. die GKV und die Pflegeversicherung.

Es stellt sich die Frage, wann ein „zwingender Grund der Gefährdung des Allgemeininteresses“ indiziert ist, der dazu führen kann, dass eine Beschränkung der Grundfreiheiten angezeigt ist. Eine konservative Sicht bei der Anwendung des Kriteriums der Gefährdung des finanziellen Gleichgewichtes der nationalen Systeme der sozialen Sicherung könnte implizieren, dass ein System in seiner bisherigen Ausgestaltung finanziell spannungsfrei fortexistieren können soll. Gegen eine solche Sichtweise spricht aber die Tatsache, dass eine solche Auslegung zu einer Immunisierung der nationalen Systeme gegenüber den Anforderungen der Grundfreiheiten führen würde. Nun ist es zwar notwendig, dass die Gefährdung erheblich sein soll, doch kann dies je nach nationaler Ausgestaltung der Systeme

---

[1] Vgl. *EuGH* (1974).

[2] Vgl. *EuGH* (1998), Tz. 29.

[3] Vgl. *Cabral* (1999), S. 393.

[4] Vgl. *Steinmeyer* (1999), S. 738. So entschied das Gericht, dass eine Regelung, die dazu führt, dass ein Sozialversicherter eine weniger günstige Erstattung erhält, wenn er sich einer Krankenbehandlung in einem anderen Mitgliedstaat unterzieht, als wenn er die gleiche Behandlung in seinem Heimatstaat (also dem Mitgliedstaat der Versicherungszugehörigkeit) in Anspruch nimmt, geeignet ist, den Versicherten daran zu hindern, sich an einen Leistungserbringer im Ausland zu wenden. Dies stellt nach Auffassung des Gerichtes eine Behinderung des freien Dienstleistungsverkehrs dar; vgl. *EuGH* 2001a, Tz. 45 (*Vanbraekel*).

der sozialen Sicherung dazu führen, dass Grundfreiheiten weitgehend leer laufen.[1]

Im konkreten Fall können sich in einem auf Mengensteuerung basierenden nationalen System wie dem deutschen, das mit Regelleistungen pro Arzt und Regelleistungsvolumina nach § 85 II SGB V operiert, Probleme ergeben, wenn Patienten Behandlungsdienstleistungen im Ausland konsumieren, da die Mengenbegrenzung nur für die an der deutschen kassenärztlichen Versorgung teilnehmenden Ärzte gelten kann. Allerdings ist bislang das Volumen derartiger grenzüberschreitender Dienstleistungen so gering, dass von einer erheblichen Gefährdung des finanziellen Gleichgewichts des deutschen Systems aufgrund dieses Sachverhalts noch (lange) nicht gesprochen werden kann. Der EuGH geht trotz des subsidiären Vorrangs der nationalen Regelung der Systeme der sozialen Sicherung nicht von einem „Dogma der Unberührbarkeit nationaler Sozialversicherungssysteme" aus, sondern hat diesen auch in der Vergangenheit eine gewisse Anpassungsflexibilität abverlangt, d.h. er will, dass das nationale Recht eine gewisse „Europagängigkeit" aufweist. So hat er in einer bekannten Entscheidung zur Pflegeversicherung[2] deutlich gemacht, dass er nicht gewillt war, Rücksicht darauf zu nehmen, welche Auswirkung seine Entscheidung auf das betreffende System der nationalen Sicherung hat,[3] als er feststellte, dass das Verbot des § 34 SGB XI, das einen Export des Pflegegeldes der gesetzlichen Pflegeversicherung ins Ausland untersagte, gegen das koordinierende Sozialrecht der Gemeinschaft verstieß. Gleiche „Europagängigkeit" ist nach Auffassung des Gerichts auch von einem System zu erwarten, das durch Budgetierungen gekennzeichnet ist.

3.3. Reformimpulse im Pharmasektor

Der EuGH ist seit jeher grundsätzlich der Auffassung, dass pharmazeutische Produkte als „Güter" im Sinne des Art. 28 EG zu betrachten sind und daher frei über die Grenzen der Mitgliedstaaten hinweg beweglich sein sollen. Besonders deutlich wurde dies in der Entscheidungspraxis des Gerichts im Bereich von Reimporten von Pharmaprodukten. Unter anderem aufgrund der Tatsache, dass die Gesundheitssysteme in den Mitgliedstaaten unterschiedlich reguliert sind, entstehen zum Teil erhebliche Preisdifferenzen bei identischen oder nahezu identischen Produkten zwischen den Mitgliedstaaten, die Arbitrageure für sich zu nutzen trachten. Das Gericht vertritt konsequent den Standpunkt, dass auch bestehende geistige Eigentumsrechte nicht zu einer Beeinträchtigung des gemeinschaftsweiten Handels führen dürfen. Aus ökonomischer Sicht ist diese Auffassung *prima facie* sachgerecht, weil ein Schutzrecht geistigen Eigentums lediglich vor unberechtigter Nachahmung eines Produktes schützen, nicht jedoch als Mit-

---

[1] Vgl. *Steinmeyer* (1999), S. 742.
[2] Vgl. *EuGH* (1998b) (*Molenaar*).
[3] Vgl. *Steinmeyer* (1999), S. 743.

tel zur (hier: geographischen) Marktabgrenzung verwendet werden soll. In seiner Rechtsprechung wendet der EuGH das Konstrukt der „Erschöpfung" an, wonach sich die Rechte des Eigentümer eines Patentes,[1] Warenzeichens[2] oder eines Copyrights[3] dann in dem Sinne „erschöpfen", dass er diese nicht dazu verwenden kann, den Handel zwischen zwei Ländern zu restringieren (insbes. Reimporte zu unterbinden), wenn er sein Produkt auf den Märkten dieser beiden Länder anbietet.[4] Der EuGH wendet das Erschöpfungsprinzip außerordentlich rigide an, so dass die dadurch bezweckte Abwägung zwischen dem Schutz von geistigen Eigentumsrechten und der Herstellung der Binnenmarktintegration in ökonomischer Hinsicht außer Balance zu geraten droht. So gilt das Erschöpfungsprinzip auch für Länder, in denen der Originalhersteller einen so geringen Patentschutz genießt, dass er vor Imitaten nicht wirksam geschützt ist. Die entsprechende Argumentation, dass Patentrechte, die in der Ausgangssituation kaum bestanden haben, auch nicht „erschöpft" werden können, hat der EuGH mit dem Hinweis zurückgewiesen, dass die Originalanbieter zugestimmt hätten, ihre Produkte auch auf solchen Märkten zu platzieren, auf denen wirksamer Patentschutz nicht gewährleistet ist.[5] An dieser Entscheidung kann kritisiert werden, dass die außerordentlich starke Betonung des Primats des Erschöpfungsprinzips in diesem Fall mit einer Aushöhlung von geistigen Eigentumsrechten verbunden ist, wenn der schwache Patentschutz in einigen Mitgliedstaaten (anfangs insbes. Italien, aber auch Spanien und Portugal, zu schweigen von den neuen Mitgliedstaaten nach der geplanten Osterweiterung) genutzt wird, um dort Produktimitate anzufertigen und legal in (Hochpreis-)Länder zu exportieren, auch wenn dort wirksamer Patentschutz existiert. Auf diese Weise wird die ökonomische Funktion der Schaffung von geistigen Eigentumsrechten, nämlich einen Anreiz zur Durchführung von kostenintensiven Forschungs- und Entwicklungsmaßnahmen zu schaffen, unterminiert und F&E-Aktivitäten möglicherweise bis weit unter ein optimales Niveau abgesenkt.

Für den Vertrieb von Re- und Parallelimporten ist eine Vermarktungslizenz notwendig, die seitens der zuständigen nationalen Behörden erteilt werden kann. Die Rechtsprechung des EuGH zu den Vermarktungslizenzen spiegelt die bereits skizzierte wettbewerbsorientierte Grundorientierung des Gerichts wider. So entschied das Gericht, dass es für die Erteilung einer Parallelimportlizenz nicht zwingend erforderlich sei, dass das „Parallelprodukt" mit dem Original in jeder Hinsicht identisch sein müsse. Vielmehr reiche es aus, wenn die nationale Zulassungsbehörde die Effektivität und Unschädlichkeit des Produktes feststelle. Der

---

[1] Vgl. *EuGH* (1974a) (*Centrafarm* vs. *Sterling*).
[2] Vgl. *EuGH* (1974b) (*Centrafarm* vs. *Winthrop*).
[3] Vgl. *EuGH* (1971) (*Deutsche Grammophon* vs. *Metro*).
[4] Vgl. *Hancher* (2001), S. 79.
[5] Vgl. *EuGH* (1996) (*Merck* vs. *Primecrown*).

entsprechende Nachweis ist leicht zu führen, wenn aufgezeigt werden kann, dass das in Frage stehende Produkt nach der gleichen Formel und mit den gleichen aktiven Ingredienzien hergestellt wird.[1] Diese Entscheidung stieß ebenfalls auf Kritik, da unter diesen Bedingungen der Originalhersteller kaum noch Möglichkeiten habe, die Nutzung seines im Produkt verkörperten Wissens durch andere zu verhindern.[2] In der Sache *Rhône-Poulenc* hat das Gericht kürzlich entschieden,[3] dass ein Parallelimporteur auch dann in den Genuss des Vorteils eines für derartige Anbieter geltenden vereinfachten Lizenzierungsverfahrens kommen kann, wenn die Marktzulassung des fraglichen Produktes im Importland bereits nicht mehr gültig ist (er also strenggenommen in diesem Land kein *Parallel*importeur mehr ist), das Produkt jedoch in anderen Mitgliedstaaten lizenziert angeboten wird.

Ein besonders sensibler Bereich des Pharmamarktes ist der Markt für Generika, d.h. für Kopien von Produkten mit abgelaufenem Patenschutz, die von anderen Herstellern als dem Originalhersteller angeboten werden. Die Entscheidungspraxis des Gerichts läuft auf eine Stärkung der Stellung der Hersteller von Generika hinaus. So entschied der EuGH, dass es für die Verlängerung eines Patentes auf ein pharmazeutisches Produkt nicht ausreicht, neue Therapien, Indikationen oder Dosen für dieses Produkt zu entwickeln, womit das Gericht die Auffassung der Kommission zurückwies, das jede gravierende therapeutische Innovation unabhängigen (Patent-)Schutz verdiene. Der EuGH verwies vielmehr auf den Nicht-Absolutheitscharakter des Eigentumsrechts, das im Hinblick auf seinen sozialen Zweck bewertet werden müsse und sprach Herstellern von Generika das Recht auf ein vereinfachtes Zulassungsverfahren zu, wenn das von ihnen angebotene Produkt dem Originalfabrikat „wesentlich gleicht".[4] Kommission und Rat konnten diese Auffassung nicht teilen und schufen mittlerweile eine neue Rechtswirklichkeit dadurch, dass grundlegende therapeutische Innovationen nunmehr eine wirksame Verlängerung des Patentschutzes herbeiführen können.

4. Zusammenfassung und Ausblick

Obgleich das Feld der Sozialpolitik nach wie vor eine klare Domäne der Mitgliedstaaten der EU ist, wächst auch in diesem Sektor der Einfluss der Europäischen Institutionen, namentlich von Europäischer Kommission und Europäischem Gerichtshof, der im Mittelpunkt dieses Beitrags stand. Es wurde deutlich, dass vom EuGH beträchtliche Impulse für Reformen in den nationalen Gesundheitssystemen ausgehen, die sich auf so bedeutende Bereiche wie die Rechte von Patienten und medizinischem Personal, die Unterwerfung von mitgliedstaatlichen

---

[1] Vgl. *EuGH* (1996b) (*Smith* und *Nephew*).
[2] Vgl. *Kon/Schaeffer* (1997).
[3] Vgl. *EuGH* (1999).
[4] *EuGH* (1998c) (*Generics*).

Institutionen des Gesundheitssektors unter das europäische Recht (insbes. das Wettbewerbsrecht) sowie den Handel mit pharmazeutischen Produkten betreffen. Obwohl das Gericht die Eigenheiten der nationalen Gesundheitssysteme im wesentlichen respektiert, finden diese sofort dort ihre Grenzen, wo sie nicht hinreichend „europatauglich“ eingerichtet sind, d.h. wo ihre Regelungen mit dem europäischen Recht kollidieren. Die Stärkung der Grundfreiheiten, also insbes. des freien Verkehrs von Waren, Dienstleitungen und Personen durch den EuGH hat zu einem im Hinblick auf die Zukunft nicht zu unterschätzenden Liberalisierungsdruck auf die nationalen Gesundheitssysteme geführt, deren Ordnung der EuGH dahin gehend außerordentlich ernst nimmt, als dass er verhältnismäßig klare Grenzen für wettbewerbliche Ausnahmebereiche und für diskriminierendes Verhalten durch Akteure der nationalen Gesundheitssysteme zieht. Es bedarf keiner prophetischen Fähigkeiten, um zu prognostizieren, dass dieser Druck in Zukunft weiter zunehmen und dass wesentliche planerische Entscheidungen innerhalb der nationalen Gesundheitssysteme zunehmend mit Blick auf (zu erwartende) Entscheidungen des Gerichts getroffen werden. Von einer „Harmonisierung“ der nationalen Gesundheitssysteme ist man in Europa noch weit entfernt und sie ist in näherer Zukunft auch nicht zu erwarten, zumal sich der von den EuGH-Entscheidungen ausgehende Harmonisierungsdruck in Grenzen hält. Eine solche Harmonisierung dürfte ökonomisch (Stichwort: Systemwettbewerb) auch nicht wünschenswert sein.

Literaturverzeichnis

Bieback, K.-J. (1999): Rechtliche und politische Dimensionen der EU-Gesundheitspolitik und des Zuganges der Bürger zu Gesundheitsleistungen, in: Zeitschrift für Sozialreform, Bd. 45, S. 663-692.

Cabral, P. (1999): Cross-border Medical Care in the European Union – Bringing Down a First Wall, in: European Law Review, Vol. 24, S. 387-395.

Eichenhofer, E. (1999): Das Europäische koordinierende Krankenversicherungsrecht nach den EuGH-Urteilen Kohll und Decker, in: Vierteljahresschrift für Sozialrecht, S. 101-122.

EuGH (1971): Urteil des Gerichtshofes vom 28. Juni 1971, Deutsche Grammophon Gesellschaft mbH gegen Metro-SB-Großmärkte GmbH und Co. KG, Rs. 78-70, EuGH Slg. Rspr. 1971, S. 00487.

EuGH (1974): Urteil des Gerichtshofes vom 11. Juli 1974, Staatsanwaltschaft gegen Benoit und Gustave Dassonville, Rs. 8-74, EuGH Slg. Rspr. 1974, S. 00837.

EuGH (1974a): Urteil des Gerichtshofes vom 31. Oktober 1974, Centrafarm B.V. und Adriaan de Peijper gegen Sterling Drug Inc., Rs. 15-74, EuGH Slg. Rspr. 1974, S. 01147.

EuGH (1974b): Urteil des Gerichtshofes vom 31. Oktober 1974, Centrafarm B.V. und Adriaan de Peijper gegen Winthrop B.V., Rs. 16-74, EuGH Slg. Rspr. 1974, S. 01183.

EuGH (1984): Urteil des Gerichtshofes vom 31. Januar 1984, Graziana Luisi und Giuseppe Carbone gegen Ministero del Tesoro, verbundene Rs. C-286/82 und C-26/83, EuGH Slg. Rspr. 1984, S. 00377.

EuGH (1984a): Urteil des Gerichtshofes vom 7. Februar 1984, Duphar B.V. und andere gegen niederländischer Staat, Rs. 238/82, EuGH Slg. Rspr. 1984, S. 00523.

EuGH (1986): Urteil des Gerichtshofes vom 30. April 1986, Kommission der Europäischen Gemeinschaften gegen Französische Republik, Rs. C-96/85, EuGH Slg. Rspr. 1986, S. 01475.

EuGH (1991): Urteil des Gerichtshofes vom 23. April 1991, Klaus Höfner und Fritz Elser gegen Macrotron GmbH, Rs. C-41/90, EuGH Slg. Rspr. 1991, S. I-01979.

EuGH (1993): Urteil des Gerichtshofes vom 17. Februar 1993, Christian Poucet gegen Assurances générales de France und Caisse mutuelle regionale du Languedoc-Roussillon und Daniel Pistre gegen Caisse autonome nationale de compensation de l'assurance vieillesse des artisans, verbundene Rs. C-159/91 und C-160/91, EuGH-Slg. Rspr. 1993, S. I-00637.

EuGH (1993a): Urteil des Gerichtshofes vom 19. Mai 1993, Strafverfahren gegen Paul Corbeau, Rs. C-320/91, EuGH Slg. Rspr. 1993, S. I-02533.

EuGH (1995a): Urteil des Gerichtshofes vom 16. November 1995, Fédération francaise des societés D'assurance, Societé paternelle-vie, Union des assurances de Paris-vie und Caisse d'assurance et de prevoyance mutuelle des agriculteurs gegen Ministère de l'agriculture et de la pêche, Rs. C-244/94, EuGH Slg. Rspr. 1995, S. I-4022.

EuGH (1996): Urteil des Gerichtshofes vom 5. Dezember 1996, Merck & Co. Inc., Merck Sharp & Dohme International Services BV gegen Primecrown Ltd., Ketan Himatlal Mehta, Bharat Himatlal Mehta und Necessity Supplies Ltd. und Beecham Group plc gegen Europharm of Worthing Ltd., verbundene Rs. C-267/95 und C-268/95, EuGH Slg. Rspr. 1996, S. I-06285.

EuGH (1996a): Urteil des Gerichtshofes vom 26. März 1996, José Garcia e.a. gegen Mutuelle de prévoyance sociale d'Aquitaine e.a., Rs. C-238/94, EuGH Slg. Rspr. 1996, S. I-01673.

EuGH (1996b): Urteil des Gerichtshofes vom 12. November 1996, The Queen gegen The Medicines Control Agency, ex parte Smith & Nephew Pharmaceuticals Ltd. und Primecrown Ltd. gegen The Medicine Control Agency, Rs. C-201/94, EuGH Slg. Rspr. 1996, S. I-05819.

EuGH (1997): Urteil des Gerichtshofes vom 11. Dezember 1997, Job Centre coop. arl., Rs. C-55/96, EuGH Slg. Rspr. 1997, S. I-07420.

EuGH (1997a): Urteil des Gerichtshofes vom 17. Juni 1997, Sodemare SA, Anni Azzurri Holding SpA und Anni Azzurri Rezzato Srl. gegen Regiona Lombardia, Rs. C-70/95, EuGH Slg. Rspr. 1997, S. I-03395.

EuGH (1998): Urteil des Gerichtshofes vom 28. April 1998, Nicolas Decker gegen Caisse de maladie des employés privés, Rs. C-120/95, EuGH Slg. Rspr. 1998, S. I-01831.

EuGH (1998a): Urteil des Gerichtshofes vom 28.April 1998, Raymond Kohll gegen Union des caisses de maladie, Rs. C-158/96, EuGH Slg. Rspr. 1998, S. I-01931.

EuGH (1998b): Urteil des Gerichtshofes vom 5. März 1998, Manfred Molenaar und Barbara Fath Molenaar gegen Allgemeine Ortskrankenkasse Baden-Württemberg, Rs. C-160/96, EuGH Slg. Rspr. 1998, S. I-00843.

EuGH (1998c): Urteil des Gerichtshofes vom 3. Dezember 1998, The Queen gegen The Licensing Authority established by the Medicines Act 1968 (vertreten durch die Medicines

Control Agency), ex parte Generics (UK) Ltd., the Wellcome Foundation Ltd. und Glaxo Operations UK Ltd. u.a., Rs. C-368/96, EuGH Slg. Rspr. 1998, S. I-07967.

EuGH (1999): Urteil des Gerichtshofes vom 16. Dezember 1999, The Queen, ex parte Rhône-Poulenc Rorer Ltd. und May & Baker Ltd. Gegen The Licensing Authority established by the Medicines Act 1968 (vertreten durch die Medicines Control Agency), Rs. C-94/98, EuGH Slg. Rspr. 1999, S. I-08789.

EuGH (2001): Urteil des Gerichtshofes vom 12. Juli 2001, B.S.M. Smits, verheiratete Geraets gegen Stichting Ziekenfonds VGZ und H.T.M. Peerbooms gegen Stichting CZ Groep Zorgverzekeringen, Rs. C-157/99, EuGH Slg. Rspr. 2001, S. I-05473.

EuGH (2001a): Urteil des Gerichtshofes vom 12. Juli 2001, Abdon Vanbraekel und andere gegen Alliance nationale des mutualités chrétiennes (ANMC), Rs. C-386/98, EuGH Slg. Rspr. 2001, S. I-05363.

EuGH (2003): Urteil des Gerichtshofes vom 13. Mai 2003, V.G. Müller-Fauré gegen Onderlinge Waarborgmaatschappij OZ Zorgverzekeringen UA und E.E.M. van Riet gegen Onderlinge Waarborgmaatschappij ZAO Zorgverzekeringen, Rs. C-385/99, EuGH Slg. Rspr. 2003.

Fuchs, Maximilian (1996): Die Vereinbarkeit von Sozialversicherungsmonopolen mit dem EG-Recht, in: Zeitschrift für ausländisches und internationales Arbeits- und Sozialrecht, S. 338-354.

Giesen, R. (1995): Sozialversicherungsmonopol und EG-Vertrag, Baden-Baden.

Giesen, R. (1999): Die Vorgaben des EG-Vertrages für das internationale Sozialrecht: zu den Auswirkungen des europäischen Primärrechts auf das sozialrechtliche Kollisions- und Sachrecht der Gemeinschaft und ihrer Mitgliedstaaten, Köln.

Graser, A. (2002): Sozialpolitik in einer wachsenden EU. Zum Konflikt von Marktintegration, Wohlfahrtsstaatlichkeit und Subsidiarität, in: Blätter für deutsche und internationale Politik 3/2002, S. 334-342.

Hancher, L. (2001): EC competition law, pharmaceuticals and intellectual property: recent developments, in: Richard Goldberg und Julian Lonbay (eds.): Pharmaceutical Medicine, Biotechnology and European Law, Cambridge, S. 78-90.

Kon, S./Schaeffer, F. (1997): Parallel Imports or Pharmaceutical Products: A New Realism, or Back to Basics, in: European Competition Law Review, S. 123-144.

Lenz, C. O. (1997): Die institutionelle Förderung im Bereich des Sozialrechts aus der Sicht der Europäischen Gerichtshofs, in: Schulin, B. (Red.): Institutionelle Förderung im Sozialrecht, in: Schriftenreihe des Deutschen Sozialrechtsverbandes, Bd. 43, S. 133-140.

Lonbay, J. (2001): Free Movement of Health Care Professionals in the European Community, in: Richard Goldberg und Julian Lonbay (eds.): Pharmaceutical Medicine, Biotechnology and European Law, Cambridge, S. 45-75.

Oberender, P./Reißmann, E.-M. (1993): Sozialpolitik und Sozialversicherung in der europäischen Integration, in: Gröner, H./Schüller, A. (Hrsg.): Die europäische Integration als ordnungspolitische Aufgabe, Stuttgart, S. 379-396.

OLG Düsseldorf (1998): in: NZS, 567 ff.

Pitschas, Rainer (1999): Europäische Union und gesetzliche Krankenversicherung - Entwicklungsperspektiven aus rechtlicher Sicht, in: Zeitschrift für Sozialreform, Bd. 45, S. 804-820.

v. Maydell, B. (1999): Auf dem Wege zu einem gemeinsamen Markt für Gesundheitsleistungen in der Europäischen Gemeinschaft, in: Vierteljahresschrift für Sozialrecht, S. 3-19.

Schultz, K.-P. (1998): Krankenkassen als Adressaten des Kartellrechts, in: Neue Zeitschrift für Sozialrecht, S. 269-273.

Steinmeyer, H.-D. (1999): Der Zugang zu Leistungen der Kranken und Pflegeversicherung der EU-Bürger. Veränderte rechtliche Dimensionen (Vertragsfreiheiten), in: Zeitschrift für Sozialreform, Bd. 45, S. 735-744.

Nachfrageentwicklung auf dem Krankenhaus-, Rehabilitations- und Pflegemarkt unter Berücksichtigung demographischer Veränderungen

Susanna Hübner

1. Zentrale Einflussfaktoren des privaten Konsums

Die sich abzeichnenden demographischen Entwicklungen stellen die deutsche Volkswirtschaft im Gesundheitswesen vor große Herausforderungen. Zum einen wird die Bevölkerung in den kommenden Jahrzehnten schrumpfen, d.h. die Anzahl der Einwohner geht absolut zurück. Zum anderen kommt es zu einer zunehmenden Alterung der Gesellschaft, d.h. das Verhältnis der Anzahl der Älteren zur Anzahl der Jüngeren nimmt immer stärker zu. Während der Bevölkerungsrückgang in den kommenden Jahren noch eher moderat verläuft und erst ab etwa 2020 deutlicher spürbar wird, nimmt die Alterung bereits in den kommenden Jahren stark zu.

Mit der Verschiebung der Altersstrukturen und der Zunahme älterer Bevölkerungsgruppen verändert sich das Nachfrageverhalten in der Akutversorgung, der Vor- und Nachsorge sowie in der Pflege. Der Krankenhaus-, Rehabilitations- und Pflegemarkt wird sich daher stärker auf eine neue Zielgruppe ausrichten: Senioren werden künftig ein Absatzsegment von wachsender Bedeutung bilden. Die Alterung der deutschen Gesellschaft nimmt somit einen beträchtlichen Einfluss auf das Konsumverhalten und darüber hinaus auch auf die Produktgestaltung. Neben dem demographischen Faktor gibt es aber auch andere Einflussgrößen, die den demographischen Effekt überkompensieren können[1]. Diese werden hier allerdings wegen ihrer Unsicherheit bzw. Unvorhersehbarkeit sowohl bezüglich ihres Eintretens als auch ihres Ausmaßes nicht in die Betrachtung einbezogen. Für eine Prognose zur Untersuchung des Konsumverhaltens sind darüber hinaus nicht allein ökonomische, sondern auch soziale und kulturelle Bestimmungsfaktoren ausschlaggebend, wobei sich diese Untersuchung auf die finanzielle Situation der Nachfrager und dabei insbesondere auf die der älteren Bevölkerungsgruppen konzentriert, zumal die Auswirkungen des gesellschaftlich prägenden Umfeldes in diesem Rahmen für eine angemessene Berücksichtigung zu umfangreich sind und sich in ihrer Abbildung der Realität nur hinreichend annähern können.

So stellen sich folgende Fragen: Welches Einkommen bleibt den privaten Haushalten in Zukunft für Gesundheitsdienstleistungen auf den Märkten für Krankenhäuser, Rehabilitations- und Pflegeeinrichtungen und wie viel davon werden sie ausgeben und für was? Werden sie mehr oder weniger sparen, und wie viel von

---

[1] Neben sich verkürzenden Produkt- und Innovationszyklen durch technologischen Fortschritt beispielsweise auch nicht vorhersehbare Faktoren wie politische Unruhen, die spürbare Auswirkungen auf das Konsumverhalten durch Verunsicherung der Bevölkerung oder steigende Preisniveaus haben können.

ihrem Ersparten wird für die Gesundheitspflege zur Verfügung stehen? Die folgenden Abschnitte versuchen auf diese Fragen näherungsweise Antworten zu geben, ohne vergangene Entwicklungen fortzuschreiben, sondern Entwicklungstrends um den demographischen Faktor zu ergänzen. Dafür werden neben der Veränderung der Haushaltsstrukturen die Einkommenssituation und die Vermögensentwicklung untersucht, die einen großen Einfluss auf das Konsumklima und folglich auf die Ausgabenneigung haben. Aussagen über die allgemeinen Entwicklungen in diesem Sektor sind schwer zu prognostizieren und beschränken sich insbesondere aufgrund der sich stetig verändernden Rahmenbedingungen in einer ceteris paribus-Betrachtung auf einen Ausblick bis zum Jahr 2030.

1.1. Merkmal Haushaltsgröße

Die Analyse der Haushaltsstrukturen zeigt einen der prägnantesten Prozesse der Entwicklung moderner Industriestaaten im Kontext heutigen Alterns auf und erleichtert im Folgenden die Beurteilung der Nachfrageentwicklung bei der Betreuung von Pflegebedürftigen. Die Struktur der Haushalte ist ein wesentlicher Indikator für das Lebensumfeld der Menschen, für die Umstände, die ihren Alltag bestimmen und folglich auch ihr Konsumverhalten.

Für den Aufbau der Konsumstruktur ist die Entwicklung hin zu Ein- und Zwei-Personen-Haushalten relevant, die neben dem Anstieg der Zahl der Rentnerehepaare und allein lebender älterer Menschen sowie einem gleichzeitigen Rückgang jüngerer Haushalte mit Kindern durch Veränderungen auf dem Arbeitsmarkt bedingt ist. Von den Anbietern auf dem Arbeitsmarkt wird zunehmend mehr Flexibilität und Mobilität gefordert; zusätzlich ist ein Anstieg der Frauenerwerbstätigkeit zu erwarten.

Das Merkmal „Haushaltsgröße“ dient als strukturelles Merkmal der Alterung der Gesellschaft und gibt einen Hinweis auf eine zunehmende Singularisierung und Individualisierung der Bevölkerung. Der Wandel der Haushalts- und Familienformen ist gekennzeichnet von einer kontinuierlichen Abnahme der durchschnittlichen Haushaltsgröße und einer absoluten wie relativen Zunahme der Ein-Personen-Haushalte. In Deutschland ist absehbar, dass in Zukunft knapp drei Viertel der Bevölkerung in Haushalten mit höchstens drei Personen leben werden. Heute sind es noch zwei Drittel.

- So ist bei den Ein-Personen-Haushalten ein überproportionales Wachstum zu erwarten, das insbesondere auf die älteren, allein lebenden Menschen zurückzuführen ist.
- Noch stärkeren Zuwachs wird die Zahl der Zwei-Personen-Haushalte verzeichnen, die neben kinderlosen jüngeren Paaren und Alleinerziehenden mit Kind einen zunehmenden Anteil älterer Ehepaare umfasst, deren Kinder bereits ausgezogen sind.

- Während die Drei- und Vier-Personen-Haushalte vorerst noch leicht zunehmen werden, zeichnet sich bei den Haushalten mit fünf und mehr Personen schon für die kommenden zehn Jahre eine Reduzierung um die Hälfte ab.

Dies lässt den Schluss zu, dass die Haushaltsgröße umso kleiner wird, je älter die Bewohner eines Haushaltes sind. Im Jahr 2000 lebten bereits über die Hälfte aller Menschen im Alter von 60 Jahren und mehr in einem Ein-Generationen-Haushalt.

1.2. Einkommensverteilung und Einkommensentwicklung

Einen insgesamt zunehmenden Anteil am Volkseinkommen werden künftig ältere Erwerbsgruppen und Rentner auf sich vereinen. Mit 50 % der Kaufkraft in Deutschland und mehr als einer halben Billion Euro Geldvermögen stellen die über 50-Jährigen bereits heute die finanzkräftigste Käufergruppe. Das umschriebene Kaufkraftpotenzial hat bei der Beurteilung der Nachfrageentwicklung eine Steigerung der Attraktivität gerade dieser Altersgruppe zur Folge.

Die privaten Haushalte in Deutschland verfügten im Jahr 2002 netto über ein Einkommen in Höhe von 1.386 Mrd. Euro, wovon sie 1.242 Mrd. Euro für den privaten Konsum ausgaben. Der Rest in Höhe von 144 Mrd. Euro wurde gespart, das sind 10,4 % des verfügbaren Einkommens[1]. Das Volkseinkommen setzt sich dabei größtenteils aus Arbeitnehmerentgelten (72 %) zusammen[2]. Die Einkommen aus Unternehmertätigkeit und Vermögen stellen zwar den kleineren Anteil am Volkseinkommen, sie wuchsen jedoch in dem vergangenen Jahrzehnt wesentlich schneller als das Erwerbseinkommen. Die Nettolöhne und –gehälter stagnierten derweil sogar[3]. Die aus dem Bevölkerungsrückgang[4] resultierende Abnahme des Arbeitsangebotes lässt aber den Schluss zu, dass es zu einem Lohnanstieg kommt. Nach Abzug der Preissteigerungen erfolgt demnach sowohl bei den Erwerbstätigen als auch bei den an die Lohnentwicklung gekoppelten Rentenbeziehern im Saldo ein Kaufkraftzuwachs.

Die Ausgliederung aus dem Arbeitsprozess wird jedoch relativ früh vollzogen. Bis zum 55. Lebensjahr ist die Erwerbsbeteiligung der Bevölkerung zwar noch relativ hoch. Die Quote für Erwerbstätige[5] im Verhältnis zur gleichaltrigen Bevölkerung liegt im Jahr 2001 für 50- bis 54-jährige Männer noch bei 83 %, für

---

[1] Vgl. *Deutsche Bundesbank* (2003), S. 66.
[2] Vgl. *Deutsche Bundesbank* (2003), S. 60.
[3] Vgl. *BMA* (200x).
[4] Der voraussichtliche Beginn des Bevölkerungsrückganges liegt in Deutschland laut *Prognos* im Jahr 2005 und nach Angaben des Statistischen Bundesamtes im Jahr 2013 (5. Variante); vgl. *Prognos* (2002); *Statistisches Bundesamt* (2003).
[5] Gemeint sind Personen, die in einem Arbeitsverhältnis stehen (einschließlich Mithelfende Familienangehörige), selbständig ein Gewerbe oder eine Landwirtschaft betreiben oder einen freien Beruf ausüben.

gleichaltrige Frauen bei 66 %[1]. Bis zum 60. Lebensjahr haben allerdings bereits drei Viertel der Bevölkerung ihre Berufstätigkeit aufgegeben. Der Übergang in den Altersruhestand erfolgt somit im Durchschnitt weit vor der gesetzlichen Regelaltersgrenze von 65 Jahren. Bei einem Eintritt in den Ruhestand im Alter von 60 Jahren beläuft sich die nachberufliche Lebensphase im Jahr 2020 bei einer durchschnittlichen Lebenserwartung von etwa 80 Jahren somit auf 20 Jahre, dieser Abschnitt umfasst ein Viertel der gesamten Lebenszeit.

Bei einem Nettorentenniveau in Höhe von 72 %[2] im Jahr 2000 lag die Durchschnittsrente bei den Männern bei 952 Euro im Westen und 982 Euro im Osten; bei den Frauen bei 456 Euro im Westen und 614 Euro im Osten Deutschlands[3]. Allerdings bilden Rentner, die 45 Jahre lang ununterbrochen gearbeitet haben, die Ausnahme. Zweitens haben die wenigsten während dieses Zeitraums ein sich völlig gleichförmig entwickelndes Erwerbseinkommen erzielt. Und drittens stellt ein Anteil von rund 70 % des letzten Nettolohns nicht mehr als den Sozialhilfesatz dar, wenn das Einkommen im Laufe des Lebens nur halb so hoch war wie das Durchschnittseinkommen der Erwerbstätigen. In vielen Fällen lässt sich mit dieser Rentenhöhe der Lebensstandard schon heute nicht mehr aufrechterhalten. Viele Rentner erzielen daher noch zusätzliche Einkommen: Ein Teil geht weiter einer Erwerbsarbeit nach, die Mehrzahl stützt sich jedoch auf ihre Ersparnisse. Verbrauchen Versicherte, die in den 90er Jahren in Rente gingen, binnen 20 Jahren ihr gesamtes Geldvermögen, können sie ihre Lohnersatzquote[4] auf 73 % erhöhen. Setzen indes die Eigentümer von Immobilien auch diese für ihren Lebensunterhalt ein, steigt die Ersatzquote auf etwa 145 %[5]. Allerdings ist dazu nur etwa die Hälfte der Rentnerhaushalte in der Lage. Zugleich ist unterstellt, dass auch bei einer hohen Verwertung von Immobilieneigentum für Zwecke der Alterssicherung das heutige Preisniveau beibehalten wird. Aber auch dann dürfte die Versorgungslage von Immobilieneigentümern ungleich besser sein, als die von Mieterhaushalten.

Nach der Rentenreform 2001 soll das Rentenniveau, das derzeit bei 70 % des letzten Nettolohns liegt, bei Versicherten, die vor 2011 in Rente gehen, bis 2030 auf 68 % und für solche, deren Renteneintritt nach 2011 liegt, auf 64 % fallen[6]. Das gilt jedoch nur für die Haupteinkommensbezieher. Die Ersatzquote von zeitweise versicherungspflichtigen Erwerbstätigen liegt in der Regel noch niedriger.

---

[1] Vgl. *Statistisches Bundesamt* (2001).
[2] Voraussetzung sind 45 Versicherungsjahre.
[3] Vgl. *BMA* (2002); *VDR* (2002).
[4] Die Lohnersatzquote gibt die Rente nach Steuern in Prozent des zuletzt erzielten Nettolohns an.
[5] Vgl. *DIA* (2000), S. 2 ff.
[6] Letztere sollen nach den Plänen der *Rürup*-Kommission erst im Alter von 67 Jahren in Rente gehen.

Dennoch ist die Altersversorgung, insbesondere der jüngeren Rentnerjahrgänge, im Allgemeinen ausreichend und oft sogar gut. Die hohe Belastung durch die Gewährleistung der Rentenzahlungen kann aber nicht entsprechend dem Anstieg des älteren Bevölkerungsteils gesteigert werden. Deshalb werden sich die Grundlagen der Altersversorgung in den kommenden Jahren und Jahrzehnten nachhaltig verändern, und das Rentenniveau wird insgesamt stark zurückgehen[1]. Durch das Renteneinkommen allein kann die Finanzierung eines gesteigerten Selbstkostenanteils bei der medizinischen Versorgung im Alter demnach kaum getragen werden. Zumal der Anstieg der Risiken bei den einzelnen Finanzanlagen zur kapitalgedeckten Alterssicherung einen Ausgleich für die zu erwartende Reduzierung der Rentenzahlungen gefährdet und ein Mehreinkommen in Frage gestellt.

Da sich in Abhängigkeit vom Ertrag der jeweiligen Alterssicherung Divergenzen beim verfügbaren Einkommen immer weiter vergrößern, wird es zwangsläufig zu erheblichen Versorgungslücken kommen. 2010 werden die verfügbaren Einkommen nur noch 88 % und 2020 sogar nur noch 82 % des allgemeinen Mittelbedarfs der Rentnerhaushalte decken[2], wobei der zusätzliche altersbedingte Bedarf an medizinischer Versorgung noch unberücksichtigt ist. Geht man vom bisherigen Sparverhalten privater Haushalte in Deutschland aus, wird ein steigender Mittelbedarf von Rentner- und Pensionärshaushalten künftig aus diesen Mitteln kaum zu decken sein. Die Bedeutung der gesetzlichen Rente geht gleichzeitig weiter zurück. Die zu erwartenden Steigerungen aus Betriebsrenten, privatem Vermögenseinkommen und Erwerbsarbeit werden den größeren Mittelbedarf nur teilweise auffangen können. Um die Lücke durch höhere Einnahmen zu schließen, müssten die verfügbaren Einkommen von Rentnerhaushalten bis 2010 um 13 % und bis 2020 um 22 % steigen, was aber von der gesetzlichen Rentenversicherung nicht zu erwarten ist.

Ausgehend von einem moderat steigenden Lohnniveau kann deshalb sowohl beim Arbeitsentgelt als auch bei den Renten von einer stärkeren Einkommensdifferenzierung ausgegangen werden, nur dass sich insbesondere bei den Rentenbeziehern je nach Höhe und Rentabilität der zusätzlich betriebenen privaten Vorsorge eine noch größere Einkommensschere auftut. Dies hat zur Folge, dass die Fähigkeit zur Selbstkostenbeteiligung stärker variiert.

Hohe Produktivitätssteigerungen und Wachstumsraten, von denen ein steiler Anstieg der Erwerbseinkommen und später der Altersrenten erwartet wird, sind darüber hinaus unrealistisch[3]. Auch die Erwartung einer Einkommenssteigerung durch Erbschaften lässt außer Acht, dass Erfahrungen der Vergangenheit in einer stark alternden Bevölkerung leicht ihre Gültigkeit verlieren. So wird Vermögen

---

[1] Vgl. *DIW* (2003).
[2] Vgl. *DIA* (2002).
[3] Vgl. *Deutsche Bank Research* (2001).

beispielsweise zunehmend nicht mehr vererbt, sondern von denen, die es gebildet haben, mit größerer Wahrscheinlichkeit - insbesondere bei einer im Alter anfälligeren Gesundheit und der zu erwartenden, in der Politik geforderten Erhöhung des Selbstkostenanteils - im Laufe ihres Lebens verzehrt werden.

1.3. Vermögensbildung

Die Versorgungslücken müssen daher mit höheren Sparbeträgen gefüllt werden. Das bedeutet gegenüber heute eine umwälzende Veränderung des Sparverhaltens, für die es noch keinerlei Anzeichen gibt. Um eine zehnprozentige Einkommenslücke im Rentenalter schließen zu können, müsste das Geldvermögen der Haushalte mit einem Vorstand von unter 60 Jahren schon heute um etwa 20 % höher sein bzw. – unter Einbeziehung der Immobilienwerte – um 12 % des gesamten Nettovermögens größer sein. Ähnlich hoch ist der Sparbedarf, wenn unterstellt wird, dass die künftigen Erwerbstätigen nicht stärker für Zwecke der gesetzlichen Alterssicherung belastet werden als die heutigen, die derzeitigen Beitragssätze also eingefroren werden und der Steueranteil an der Rentenfinanzierung nicht erhöht wird.

Für die Höhe der Konsumausgaben auf dem Krankenhaus-, Rehabilitations- und Pflegemarkt ist somit die Frage, welcher Anteil am Einkommen von den Haushalten zum Sparen verwendet wird und welcher ihnen zur freien Verfügung steht, entscheidend. Die bisherige Entwicklung legt den Schluss nahe, dass die jährliche Ersparnis weiter zurück geht und die Ausgabenneigung steigt.

In Westdeutschland blieb der Anstieg der Sparquote[1] seit Mitte der 70er Jahre hinter dem Zuwachs des verfügbaren Einkommens zurück. Der Rückgang der Sparquote hat sich nach 1990 in Gesamtdeutschland manifestiert; so sank die Quote von 13 % zu Beginn der 90er Jahre auf 10 % in 2000, was einer Ersparnis in Höhe von 128 Mrd. Euro entspricht. Bei einer Fortschreibung der Abnahme der Sparquote und damit einhergehend dem Bedeutungsverlust des Sparens liegt der Umkehrschluss nahe, dass eine verstärkte Hinwendung zum Konsum erfolgen könnte.

Ein weiteres Absinken der Sparquote ist jedoch nicht zu befürchten, da sich die Motive für das Beiseite legen von Einkommen festigen werden. Neben dem Sparen für größere Anschaffungen erhält das Sparen für die Altersvorsorge und damit der Absicherung eines unter finanziellen wie auch gesundheitlichen Aspekten betrachteten sorgenfreien Lebensabends einen höheren Stellenwert. Gebrochene Erwerbsbiographien und damit einhergehende Abstriche bei den Rentenansprüchen führen bei gleichzeitiger Absenkung des Rentenniveaus und einem verlängerten dritten Lebensabschnitt zu einem erhöhten Vorsorgesparen[2]. Das Sparen

---

[1] in Prozent des verfügbaren Einkommens.

[2] Vgl. *Börsch-Supan/Essig* (2002).

für den Ruhestand als eine zusätzliche Möglichkeit zur Vorsorge neben dem umlagefinanzierten Alterssicherungssystem wird in Zukunft in Anbetracht der Bedeutung des steigenden Wertes von *Gesundheit* und *seelischem Wohlbefinden* eine Selbstverständlichkeit werden.

Ein differenzierter Blick auf die Einkommensverteilung zeigt jedoch, dass bedingt durch die bisher bereits erfolgte Alterung der Gesellschaft sowie die Verschlechterung der Arbeitsmarktlage der Anteil von Rentner- und Arbeitslosenhaushalten überproportional zugenommen hat und deren Einkommen deutlich unter dem Durchschnittseinkommen liegt. Somit verringert sich der Zeitraum zum Sparen im erwerbstätigen Alter erheblich. Der Anteil der Rentnerhaushalte wird sich in den kommenden Jahrzehnten allerdings bei weitem stärker erhöhen, als der Rückgang der Arbeitslosigkeit durch das sinkende Arbeitsangebot die Nichterwerbstätigenhaushalte zu reduzieren vermag, so dass die Anzahl der Haushalte ohne Erwerbstätige beträchtlich zunehmen wird. Gleichzeitig wird der Anteil der Erwerbstätigenhaushalte weiter abnehmen[1].

Das voraussichtliche Absenken der Ausbildungszeiten und der Studiendauer aufgrund des verstärkten Wettbewerbs auf den Arbeitsmärkten sollte zwar für einen früheren Zeitpunkt beim Berufseinstieg und damit einen längeren Zeitraum für die Vermögensbildung sorgen. Aber die erhöhten Anforderungen auf dem Arbeitsmarkt dürften jedoch dazu führen, dass mehr junge Menschen einen höheren Bildungsabschluss anstreben und sich damit insgesamt die Ausbildungszeit nicht verkürzt. Die Phase des Sparens wird somit nicht ausgedehnt. Die erhöhte Lebenserwartung verteilt die Ersparnis indessen auf einen längeren Zeitraum, so dass es erforderlich wird, mit dem zur Verfügung stehenden Vermögen sparsamer zu haushalten.

Aus demographischer Sicht werden zudem weit weniger junge Haushalte, die sich noch in der Ansparphase befinden, einer größeren Anzahl von Haushalten gegenüber stehen, die ihre angesammelten Ersparnisse auflösen und für Konsumzwecke ausgeben. Mit steigender Lebenszeit geht aber ein erhöhter Vermögensverzehr einher. Dennoch kann eine wachsende Zahl von Haushalten mit Erbschaften rechnen, die in Umfang und Höhe auf das Sparverhalten einen maßgeblichen Einfluss nehmen.

Nach den Schätzungen der Deutschen Bundesbank hat das Bruttovermögen der Deutschen einschließlich Immobilienvermögen einen Wert von über 8 Bio. Euro. Dabei besteht die Hälfte des Privatvermögens aus Immobilien.

---

[1] Prognos rechnet für 2020 mit 40 Mio. Personen, die ihre Arbeitskraft anbieten, das sind 1,7 Mio. weniger als heute.

Abb. 1: Vermögenszusammensetzung in Deutschland 1999

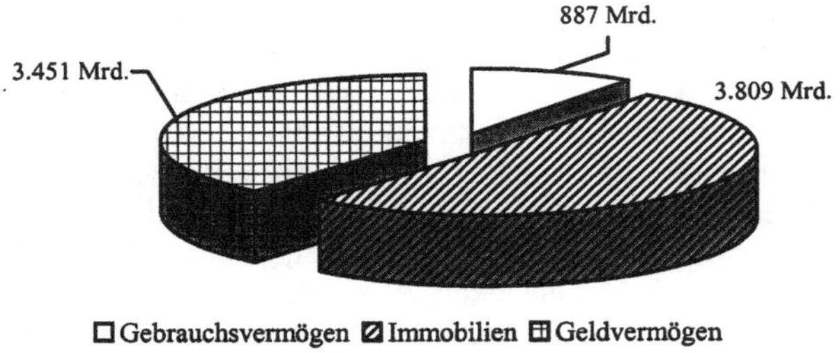

Quelle: Deutsche Bundesbank 2000 (absolute Werte in Euro)

Bei den 55-Jährigen und Älteren hatte das Immobilienvermögen nach Abzug der Restschulden 1995 einen Verkehrswert von 1,43 Bio. Euro; ein Wert, der sich bis 2020 verdoppeln dürfte. Ähnlich wird es sich beim Geldvermögen verhalten, das bei derselben Altersgruppe 1995 schätzungsweise 0,66 Bio. Euro betrug. Nimmt man an, dass nur ein Zwanzigstel dieses Vermögens bis 2020 vererbt wird, so beläuft sich die Summe aller Erbschaften auf 209 Mrd. Euro[1].

Im Ergebnis ergibt sich in Zukunft je nach Höhe und Ertrag des individuellen Vorsorgesparens ein größeres Wohlstandsgefälle. Wohneigentum stellt sich dabei als ein bedeutender Wohlstandsindikator heraus, der zu einem großen Teil bei den über Fünfundsechzigjährigen zu finden ist, womit sich diese einen beachtlichen Vermögensbestand im Alter sichern. Der zunehmende Vermögensverzehr könnte darüber hinaus durch die in den kommenden Jahren zu erwartenden hohen Erbschaftsbeträge bei weitem kompensiert werden, besitzt doch jeder Rentnerhaushalt in Deutschland statistisch gesehen im Durchschnitt ein Gesamtvermögen von schätzungsweise 180.000 Euro[2].

Die wirtschaftliche Situation der Senioren lässt sich nach Analyse der Vermögensverhältnisse als durchaus gut bezeichnen. Das Gesamtvermögen der Deutschen über 65 Jahre stellt immerhin ein Viertel des Vermögens aller Privathaushalte in Deutschland dar. Im Verhältnis zu ihrem Anteil an der Bevölkerung (16 %) bedeutet dies eine hohe Konzentration von Vermögen bei den älteren Menschen, das der für sie eher nachteiligen Einkommensentwicklung entgegenwirkt.

---

[1] Vgl. *Prognos* (1999), S. 52.
[2] Vgl. *DIA* (2001), S. 27.

1.4. Nachfrageverhalten

Das Nachfrageverhalten wird in Zukunft nicht nur durch Milieuzugehörigkeiten bestimmt, sondern sich darüber hinaus verstärkt nach Generationsgrenzen differenzieren. Diese strukturelle Veränderung ist auf das wachsende Gewicht älterer Bevölkerungsgruppen zurückzuführen. Damit wird der Trend der zunehmenden Fokussierung auf Jugendliche und junge Erwachsene als eine zentrale Zielgruppe für Konsumgüter und Dienstleistungen, der in den 80er Jahren begonnen hat, abgelöst. Für das Gesundheitswesen bedeutet dies, dass das bisher stark einseitige Marketingkonzept unter Vernachlässigung der älteren Verbraucherschichten oder ihre nur periphere Einbeziehung vor diesem Hintergrund im Sinne einer Erschließung weiterer Absatzpotenziale neu zu überdenken ist.

Für eine umfassende Analyse des Nachfrageverhaltens bedarf es allerdings zusätzlich lebensverlaufsbezogener Kohortenanalysen, die neben der Dynamik verschiedener Haushaltskonstellationen auch die Folgen geburtskohortenspezifischer Prägungen auswertet. Der "Konsument der Zukunft" ist demnach in seinem Verbraucherverhalten durch zentrale Merkmale geprägt, die auf kohortenspezifischen Konsumbiographien basieren: Entsprechend der jeweiligen Prägung einer Generation, die mit dem 30. Lebensjahr abgeschlossen ist, bilden sich so bestimmte Konsumstile heraus, die als Kerntendenzen eine Konsumententypologie beschreiben und eine Prognose bezüglich des zukünftigen Konsumentenverhaltens zulassen. Dabei stellt sich als problematisch heraus, dass bei Konsumententypologien eine Fortschreibung der Idealtypen in die Zukunft die Realität nur unzureichend beschreibt. Der mit der Verschiebung der Altersgruppen verbundene weitere Anstieg der Verbrauchergruppen älterer Menschen wird den Verbrauch jedoch mit großer Wahrscheinlichkeit insgesamt mehr als bisher durch die speziellen Bedürfnisse älterer Menschen prägen.

Die zur Abnahme der Bevölkerung gegenläufige Entwicklung der Anzahl der Haushalte ist darüber hinaus mit einer wachsenden Differenzierung im Konsumverhalten verbunden. Eine stärkere Lohndifferenzierung und wachsende Einkommensdifferenzen bei den Renten - verursacht durch die individuelle private Vorsorge - lassen mehrere große Verbrauchsgruppen entstehen, die es weiter erschweren, einen Durchschnittshaushalt oder gar Durchschnittsverbraucher zu identifizieren. Grob lassen sich aber folgende Verbrauchergruppen unterscheiden:

- Doppelverdiener mit hohem Einkommen und mündigem sowie anspruchsvollem Konsumverhalten.
- Junge konsumfreudige Menschen mit teilweise eigenem Einkommen oder Unterstützung seitens der Eltern.
- Junge Alte, die ihr erarbeitetes, gespartes und ererbtes Geld bei Gesundheit ausgeben und genießen wollen.

- Hochbetagte Menschen, die weniger kaufkräftig und vital sind.
- Ausländer und Zuwanderer, deren Konsum- und Anspruchsverhalten sich aus Anpassung und heimatlicher Tradition zusammensetzen.
- Arbeitslose und unregelmäßig Beschäftigte, denen nur wenig Geld zum Konsum von Gesundheitsdienstleistungen zur Verfügung steht und bei denen der Staat zur Sicherstellung einer medizinischen Grundversorgung einen Zuschuss leisten muss.

2. Demographische Auswirkungen auf den Krankenhaus-, Rehabilitations- und Pflegemarkt

Die Auswirkungen der demographischen Veränderungen sind bei einem konsumnahen Wirtschaftszweig wie dem Gesundheitswesen plausibel nachzuzeichnen. Dieser Bereich setzt sich aus heterogenen Subbranchen zusammen, die hier in die drei Teilmärkte der Akutversorgung in Krankenhäusern, der Vor- und Nachsorge in Rehabilitationseinrichtungen und der Betreuung von Pflegebedürftigen in ambulanten oder stationären Pflegeeinrichtungen untergliedert werden[1]. In der Folge werden Entwicklungstrends aufgezeigt, bei denen die Höhe der Konsumausgaben durch die vorausgegangene Analyse der wichtigsten Einflussfaktoren des privaten Verbrauchs bestimmt wird.

Der Ausgabenanteil der Haushalte älterer Menschen für Gesundheitsdienstleistungen wird gemessen am verfügbaren Renten- und Pensionärseinkommen bis 2020 einen erheblichen Anstieg verzeichnen. Ausschlaggebend für die Anteilszunahme, die sogar zur Entstehung von Versorgungslücken führen kann, ist allerdings auch der starke Anstieg der Kosten für Gesundheit und Pflege. Aufgrund des Bevölkerungsrückgangs wird die personenbezogene Konsumnachfrage aber insgesamt rückläufig sein.

Bei der Nachfrage nach Gesundheitsdienstleistungen ist vor dem Hintergrund der demographischen Veränderungen in den kommenden Jahren mit einem überproportionalen Wachstum zu rechnen. Der Anteil von allgemeinen Dienstleistungen am Bruttoinlandsprodukt kann 2020 in Deutschland insgesamt bereits bei über 70 % liegen. Hier werden vor allem die so genannten sonstigen Dienstleistungen verstärkt nachgefragt. Dazu gehören vor allem private Gesundheitsdienste. Dabei werden insbesondere diejenigen Fachbereiche, die der zunehmenden Zahl älterer Menschen zu Diensten stehen, beispielsweise die Geriatrie (Altersheilkunde), von der Alterung der Gesellschaft profitieren.

Ein starker Anstieg im Bedarf ist somit bei den Gesundheits- und Pflegediensten aus demographischer Sicht unzweifelhaft. Hier ist bis 2020 geradezu eine Ver-

---

[1] Die Beschäftigung, Internationalisierung (gemessen am Anteil der Exporte am Gesamtumsatz) sowie die Konzentration innerhalb des Wirtschaftszweiges bleiben bei dieser ersten Sichtung noch unberücksichtigt.

doppelung der Ausgaben bei den Rentnerhaushalten zu prognostizieren[1]. Von dieser Entwicklung werden insbesondere Einrichtungen für die Pflege und Rehabilitation sowie die Akutversorgung in Krankenhäusern betroffen sein.

2.1. Pflegemarkt

In Deutschland waren im Dezember 2001 rund 2 Mio. Menschen im Sinne des GB XI pflegebedürftig. Fast drei Viertel der Pflegebedürftigen werden dabei zu Hause versorgt. Gut eine Million der Betroffenen erhielt ausschließlich Pflegegeld, da sie von ihren Angehörigen versorgt wurden. 415.000 Pflegebedürftige lebten in Privathaushalten, erhielten die Pflege aber zum Teil oder vollständig durch ambulante Pflegedienste. Rund ein Viertel der Pflegebedürftigen (28 %) wurden hingegen in Pflegeheimen betreut, davon 550.000 Pflegebedürftige (96,6 %) in vollstationärer Dauerpflege und lediglich 10.500 Pflegebedürftige (1,8 %) in teilstationärer Pflege. Das folgende Organigramm gibt einen Überblick über die Struktur des Kreises der Betroffenen:

Abb. 2: Betreuung der Pflegebedürftigen

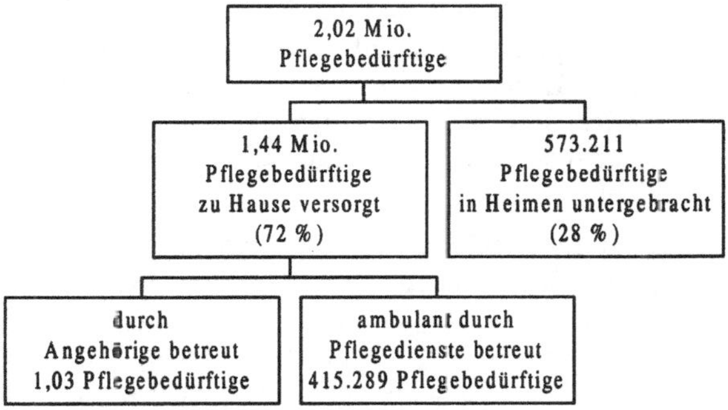

Quelle: Statistisches Bundesamt 2001

Eine erhöhte Pflegewahrscheinlichkeit bei vorangeschrittenem Alter gilt als nachgewiesen. So sind 80 % der Pflegebedürftigen 65 Jahre und älter. Nur ein Fünftel der Pflegebedürftigen ist bis zu 65 Jahre alt. Die Pflegebedürftigen zwischen 65 und 80 Jahre haben bereits einen Anteil von 30 %. Die über 80-Jährigen machen dagegen das Gros der Pflegebedürftigen mit 50 % aus, siehe folgende Abbildung:

[1] Vgl. *DIA* (2002).

Abb. 3: Alter der Pflegebedürftigen

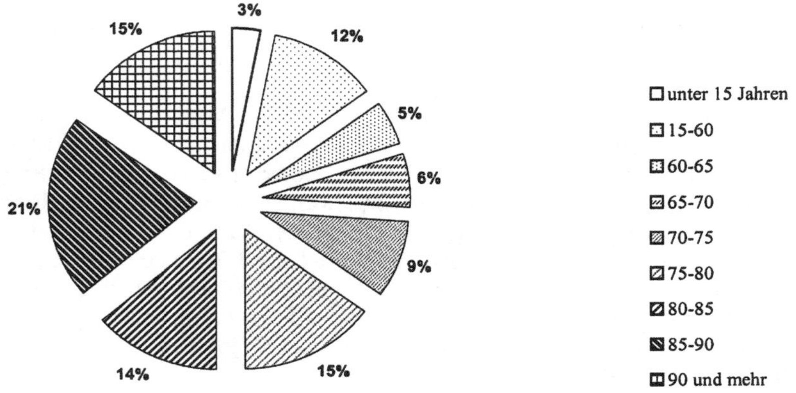

Quelle: Statistisches Bundesamt 2001

Der Anteil der Pflegebedürftigen beträgt bei den über 90-Jährigen sogar etwa 60 %. Bei dieser Altersgruppe ist in Zukunft außerdem mit einer Vervielfachung zu rechnen. Die steigende Lebenserwartung jüngerer Geburtengänge und die zunehmende Alterung der Gesellschaft nehmen somit maßgeblich Einfluss auf die Zahl der Pflegebedürftigen, was die Pflegewahrscheinlichkeit in Abhängigkeit zum Alter verdeutlicht.

Die demographischen Entwicklungen werden bewirken, dass sich künftig der Kreis der potenziellen Pflegebedürftigen noch weiter erhöht. Es wird geschätzt, dass von 2000 bis 2010 die Anzahl der älteren Menschen (60 Jahre und älter) um 2 Mio. auf 21 Mio. Menschen steigt. Dabei wird bereits 2010 jeder vierte Deutsche voraussichtlich älter als 60 Jahre sein. Noch liegt dieser Anteil bei einem Fünftel[1].

Zurzeit sind rund 10 % der über 60-Jährigen pflegebedürftig. Bei Beibehaltung dieses Anteils wird die Anzahl der Pflegebedürftigen und damit die Nachfrage nach Pflegeleistungen von 2 Mio. in 2000 um 220.000 Menschen in 2010 und danach um weitere 660.000 Menschen auf knapp 3 Mio. Pflegebedürftige in 2030 steigen. Die Zahl der Menschen, die über 60 Jahre alt sind, wird sich indessen mittel- und langfristig stark erhöhen.

---

[1] Vgl. *Statistisches Bundesamt* (2003).

Abb. 4: Pflegewahrscheinlichkeit (Pflegebedürftigkeit in Abhängigkeit vom Alter)

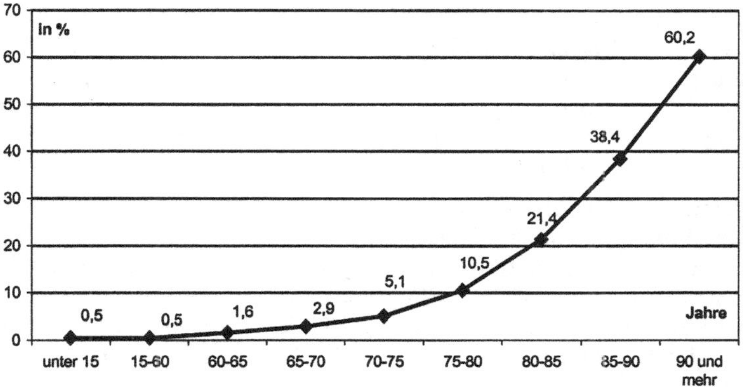

Quelle: Statistisches Bundesamt 2001

Der Anteil der einen Million, ausschließlich von Angehörigen gepflegten Pflegebedürftigen wird bei Beibehaltung seines Anteils bis 2010 auf 1,14 Mio. und bis 2030 auf 1,47 Mio. anwachsen. Bei der zu beobachtenden Abnahme der Familienpflege werden Pflegebedürftige jedoch in bedeutender Anzahl in den Bereich der professionellen ambulanten Altenpflege wechseln oder gänzlich in ein Pflegeheim umziehen. Aufgrund der veränderten Lebensverhältnisse (u.a. wachsende Frauenerwerbstätigkeit) und kleineren Haushaltsgrößen (z.B. Anstieg von Single-Haushalten) werden die ausschließlich von Angehörigen betreuten Betroffenen fremde Hilfe nachfragen müssen.

Bei einer gleichbleibenden Quote von 28 % bei den Pflegebedürftigen, die stationär in Heimen untergebracht sind, steigt die Anzahl der auf Pflege angewiesenen Menschen von 573.000 auf 628.000 in 2010 und 806.000 in 2030. Wird unterstellt, dass das jetzige Angebot von 645.000 Pflegeplätzen bedarfsgerecht ist, würde rechnerisch das stationäre Angebot bis 2010 auf 710.000 Plätze und bis 2030 auf rund 920.000 Plätze steigen müssen.

Diese Berechnungen berücksichtigen noch nicht die Auswirkungen der Singularisierung der Lebensläufe oder die Änderung der Rahmenbedingungen, die zu einem weiteren Anstieg der Anzahl der Betroffenen führen. Bisher ungelöst ist zum Beispiel das Problem der ca. 800.000 Menschen, die an einer Form der Demenz leiden. Diese Personen sind betreuungsbedürftig. Sie werden aber zurzeit durch das Pflegeversicherungsgesetz häufig nicht als pflegebedürftig eingestuft.

Die zukünftige Entwicklung der einzelnen Bereiche der stationären Pflege wird unter den gegebenen rechtlichen und finanziellen Bedingungen nicht im Gleichschritt verlaufen. Bei der Abwägung zwischen häuslicher Pflege kombiniert mit Tagespflege und einer vollstationären Pflege in einer Einrichtung fällt die Entscheidung auch aus finanziellen Erwägungen gegen die Tagespflege aus. Hinzu kommen bei der Tagespflege durch den täglichen Transport physische und eventuell psychische Belastungen, die bei einer Unterbringung in einem Heim dementsprechend wegfallen.

Bei einem kontinuierlich ansteigenden Bedarf stehen in diesem Bereich wegen der erst 1995 eingeführten Pflegeversicherung allerdings nur begrenzt Finanzmittel zur Verfügung, so dass bei einer größeren Einkommens- und Vermögensdifferenzierung nur ein Teil der Pflegebedürftigen einen Aufenthalt in einer Pflegeeinrichtung selbst finanzieren kann. Für den Staat werden bei monatlichen Kosten (im Durchschnitt) in Höhe von schätzungsweise 2.500 Euro für einen stationären Aufenthalt noch erhebliche Finanzierungsschwierigkeiten zutage treten, die zur Vermeidung von sozialen Unruhen, ausgelöst durch eine drohende Verwahrlosung der Bedürftigen, diesen Ausgabenposten wieder ansteigen oder abermals zu Lasten der Sozialhilfe gehen lässt.

Es ist somit davon auszugehen, dass vor allem aufgrund der demographischen Entwicklungen die Anzahl der Pflegebedürftigen unter Annahmen des Status quo auf knapp 3 Mio. Menschen im Jahr 2030 steigt. Geriatrische Erkrankungen werden sich ausweiten und durch Multimorbidität wird es eine weitere Zunahme von Pflegefällen, insbesondere Schwerstpflegefällen geben, die aufgrund der preiselastischen Nachfrage das Gesundheitswesen vor noch größere Herausforderungen stellen und den Staat zum Handeln zwingen wird.

2.2. Rehabilitationsmarkt

Altersbedingte körperliche und psychische Funktionsstörungen treten in Verbindung mit der zunehmenden Alterung in der Gesellschaft vermehrt auf. Infolge des zu erwartenden Bedarfsanstiegs aufgrund der Verschiebung der Altersgruppen und der steigenden Lebenserwartung sowie des vermehrten Auftretens chronischer Erkrankungen und technischer Weiterentwicklungen gerät die Vorbeugung vor gesundheitlichen Beeinträchtigungen auch aus Wirtschaftlichkeitsgesichtspunkten zunehmend in den Vordergrund.

Rehabilitationsmaßnahmen, die zur Wiederherstellung der beeinträchtigten Körperfunktionen eingesetzt werden, verfolgen daher das Ziel, die Teilnahme am Berufsleben und am sozialen Alltag wieder zu ermöglichen. Die Erhaltung der Erwerbsfähigkeit im arbeitsfähigen Alter ist somit insbesondere aus volkswirtschaftlicher Sicht erstrebenswert. Vor dem Hintergrund eines sinkenden Arbeitsangebotes steigt die Notwendigkeit der Rehabilitation als spezifische Gesundheitsleistung in Ergänzung zur akutmedizinischen Behandlung. Zwei Drittel aller

Rehabilitanden, die von der Rentenversicherung unterstützt werden, sind im Anschluss an die Behandlung im Folgenden für mindestens fünf Jahre berufstätig und bleiben damit der Gemeinschaft auch als Beitragszahlende für die Sozialversicherung erhalten. Rehabilitative Leistungen verbessern nicht nur die Lebensqualität der Rehabilitanden, sondern tragen ebenso dazu bei, Kosten im Gesundheitswesen und darüber hinaus gesamtwirtschaftliche Kosten zu reduzieren und damit einen gesellschaftspolitischen Beitrag zu leisten. Empirische Untersuchungen weisen nach, dass die erfolgreiche Durchführung einer Reha-Maßnahme dazu beiträgt, Arztbesuche zu reduzieren und den Medikamentenkonsum abzusenken.

Dieses auch für die Volkswirtschaft nutzbringende Eigeninteresse führt allerdings zu der Frage, wie die begrenzt zur Verfügung stehenden finanziellen Ressourcen in der Gesundheitsversorgung optimal und unter Berücksichtigung der Verteilungsgerechtigkeit eingesetzt werden können. Die Differenz zwischen Antragszahl und Bewilligung von medizinischen Leistungen verdeutlicht die Problematik.

Weitere Schwerpunkte neben der Vor- und Nachsorge stellen der Wellness- und der Fitness-Bereich dar, die eine über den klassischen Reha-Patienten hinausgehende Zielgruppe erreichen. Hierbei handelt es sich um eine anspruchsvolle und zahlungsfähige Klientel, deren Zahlungsbereitschaft weit über der des herkömmlichen Patientenkreises liegt und neue Einnahmequellen erschließen lässt. Die Wahrnehmung solcher Angebote bleibt in Zukunft durch die steigende Divergenz in den verfügbaren Einkommen allerdings nur wenigen Einkommensgruppen vorbehalten.

2.3. Krankenhausmarkt

Der signifikante Anteil der Krankenhauskosten an den Gesundheitsausgaben unterstreicht den großen Einfluss der Entwicklungen im Krankenhauswesen auf das Gesundheitssystem. Unter allgemeinen Krankenhäusern werden Kliniken verstanden, in denen Patienten mit akuten Beschwerden, die eine sofortige Behandlung benötigen, stationär aufgenommen und versorgt werden.

Das Spektrum an Krankheitsbildern hat sich zwar u.a. mit Hilfe verbesserter Diagnose- und Therapiemöglichkeiten verändert und vergrößert. Dem daraus resultierenden Bedarf an zusätzlichen medizinischen Leistungen kann vor allem wegen neuartiger und detaillierterer Diagnoseverfahren sowie umfangreicher Therapiemöglichkeiten nachgekommen werden. Schwieriger stellt sich dabei aber die Finanzierung der Gesundheitsleistungen dar, die sich in den Milliardendefiziten der Hauptkostenträger, der Krankenkassen, widerspiegelt. Die geforderte Beitragssatzstabilität der Sozialversicherungsbeiträge (nach SGB V §71) zur Vermeidung eines weiteren Anstiegs der Lohnnebenkosten grenzt den Spielraum stark ein, so dass alternativ eine Erhöhung des Volkseinkommens wünschenswert wäre, die sich aber nur für einzelne Einkommensgruppen ergeben wird.

Ein Blick auf die Dauer eines Krankenhausaufenthaltes unter Berücksichtigung des Alters verdeutlicht den Zwiespalt, der sich in dem demographischen Zusammenhang ergibt. Denn sowohl die Häufigkeit als auch die durchschnittliche Verweildauer eines stationären Aufenthaltes steigen mit zunehmendem Alter massiv an. So verbrachte 1999 ein über 65-Jähriger mit 13 Tagen eine über 60 % längere Zeit in der Klinik als ein 15- bis 45-Jähriger mit nur 8,6 Tagen. Auch die Höhe der Verweildauer bei älteren Personen über 80 Jahre stieg in den 90er Jahren bereits um 2,2 Tage an. Die Verschiebung der Altersstruktur treibt somit die Kosten pro Fall weiter in die Höhe.

Bei den übrigen Altersgruppen kam es dagegen (außer bei den unter 15-Jährigen) zu einem Rückgang. Bei älteren Patienten ist dabei verstärkt das Phänomen der Multimorbidität zu beobachten, bei dem eine Gleichzeitigkeit von mehreren, häufig auch chronischen Erkrankungen vorliegt. Außerdem treten Neuerkrankungen hinzu, bei denen entgegen dem Trend eine Verlängerung der Aufenthaltsdauer in Krankenhäusern erforderlich ist. Damit dürfte die Geriatrie als Fachrichtung erheblich an Bedeutung gewinnen. Als Engpass kann sich allerdings insgesamt der Mangel an Nachwuchskräften im Gesundheitswesen darstellen, da die Arbeit in diesem Sektor als besonders unattraktiv gilt.

Für die Zukunft wird sich das Spannungsfeld im Gesundheitswesen auf den Märkten der Krankenhäuser, Rehabilitations- und Pflegeeinrichtungen zwischen steigendem Bedarf an Gesundheitsleistungen und Kosteneinsparungsbestrebungen noch weiter verschärfen. Diese Veränderungen erfolgen vor dem Hintergrund der demographischen Entwicklungen und werden durch ein moderneres Leistungsangebot sowie dem Vorliegen knapper finanzieller Ressourcen noch forciert.

Literaturverzeichnis

Börsch-Supan, A./Essig, L. (2002): Sparen in Deutschland, Studie im Auftrag des Deutschen Instituts für Altersvorsorge (DIA), Köln.

Bundesministerium für Arbeit und Sozialordnung (BMA) (200x): Die wirtschaftliche Lage in der BRD, Bonn und Berlin.

Deutsche Bank Research (2001): Produktivitätswunder in den alternden Industrieländern?, Frankfurt a.M.

Deutsche Bundesbank (2003): Monatsbericht August, Frankfurt a.M.

Deutsches Institut für Altersvorsorge (DIA) (2000): Vermögensbildung unter neuen Rahmenbedingungen, Köln.

Deutsches Institut für Altersvorsorge (DIA) (2002): Lebensstandard im Alter: Warum Senioren in Zukunft mehr Geld brauchen, Köln.

Deutsches Institut für Wirtschaftsforschung (2003): Ältere Menschen in Deutschland: Einkommenssituation und ihr möglicher Beitrag zur Finanzierung der gesetzlichen Rentenversicherung, in: DIW-Wochenbericht, 12, S. 190-195.

OECD (1998): The Macroeconomic Implications of Ageing in a Global Context, Economics Department Working Papers No. 193, Paris.

PROGNOS (1999): Prognos-Studie: Ein Szenario, Basel.

PROGNOS (2002): Deutschland Report 2002-2020, CD-ROM, PROGNOS Report 2002 – 2020\Data\Bev01.xls, Basel.

Statistisches Bundesamt (2001): Bevölkerungsentwicklung Deutschlands bis zum Jahr 2050, Ergebnisse der 9. Koordinierten Bevölkerungsvorausberechnung, Wiesbaden.

Statistisches Bundesamt (2003): Bevölkerung Deutschland bis 2050, 10. koordinierte Bevölkerungsvorausberechnung, Wiesbaden.

Nachhaltige Entwicklung in der Landwirtschaft erfordert integrierte Planungs- und Controllingsysteme

Entwicklung von Instrumenten zur Optimierung der ökonomischen, ökologischen und sozialen Situation in landwirtschaftlichen Betrieben

Manfred Schweres und *Karl Ulrich Lippoth*

1. Ausgangslage

Aufgrund der Rahmenbedingungen der letzten Jahre (abnehmende Erzeugerpreise, sinkende Gewinne, schwindende staatliche Unterstützung sowie hohe Arbeitsbelastung) und der derzeit angestrebten „Agrarwende" stehen in der Landwirtschaft viele Betriebsleiter vor der Frage, ob und wie sie ihren Betrieb weiterführen. Viele kleine Betriebe scheiden aus dem Produktionsprozess aus[1]. Für die im Wachstum begriffenen Betriebe zeichnen sich Investitionsperspektiven ab, die oft erhebliche Auswirkungen auf Umwelt und Arbeitsbedingungen haben. Bei Investitionsentscheidungen in landwirtschaftlichen Betrieben stehen jedoch monetäre Kriterien eindeutig im Vordergrund. Die Fehlentwicklungen dieser Ökonomie werden immer augenscheinlicher: Überschussproduktion, Höfesterben, Freisetzung von Landarbeitskräften, Überdüngung usw. Weitere Kriterien, die nicht oder nur schwer in Geld bewertbar sind, wie beispielsweise Naturschutzanforderungen oder Aspekte des Arbeits- und Gesundheitsschutzes, werden im allgemeinen nur dann in die Überlegungen einbezogen, wenn sie als gesetzliche Vorgaben definiert oder wirtschaftlich erkennbar vorteilhaft sind.

Die Vorgaben des Umwelt- und Naturschutzes führen zu Interessenkonflikten zwischen Landwirtschaft und Ökologie. Die Landwirte sehen sich oftmals in den Möglichkeiten der Bewirtschaftung ihrer Böden beeinträchtigt. Weitere Einschränkungen in der Verfügbarkeit über ihr Eigentum erfahren sie durch die zunehmende Inanspruchnahme der Landschaft für Siedlungs-, Erholungs- und Verkehrsbedürfnisse der Bevölkerung. Die intensive Ausweitung der landwirtschaftlichen Produktion hat jedoch zu erheblichen Belastungen des Naturhaushaltes geführt. Diese Belastungen resultieren vor allem aus dem Einsatz von Dünge- und Pflanzenschutzmitteln, aus Bodenschäden durch Erosion und Bodenverdichtungen und aus dem Rückgang der Biodiversität.

Nicht nur die Umwelt wird durch die Landwirtschaft gefährdet, auch die in der Landwirtschaft arbeitenden Menschen sind vielfältig belastet. Zu diesen Belastungen und Gefährdungen zählt nicht nur der massive Arbeitsplatzabbau. Auch die mangelnde Qualität der Arbeit[2], die human-soziale Dimension (kurz: Soziales) wirkt belastend auf die Beschäftigten. So stehen die drei Aspekte Ökonomie,

---

[1] Vgl. *BMA* (2001).
[2] Vgl. *Riester* (2001).

Ökologie und Soziales (einschließlich Arbeits- und Gesundheitsschutz) im landwirtschaftlichen Betrieb in einem engen Wirkungszusammenhang. Viele landwirtschaftliche Maßnahmen haben zugleich Auswirkungen auf die Umwelt und auf den Arbeits- und Gesundheitsschutz der Beschäftigten (z.B. Haltungsform von Nutztieren, übliche Arbeitsverfahren, eingesetzte Pflanzenschutzmittel, übermäßiger Stickstoffeintrag, entstehende Abgase). Weiterhin ist davon auszugehen, dass umweltschonende Produktionsweisen häufig mit einem geänderten Belastungs- und Beanspruchungsprofil der Beschäftigten einhergehen. Für die Berücksichtigung dieser Dimensionen fehlt es an Instrumenten, die ein integriertes Planungs- und Controllingsystem in der Landwirtschaft ermöglichen.

Nachhaltiges Wirtschaften wird im vorliegenden Beitrag für das Mikrosystem (= Arbeitssystem) "Landwirtschaftlicher Betrieb" erörtert. Die betriebswirtschaftliche Agrarforschung strukturiert unter Nachhaltigkeitszielen ihr breites Forschungsfeld nach wirtschaftlicher, ökologischer und sozialer Nachhaltigkeit[1].

Die Gesamttätigkeit dieser Betriebe ist volkswirtschaftlich immer noch von Bedeutung. In entsprechenden Agrarberichten werden analoge Indikatoren herangezogen, so im Agrarbericht 2000 der Schweiz die Indikatoren Ökonomie, Soziales und Ökologie als die drei Dimensionen der Nachhaltigkeit[2]. Für eine modellgestützte Politikberatung in der Agrar- und Agrarumweltpolitik[3] werden analoge Indikatoren einer nachhaltigen Landwirtschaft[4] genutzt, aufbauend auf dem "KUL-Verfahren" (= Kriterien umweltverträglicher Landwirtschaft; s.u.).

Wir bewegen uns demnach im Felde des Begriffs „Nachhaltigkeit", der im 18. Jahrhundert von *Hannß Karl von Carlowitz* für eine nachhaltige Entwicklung in der Forstwirtschaft eingeführt wurde[5]. In der Agenda 21[6] ist Nachhaltigkeit als ökonomische, ökologische und soziale Dimension operationalisiert und präzisiert worden.

2. *Leitbild einer nachhaltigen Entwicklung in der Landwirtschaft*

Die Enquete-Kommission „Schutz des Menschen und der Umwelt" des Deutschen Bundestages hat den Begriff Nachhaltigkeit im Jahre 1984 konkretisiert. Werden diese Grundsätze auf die Landwirtschaft bezogen, erweitert und modifiziert, drückt sich eine nachhaltige Entwicklung in der Landwirtschaft durch folgende Dimensionen aus[7]:

---

[1] Vgl. *Zeddies* (2001).
[2] Vgl. *Confoederatio Helvetica* (2000).
[3] Vgl. *Zeddies* (2003).
[4] Vgl. *Julius* et al. (2003).
[5] Vgl. *Küster* (1998); *Linckh* et al. (1998).
[6] Vgl. *BMU* (1997).
[7] Vgl. u.a. *Meyer/Gaum* (2002).

(1) Ökonomische Dimension: Landwirtschaftliche Betriebe sind durch unternehmerisches Handeln geprägt, kommen weitgehend ohne Subventionen aus und sind wettbewerbsfähig. Das Einkommen der in der Landwirtschaft Beschäftigten wird nicht nur aus der Erzeugung gesunder Lebensmittel und deren teilweiser Direktvermarktung und Weiterverarbeitung erzielt, sondern auch durch die Erschließung weiterer Einkommensquellen beispielsweise im Tourismussektor oder durch die Erzeugung von Energie aus Biomasse. Die staatliche Honorierung von Naturschutz- und Landschaftspflegeleistungen führt zu weiteren Einkommensmöglichkeiten.

(2) Ökologische Dimension: Die natürlichen Ressourcen Boden, Luft und Wasser werden vor langfristigen negativen Einflüssen geschützt. Demzufolge setzen landwirtschaftliche Betriebe Dünge- und Pflanzenschutzmittel sparsam und sorgfältig ein, angrenzende unkultivierte Bereiche und Gewässer werden nicht beeinträchtigt. Die Bewirtschaftungsform erhält eine artenreiche und vielfältige Kulturlandschaft ebenso wie das genetische Potential alter Kulturpflanzensorten und Haustierrassen.

(3) Soziale Dimension: Die Landwirtschaft erhält sichere Arbeitsplätze und leistet somit einen Beitrag zur Verbesserung der Arbeitsmarktsituation im strukturschwachen ländlichen Raum. Darüber hinaus sorgt sie für sichere Arbeitsbedingungen ihrer Beschäftigten, indem sie den Arbeits- und Gesundheitsschutz optimiert.

(4) Technologische Dimension: Technisch-organisatorische Maßnahmen durchziehen die drei Dimensionen Ökonomie, Ökologie und Soziales. Je nach ihrer Ausprägung behindern oder fördern sie die Verwirklichung der Nachhaltigkeit.

(5) Ethische Dimension: Menschengerechte Gestaltung der Arbeit[1] hat neben der sozialen auch eine ethische Dimension (u.a. "Menschenwürde"). Die Haltung, Zucht und Fütterung der Nutztiere erfolgt weitgehend tiergerecht. Es wird gewährleistet, dass die Nutztiere nicht unnötig gequält werden.

(6) Verbraucherschutz: An Nahrungsmittel werden hohe Ansprüche gestellt. Die landwirtschaftlichen Betriebe produzieren gesunde, nahrhafte und unter ökologischen und Tierschutzaspekten unbedenkliche Nahrungsmittel. Kennzeichnungspflichten und Auskunftsansprüche des Verbrauchers schaffen Vertrauen.

---

[1] Vgl. *Schweres* (1995).

Nicht nur die Betriebe mit Direktvermarktung haben, den Anforderungen der Verbraucher entsprechend, ein Umweltmanagement nach EU-Öko-Audit-Verordnung eingeführt. Die Unternehmen der Lebensmittelindustrie werden in Zukunft verstärkt auch von ihren Zulieferern aus der Landwirtschaft nachprüfbare Nachweise über die Umweltverträglichkeit der Produktion einfordern. Die laufende Überarbeitung der Öko-Audit-Verordnung wird künftig eine verbesserte Validierung landwirtschaftlicher Betriebe ermöglichen[1].

Die Verwirklichung dieser Dimensionen von Nachhaltigkeit erfordert vom produzierenden Landwirt eine *gute fachliche Praxis*: „Die gute fachliche Praxis beschreibt das, was aus Sicht von Fachleuten von jedem verantwortungsbewussten Landwirt, Forstwirt oder Fischer erwartet wird, um nachhaltig zu produzieren und dabei gleichzeitig Umwelt und Natur zu schützen“[2].

3. Belastungen und Gefährdungen von Beschäftigten in der Landwirtschaft

Die „Nachhaltigkeit“ der menschlichen Arbeitskraft ist im landwirtschaftlichen Betrieb von großer Bedeutung; gerade kleinbäuerliche Familienbetriebe sind insbesondere auf den vollen Erhalt der Arbeitskraft ihrer Familienangehörigen angewiesen. Ein Schwerpunkt der Instrumentenentwicklung muss daher auf der bisher eher wenig beachteten sozialen Dimension der Nachhaltigkeit liegen, speziell in der Qualität der Arbeit (einschließlich Arbeits- und Gesundheitsschutz). Dabei sind gleichrangig die Wechselwirkungen mit der ökologischen Dimension aufzuarbeiten.

Für den in der Landwirtschaft arbeitenden Menschen existieren viele Belastungen und Gefährdungen, die denen in der Forst-/Waldwirtschaft ähneln[3]. Wenngleich moderne Maschinentechnik und Automatisierung zu wesentlichen Arbeitserleichterungen in der Landwirtschaft geführt haben, ist körperlich schwere Arbeit hier nach wie vor häufig anzutreffen. So ist ein hoher Anteil von Handarbeit entweder aus verfahrenstechnischen oder ökonomischen Gründen nicht mechanisierbar.

Körperliche Belastungen treten vor allem auf in Form von dynamischer und statischer Muskelarbeit, insbesondere beim Heben und Tragen schwerer Lasten in Verbindung mit ungünstigen Körperhaltungen. Schwere Muskelarbeit ist dabei vorzugsweise dort zu finden, wo die baulichen Anlagen die Einsatzmöglichkeiten moderner Maschinen einschränken oder gar ausschließen. Vor dem Hintergrund der schlechten Zukunftsperspektiven vieler kleinerer Landwirtschaftsbetriebe zögern viele Betriebsleiter (zumeist aufgrund der hohen Kosten), arbeitserleichternde Investitionen zu tätigen. Eine gewisse Gewöhnung und der Eindruck, den

---

[1] Vgl. *Frauenholz* et al. (2000).
[2] Vgl. *BMU* März (2002).
[3] Vgl. *Gröger/Lewark* (2002); *Schweres* (2002).

Belastungen nur jeweils kurzfristig in den Arbeitsspitzen ausgesetzt zu sein, fördern dieses Verhalten.

Neben der Schwere der Arbeit treten weitere Belastungen wie Lärm, Vibration, klimabedingte Belastungsfaktoren sowie Stäube und Gefahrstoffe auf. Lärm und Vibration sind vor allem Schlepperfahrer sowie Bediener von Maschinen und Geräten allgemein (z.B. Motorsägenführer) ausgesetzt. Die im Außenbetrieb Tätigen sind klimabedingten Belastungen besonders exponiert, zum Beispiel durch unmittelbare Einwirkung von Sonnenstrahlen[1]. Belastungen durch Stäube sind im Rahmen der Mechanisierung und Massentierhaltung erheblich gestiegen. Der Einsatz von gesundheitsschädlichen Stoffen (insbesondere Pflanzenschutzmitteln) führt nicht nur zu akuten Schädigungen, sondern vor allem zu gesundheitlichen Schädigungen durch Langzeiteinwirkungen kleinster Mengen.

Von nicht unerheblicher Bedeutung sind heute auch die psychischen Belastungen der in der Landwirtschaft tätigen Arbeitskräfte. Sie resultieren primär aus den schlechten Zukunftsaussichten, verbunden mit der Angst, den über Generationen vererbten Betrieb nicht weiterführen zu können. Sie ergeben sich aus einer ungesicherten Hofnachfolge, aus dem gesunkenen Sozialprestige der Landwirtschaft, aus der öffentlichen Diskussion über Milliardensubventionen sowie aus der Beeinträchtigung des Naturhaushaltes durch landwirtschaftliche Maßnahmen.

Die Unfallgefährdung in der Landwirtschaft ist sehr hoch. Im Jahr 2000 wurden 133.434 meldepflichtige Arbeitsunfälle in der Landwirtschaft gezählt. Mit 65 meldepflichtigen Arbeitsunfällen je 1000 Vollarbeiter liegen die landwirtschaftlichen Berufsgenossenschaften deutlich über dem Durchschnitt aller Unfallversicherungsträger[2]. Die Unfälle im Bereich der Landwirtschaft sind dabei vergleichsweise schwer, der Anteil an tödlichen Unfällen hoch. Die hohe Unfallgefährdung in der Landwirtschaft ergibt sich aus dem Umgang mit gefährlichen Energien, aus dem Umgang mit gefährlichen Arbeitsmitteln und -geräten und aus dem Umgang mit (oft unberechenbaren) Tieren. Die Arbeitskräfte müssen unterschiedliche Tätigkeiten unter oft ungünstigen Witterungsbedingungen an häufig wechselnden Orten unter hoher Arbeitsbelastung ausführen. Für die Beurteilung dieser Arbeitsbedingungen bieten die Berufsgenossenschaften eine Handlungshilfe an[3].

Aufgrund der meist kleinbetrieblichen Struktur verfügt derzeit kaum ein landwirtschaftlicher Betrieb über ein innerbetriebliches Arbeitsschutzsystem, wie es beispielsweise *Ritter* (2000) für Kleinbetriebe vorstellt. Die Umsetzung der ökologischen und sozialen Dimensionen von Nachhaltigkeit ist in großem Maße vom Problembewusstsein, von der Lernbereitschaft und von der Motivation des Be-

---

[1] Vgl. *Treier/Schnauber* (1999).
[2] Vgl. *BMELF* (1999); *BMA* (2001); *Henter* et al. (2002).
[3] Vgl. *Bundesverband* (2000).

triebsleiters abhängig. Er trifft die Investitionsentscheidungen, die vorhandene oder neu zu planende Produktions- und Arbeitssysteme bestimmen.

4. Zielsetzungen künftiger Instrumentenentwicklung

4.1 Nachhaltiges Wirtschaften, nicht nur monetär bestimmt

Wie eingangs zitiert, werden Investitionsentscheidungen konventionell arbeitender landwirtschaftlicher Betriebe weitgehend von monetären Überlegungen (herkömmliches Rechnungswesen) und deren Indikatoren geleitet. Eine Einschätzung der Umweltverträglichkeit ("Ökologie") einzelwirtschaftlicher, landwirtschaftlicher Produktionssysteme (= Arbeitssysteme) gehört meist nicht dazu. Eines der ersten Verfahren in dieser Richtung war das "KUL-Verfahren" (Kriterien Umweltverträglicher Landbewirtschaftung[1]), das nachfolgend kurz vorgestellt wird.

Weitergehende Überlegungen einer Erweiterten Wirtschaftlichkeitsrechnung (EWR[2]), nur schwer oder gar nicht in Geld zu bewertende Kriterien in die Investitionsplanung einzuführen, bleiben meist unberücksichtigt. Damit gerät in der Investitionsentscheidung dem Betriebsleiter die human-soziale und die ökologische Dimension von Nachhaltigkeit aus dem Blick. Nachhaltiges Wirtschaften ist nicht nur monetär bestimmt.

4.2 Das KUL-Verfahren

Das Verfahren "Kriterien Umweltverträglicher Landbewirtschaftung" (KUL) wurde von der Thüringer Landesanstalt für Landwirtschaft entwickelt und im Jahr 1994 unter dem Titel "Kritische Umweltbelastungen Landwirtschaft" veröffentlicht[3]. Das Verfahren wurde in weit über hundert Betrieben in den meisten Bundesländern erprobt. Es ist vom Verband Deutscher Landwirtschaftlicher Untersuchungs- und Forschungsanstalten als geeignetes Verfahren für die Erfassung und Bewertung von landwirtschaftlichen Umweltbelastungen anerkannt[4].

Frauenholz et al. (2000) skizzieren das KUL-Verfahren wie folgt: „Das KUL-Verfahren benennt Kriterien, anhand derer die Umweltverträglichkeit eines landwirtschaftlichen Betriebs eingeschätzt werden kann. Die Einstufung des Betriebes hinsichtlich dieser Kriterien ist auf der Basis von leicht verfügbaren Daten über den Betrieb möglich. Gemessen werden die von den Betriebsaktivitäten ausgehenden Umweltbelastungen (Belastungsindikatoren) und nicht die durch die Betriebsaktivitäten verursachten Veränderungen in der Umwelt (Zustandsindikatoren). Für die einzelnen Kriterien werden Toleranzbereiche angegeben, die

---

[1] Vgl. *Eckert/Breitschuh* (1994); *Breitschuh* et al. (2000).
[2] Vgl. *Schweres* et al. (1999).
[3] Vgl. *Eckert/Breitschuh* (1994); *Breitschuh/Eckert* (2000).
[4] Vgl. *VDLUFA* (1998).

an die spezifische Betriebssituation angepasst werden. So wird etwa für den auf Basis einer Hoftorbilanz ermittelten Stickstoffsaldo ein Toleranzbereich von -50 bis 30-50 kg N/ha/Jahr (je nach Sickerwassermenge) angegeben. Als anzustrebendes Optimum wird ein Saldo von 0 kg N/ha/Jahr angenommen. Den einzelnen Betriebswerten werden bezogen auf den Toleranzbereich Boniturwerte zugeordnet. Das Optimum entspricht einer Boniturnote von 1, die knappe Einhaltung des Toleranzbereichs entspricht der Boniturnote 6. Liegt der Betriebswert außerhalb des Toleranzbereichs, so wird entsprechend dem Grad der Überschreitung des Toleranzbereichs eine Boniturnote über 6 vergeben, die signalisiert, dass der Betrieb hinsichtlich dieses Kriteriums nicht die Anforderungen der guten fachlichen Praxis erfüllt. Die zur Bewertung nach dem KUL-Verfahren erforderlichen Daten werden mit einem Fragebogen im Betrieb erhoben. Die Fragebögen werden durch ein Computerprogramm der Thüringer Landesanstalt für Landwirtschaft ausgewertet, welches den Betriebsdaten Boniturnoten zuordnet und sie gleichzeitig auf Plausibilität prüft."

Die Bewährung des KUL-Verfahrens zeigt sich u.a. darin, dass es mit herangezogen wurde für die Verknüpfung der Indikatoren einer nachhaltigen Landwirtschaft im RAUMIS (Regionalisiertes Agrar- und Umweltinformationssystem für die Bundesrepublik Deutschland). *Julius* et al. (2003) skizzieren die Einbeziehung wie folgt: „Dementsprechend wird jedem Umweltindikator, in Abhängigkeit seines Risikopotentials für die Umwelt, ein auf einer Expertenbefragung basierender Gewichtungsfaktor zugeordnet. Des Weiteren werden die im Modell quantifizierten Werte der Umweltindikatoren mit Boniturnoten versehen, die eine qualitative Beurteilung des landwirtschaftlichen Umwelteinflusses ermöglichen. Die ermittelten Boniturnoten werden mit dem jeweiligen indikatorspezifischen Gewichtungsfaktor multipliziert und die Produkte zu einem dimensionslosen Umweltbewertungsindex aggregiert. Der somit berechnete Bewertungsindex gibt Auskunft über die relative regionale Umweltverträglichkeit landwirtschaftlicher Produktion."

Tabelle 1 weist aus, welche (1) Umweltwirkungsbereiche in RAUMIS mit (2) welchen Agrar-Umweltindikatoren erfasst werden.

Umweltwirkungsbereiche landwirtschaftlicher Produktion	Agrar-Umweltindikator in RAUMIS
Arten- und Biotopvielfalt	N-,P-,K-Bilanzen; NH_3-Emission; PSM-Risikopotentiale
Landschaftsbild	Kulturartendiversität
Bodenfunktionen	Bodenerosion
Trinkwasserqualität	N-Bilanz; PSM-Risikopotentiale
Versauerung	NH_3-Emission
Eutrophierung	NH_3-Emission; N-, P-Bilanzen

Ökotoxizität	PSM-Risikopotentiale
Humantoxizität	N-Bilanz; PSM-Risikopotentiale
Geruchsbelastung	NH_3-Emission
Treibhauseffekt	Berechnungsmethoden für regionale Abbildungen derzeit zu ungenau (N_2O-Emissionen)
Energieverbrauch	Landwirtschaftlicher Einfluss vernachlässigbar
Tiergerechtigkeit	Regionale Datenverfügbarkeit unzureichend
Erhalt genetischer Ressourcen	
Anmerkung: Der Umweltwirkungsbereich "Arten- und Biotopvielfalt" wird durch Agrar-Umweltindikatoren erfasst, die dem Aspekt der Bewirtschaftungsintensität zuzuordnen sind.	

Tabelle 1: Erfassung der Umweltwirkungsbereiche landwirtschaftlicher Produktion anhand eines Satzes von Agrar-Umweltindikatoren im RAUMIS[1]

4.3. EWR-Verfahren am Beispiel GRIP

Derartige Verfahren dienen dazu, in einer dualen Vorgehensweise quantifizierte, monetäre Größen traditioneller Investitionsplanung/-rechnung um schwer oder gar nicht quantifizierbare Größen aus den Nachhaltigkeitsdimensionen "Soziales" und "Ökologie" zu ergänzen. Ein Ziel künftiger Instrumentenentwicklung muss es daher sein, die EWR-Verfahren dergestalt weiterzuentwickeln und zu modifizieren, dass mit Hilfe dieses Instruments (z.B. GRIP)[2] alle Dimensionen einer nachhaltigen Entwicklung in der Landwirtschaft systematisch in Investitionsentscheidungen landwirtschaftlicher Betriebe eingebunden werden können. Darüber hinaus soll das zu entwickelnde Instrument eine einfache Dokumentation der Produktionsweisen und der Arbeitsbedingungen (u.a. zum Aufdecken von Schwachstellen) sowie die freiwillige Selbstkontrolle der Einhaltung ökologischer und sozialer (u. a. arbeitsschutzrechtlicher) Vorgaben ermöglichen.

Eine Evaluierung dieses EWR-Instruments in landwirtschaftlichen Betrieben, einschließlich der Einbeziehung und aktiven Beteiligung der landwirtschaftlichen Betriebsleiter, sind weitere Ziele. Letztlich ist Praxiseinführung des EWR-Instruments das entscheidende Ziel. Es soll gleichermaßen für die Bewertung geplanter und bestehender Produktionsverfahren und Arbeitssysteme (Produktionssysteme) in der Landwirtschaft geeignet sein[3].

---

[1] Vgl. *Julius* et al. (2003).
[2] Vgl. *Schweres* et al. (1999); *Zangemeister/Nolting* (1999).
[3] Vgl. *Sengotta* (1998).

5. Instrumentenbeispiel: Forschungsarbeiten zu GRIP

5.1. Stand bisheriger Forschungsarbeiten

Erste theoretische Ansätze zur Übertragung des GRIP (*G*anzheitliches *R*echnungsverfahren zur *I*nvestitions*p*lanung) auf die Landwirtschaft im Bereich Arbeits- und Gesundheitsschutz existieren aus einer Untersuchung von *Gröger* und *Schweres* (2002).

Mit der Übertragung des GRIP auf die Landwirtschaft hat sich ebenfalls *Frauenholz*[1] im Bereich Ökologie beschäftigt (Zusammenarbeit des IADM mit dem Institut für Landschaftspflege und Naturschutz der Universität Hannover). In Kooperation mit dem Fachbereich Wirtschaftswissenschaften wurden von *F. Hanke* (2000) im Bereich Humanität (Soziales) und *B. Hanke* (2000) im Bereich Ökonomie ebenfalls Diplomarbeiten zu GRIP in der Landwirtschaft angefertigt.

Gemäß Zielsetzung soll GRIP nach einer Weiterentwicklung in der betrieblichen Praxis eingesetzt werden. Diese Umsetzung in die Praxis könnte zunächst exemplarisch in Beispielbetrieben erfolgen.

5.2. Theoretisches Konzept (GRIP)

5.2.1. GRIP als weiterzuentwickelndes Instrument

Ein geeignetes EWR-Instrument, welches allen skizzierten Anforderungen – nach entsprechender Weiterentwicklung – gerecht werden könnte, findet sich im Ganzheitlichen Rechnungsverfahren zur Investitionsplanung (GRIP), einem Verfahren der Erweiterten Wirtschaftlichkeitsrechnung. Verfahren der Erweiterten Wirtschaftlichkeitsrechnung haben eine ganzheitliche Betrachtungsweise aller entscheidungsrelevanten Dimensionen zum Ziel. Möglichst alle Veränderungen im Umfeld sollen angemessen einbezogen werden.

Das Ganzheitliche Rechnungsverfahren zur Investitionsplanung (GRIP) basiert methodisch auf nutzwertanalytischen Überlegungen. Es wurde am Institut für Arbeitswissenschaft und Didaktik des Maschinenbaus (IADM) der Universität Hannover für Industriebetriebe entwickelt[2]. GRIP ist ein zweistufiges Verfahren, welches neben monetären Kriterien auch die nicht oder nur schwer monetär quantifizierbaren Kriterien (z.B. Umweltaspekte, Gesundheits- und Arbeitsschutz, Qualität) in die Wirtschaftlichkeitsüberlegungen einbezieht. Die Bewertungen dieser „weichen" Kriterien werden zu Kennzahlen verdichtet und können danach mit den rein monetären Aspekten der klassischen Investitionsrechnung verglichen werden.

---

[1] Vgl. *Frauenholz* (2000).
[2] Vgl. *Sengotta/Schweres* (1994); *Schweres* et al. (1999).

5.2.2. Ablauf von GRIP

Anders als viele bestehende Verfahren, die ausschließlich auf eine Verwendung in der Investitionsphase ausgelegt worden sind, ist GRIP gleichermaßen für die Bewertung geplanter und bestehender Systeme geeignet[1].

GRIP wird in der Industrie in abteilungsübergreifenden Teams durchgeführt. Das ist insbesondere deshalb sinnvoll, da die jeder Entscheidung anhaftende Subjektivität durch die Diskussion und Entscheidung in einem multidisziplinären Team vermindert werden kann. Für die Durchführung von GRIP wird eine Gruppenstärke von vier bis acht Personen empfohlen. Die Teamsitzungen werden von einem neutralen Moderator geleitet, der die Gruppe bei der Bewertung der zu betrachtenden Alternativen unterstützt und darauf achtet, dass das Verfahren in einem angemessenen Zeitrahmen durchgeführt wird. Wie dieser Teamvorteil in der Landwirtschaft gesichert werden kann (ggf. zusammen mit Landwirtschaftskammer), ist noch zu untersuchen.

Mit GRIP könnte der Landwirtschaft ein Verfahren zur Verfügung gestellt werden, das das gesamte Zielsystem eines Betriebes bei der Bewertung von Planungsalternativen berücksichtigt. Die Ziele eines Betriebes existieren nicht unabhängig voneinander, sondern bilden einen Komplex miteinander in Beziehung stehender Elemente. Ein solches Zielsystem ist zur Durchführung von GRIP in einen Zielkriterienkatalog beziehungsweise einen Kriterienbaum (Abb. 1) umzuwandeln. Ein Kriterienbaum stellt alle Hauptkriterien und deren Aufspaltung in Teilkriterien dar und ist somit eine anschauliche Darstellungsweise des Kriterienkataloges.

Eine ganzheitliche Bewertung macht die Berücksichtigung von Kriterien aus verschiedensten Bereichen (z.B. Ökologie, Ökonomie, Soziales) erforderlich, so dass bei der Vielfalt der zu berücksichtigenden Kriterien die Gefahr recht groß ist, dass es zu Überschneidungen kommt oder entscheidungsrelevante Kriterien schlicht vergessen werden. Um dieser Gefahr zu begegnen, werden von der GRIP-Software derzeit drei Standardkriterienkataloge als Grundlage für die Bewertung industrieller Arbeitssysteme angeboten[2]. Diese Kriterienkataloge sollten jedoch in der Regel nur als Angebot für eine Anpassung des Standardkriterienkataloges an den jeweils spezifischen Einzelfall verstanden werden. Der Standard-Kriterienkatalog ist ein zentraler Bestandteil des Verfahrens und muss bei einer Instrumentenentwicklung für den Bereich „Landwirtschaft“ (nachhaltige Entwicklung) neu gestaltet werden. Ein Beispiel für die Aufspaltung des Hauptkriteriums „Umweltverträglichkeit“ (Ökologie) in Teilkriterien für einen ausgewählten landwirtschaftlichen Betrieb aus der bereits erwähnten Arbeit von *Frauenholz* zeigt Abbildung 2. Die Teilkriterien sind – je nach betrieblichen An-

---

[1] Vgl. *Sengotta* (1998).
[2] Vgl. *Schweres* et al. (1999).

forderungen – noch weiter aufzuspalten, zu ergänzen beziehungsweise zu modifizieren.

Kriterienkatalog (Abb. 1)

- Ökonomie
  - Flexibilität
    - Typenvielfalt
      - Eignung
      - Anfahrsteilheit
    - Personaleinsatz
    - Maschinenausfälle
    - Konstruktionsänderung
  - Qualität
  - Effizienz
    - Rüsten
      - Werkstückwechsel
      - Werkzeugwechsel
    - Wartung
    - Transport
- Ökologie
  - Stoffkreislauf
  - Stoffgefährdungspotential
  - Prozesssicherheit
  - Energieverbrauch
  - Platzbedarf
- Ergonomie
  - Belastungen
    - Physische Belastung
      - Kräfteabgabe
      - Körperhaltung
    - Psychische Belastung
    - Informatorische Belastung
      - Konzentration
      - Informationsverfügbarkeit
    - Umgebungseinflüsse
    - Belastungswechsel
  - Arbeitssicherheit
  - Gestaltung
    - Anthropometrie
    - Pausengestaltung
  - Übersichtlichkeit
- Soziologie
  - Entfaltungsmöglichkeit
    - Qualifikation
    - Eigenkompetenz

- Kommunikation
  - Intern
  - Extern
- Taktentkopplung

Abb. 1: Beispielkriterienbaum des GRIP[1]

Nach Auswahl der zu bewertenden Kriterien durch das Team werden die Kriterien, wiederum durch Teamentscheid, untereinander gewichtet (die Normierung auf 100% wird von der GRIP-Software automatisch vorgenommen). Als recht pragmatisch und zuverlässig für die Gewichtung einer nicht zu großen Zahl von Unterkriterien hat sich die Methode der sukzessiven Vergleiche erwiesen. Sollte die Zahl von sechs bis sieben untergeordneten Kriterien überschritten werden, bietet sich die Methode des paarweisen Vergleiches für die Durchführung einer Gewichtung an. Die Bewertung der ausgewählten und gewichteten Kriterien erfolgt dann analog zum Schulnotensystem (1 – 6), die Note 6 wird zur Bewertung eines gesetzeswidrigen, unverantwortlichen Zustandes vergeben[2].

Das Ziel, eine möglichst objektive Bewertung zu erreichen, macht es erforderlich, für jedes Kriterium Bewertungsrichtlinien festzulegen. Dieses Vorgehen erhöht die Transparenz der Bewertung und der Entscheidungsfindung erheblich. Die Bewertungsrichtlinien für die Standard-Kriterienkataloge können aus der GRIP-Software heraus aufgerufen werden.

Die Präsentation der Ergebnisse und die Entscheidung zwischen den bewerteten Alternativen findet dann über folgende Ebenen statt:

(1) errechneter Arbeitssystemwert (ASW)

(2) Ergebnisdarstellung als Kreissektorendiagramm

(3) Gegenüberstellung ermittelter Analyseergebnisse zu den errechneten Kosten der Alternative im Nutzwert-Wirtschaftlichkeits-Diagramm.

5.2.3 Anwendung von GRIP in der Landwirtschaft

Das für eine ganzheitliche Bewertung und Optimierung von Arbeitssystemen in der Industrie entwickelte GRIP-Verfahren scheint – nach dem Erkenntnisstand unserer Vorarbeiten – von seinem Aufbau und seiner Methodik grundsätzlich geeignet, als integriertes Planungs- und Controllingsystem in der Landwirtschaft eingesetzt zu werden. Die bei einer Durchführung im Industriebetrieb betrachteten Bereiche Ökonomie, Ökologie, Soziales (Ergonomie und Soziologie) sind ebenso für eine nachhaltige Entwicklung im landwirtschaftlichen Betrieb (öko-

---

[1] Vgl. *Sengotta/Schweres* (1994) - Organigramm S. 130/31.
[2] Vgl. *Schweres/Sengotta* (1994).

nomische, ökologische, soziale, technologische, ethische Dimension, Verbraucherschutz) relevant, wenngleich hier einige wesentliche Anpassungen des Verfahrens an die Besonderheiten des Agrarsektors notwendig werden.

Umweltverträglichkeit (Abb. 2)

- Flächennutzung
  - Grünland
    - Düngung
      - Düngesalden
        - Stickstoff
        - Phosphor
        - Kalium
      - Düngezeitpunkt
      - Ausbringungstechnik
      - Abstände bei Ausbringung
      - Düngerart
    - Nutzungsweise
    - Pflanzenschutz
      - Pflanzenschutzmanagement
      - Toxizität der Wirkstoffe
      - Randstreifen
    - Melioration
      - Be- oder Entwässerung
      - Strukturveränderungen
    - Rücksichtnahme
      - Auf Wiesenvögel
      - Auf Zugvögel
      - Auf Wild
    - Druckbelastung des Bodens
    - Flächengröße
  - Weitere Grünflächen...
  - Acker
    - Düngung
      - Düngesalden
        - Stickstoff
        - Phosphor
        - Kalium
      - Düngungszeitpunkt
      - Ausbringungstechnik
      - Abstände der Ausbringung
      - Düngerart
      - Humussaldo
    - Pflanzenschutz
      - Pflanzenschutzmanagement

            - Toxizität der Wirkstoffe
            - Randstreifen
        - Bodenschutz
            - Erosionsschutz
            - Druckbelastung
        - Fruchtfolge
        - Melioration
            - Be- oder Entwässerung
            - Strukturveränderungen
        - Flächengröße
        - Rücksichtnahme
            - Auf Wiesenvögel
            - Auf Zugvögel
            - Auf Wild
    - Weitere Ackerflächen
- Landschaftselemente
    - Dichte und Verteilung
    - Qualität
- Lagerung von Wirtschaftsdünger
    - Lagerkapazität
    - Emissionsschutz bei Lagerung
- Tierhaltung
- Energieverbrauch
    - Energieeffizienz Pflanzenproduktion
    - Energieeffizienz Tierhaltung
    - Energiequellen
- Baumassnahmen
    - Flächenverbrauch
    - Einbindung in die Landschaft
    - Bauweise

Abb. 2: Kriterienstruktur für das Hauptkriterium „Umweltverträglichkeit" (Ökologie) in Form eines Baumdiagramms[1]

Derzeit stehen viele landwirtschaftliche Betriebsleiter vor der Entscheidung, ob und wie sie ihren Betrieb weiterführen. In diesem Entscheidungsprozess könnte ein modifiziertes GRIP eine große Hilfe darstellen, da es ganzheitlich alle Faktoren, und zwar insbesondere die nicht oder nur schwer in Geld bewertbaren Faktoren einbezieht, die vor allem langfristig einen großen Einfluss auf die Gesamtwirtschaftlichkeit des Betriebes haben.

Da GRIP sowohl im Rahmen der Neuplanung von Betrieben beziehungsweise Betriebsteilen als auch zur Analyse des IST-Zustandes bestehender Systeme (Controlling) eingesetzt werden kann, bietet das Verfahren dem Landwirt die Möglichkeit, sich EDV-gestützt einen systematischen und umfassenden Über-

[1] Vgl. *Frauenholz* (2000) - Organigramm S. 76.

blick über die bestehenden Problembereiche in seinem Betrieb und die sich ihm bietenden Alternativen und Handlungsoptionen zu verschaffen. So können dem Landwirt mit Hilfe von GRIP neue Wege für eine zukunftsorientierte Ausrichtung seines Betriebes aufgezeigt werden, die es ihm ermöglichen, zum Beispiel auch die Berücksichtigung des Umweltschutzes im Rahmen seiner Wirtschaftsweise bei der Vermarktung deutlich herauszustellen.

Bei einer Weiterentwicklung und Modifizierung von GRIP zur Übertragung auf die Landwirtschaft ist darauf zu achten, dass im Hinblick auf den landwirtschaftlichen Betrieb ein möglichst geringer Verfahrensaufwand angestrebt wird. In diesem Zusammenhang sollen bereits vorhandene Datenbestände grundsätzlich berücksichtigt werden (z.B. Kriterien Umweltverträglicher Landbewirtschaftung (KUL), Infoservice Integrierte Pflanzenproduktion (ISIP), BG-Handlungshilfe. Eine ausführliche Darstellung landwirtschaftlicher Indikationssysteme geben *Rudloff* et al. (1998). Hierdurch können der Aufwand bei der Datenerhebung und die Bildung redundanter Datenbestände reduziert und zudem Synergieeffekte genutzt werden.

Zeitplan	Projektstufe	Aufgaben
1. Jahr	Vorbereitungsphase	Literaturrecherchen, theoretische Konzepte, Auswahl der Betriebe, Softwareentwicklung
	Erfassung des IST-Zustandes (Status Quo)	Erhebung aller relevanter Kriterien; Entwicklung von Kriterienbäumen und Bewertungsrichtlinien
	1. Skalierung	Gewichtung der Kriterien
	Analyse des Status Quo	Analyse und Bewertung des IST-Zustandes; Darstellung der Analyse in GRIP, Aufzeigen von Schwachstellen
	Leitbild	Nachhaltige Entwicklung, gewünschte Entwicklungspfade
2. Jahr	Szenarien	Ermittlung von Szenarien
	2. Skalierung	Evaluierung der Kriterien, ggf. neue Gewichtungen
	Analyse der Szenarien	Analyse und Bewertung der Szenarien, Darstellung der Analyse in GRIP, Aufzeigen von Schwachstellen
	Optimierung	Darstellung der Entwicklungsmöglichkeiten und der unterschiedlichen Auswirkungen
3. Jahr	Umsetzung	Einsatz von GRIP als Ergänzung vorhandener Planungs- und Bewertungsverfahren

Tabelle 2: Mögliche Struktur einer EWR-Instrumentenentwicklung

6. Ausblick

Eine nachhaltige Entwicklung in der Landwirtschaft erfordert integrierte Planungs- und Controllingsysteme. Wissenschaftliche Ansätze für die Unterstützung einer auf Nachhaltigkeit ausgerichteten landwirtschaftlichen Betriebsführung sind vorhanden. Damit können - wie gezeigt - auch Faktoren wie die Regenerationsfähigkeit von Böden, Biodiversität oder Produktqualität in Planung und Kontrolle aufgenommen werden.

Allerdings reicht es da nicht aus, nur auf Überzeugungsarbeit zu setzen, um Landwirte zu einer entsprechenden Umstellung ihrer Betriebsführung zu bewegen. Das angebotene Instrumentarium muss in seiner Summe als "Management-Informationssystem" auch praxistauglich sein. Daran fehlt es noch. So wurden u.a. auf den DLG-Unternehmertagen 2002 neue Konzepte landwirtschaftlicher Betriebsführung gefordert. Danach benötigen Landwirte sogar im konventionellen Rechnungswesen noch verbesserte Buchführungssysteme, Kostenrechnungen und Liquiditätspläne als tägliche Arbeitsinstrumente.

Viele Landwirte sind unzufrieden mit den Software-Angeboten des Marktes. Für einzelne Segmente landwirtschaftlicher Betriebsführung gibt es danach recht brauchbare Software-Lösungen, so das HIT-System, das Herdenmanagement oder die Kostenstellenrechnung. Aber es fehlen weiterhin stärker integrierte Lösungen, die durchgehend betriebswirtschaftliche und produktionstechnische Indikatoren erfassen. Von dem hier geforderten Einbau erweiterter Indikatoren in den Bereichen Ökologie und Soziales ganz zu schweigen. Hier ist noch viel Entwicklungsarbeit zusammen mit den Landwirten und ihren Verbänden zu leisten.

Um eine tief angelegte, die Landwirtschaft in ihrer ganzen Breite durchdringende Kultur der Nachhaltigkeit zu etablieren, sind also Bemühungen von zwei Seiten nötig: Zum einen muss mit Blick auf das gesamte Ökosystem eine auf Nachhaltigkeit orientierte Ethik entstehen; aber zum anderen muss ein wissenschaftlich gestütztes und wirtschaftlich brauchbares, integriertes Planungs- und Controlling-Instrumentarium entwickelt und eingesetzt werden, das diese umfassendere Sicht auf unser Wirtschaften in Cent und Euro reflektiert.

Literaturverzeichnis

Breitschuh, G./Eckert, H. et al. (2000): Erarbeitung von Beurteilungskriterien und Messparametern für nutzungsbezogene Bodenqualitätsziele, Kriterien zur Bewertung nutzungsbedingter Bodengefährdungen, UBA-FB 00085, Berlin.

Bundesministerium für Arbeit und Sozialordnung (2001): Sicherheit und Gesundheit bei der Arbeit 2000, Unfallverhütungsbericht Arbeit, Bonn.

Bundesministerium für Ernährung, Landwirtschaft und Forsten (BMELF)(1999): Agrarbericht der Bundesregierung, Bonn.

Bundesministerium für Umwelt und Naturschutz (BMU)(2002): Umweltbericht 2002. Bericht über die Umweltpolitik der 14. Legislaturperiode. Berlin.

Bundesministerium für Umweltschutz und Reaktorsicherheit (Hrsg.) (BMU 1997): Umweltpolitik. Agenda 21, Konferenz der Vereinten Nationen für Umwelt und Entwicklung im Juni 1992 in Rio de Janeiro, Dokumente, Bonn.

Bundesverband der landwirtschaftlichen Berufsgenossenschaften (2000): Handlungshilfe – Beurteilung der Arbeitsbedingungen und Dokumentation nach § 5 Arbeitsschutzgesetz für die Landwirtschaft, Forstwirtschaft und den Gartenbau. Kassel.

Confoederatio Helvetica (2000): Agrarbericht 2000: Landwirtschaft auf dem Pfad der Nachhaltigkeit; Pressemitteilung (21.11.2000). Bern. Vgl. "Agrarbericht" unter www.blw.admin.ch

Eckert, H./Breitschuh, G. (1994): Kritische Umweltbelastungen Landbewirtschaftung (KUL) - eine Methode zur Analyse und Bewertung der ökologischen Situation von Landwirtschaftsbetrieben; in: Archiv Acker- und Pflanzenbau und Bodenkunde, 38. Jg., S. 165-177.

Frauenholz, D. (2000): Ansätze zur Integration von Naturschutzanforderungen in Investitionsentscheidungen in der Landwirtschaft, Diplomarbeit am Fachbereich Landschaftsarchitektur und Umweltentwicklung der Universität Hannover.

Frauenholz, D./Gröger, V./v. Haaren, C./Schweres, M. (2000): Veranschaulichung der Umweltwirkungen landwirtschaftlicher Betriebe – Konzeption und Anwendungsmöglichkeiten eines computergestützten Verfahrens, in: Zeitschrift für Agrarinformatik, 8. Jg., 4, S. 66-73.

Gröger, V./Lewark, S. (2002): Der arbeitende Mensch im Wald - eine ständige Herausforderung für die Arbeitswissenschaft, Hrsg.: BAuA, Fb 970, Dortmund/Berlin/Dresden.

Gröger, V./Schweres, M. (2002): Dokumentation und Bewertung von Arbeitsbedingungen in der Landwirtschaft - Möglichkeiten eines computergestützten Verfahrens, Landbauforschung Völkenrode, Schriftenreihe Sonderhefte.

Hanke, B. (2000): Problemlösungsverfahren im Bereich Landwirtschaft und Umweltschutz – Ökologisch-ökonomischer Abgleich von Bewertungsverfahren (Zielvorgaben; Indikatorensysteme; Entscheidungsprozesse), Diplomarbeit am Fachbereich Wirtschaftswissenschaften der Universität Hannover.

Hanke, F. (2000): Übertragung nutzwertanalytischer Methoden im Gesundheits- und Arbeitsschutz auf den Bereich Landwirtschaft und Umweltschutz – Integrierter Einsatz der erweiterten Wirtschaftlichkeitsrechnung (EWR), Diplomarbeit am Fachbereich Wirtschaftswissenschaften der Universität Hannover.

Henter, A./Lorenz, A./Schlowak, K./Stark, H. (2002): Arbeitsunfallgeschehen auf bisher niedrigstem Stand, in: Bundesarbeitsblatt 2002, 6, S. 18-26.

Julis, Ch./Möller, Ch. et al. (2003): Indikatoren einer nachhaltigen Landwirtschaft (RAUMIS), in: Agrarwirtschaft, 52. Jg., 4, S. 185-194

Küster, H. (1998): Geschichte des Waldes: Von der Urzeit bis zur Gegenwart, München.

Linckh, G./Sprich, H. et al. (1998): Nachhaltige Land- und Forstwirtschaf; Berlin.

Meyer, H./Gaum, W. (2002): 10 Jahre nach Rio – Wie nachhaltig ist die Agrarpolitik? In: Aus Politik und Zeitgeschichte, B 31-32/2002.

Riester, W. (2001): Gemeinsame Initiative für eine neue Qualität der Arbeit, in: Arbeit & Ökologie-Briefe, Nr. 10/23.05.2001, S. 11-13.

Ritter, A. (2000): Konzepte für kleinbetriebstaugliche Arbeitsschutzmanagementsysteme (AMS), Arbeitswissenschaftliche Erkenntnisse Nr. 117, Bundesanstalt für Arbeitsschutz und Arbeitsmedizin, Dortmund.

Rudloff, B./Geier, U. et al. (1998): Entwicklung von Parametern und Kriterien als Grundlage zur Bewertung ökologischer Leistungen und Lasten der Landwirtschaft – Indikatorensysteme, UBA-FB 10801 139, Berlin.

Sengotta, M. (1998): Arbeitssystemcontrolling; München.

Sengotta, M./Schweres, M. (1994): Entwicklung und Evaluation eines Verfahrens der erweiterten Wirtschaftlichkeitsrechnung zur Bewertung komplexer Arbeitssysteme, Schriftenreihe der BAU, Fb 704, Bremerhaven.

Schweres, M. (1995): Menschengerechte Gestaltung der Arbeit (MgdA); in: Arbeitsrecht im Betrieb, 16. Jg., 10, S. 634-642.

Schweres, M. (2002): Nachwort, in: *Gröger, V./Lewark, S. (Hrsg):* Der arbeitende Mensch im Wald, Dortmund, S. 146-148.

Schweres, M./Sengotta, M./Roesler, J. (1999): Gesundheits- und Arbeitsschutz in der Investitionsplanung. DV-Unterstützung für erweiterte Wirtschaftlichkeitsrechnungen, Hrsg. BAuA, Schriftenreihe Forschung Fb 849, Dortmund, Berlin.

Treier, C./Schnauber, H. (1999): Untersuchung der Außentätigkeiten unter unmittelbarer Einwirkung von Sonnenstrahlen, Abschlußbericht des Projektes F 1562 der BAuA, Institut für Arbeitswissenschaft der Ruhr-Universität Bochum.

Verband Deutscher Landwirtschaftlicher Untersuchungs- und Forschungsanstalten (VDLUFA) (1998): Standpunktkriterien umweltverträglicher Landbewirtschaftung, Darmstadt.

Zangemeister, C./Nolting, H.-D. (1999): Kosten-Wirksamkeits-Analyse im Arbeits- und Gesundheitsschutz; Hrsg.: BAuA. Sonderschrift S. 44, 2. Aufl., Dortmund/Berlin.

Zeddies, J. (2001): Modellierung von Betriebsentwicklung und Nachhaltigkeitszielen, in: Agrarwirtschaft, 50. Jg., 8, S. 471-479.

Zeddies, J. (2003): Modellgestützte Politikberatung in der Agrar- und Agrarumweltpolitik, in: Agrarwirtschaft, 52. Jg., 4, S. 173-174.

Insurance Intermediation and Financial Stability: Implications for Microprudential and Macroprudential Supervision

*Sebastian Aschenbrenner-von Dahlen**

1. Introduction

An insurance intermediary is a person or organization which gives advice with respect to an insurance product, including the promotion or the facilitation of an agreement or contract between an insurer and a customer.[1] There are two main advantages of intermediated exchange. First, an insurance intermediary can help to pool risks and act thereby as a trusted third party. Second, due to specialization an intermediary is able to achieve lower transaction costs by achieving economies of scope and scale in searching the market, bundling and processing of information needed to match the partners of an insurance deal.[2] Three prototypes of insurance intermediaries are: *single-firm agents*, who work exactly for one insurance company; *multi-firm agents*, who work for a fixed selection of insurance providers and *independent brokers*, who are free to arrange deals with all available insurance providers.[3]

The technological development, namely the occurrence of the internet, on the one hand, liberalization and deregulation on the other hand, induced major changes on the market for insurance products and insurance intermediation. Due to increasing product diversity, it has become harder for individual customers to get a market overview. At the same time the potential gains of searching the market increased, because a wider diversity of insurance products implies better chances that some provider offers an insurance coverage which perfectly matches individual preferences.

Additional strategies have more and more complemented pure intermediation, where the latter refers to gains from being a trusted third party and a reduction of transaction costs. The additional strategies aim at value creation: consultancy for customers is not only offered about pure risk products but also about the optimal management of assets and liabilities, life cycle investments, pension plans and tax requirements. This development is highlighted by the evolution of insurance intermediaries towards one-stop financial institutions. A case in point is the German insurance intermediary MLP (*Marschollek*, *Lautenschläger* und Partner

---

* The views expressed are those of the author and do not necessarily reflect those of the German Federal Financial Supervisory Authority (BaFin).

[1] For a similar definition of the term intermediary, see *IAIS* (2000), p. 9.

[2] See *Aschenbrenner-von Dahlen/Napel* (2003).

[3] For a detailed discussion of the different types of intermediaries, see *Aschenbrenner-von Dahlen/Napel* (2003).

AG), founded in 1971 an institution with a banking and an insurance licence.[1] A process of market concentration and the emergence of large intermediaries, such as MLP, AWD (Allgemeiner Wirtschaftsdienst AG and DVAG (Deutsche Vermögensberatung AG) in Germany or VZ (VermögensZentrum AG) in Switzerland and Fideuram[2] in Italy, is challenging the traditional balance of power between insurance customers, providers and intermediaries. AWD, founded in 1988, and DVAG, founded in 1975, are not only amongst the largest intermediaries in Germany, but also among the leading players in Europe. MLP, being the leading player in the lucrative market segment of young academics in Germany, also tries to expand its business in the European market.

2. Analytical Framework

2.1. Actors within the Insurance Market

It is reasonable to distinguish three different players in the insurance market and three major exogenous influences on their interaction (see Fig. 1). First, the ultimate *providers* of insurance, primarily insurance companies and reinsurance companies, who accept risk in return for a premium. Second, potential *consumers* of insurance with various risk aversions influencing their demand. Third, somehow in between, *insurance intermediaries* facilitating the interaction between providers and consumers, getting some form of remuneration in exchange.

Three major exogenous influences have to be highlighted: technology, the regulatory environment and other forces influencing the market for insurance products. *Technology*, especially since the occurrence of the internet, has become an important driver of changes within the insurance market. Automating and optimizing helped to achieve more efficiency in supply chain management within insurance companies. If the internet provides easy-to-use and at the same time sophisticated search tools, insurance customers will be empowered. The *regulatory environment* for insurance products in Europe changed drastically in 1990s. The European guideline on the common insurance market became effective in 1994, ensuing deregulation and liberalization. Before 1994, in most European countries, the market for insurance products was more or less protected from outside competition and tightly regulated. Due to deregulation the freedom of insurance providers to design and market new types of insurance products increased. Additionally the so-called single license principle, a core element of liberalization, enabled insurance companies to sell an insurance product across the entire European market, as soon as it has an approval in the home country of the insurance company. As a result, the choices for European insurance customers in-

[1] A discussion about the convergence in the financial services industry is found in *Kist* (2001), pp. 317-321; *Berghe/Verweire* (2001), pp. 173-178.
[2] See *Wellauer* (1999), p. 295.

creased in the 1990ies. The expression *other forces* names here a bundle factors influencing the market for insurance intermediaries. Among them are the demographic development, social trends and the competitive environment within the insurance market.

An insurance customer typically pays a certain amount of money in order to transfer risk to a primary insurer. The primary insurer is often not only a risk taker but also provides consulting services for the customer. In most cases, the primary insurer transfers a part of all of his risks to a reinsurer – in exchange for a premium paid by the first to the latter. Concerning the regulatory environment there is a major difference between the first step, customer – primary insurer, and the second step, primary insurer – reinsurer. The existing regulation affects almost only the interaction between customers and primary insurers, where the exchange between a primary insurer and a reinsurer is almost unaffected.

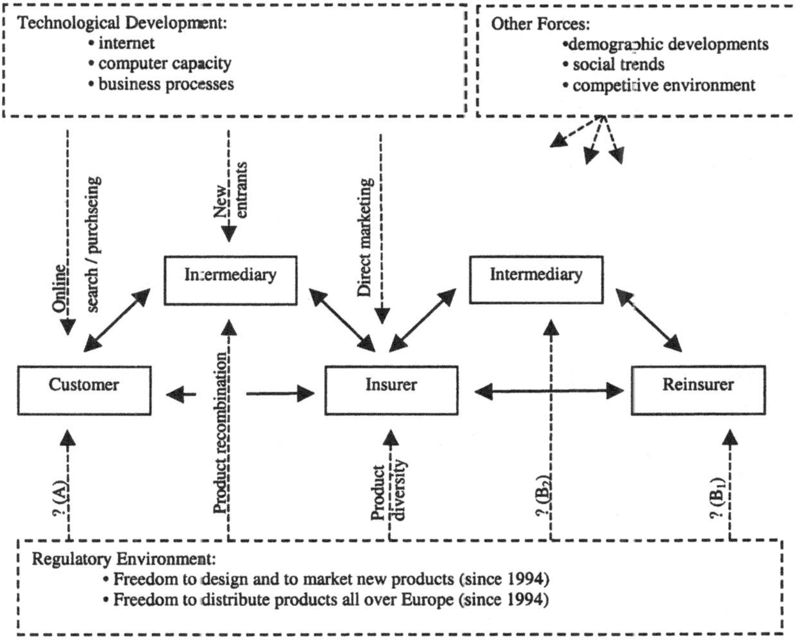

Fig. 1: Players and Forces within a Market for Insurance Products

2.2. Regulatory Environment

The arrows highlighted by question marks (see A, B_1, B_2) indicate fields of further discussion:

(*A*) In 1994 the regulatory environment developed towards more freedom. Hence insurers are enabled to offer a wider diversity of products and in addition to that intermediaries are free to recombine insurance products in new ways. Customers are gaining by an increased freedom to choose. On the other hand it becomes difficult for a customer to detect a specific insurance product within the market on its own. This strengthens the position of insurance intermediaries. There are potential gains from transaction cost minimizing by realizing economies of scale and scope. In addition to this, an intermediary is able to provide benefit for the customer by evaluating offers form different insurance providers independently. Where the changes in the regulatory environment strengthened, ceteris paribus, the position of insurance intermediaries, the technological development, namely the occurrence of sophisticated internet search engines, ceteris paribus, have the potential to weaken the position the position of insurance intermediaries. In helping customers to compare offers,[1] internet search engines lead towards an increasing price transparency in the insurance market. This should effect in lower search costs and increased competition. Although we assume that transparency increases competition, one should be aware that transparency can, at least in theory, lead to the opposite effect. Easy to make price comparisons have the side-effect, that it is easier for companies to observe the behavior of competitors. Under such a constellation it is easier to identify and to punish potential free-riders of a cartel.[2] However, even under conditions of increased competition and lower search costs, there is still an unresolved problem for insurance customers: to which extend can they rely upon the advice of an intermediary? Under the given regulatory environment it is almost not possible for a customer to detect the incentive structure of an intermediary and whether the intermediary is independent or not.

(B_1) The market for reinsurers is until now almost unregulated. There are especially two reasons for this. *First*, the operations of reinsurance companies are almost always internationally oriented. *Second*, reinsurers and primary insurers are both professional actors within the market for insurance products. Since reinsures play an important role with respect to the stability of the global financial system, there is an ongoing discussion about the appropriate design of the regulatory environment for reinsurers. In the process of reviewing the vulnerabilities

---

[1] A restriction of the searching function is that not every kind of insurance product is distributed over the internet and that some insurance companies do not use the internet as a distribution channel at all. Another open question is whether it is possible to offer sufficient consulting over the internet.

[2] For a discussion of sustaining a cartel under imperfect monitoring, see *Abreu/Pearce/Stachetti* (1986).

and efforts to strengthen the international financial system, the Financial Stability Forum (FSF) asks for transparency improvements in the reinsurance industry.[1] Although the FSF points out that the reinsurance industry performed well during the recent shocks in the financial system, it seems to be inevitable to generate more data which allow a better assessment of potential problems for the (re-)insurance sector and the stability of the financial market as a whole. There is a discrepancy between a lack of public disclosures and a certain degree of opaqueness on the one hand and the importance of reinsurance companies for the financial market on the other hand. Undoubtedly the breakdown of a (major) reinsurer would be a (severe) impairment of the global financial system.

(B_2) The intermediation between primary insurers and reinsurers is until now almost unregulated. It has to be discussed whether more regulation could be necessary. Momentarily the available arguments indicate no need for further regulation in the field of reinsurance intermediation. There is a major difference between *re*insurance intermediation services customers on the one hand and customers of *primary* insurance intermediation services on the other hand. The difficulty for a private insurance customer to evaluate the hidden incentive structure of a primary insurance intermediary calls for some regulation in the field of primary insurance intermediation.[2] With reinsurance intermediation the situation is different.

The customers of reinsurance are almost always professional actors. It is a part of their function to evaluate the insurance market with its different actors.

2.3. Technological Development

The single most important technological development with respect to insurance intermediation is the occurrence of the internet. On the one hand, new internet tools are a potential threat for intermediaries. Search engines support customers in finding the individually optimal insurance product at low search costs.

On the other hand, there are two potential restrictions concerning the usage of electronic search engines. The first restriction is availability: not all companies offer all their insurance products also over the internet. Hence, an internet search engine will provide only the best products out of the subgroup of insurance products, which are offered via the internet. The second restriction is consulting services. The explanation of and the discrimination between insurance products is an essential part of insurance intermediation. It is unclear to which extend electronic search engines on the internet will replace the existing insurance intermediaries. Without additional information it is difficult for customers to distinguish

---

[1] See *Financial Stability Forum* (2002), pp. 2-3.

[2] Potential regulation in the field of primary insurance intermediation has been discussed in an earlier paper, see *Aschenbrenner-von Dahlen/Napel* (2003).

between intermediaries based upon their incentives and capability for facilitating the most beneficial trade available.

3. Microprudential versus Macroprudential Risk Perspective

The "micro dimension" of financial stability refers to individual institutions; where the "macro dimension" of financial stability focuses upon the whole economy.[1] Especially under the guidance of the Basel Committee on Banking Supervision there has been made distinct progress in the search for better risk management techniques at individual institutions.[2] However, a financial stability assessment would be insufficient, with an assessment solely at the individual level. It is necessary to marry the micro- and the macroprudential dimensions of financial stability. Efforts on the two fronts should be well coordinated. The reason for this is that macroprudential stability and microprudential stability are not independent from each other but interdependent in various ways. It is noteworthy that the reasoning about concepts of micro- and macroprudential stability is – so far – primarily found.

3.1. Microprudential Foundation of Financial Supervision

Microprudential supervision is institutional supervision. Bank, securities and insurance supervisors spent a significant amount of resources in order to assess the risk of different financial institutions. It would be short sighted to assume that the overall financial system is unquestionably characterized by stability if every single financial institution is sound.

The regulatory environment defines the frame for supervision. Consumers typically desire two things from supervision: reduction of insolvency risk and protection against loss if banks and insurers are failing. An often cited justification for the protection against bank insolvencies is the need to avoid financial panics and bank runs which could have a significant effect on the whole economy. Especially with respect to providers of annuity products and savings-oriented life insurance there is also a special justification for the protection against insurance insolvencies.[3] An important intersection between insuring and banking with respect to financial stability is deposit insurance. The latter is intended to protect depositors, which are less-financially-sophisticated from the loss of their deposits in the case of a bankruptcy.[4]

The early detection of financially weak banks or insurers and the monitoring of insolvency risk by regulatory authorities is a form of delegated monitoring. It

---

[1] For a first stock taking of the micro- and macro-prudential dimensions of financial stability, see also *Yue* (2000), pp. 230-240.
[2] See *Crockett* (2002), p. 6.
[3] For the following, see also *Harrington/Niehaus* (1999), pp. 100-102.
[4] See *Financial Stability Forum* (2001), p. 3.

would be extremely costly for customers to monitor and evaluate the insolvency risk for credit institutes and insurance companies themselves. If regularly monitoring provides financial authorities with information about the gap between assets and liabilities, it can help to intervene before an identified gap gets any larger. The International Association of Insurance Supervisors defined Insurance Core Principles (ICPs), which present prudential rules with respect to assets and liabilities. The ICPs demand insurance supervisors to establish and to supervise standards with respect to the assets and the liabilities of insurers licensed to operate in the jurisdiction.[1]

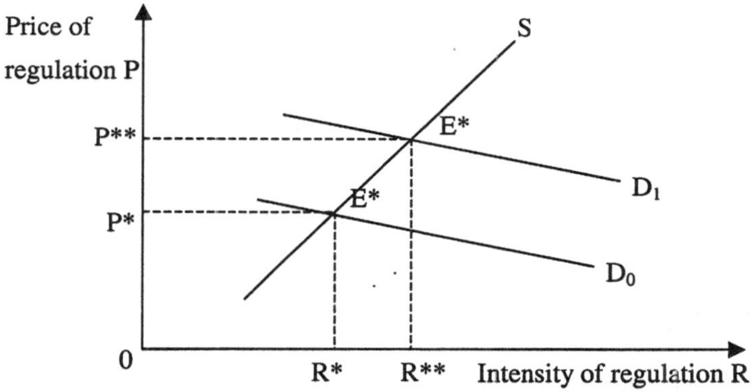

Fig. 2: Intensity and price of regulation[2]

It is difficult to ascertain the optimal intensity of microprudential supervision. This is determined by providers and customers of financial services. Fig. 2 characterises the intensity R and the price P of regulation, where S describes the supply- and D the demand-function of regulation. Providers and customers of financial services have different incentives to support a certain degree of supervision. Providers of financial services support a certain degree of supervision, if that would improve their competitive position within the market. Some customers would have to pay more under a risk-adjusted calculation of prices and premiums. Those customers have an incentive to support all kind of regulation preventing banks and insurance companies from charging risk-adequate prices and premiums. Regulation is also supported by those customers, who would lose their money in the case of insolvency. At the same time financial services providers are interested in a regulatory environment which supports their business.

[1] See *IAIS* (2000), pp. 8-9.
[2] For a similar graph, see *Zweifel/Eisen* (2000), p. 361.

Customers: the equilibrium E** indicates a situation, which is characterized by a higher intensity and a higher price of regulation. Customers would probably accept a shift from E* to E** in the case of bankruptcy of different insurance companies and/or credit institutes.

Providers: a shift from E** to E* would probably be favoured by credit institutes and insurance companies, if foreign firms are able to sell products at a lower price due to lower costs of regulation.[1]

The above mentioned examples show that regulators and supervisors have to be aware of potential political influence. The more a community of interests' hopes to gain from a certain regulatory regime the better it will support it.

3.2. Macroprudential Foundation of Financial Supervision

There are different sources of risk at the macroprudential level. *First*: the risk which arises from the conflict between socially desirable outcomes and individual rational behaviour. Obviously it is not always easy to identify the socially desirable outcome. Take the hypothetical example of the life-insurer B, being close to bankruptcy. What would be socially desirable? Should all other life-insurance companies in Bs home country help the near bankrupt entity B in order to avoid its bankruptcy? Or would it be better, if the insurer B is forced to shut down its business?

As insurance companies – especially life-insurers – promise their customers security for a long period of time, trust of the customers is essential for them. If a life insurance company goes bankrupt, this will, ceteris paribus, reduce the general trust in (life-)insurance products. Therefore the "trust-argument" supports a strategy, which avoids the bankruptcy of B. On the other hand, a general and strict avoidance of all bankruptcies in the insurance sector would reduce the forces of the free market. Eventually the avoidance of Bs bankruptcy would even induce a riskier behaviour at some insurance companies. Therefore the "market-forces-argument" supports a strategy, which allows, as a final consequence, the bankruptcy of B.

In addition to the above mentioned, it has to be asked whether there is any kind of consumer protection in the case of a bankruptcy. A minimum of consumer protection would make it easier to follow the marketforces-argument, without risking a significant reduction of trust in life insurance products. German insurance companies, for example, established a program named "Protector", which guarantees the minimum payments for life-insurance contracts which were issued by bankrupt insurers.

---

[1] For a discussion of the consequences of insurance regulation see *Adams/Tower* (1994).

In some cases, it is relatively easy to name the socially desirable outcome. It is, for example, almost always socially desirable to avoid a sub-optimal capital allocation. It would be an individual rational behaviour for an insurance intermediary to recommend insurance products of those insurers, which pay the intermediary the highest fee. Such an individual rational recommendation would collide with the socially desirable outcome, if the recommended insurer would lose money with every new insurance contract – for example due to a wrong risk calculation.

Another example of a potential conflict between socially desirable and individual rational behaviour is the plan of the Kreditanstalt für Wiederaufbau (KfW) in Germany to bundle and to sell risks. The KfW, as a first step, wants to buy credits from different banks and bundle them. Afterwards, the KfW wants to sell portions of the new credit portfolio to other investors.

The idea behind the "credit bundling and selling" initiative is risk-diversification[1]. At the same time it would be individual rational for the each credit institute to get rid of the worst risks. An independent authority has to ensure that the resulting KfW-credit portfolio meets certain standards. Without such an independent review process there would a higher probability that challenges for the banking sector, e.g. a high exposure to credit risks, could become also challenges for the insurance sector.[2] According to *Goodhart* (2000, p. 10) *Borio/Filosa* (1994) were the first who examined the consequences of blurring boundaries between banks and insurance companies.

Second: the risk which is inherent in the economic cycle. A widely agreed upon explanation for the procyclicality of the financial system and the financial stability has its roots in information asymmetries, which arise between lenders and borrowers in a financial system. The phenomenon is also known under the expression financial accelerator.[3] It describes the empirical finding that it is most difficult for a company under depressed economic conditions to find funding for a profitable investment. This is accelerating the economic depression although the realization of profitable investments would be most helpful with respect to overcoming an economic depression. On the other hand, it is relatively easy for a company to find access to external funding during times of economic prosperity. This is accelerating an already existing economic upturn. A negative side effect is that under conditions of easy access even second and third best projects will find external funding.

---

[1] For a brief discussion of diversification effects see 5.1.1.

[2] A prominent European example for the eroding system-boarder between banks and insurance companies is the Allianz (insurance company)-Dresdner (credit institute) merger.

[3] See, for example, *Kiyotaki/Moore* (1997) for a recent paper and *Fischer* (1933) for early foundations.

4. Economic Cycles and Risk Measurement

The financial sector is of highly cyclical nature.[1] There is empirical evidence for the procyclicality of asset, credit and insurance prices. Procyclicality of a financial indicator is given, if the indicator has a tendency to accelerate the amplitude of business cycle fluctuations. The discussion about how different cycles influence each other is a difficult one.

There are different possible reasons for the co-movement between economic developments and the risk perception. Is it the financial sector influencing the development of the economic cycle? Or is it the economic cycle causing financial sector cycles? A collection of papers edited by the Reserve Bank of Australia indicates that the financial crises in Asia and South America during the 1990s where strengthened in their amplitude by international capital flows.[2]

There is broad evidence for the procyclicality of credits.[3] The increase of credits relatively to the GDP occurs especially during times of strong economic growth. In Fig. 3 the ratio "total private credit / GDP" and the "output gap"[4] are plotted for the United States of America in the time between 1980 and 2000.[5]

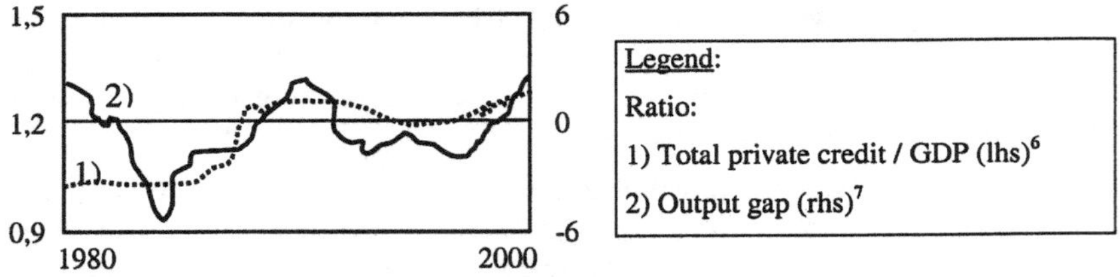

Fig. 3: Total private credit in United States of America

During economic upturns and credit growth, there also is a significant rise of property and equity prices.[8] In Fig. 4 the "real aggregate asset prices" and the "output gap" are plotted for the United States of America in the time between 1980 and 2000.

---

[1] See also *Borio/Furfine/Lowe* (2002), especially pp. 11-18.
[2] See *Gruen/Gower* (1999).
[3] See *Borio/Furfine/Lowe* (2002), p. 11.
[4] As calculated by the OECD.
[5] For additional information about the calculation of the graphs see *Borio/Furfine/Lowe* (2002, pp. 13-16), who draw upon the OECD Economic Outlook and additional national data.
[6] Axis on the left hand side: (lhs).
[7] Axis on the right hand side: (rhs).
[8] For a detailed survey on the cycles of property and credit prices see *Kent/D'Arcy* (2001).

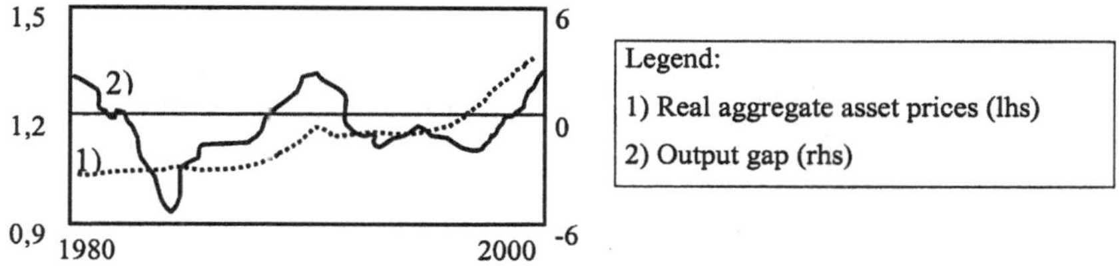

Fig. 4: Real aggregate asset prices in the United States of America

Future research could improve available data concerning the cyclic developments within the insurance sector. As far as the banking sector is involved there is evidence for a correlation between bond spreads and the business cycle and for a correlation between bank provisions and the business cycle. The existing data indicates that "credit rating agencies fail to predict changes in the probability of crises" (*Borio/Furfine/Lowe* 2002, p. 12). Typically a downgrade occurs not before a crisis, when the information would be most valuable, but during an already existing crisis.

Economic cycles are of importance with respect to financial stability. Both micro- and macroprudential risk-assessments have to consider the economic cycle. An increasing amount of banks and insurance companies are evaluated by external rating agencies. There is a high probability that in the near future there will be more external ratings for insurance intermediaries (see section 5.3.). The Basle II regime with its specific regulatory capital requirements will also induce an increase in external ratings. Especially since external ratings become more and more important in different contexts, it has to be asked whether all market participants are fully aware about the specific meaning of these ratings. Specifically, there remain questions about the consistency of the risk measures within different ratings.[1]

Different ratings were examined by *Carey/Hryca* (2000).[2] An external rating is typically point-in-time risk measurement, where an internal rating is usually a through-the-cycle risk measurement. Within an unstable (cyclic) environment the fluctuation of internal ratings are higher.

[1] See *Committee on the Global Financial System* (2003), p. 26.
[2] For the following see also *Borio/Furfine/Lowe* (2002), p. 21.

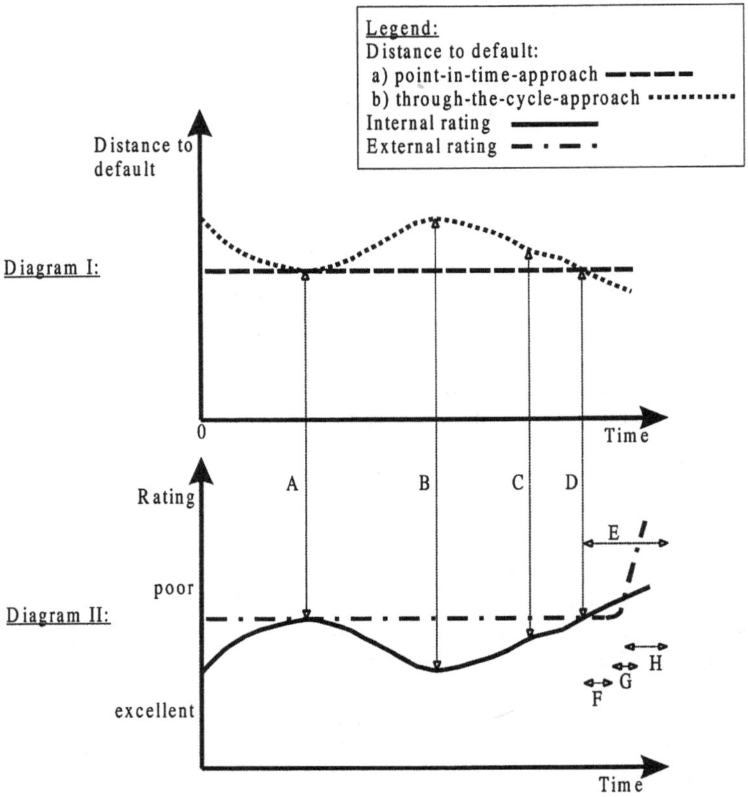

Fig. 5: Internal versus external rating (= through-the-cycle versus point-in-time)

Diagram I: both lines represent the distance to default. In the case of default a borrower is bankrupt. The further a line is away from zero, the greater is the plotted distance to default. The idea of the rectilinear is somehow a worst-case scenario. It describes the distance to default under conditions of (financial) stress, as is assumed by the external rating agency. The assessment of an external rating agency is often based upon an evaluation at one point in time. The curved line represents the actual distance to default. At the beginning, the borrower is very unlikely to default.

Diagram II: the second diagram visualises how the ratings of external and internal actors would change over time. The bold line represents the internal rating. It is regularly updated. The external rating agency assumes that the distance to default will not fall beneath the rectilinear line during an economic cycle. The arrows from A to D highlight the co-evolution between the distance to default (Diagram I) and the internal rating (Diagram II).

The period of time depicted by arrow E is characterised by significantly different reactions of internal and external ratings. During period F, there is an immediate reaction of the internal rating and no reaction of the external rating agency. In period G, the external rating agency makes up for the gap between external and internal rating. During period H, there is from time to time an overreaction of the external rating.

Pattern detection and structural analysis have always been key elements of, what we would like to call, Professor "*Udo Müller's* Systemic Approach" (UMSA). A central component of the UMSA is the idea of transferring concepts from one field to another. Using the UMSA with respect to ratings, one could ask: "Which patterns and structures characterise external ratings?"

External ratings are characterised by their "perspective from the outside". A result is the information asymmetry between insiders (rated company) and outsiders (rating company). On the other hand, the perspective from the outside is helpful in comparing different companies systematically. The increasing importance of external ratings in the field of insurance intermediation will be discussed in the following chapters.

5. Financial Stability, Risk Allocation and Transparency

Transparency is an important element with respect to financial stability. Only under conditions of sufficient disclosure and data-availability supervisory authorities will be able to evaluate financial stability. Transparency might help to achieve conditions of optimal risk allocation within an economy. Both aspects the disclosure and data-availability on the one hand and optimal risk allocation on the other hand will be discussed in more detail below.

5.1. The Problem of Optimal Risk Allocation

5.1.1. A Microprudential Perspective of Risk Allocation

Dealing with risks is the core activity for insurance companies. An insurance company must always be aware whether it accepted appropriate risks. It is therefore helpful to find answers for the following questions.[1]

Risk assessment: does the insurer have staff of sufficient quality to perform risk assessments? Does the insurer understand the accepted risk?

Risk measurement: does the expertise necessary to measure the accepted risks include profound knowledge about possible co-relations with other risks accepted

[1] For the following see also *IAIS* (2003), pp. 5-6.

by the insurance company? One example would be exposures to specific economic or geographical sectors.

Risk management: is there an effective risk management program? Does this risk management program include a risk strategy and risk policies? Are there specific management procedures developed to ensure that a risk is only accepted in line with risk policies and strategy? Has the insurer an appropriate system to measure, monitor and control its risky activities?

Risk control: are there sufficient internal controls within an insurance company? Does the insurance company have operating limits and other practices to ensure that the risk exposure maintains within levels consistent with internal limits and prudential standards? Has the insurance company a systemic review process? An insurer always has to ask how well a new risk fits into the existing portfolio of already insured risks. The law of large numbers makes it easier for insurers to calculate the frequency and the amount of occurring losses. Diversification is necessary to avoid cumulative risks.

For an insurer, a sufficient diversification is not only necessary on the liability side but also on the asset side. A good example for the potential of diversification is the investments into stocks. It was *Markowitz* (1952) in his seminal paper who introduced the foundations of portfolio theory. Typically yield and risk of an investment are correlated, where the risk is measured by the variance. A higher yield implies a higher risk (variance). The yield of a portfolio r_p is the weighed average of the yields w_i of its components i:

$$r_p = \sum_{1=1}^{n} w_i r_i \quad \text{with} \sum_{i=1}^{n} w_i = 1$$

To measure the variance σ_p^2 of a portfolio, it is necessary to know the correlation (covariance) ρ_{ij} of its components. A portfolio with n shares has the following a portfolio variance:

$$\sigma_p^2 = \sum_{i=1}^{n} w_i^2 \sigma_i^2 + 2\sum_{i=1}^{N-1} \sum_{j=i+1}^{N} w_i w_j \rho_{ij} \sigma_i \sigma_j$$

5.1.2. Macroprudential Perspective of Risk Allocation

The more a certain risk allocation supports financial stability the better it is. Insurance intermediaries give advice with respect to an insurance product, including the promotion or the facilitation of an agreement or contract between an insurer and a customer. Insurance intermediaries influence the distribution of insured risks at different insurers. Macroprudential supervision primarily has to focus upon two cases. First: the conflict between a socially desirable outcome and individual rational behaviour. Second: the consequences of financial cycles.

First case, the socially desirable outcome of an insurance intermediary's work is improved financial stability. On the other hand, it is individually rational for an intermediary to recommend those insurance products, which imply the best remuneration for him. Potential consequences of such a conflict are highlighted by the following fictitious example. An intermediary gets the highest remuneration from the two financially weak insurance companies Y and Z. Both insurers are characterized by a risky asset management and an insurance premium, which is calculated very low. The two insurance companies Y and Z are close to bankruptcy and additional business from the intermediary even worsens their situation. One would assume that customers who knew details about the situation of Y and Z and the remuneration scheme are not interested in buying their insurance protection at Y or Z.

Second case, financial cycles have the potential to influence the asset side of an insurer. The following example shows that under certain circumstances an insurance intermediary could increase the negative consequences of a financial cycle. Insurance company X invests as much as possible at the stock exchange. At the same time, X offers its intermediary W a very high remuneration for aggressively selling the X-products. An economic downturn with significantly falling share prices would bring X towards financial stress and in an extreme scenario into bankruptcy. The bankruptcy of an insurer weakens, ceteris paribus, the belief in financial stability of the average customer.[1] The more customers X has the wider the circles of its bankruptcy with respect to financial stability would be. One would assume that if all customers had precise information about the aggressive remuneration, fewer would have followed the recommendation of W to buy products of X.

5.2. The Importance of Disclosure and Data-availability

Transparency (disclosure and data availability) seems to be beneficial with respect to microprudential *and* macroprudential stability. Disclosure in this paper refers, in agreement with the Multidisciplinary Working Group on Enhanced Disclosure (MWGED), to the presentation of information about financial risks.[2] The information available at present is not sufficient. Neither with respect to the transfer of insurance risks nor with respect to the transfer of credit risks, is a satisfactory amount of data available. With the available data sources it is not possible to track the redistribution of risks and it is also not possible to picture the re-

---

[1] Further research has to analyze in detail whether the belief or disbelief in financial stability has an influence upon financial stability.

[2] See *Multidisciplinary Working Group on Enhanced Disclosure* (2001), p. 5.

sulting risk concentrations.[1] National and international financial supervisory authorities could present recommendations concerning better data availability.

Information is an essential part of the insurance business. As insurance intermediaries generate in some cases an important share of an insurers overall business, it is important for the insurer to get as much information about the "to be insured risks" from the intermediary as possible.

If incentive structures, e.g. the remuneration, of intermediaries would be transparent for customers, the result would probably be another allocation of insured risks. If the specific incentive structure of an insurance intermediary is unknown, there is a higher probability that a customer follows its recommendation. No matter whether there would be an objectively better solution available or not. Only conditions of full transparency allow a free competition among the actors upon the financial market. The result of free competition and transparency should be the best possible allocation of insured risks.

5.3. Some Criteria for the Regulatory Environment of Insurance Intermediaries

The regulatory environment for intermediaries should promote transparency.[2] Especially, since it is difficult and costly for (private) insurance customers to evaluate an intermediary. It is hard to collect information about incentives, like the intermediary's remuneration, shareholders and shareholdings. Neutral outsiders could aid customers by certificates or ratings. The resulting transparency increase could induce efficiency gains. An example would be the uncovering of hidden agendas such as a bias towards a specific provider.

5.3.1. Transparency

The following criteria characterize a transparent market: it is possible for interested actors to understand and to observe the market structure and the conduct of its participants. With respect to financial stability both relationships of the insurance intermediary are interesting: with insurance customers and with insurance providers. It is important for the two latter to know about the former's interests. The following focuses on transparency in the relationship between intermediaries and insurance customers. For professional actors, like insurance providers, it is easier than it is for private insurance customers to find out whether the intermediary aims at finding the best available match. Does the intermediary pursue hidden, i.e. its own, interests?

Minimum requirements for a judgement about the interests of the intermediary are: transparent *ownership structures* and transparent *payment schemes*. The con-

---

[1] For a brief discussion of the tracking of credit risk transfers see *CGFS* (2003), p. 25. For a more insurance oriented perspective see *IAIS* (2003), pp. 3-5.

[2] The following part draws upon *Aschenbrenner-von Dahlen/Napel* (2003).

solidated profit margin of an insurance product is influenced if an intermediary is owned by the insurer who sells the respective insurance product. At the same time, information about financial stakes of the intermediary in insurance providers is similar or even more important. For example, it is essential whether an intermediary owns a (significant) part of the insurance provider and, at the same time, strongly recommends products of the latter.

With respect to remuneration it is fundamental for customers to know how an intermediary is paid by a given insurer for (aggressively) selling its products: fixed lump-sum payments or variable rewards. Likewise interesting is the internal incentive of the intermediary. Is there a direct (monetary) benefit for individual employees, if they promote and sell products from a specific insurer? Two other solutions are: the intermediary as a company gets the reward from the insurer and keeps it, the intermediary gets no payment at all from the insurer. The Employees of the intermediary would then be, at least in theory, free to recommend the insurance product, which is optimal for the customer. *Aschenbrenner-von Dahlen/Napel* (2003) distinguish two dimensions of transparency:

Incentive transparency: The degree of transparency with respect to ownership structures and payment schemes is characterized by incentive transparency. The latter allows judgments about the incentives of an intermediary and its agents.

Decision transparency: The degree of transparency with respect to the number of providers taken into account by an intermediary and also the scenarios, i.e. about the further development of the market, examined in the in the assessment of different products as well as the weights of all different evaluation criteria is characterized by decision transparency. The latter allows follow-up examinations of an intermediary's recommendation.

If insurance intermediaries would be obliged to publish relevant information about the two above mentioned dimensions, an advantageous higher level of transparency could be achieved.

5.3.2. Independence

Transparency is necessary in order to evaluate independence. In judging whether an intermediary is independent or not, it is necessary to discriminate between different degrees of independence. *Aschenbrenner-von Dahlen/Napel* (2003) suggest, as a first step, the distinction between a `decision-dimension of independence´ and an `incentive-dimension of independence´.

It is, in other words, a two step-approach. The fist step is the transparency assessment. Both, decision and incentive transparency are necessary but not sufficient conditions with respect to independence. The second step is the independence assessment. The two dimensions of independence are the decision-dimension of independence and the incentive-dimension of independence.

Incentive dimension of independence: The different levels of incentive independence depend on payment schemes and ownership structure. *Aschenbrenner-von Dahlen/Napel* (2003) suggested criteria in order to distinguish three levels of incentive independence. If an intermediary meets strict rules, it can achieve a *high level of incentive independence*: First, the intermediary is not allowed to own shares of any insurance provider. Second, the intermediary must not get an additional reward for recommending a specific insurer. Third, to achieve a high level of incentive independence it is not allowed to that an insurer owns any share of an intermediary.

The suggested criteria for a *medium level of incentive independence* are: First, it is not allowed that a single insurer owns more than a percentage of x of an intermediary. It will be a matter of discussion to define the exact amount of x. An indepth debate would take especially the decision power of a single provider on the intermediary's policy into consideration.[1] Second, an employee of the intermediary is not directly rewarded for recommending a specific insurance provider and /or a specific insurance product. All kind of rewards stay with the intermediating company. An individual agent owns a share of the intermediary larger than a percentage of y. Third, an intermediary must not own more than a percentage of z of the shares of any insurer.

The remaining would then be characterized by a *low level of incentive independence*. In the following exemplary constellations the intermediary has only a low level of incentive independence. First, an intermediary is owned by a few or only one insurer. Second, the agents of the intermediary receive significant direct rewards for recommending specific insurers and/or specific insurance products. Third, an intermediary owns an important part an insurer, which it recommends.

The assessment of incentive structures should be rigid and pessimistic in the way that inadequate transparency allows the certification of incentive independence only at a low level.

Decision dimension of independence: The circumstances under which an intermediary accomplishes *decision independence* have to be explained. An insurance customer expects an intermediary to find the best available arrangement in the market under the condition that consumers are able to communicate their goals.

---

[1] See *Napel/Widgrén* (2001, 2002).

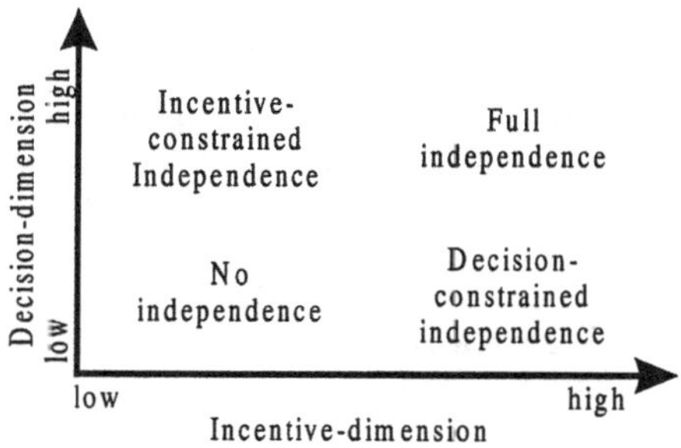

Fig. 6: Dimensions of Independence

Full transparency of the decision-making process would require that the intermediary informs customers about the criteria of evaluation and their respective weights, the assumed scenarios and the complete list of evaluated insurers. One could ask at this point whether a transparent decision-making process is necessary. Customers could be satisfied an oracle which always suggests the optimal insurance product but never explains (in detail) its correct choice. As oracles belong to mythology it has to be asked why an insurance intermediary should be unwilling – at least on request – to provide a transparent decision process.

5.3.3. Data Availability and Comparability

It is difficult to recommend an optimal degree of data availability, balancing costs and benefits of disclosure. Besides the above mentioned benefits of transparency also the costs of "making data available" have to be considered. More disclosures would impose additional costs on firms, especially during the implementation of a new disclosure system.

The MWGED recommends disclosure practices regarding financial risks.[1] It should be possible to compare the actual outcomes with risk estimates. With respect to financial stability it could be interesting to analyse the aggregate performance information about risk and return presented by insurance intermediaries to insurers. This paper refers to the MWGED in suggesting that *all* financial intermediaries should include information which is already being disclosed in varying extend by many institutions in routine periodic disclosures.[2] The addressee of periodic disclosures should be shareholders, creditors and counterparties.

Further research with respect to risk concentrations is advisable. Vulnerabilities to risk concentrations have to be identified in an early stage of dealing with risks. Especially the identification of (different) correlation assumptions, which are implicit or explicit part of all risk measures, is of importance. It is necessary to

[1] See *Multidisciplinary Working Group on Enhanced Disclosure* (2001), p. 2-4.
[2] See *Multidisciplinary Working Group on Enhanced Disclosure* (2001), p. 3.

further develop methods and concepts of risk assessment. Another important field of research could be the interdependence between disclosure, market discipline and financial market stability. There is a growing interest in the central banking and regulatory community with respect to these interdependences. For example the Basle Committee intends to improve market discipline by presenting recommendations for disclosure. "The Working Group [MWGED] believes that more extensive disclosure can increase market discipline and may increase the stability of the financial system and lead to an improved allocation of capital and other resources" (*Multidisciplinary Working Group on Enhanced Disclosure* 2001, p. 6).

A further step would be comparability between the disclosed information of banks, securities firms, hedge funds, insurers and insurance intermediaries. To allow actors in the financial system to base their decisions about risks on informed judgements it is necessary to know the differences between different risks, i.e. insurance risk and banking risk.

6. Concluding Remarks

The above discussion highlights particular issues of insurance intermediation and has reviewed some possible implications for insurers, customers and financial stability. Insurance intermediaries have the potential to influence the allocation of insurance risks. From a financial stability perspective it is important that the allocation, which can significantly differ from the efficient allocation under conditions of free competition and transparency, is addressed in regulation and disclosure standards. The question of optimal risk allocation should also always be addressed in the behaviour of individual firms. An ideal form of disclosure would be consistent with typical business practices and would allow meaningful comparisons to be made across firms of one financial sector (i.e. insurance) and across firms of different sectors (i.e. insurance and banking). Different dimensions for a transparence and independence assessment of insurance intermediaries have been suggested with reference to *Aschenbrenner-von Dahlen/Napel* (2003).

The assessment of the effects of intermediaries on financial stability is at an early stage. This paper highlighted aspects with potential for further research. It also indicated where the research about insurance intermediation and financial stability could benefit from the developments with respect to banking. A systemic approach, which includes the universe of financial intermediaries, consisting of insurers, insurance intermediaries, banks, securities firms and hedge funds, is helpful in order to assess and improve financial stability.

Concerning the recent developments on financial markets, *Andrew Crockett*, General Manager of the BIS and Chairman of the Financial Stability Forum, presents a positive assessment of financial stability. At the same time, his statement also indicates a focus upon banking with respect to financial stability: "The fact that banking systems in most major countries have recently been able to weather without serious difficulty the recent series of debilitating shocks is testimony to the value of what has been achieved." (*Crockett* 2002, pp. 6-7). Further research should work upon a systemic approach with a focus upon a combined stability of banking *and* insurance systems.

References

Abreu, D./Pearce, D./Stacchetti, E. (1986): Optimal Cartel Equilibrium with Imperfect Monitoring, in: Journal of Economic Theory, Vol. 39, 1, pp. 251-259.

Adams, M. B./Tower, G. D. (1994): Theories of Regulation: Some Reflections on the Statutory Supervision of Insurance Companies in Anglo-American Countries, in: Geneva Papers on Risk and Insurance - Issues and Practice, Vol. 2, 71, pp. 156-177.

Amato, J. D./Furfine, C. H. (2003): Are Credit Ratings Procyclical?, BIS Working Papers No. 129, Basel.

Aschenbrenner-von Dahlen, S./Napel, S. (2003): Insurance Intermediation – Theoretical Analysis and Practical Issues in the European Market, mimeo, Karlsruhe and Hamburg.

Berghe van den, L./Verweire, K. (2001): Convergence in the Financial Services Industry, in: Geneva Papers on Risk and Insurance - Issues and Practice, Vol. 26, 2, pp. 173-183.

Borio, C./Filosa, R. (1994): The Changing Borders of Banking: Trends and Implications, BIS Economic Paper No. 43, Basel.

Borio, C./Furfine, C./Lowe, P. (2002): Procyclicality of the Financial System and Financial Stability: Issues and Policy Options, in: BIS Papers, No 1, pp. 1-57.

Carey, M./Hrycay, M. (2000): Parameterizing Credit Risk Models with Rating Data, mimeo, Federal Reserve Board of Governors, Washington, D.C.

CGFS (2003): Credit Risk Transfer - Report submitted by a Working Group established by the Committee on the Global Financial System, Basel.

Crockett, A. (2002): Institutions for Stability – Current and Past Experience, BIS Speeches, December 6, Basel.

Financial Stability Forum (2001): Guidance for Developing Effective Deposit Insurance Systems, Basel.

Financial Stability Forum (2002): Financial Stability Forum Reviews Vulnerabilities and Efforts to Strengthen the International Financial System, press release, September 4, Basel.

Fisher, I. (1933): The Debt-Deflation Theory of the Great Depression, in: Econometrica, Vol. 1, 4, pp. 337-357.

Goodhart, C. A. E. (2000): The Organisational Structure of Banking Supervision, FSI Occasional Papers No. 1, Basel.

Gruen, D./Gower, I. (1999): Capital Flows and the International Financial System, Reserve Bank of Australia, Sydney.

Harrington, S. E./Niehaus, G. R. (1999): Risk Management and Insurance, Boston.

IAIS (2000): Insurance Core Principles - Task Force on Core Principles Methodology, Basel.

IAIS (2003): Credit Risk Transfer between Insurance, Banking and other Financial Sectors, Basel.

Kent, C./D'Arcy, P. (2001): Cyclical Prudence - Credit Cycles in Australia, in: BIS Papers, No. 1.

Kist, E. (2001): Integrated Financial Services – A Framework for Success: Synergies in Insurance, Banking, and Asset Management, in: Geneva Papers on Risk and Insurance - Issues and Practice, Vol. 26, 3, pp. 311-322.

Kiyotaki, N./Moore, J. (1997): Credit Cycles, in: Journal of Political Economy, Vol. 105, 2, pp. 211-248.

Markowitz, H. M. (1952): Portfolio Selection, in: Journal of Finance, Vol. 7, 1, pp. 77-91.

Multidisciplinary Working Group on Enhanced Disclosure (2001): Final Report to: Basel Committee on Banking Supervision, Committee on Global Financial System of the G-10 central banks, International Association of Insurance Supervisors, International Organisation of Securities Commissions, April 26, Basel.

Napel, S./Widgrén, M. (2001): Inferior Players in Simple Games, in: International Journal of Game Theory, Vol. 30, 1, pp. 209-220.

Napel, S./Widgrén, M. (2002): Strategic Power Revisited, CESifo Working Paper No. 736, Munich.

Sahajwala, R./Van den Berg, P. (2000): Supervisory Risk Assessment and early Warning Systems, Basel Committee on Banking Supervision Working Papers No. 4, Basel.

Wellauer, T. (1999): The Insurance Industry in the Financial Services Market, in: Geneva Papers on Risk and Insurance – Issues and Practice, Vol. 24, 3, pp. 291-299.

Yue, E. (2000): Marrying the Micro- and Macro-prudential Dimensions of Financial Stability – the Hong Kong Experience, in: BIS Papers, No 1, pp. 230-240.

Zweifel, P./Eisen, R. (2000): Versicherungsökonomie, Berlin, Heidelberg, New York.

National Systems of Innovation in the Context of Industrial Districts: Historical Roots and Future Prospects

Yücel Calbay

1. Overview

In the light of the now 'fashionable' historical and ontological analysis of the Economics of Networks and here centrally of the often neglected concept of industrial districts put forward by *Alfred Marshall* (1927, 1890/1961), it appears of interest to have a closer look at possible historical connections and roots of the recently increasing influential concept of so-called 'national systems of innovation' (NSI). This concept is (at least under this label) rather young and has developed only in the mid-eighties. It seems important to stress in the historical view its strong evolutionary background.[1] It has blossomed in direct sequence of the (re?)naissance of evolutionary economics and the related interest in economics of technology and innovation, which has reached its breakthrough mainly by the seminal works of *Nelson/Winter* (1977, 1982) and *Dosi* (1982, 1988)[2], and has since then become a powerful 'alternative', or at least challenge, to economic orthodoxy. Yet the concepts involved and integrated are numerous, and the diversity of aspects covered in the (previously relatively few) publications and volumes give only a first idea of the broadness of this concept. Obviously, the term national seems at first glance at odds with what is called 'globalization' (a term unfortunately degenerated to a trivial-scientific buzz word), but if one carefully examines what is actually 'globalized' and what is not and what is actually 'new' about this concept, it can be convincingly argued that the national dimension still matters, yet the role of this dimension might change qualitatively in time.[3]

Although the number of scholars concerned with this field increases rapidly (or start to see their initial concepts 'fitting' somehow into this broad field of approaches), may it be theoretically or in case studies, it seems justified to say that the concept is mainly built on the contributions of *Nelson* (1988, 1993) himself, *Lundvall* (1988, 1992), *Freeman* (1988), *Freeman/Soete* (1997), *Porter* (1990), *Patel/Pavitt* (1994) and *Metcalfe* (1995). Those contributions, all of the mentioned, are, in my view, complementary rather than competing approaches, held together by the overall evolutionary approach, and varying only in the degree of the emphasis of the respective role of its central elements. An early useful attempt of a comparison of the first four approaches is provided by *McKelvey* (1991), for a more recent and more mature and excellent elaborated overview it

---

[1] See e.g. *Saviotti* (1997) or *McKelvey* (1997).

[2] See for an overview of the concept and the literature *Dosi/Nelson* (1994); also the unique compilation of highly influential articles in *Dosi* et al. (1988)

[3] See e.g. *Tidd* et al. (1997); *Archibugi/Michie* (1997a,b); *Cantwell* (1997).

shall be referred to *Edquist* (1997) who also derives common characteristics of those previous approaches, all rooted in evolutionary theory, and only the most basic aspects of this concept relevant for our line of thought shall be described, in order to identify and understand (and discover) better its embeddedness in economic thought and its theoretical antecedents.

2. *Marshall in the Context of NSI*

The investigation into the historical context might be best started by the relationship of today's picture of this concept to the originally introduced notion of industrial districts. It is striking that, in terms of NSI, *Marshall* (1927, p. 285; 1890/1961, p. 270 ff.) is somewhat closer to today's approaches than *Schumpeter*, whose fixation on the single entrepreneur did not leave space for this progressive phenomenological notion of cooperation and learning. In the context of NSI, the case of industrial districts as described by *Marshall* seems to represent a special sub-element. The principle of interactive learning, the allowance of horizontal and vertical co-operation, the development of trust and feeling of commitment to interfirm relationships within this district (described by *Marshall* as sometimes even higher than to the own firm), which are all inherent to the concept of industrial districts, are elementary antecedents of the 'modern' concept of NSI. Industrial districts are insofar a special case, as those principles are applied 'only' to interfirm relationships, which are limited to a geographic region. Thus the main and substantial difference to NSI concepts lies not that much in the underlying principles of how systems of innovation work (although, of course, those were later more thoroughly and systematically developed in an explicit way and in a much more explicit awareness of their importance for economic development in general), since the micro-foundedness of technological change, bounded rationality of heterogeneous actors and a systemic approach, which count today as basic foundations of evolutionary economic theory (*Dosi* 1997), are all already implied. Rather, NSI appear 'only' as a, yet significant, extension in terms of spatial applicability and institutional actors involved.

It is difficult (if not impossible) to draw a line between 'networks' and 'systems', also concerning the question where the term 'innovation system' becomes appropriate. Both basically consist of elements, between which relations or a sort of exchange exists. Both also can be understood or may describe networks or systems of completely different character: they can be 'trivial', and be limited to a very narrow range of potential states, or 'complex' in the (definitorical sense) of a high potential range of possible states, being 'non-trivial' in the *von-Foerster* (1984) sense due to the lack of insight to the internal state function of the elements which lead together with a high sensitivity concerning the initial values to a networks/systems principle unpredictability.

These overlaps in definitorical terms are eventually unsolvable because both terms are simply of a too broad nature and are too widely applied. In our context, however, (although also not consistently), it seems as if it has become more common to talk about 'networks' concerning the relationships between more 'concrete' institutional actors, and here mainly firms, and the general economic affection of their building and existence are meant. By 'systems', it appears that often more overall approaches, explicitly including the interplay of all 'intangible' institutions of all kinds are encompassed. An analytical distinction, that draws the line between the 'trade network (or equally well system)', where linkages between firms in terms of 'traditional goods and services' are categorized, and the 'knowledge network (system)', where knowledge flows not necessarily bounded to the flow of goods are subsumed (e.g. *Gelsing* 1992, p. 117), is much more in accordance with the line of thought followed here. Both networks are inseparably tied, but one could say that the NSI represent as its main feature the inclusion of the latter network and looks at the mutual shaping of both.

Still, the ontological overlap between networks and systems is too wide to be able to define the 'step' from industrial networks to national innovation systems in these terms. *Marshall*'s industrial districts could well be called 'regional' innovation systems; in order to contextualize those more properly, they shall be put into relation to some peculiarities and interacting institutions in NSI.

First, in terms of 'elements with relationships to each other', even classical circular flow also fits into this definition, so that it is important to emphasize that it is the nature and the surrounding institutional framework of what is exchanged is significantly broadened, by going way beyond what is codified solely in prices and obvious performance characteristics of goods. As *Tunzelmann* (1995, p. 11) states, "information may pass between the two of greater complexity than simply encapsulated in prices and (...) the process of accumulating knowledge by either both may be strongly influenced by these ultra-market linkages." It is the abandonment of uniformity in the flows between the elements. Knowledge in its various forms and the way it is applied and manifested in attitudes, behaviour or artefacts and incentive structures (those going beyond the ones codified in prices in the *Hayek* sense) might represent the widened range of institutions in the broadest sense (see below) inherent to innovation systems.

Concerning this point, on has to respect *Marshall*'s phenomenological (yet not empirical) achievement (while still keeping in mind the relatively short treatment in proportion to the bulk of his work): the exchange of knowledge, the special sort of 'network externality' in terms of mutual 'knowledge-fertilization' is an essential part of industrial districts and also goes beyond 'sole' scale based agglomeration effects. It is of fundamental importance to notice that he thus was able to disengage himself from the sphere of a 'traditional' goods-flow oriented point of view, and depicted important aspects of the 'knowledge network', as just distinguished above.

Also, second, the range of the elements 'themselves' that are considered as relevant is broadened, from the single firm to horizontal and vertical inter-firm cooperation, up to the inclusion of governmental and non-governmental bodies and academia. The latter is symbolized with the rapidly intensifying ties, first, via the connection of the development of R&D departments in firms (e.g. *Freeman/Soete* 1997) and, second, the crucial question of the responsiveness of academia for the needs of the industry and second its principally doublefold role as 'leader' and 'follower' of technological trajectories (*Nelson* 1993), illustrating the co-evolutionary and thus non-linear nature of the processes within NSI.

Here, *Marshall*'s concept remains limited to the inclusion of firms; universities and the research embedded in them play no significant role. In principle, this is similarly so concerning governments, although *Marshall* considers and provides examples of the initiation and support of such districts by public authorities.

Finally, third, the spatial dimension is extended (or even at all introduced); the analytical integration of a larger number of institutions involved necessarily carries the influencing factors of the firm's behaviour beyond 'arm's length' and become as 'spatially unbounded' as knowledge flows generally are. In consequence, this 'de-spatialization' has accelerated with information and communication technologies and the generally higher 'common availability' of knowledge (note that this takes nothing from the importance and characteristics of tacit elements of knowledge). Beyond regional agglomeration and its economic traits such as described by *Marshall*, the direct geographical accordance of the impact range of legislative frameworks with national borders and the resulting incentive structure has brought the geographical 'aggregation level' of the nation into the focus of attention of innovation systems research. It seems important to emphasize that although the national level has and will sustain specific importance, that what is meant and what is seeked explanation is often not limited to (politically defined) nations. In the heart of the approach lies more the interplay of actors and institutions and patterns of its development that are more generally applicable. Thus the 'national' level of spatial aggregation seems sometimes even arbitrary and does not necessarily overlap neatly with the boundaries of innovation systems. It seems to lie between the local or regional level and the supranational level. Often, different regional systems of innovation might exist within one state and represent a more useful subject of further investigation (as emphasized also e.g. by *Krugman* 1993a,b). Also, the boundaries of the political state might not overlap with cultural 'states' or regions (*Lundvall* 1992). However, looking at the national level still makes a lot of sense, since many of the highly influential elements and conditions of innovation systems are determined on the national level by governments (which yet still might affect regional systems in varying forms).

Obviously, the 'reasons' for the development of this field of study are as complex as the area itself, but it seems not exaggerated to claim that it is the shift of knowledge into the centre of attention of economic analysis that lies at the heart of the approach, especially its characteristics and different kinds, its economic importance and – crucial for the concept of NSI – the (relative to economic orthodoxy) very large number of institutions involved in its creation and development.

The inherent diversity of the influencing factors is reflected in the difficulties of defining the interacting elements of such systems, what is especially due to the extremely broad and diverse understanding of the term 'institutions', that appears at almost any attempt to define NSI. Without being able to elaborate the principle question here, it seems useful to distinguish five types of institutions (although in the light of 'old' and new institutional economics any 'distinction' of such kind becomes somewhat arbitrary):

First: institutions as actors in an organizational sense (governmental bodies, firms, universities, NGO's, consumer organizations, etc.).

Second: codified institutions on the public-political level, such as laws, fixed standards, tariffs, etc. and their codified and uncodified effects and in turn conditionality in terms of incentives, 'rules' and heuristics created.

Third: codified or 'conscious' institutions on the level of organizations and technologies, such as strategies by companies, blueprints and manuals of technologies, consciously designed organisational concepts, vertical and horizontal cooperation and exchange of knowledge between firms, the financial system, but also educational policies, funding of public research, subsidies for private R&D, etc.

Fourth: uncodified behavioural and cognitive institutions, such as most important tacit knowledge as well as the 'subconscious' parts of routines as 'repetitive patterns of behaviour (and thought)' in the *Nelson* and *Winter* sense; may they exist on various levels within the institutional actors introduced as the first type (e.g. the 'way things are done' in firms such as the 'overall style of manufacturing' or the regimes under which emerging problems or other members within the organization are approached, governmental departments, the culture of consuming), between them (e.g. the approach towards cooperating firms, the style of firm-customer interaction, cooperative or aggressive way of interaction between firms and legislators) or in general (e.g. societal values, attitudes, the cultural climate).

Fifth: artefacts as embedding institutions in terms of accumulated knowledge and ergonomic, somewhat surrounding know-how, that represents the systemic linkages to its technological environment (e.g. complementary and competing technologies, induced 'pressures' for their technological change).

It is the network of the systemic and co-evolutionary interaction of the set of these institutions, specific in their 'set-up' (*Lundvall* 1992) spatially (regions, nations, etc.), in time (for different stages of industrial evolution, for different prevailing platform technologies, etc.) and sectorally (for instance based on *Pavitt's* highly influential sectoral taxonomy, e.g. depending on the degree of science-basedness), that shapes the generation, modification, transformation and diffusion of knowledge, which is commonly understood as NSI. By this statement, most of the only within a small range varying definitorial elements by the above mentioned protagonists are covered. One can easily not only acknowledge the complexity of this field of research, but also as its result that only few of these institutions are clearly graspable in national terms, so that our statement above becomes more clear; the word national should not be taken too literally, it stands more for the possibility of spatially specific peculiarities of innovation systems which are more in the centre of the investigated phenomena. In the end, however, there is use in emphasizing that firms and their innovative performance – as the locus of where the knowledge is eventually 'applied' – are still in the centre of NSI;[1] yet there remains undoubtedly still a lot to be clarified concerning the actual 'desiderata' of NSI's (*Lundvall* 1992).

The historical ties between industrial districts and NSI, and the areas where those ties are stronger or weaker, should have become clear in the light of this necessarily a bit 'telegraphic' description of NSI. They shall be underpinned by the some (of possible numerous) examples, concluding this section.

First there is the example of Japan, where *Freeman* (1988, p. 332 f.) describes in one of the first case studies (actually one of the first time ever the term NSI is explicitly used) based on *Vogel* (1980) and *Irvine/Martin* (1984) an atmosphere in MITI initiated and partly mediated firm interactions, which is very close to the one observed by *Marshall* in industrial districts (although MITI as a government and scientists as academic act as additional institutions compared to only firm-relationships at *Marshall*, this does not impair the essential relevance of the observation[2]): "The agreements they (MITI) promote among companies in a given industrial sector require a higher level of trust than can be achieved through formal contacts. When a specific issue arises, interested parties schedule even more informal gatherings than usual. When necessary, bureaucrats from other ministries join these meetings and other knowledgeable experts and men and influence are called in (...) American government officials and business men negotiating economic matters feel at a great disadvantage because Japanese officials are

---

[1] See e.g. *Tunzelmann* (1995). *Nelson* (1993) also defines NSI more strictly in these terms.

[2] Also, as we have seen, those actors have been integrated in later models of the Italian school of industrial networks.

much better informed, not only about Japanese companies, but also about American companies (...)."[1]

A second example for the high relevance of the conceptualized emergence of horizontal and vertical interfirm relationships in their manifestation of regions such as considered above for parts of Italy or in Baden-Württemberg where SMEs have grouped and developed such a district around Daimler-Benz (e.g. *Cooke* 1994), where the user-producer interaction and learning that is especially emphasized by *Lundvall* (1992) takes place, which is also the foundation of the role of users in the innovation process in general where they account responsible in some sectors (especially of capital goods) for a vast majority of innovation stimulating inputs (*Hippel* 1988).

As a third example, it seems important not to forget, that industrial districts also include (and anticipate) important intrafirm linkages, faciliating the integration of product design and development, today popular as the 'Rugby approach', shortening lead times and decreasing very important cultural barriers between departments (e.g. *Clark/Fujimoto* 1991; *Nonaka* 1991).

3. Some further early 'Antecedents': Elements of Innovation Networks in earlier Economic Thought

NSI appear to stand somehow at the (temporary) 'end' of a path, that (although one could argue about the actual 'success') has developed in the past, let us say, 100 years[2] innovation and technological change from a stepchild of economic theory to where it 'empirically' undoubtedly belongs: into the heart of the economic development and its theoretical conceptualization. As stated above and necessarily referred to later again, this went hand in hand with the building of the evolutionary approach. To elaborately re-draw this path in its complexity and with its theory-historical background here in detail[3], is not possible, but nevertheless would be a work of great value for the understanding of the history of economic thought. Nevertheless the consideration of the (systemic) network related thoughts inherent to NSI in the history of economic theory might highlight at least some important milestones of this path.

It has to be emphasized that the 'selection' of further antecedents of the networking thoughts other than the ones investigated above can necessarily highlight some aspects; the deep rootedness especially of NSI in evolutionary thought for instance would otherwise require an elaboration of founders of all elements of for instance tacit knowledge (*Polanyi* 1969), bounded rationality (*March/Simon*

---

[1] *Vogel* (1980), p. 76, quoted from *Freeman* (1988), p. 333.
[2] While acknowledging evolutionary elements in classic works, maybe – in full awareness of the impossibility to draw clear lines – *Veblen*'s (1898) influence might be seen as the first evolutionary seed.
[3] See e.g. *Rosenberg* (1976, 1982); *Nelson/Winter* (1982).

1958), since they all are in a way antecedents, which certainly cannot be carried out in the scope of this paper, since this list would grow rapidly. That is why to some more 'anecdotic', nevertheless highly significant and striking examples shall be given attention. This lead us – in a 'journey backwards' in time – to add to the remarkably undogmatic central example of *Marshall* and the others looked at above, the case of *Schumpeter*, whose stunning ambiguity is worth to be accentuated in the context of our line of thought, of *List* who appears closest of classical economists to central elements of NSI, and – related to this – of *Adam Smith*, who turns out to be put into the wrong in many respects, not only by *List*.

3.1. Schumpeter

Although *List* (1841) is considered to be the most prominent antecedent of NSI (see below), it seems more adequate to have a closer look at the central role played by *Schumpeter* on this path and at the degree to which he had already considered elements of NSI in his work. His role is as influential as it is ambivalent.[1] It turns out that he has powerfully overcome the paradigmatic neglect of the importance of technological change, by 'radically' endogenizing it to the economic process, and also pioneered basic foundations such as emphasizing the evolutionary and 'disequilibrative' character of innovation, and carrying out the abandonment of hyperrationality postulated in economic orthodoxy. But at the same time led to the development of new, almost equally inadequate paradigms in the way of its conceptualization.

The most important misconceptions represent at the same time his failure in the recognition of elements of NSI and their nature, or, to be more precise, of innovation systems in general. One important 'wrong track' lies in the fixation on the entrepreneur and the eventually entire intrinsic motivation for innovation. This lead to the cut-off of organizational phenomena[2] (most important of organizational learning) and organisational embededdness of innovation, thus denies the collective character of innovation. It also leaves aside firm internal and external institutional incentive structures. Reducing the innovative force eventually to one individual made his framework even deeply 'anti-systemic', in diametric opposition to network approaches such as represented in NSI.

Another closely interrelated misjudgement was clearly *Schumpeter's* strong dichotomization between inventions, innovations and diffusion: By again 'exogenizing' invention and its sources (assuming a 'given' set of inventions the entrepreneur can choose from), much of the value of the endogenization of innovation was lost instantly, especially in terms of the exclusion of exactly those conditions

---

[1] See e.g. *Haagedorn* (1996); *Freeman* (1990); *Rosenberg* (1976); *Nelson* (1990).

[2] Only very late (*Schumpeter* 1949) he recognized that the functions of an entrepreneur are not necessarily physically bounded to one person.

and determinants of the innovation process, that are supposed to be grasped by systemic approaches such as the NSI, and led also to the overemphasis of radical innovations and the neglect of the fundamental importance of their subsequent development by incremental innovations. Although the 'swarming' of those basic innovations was postulated and a certain degree of innovation during the diffusion process was implied, it was not adequately integrated into the theoretical framework. Thus also the cumulative and continuous character of technological change, which is also significant about the institutional interplay described in NSI-concepts, is not considered. It is literally never the case that the invention process stops with the market introduction (although of course there are important inventions on which the improvements are exercised on, but what has the first flying machine of the *Wright* brothers, or the first car, that required engineers as drivers[1] to do with today's planes respectively cars) and only in the vast minority solely entrepreneurial abilities are the decisive factors in neither the first market appearance nor the later development. Still, however, the examples of the aeroplane or the car tell a lot about evolutionary patterns of technological development, depicted in the highly implication-bearing concepts (which are beyond the scope of our paper) of 'dominant designs' (*Utterback/Abernathy* 1975; *Utterback* 1995; *Tushman/Anderson* 1986; *Anderson/Tushman* 1990), 'technological paradigms' (*Dosi* 1982) or technological lock-in's' (*David* 1985; *Arthur* 1988), but this does prevent the majority of innovations to happen on a relatively incremental scale.

Thus, in our context, it is important to see that in terms of today's network related systemic approaches, *Schumpeter* has contributed and anticipated surprisingly little, yet with one exception: the recognition of the importance of finance (bank) - industry networks.[2] He considers credit creation as the monetary counterpart of the innovation (*Schumpeter* 1939/1961, p. 119), with financial companies as mediators, shaping the direction of the flow of money towards innovative activities of the entrepreneurs. He places in consequence explicitly the financial entrepreneur (who literally produces the financing) equally beside the 'physical' entrepreneur, emphasizing that new combinations require new financing institutions and connections, going so far to state that any loan – although it might become the financial base of current 'routine' business – eventually in its history goes back to an innovation or the process of adjustment to it (*Schumpeter* 1939/1961, p. 123). He even considers the integration of the 'economics of finance production' as the second basic column fuelling economic development.

---

[1] An oddness represents the estimation around 1910 by Daimler-Benz that only around 70.000 cars will ever be produced, since that represents the upper level of the number engineers to be educated, since they were required due to a breakdown around every 30 km; a judgement almost as famous as the IBM-CEO *Thomas Watson* quote of 1948 that there "will be a world market for five computers" (*Starbuck* 1993).

[2] See *Schumpeter* (1964, ch. 1; 1939/1961). This is excellently described in *Minsky* (1990), leaving actually not much to say. See for an interesting recent development *Marmefelt* (1998).

3.2. List

The most widely accepted historical anticipation of NSI lies in the work of *Friedrich List* (1841)[1]. It seems possible to summarize the main contributions of his book on the 'National System of Political Economy' to an idea of national systems of innovation in three points.

First, he emphasized (even appears to be somehow obsessed with) the idea of the 'nation'. He condemns classical economy for being in nature cosmopolitan and thus not nation bounded, while he sees the nation as the ever-lying institution between individuals and humanity as a whole.

Second, he criticizes *Smith* harshly for calling his work 'An Enquiry to the Nature and the Causes of the Wealth of Nations', but in fact giving little attention to the what he considers the 'real' causes and calls 'productive forces' of a nations wealth (*List* 1841, pp. 184 ff.): he considered *Smiths* concept of the division of labour as way too shallow and neglecting the mental dimension, the spirit and knowledge and motivations that in fact fuels the process of building national wealth.[2] He is literally upset about the fact that by exclusively focussing on material values and physical work as productive forces in the classical tradition "A *Newton*, a *Watt*, a *Kepler* are not as productive as a donkey, a horse or a plough bull, (...)" (*List* 1841, p.213 (my translation)). Thus, by stating that capital involves a very good deal of intangible parts and can be actually grasped only by the underlying knowledge, *List* can despite the from today's point of view maybe inappropriate tone be undoubtedly called a pioneer concerning the role of education and intellectual abilities within national systems of innovation. Also he advocated the importance of infrastructure.

Furthering this thought, he implies another important theoretical consequence, which plays a pivotal role today, namely the historical boundedness, path-dependency and the cumulative nature of (although not explicitly so-called) national innovation systems, by emphasizing that the nations state and its productivity depends on the degree of appropriation of mental capital which represents at any time the accumulated result of all previous generations' discoveries, inventions, perfections (*List* 1841, p. 210), in other words its cumulated overall interactive learning process.

Third, *Lists* work has – although he saw free trade as an ultimate ideal (*Tunzelmann* 1995) – stressed the need for protectionist approaches at least towards what might be called infant industries; in that context again attacking ruthlessly *Adam Smith* (see e.g. *Elam* 1997). He did in that context strikingly well emphasize that

---

[1] See *Freeman* (1995) and *Elam* (1997) for some historic accounts.

[2] See *Freeman* (1995), who stresses the 'empirical confirmation' of this view, through the central role the Prussian based German education system in the catching up (and later overtaking) of Britain by Germany (see also e.g. *Landes* 1969).

this should not go hand in hand with isolation, in contrary advocated learning form institutional developments and technologies of other nations and eventually what might overlap with today's 'reverse engineering', which anticipates one important aspect of Japans economic success. Also, interestingly, *Nelson* (1993) finds empirically that often in terms of government support, e.g. of R&D, in such infant industries proved to be sustainably successful, even with the diminishing subsidizing in time.

3.3. Smith

The recognition of the neglect of what *List* calls 'productive forces' and where he subsumes the intellectual capital that is inseparably tied with 'material capital', is a substantial anticipation of a fundamental cornerstone (reflected in the emphasis on knowledge) of today's 'NSI' and at the same time a fundamental criticism of economic orthodoxy. But one finds that especially his attacks on *Smith* are – interestingly at some very sensitive stages – overdosed. In the course of examining the justification of this criticism, it turns out that *Smith* (1776/1976) was far away from being that ignorant concerning those fundamental points. The supposed 'ignorance', seems to stem more from the diverse, imbalanced structure of the 'Wealth of Nations' and the (not surprising) lack of a consistent overall framework rather than from a real lack of consideration. That is also why it seems that especially in the works of the *neo*-classic school (as – as we have seen – even in those of some protagonists of the neo-classic schools themselves, such as *Marshall*), *Smith's* work was given the unthankful fate of being considerably narrowed in a paradigmatic sense. The seminal article by *Rosenberg* (1960) in which the previously and – as it seems until today – neglected institutional aspects of *Smith* are brilliantly worked out, illustrates the inadequacy (not only) of *List's* criticism.[1] As *Rosenberg* points out, it was *Smith*'s strong concern to "(...) go beyond the ordinary market-structure definition of competition and to evaluate the effectiveness of different institutional forms in enforcing this identity. The ideal institutional order for Smith is one which places the individual under just the proper amount of psychic tension." (*Rosenberg* 1960, p. 559). What is meant by *Smith*, is an institutional structure, which increases the 'motivation and capacity' (*Rosenberg* 1960, p. 560 f.) of the human agent by creating carefully the right balance between the activities and the rewards that are granted to the person as their entailed result. Governments, by either not providing enough 'efficiency' (e.g. slavery) or too many (e.g. monopoly) inefficiencies prevent the market forces to provide the desired result. In consequence not the institution of gov-

---

[1] It seems inconceivable why *Elam* (1997) although considering *Rosenberg*'s work briefly, does reduce *Smith*'s 'contribution' to national economic systems only in terms of his emphasis on the need for the building of a strong army in order to compensate for the supposedly in time and with economic development 'off-polishing' national sentiments.

ernment, jurisprudence, clergy or of the education sector are condemned per se, but it is the institutional structure in the shape of their disconnection from being sanctioned for economic 'misbehaviour' that represents the problem and prevents them from being 'productive' in the *Listian* sense.

Thus, *List's* statement that *Smith* "(...) even does not concede productivity to the intellectual work to those people who manage and maintain law and order, education, scientific, artistic and religious affairs" (*List* 1841, p. 206, my translation) misses well the point. Also, for instance, he states that *Smith*'s 'school' "(...) wants to make us believe that politics (...) is not considered in political economy. (...). One only has to look at the history of Venice, the 'hanseatic' federation, Portugal, Holland and England to gain insight to the interdependence of material richness and political power." (*List* 1841, p. 211, my translation). This is especially interesting since explicitly the example of Venice (and Amsterdam) is given by *Smith* as a properly working government due to the right incentive structures, i.e. the given closeness between market-suitable actions and economic success (*Rosenberg* 1960, p. 565).

There would be again numerous connections one could draw to today's concept (and rather modern useful policy implications), but we would like to limit them with the example of the fact that in NSI empirically the 'responsiveness' of science for firms needs has turned out to be a crucial factor for the successful (i.e. competitiveness building and maintaining) interplay within innovation networks (*Nelson* 1993). What *Smith* called 'reward' might have turned (or expanded) in the knowledge network of NSI into the crucial ability to communicate and decode properly what is signalled by the concerned market in order to be able to currently (re-)define one's own role in the overall evolutionary market context.

4. Conclusion

The purpose of this article was to summarize and to provide an overview of historic roots of the notion of innovation systems by undertaking an analysis of various approaches in this field and by illustrating main theoretical relationships between them. The focus was mainly on the spatial and the knowledge dimension of the innovation networks.

One of the triggers of this analysis has been a dissatisfaction with the increasingly 'fashionable' pattern of a simplified reference either to *Marshall*'s industrial districts in particular or classic antecedents in general in the innovation networks and innovation systems literature, without a – as we have seen highly necessary – differentiated notion of what the links of today's approaches actually are to those thoughts.

In the historic context depicted in this article, it is striking that many current more formal oriented approaches towards interspatial networks strongly refer to the classical tradition, yet representing sometimes only their mere reformulations, and this even in a more rigorous manner, while some of them well 'fall behind' their (often underestimated and paradigmatically unjustifiedly and somewhat 'unthankfully' narrowed) antecedents in many respects, such as in terms of their social, cultural and epistemological conceivability and soundness.

Still the emerging research field of innovation systems (may they be looked at on a regional, national or supranational level) and the overall economics of networks bear a very high potential concerning an increase of their phenomenological adequateness and plausibility. Despite the emergence of many already rather promising fields of application in these terms, many phenomena are yet to be explored. An outlook points towards the necessity to intertwine the specifics of the knowledge exchange within innovations systems with a further and deeper understanding of the central entity within them, namely the business firm, and its detrivialization as a complex, open and evolutionary entity. The analysis of innovation systems in a historically founded way sets the context of a 'real' further development of yet only one of a myriad of aspects of the amazingly rich legacy of *Marshall*'s epochal work, by bridging in a consistent way the firm's 'internal' and 'external' organization.

References

Anderson, P./Tushman, M. (1990): Technological Discontinuities and Dominant Designs: A Cyclical Model of Technological Change, in: Administrative Science Quarterly, Vol. 35, pp. 604-633.

Archibugi, D./Michie, J. (1997a): Technological Globalisation and National Systems of Innovation: an Introduction, in: *Archibugi, D./Michie, J.* (eds.): Technology, Globalization and Economic Performance, Cambridge, pp.1-23.

Archibugi, D./Michie, J. (1997b): Technological Globalisation or National Systems of Innovation?, in: Futures, Vol. 29, pp.121-137.

Arthur, W. (1988): Competing Technologies: an Overview, in: *Dosi, G./Freeman, C./Nelson, R./Silverberg, G./Soete, L.* (ed.): Technical Change and Economic Theory, London, pp. 591-607.

Cantwell, J. (1997): The Globalization of Technology: what Remains of the Product Cycle Model?, in: *Archibugi, D./Michie, J.* (eds.): Technology, Globalization and Economic Performance, Cambridge, pp. 215-240.

Clark, K./Fujimoto, T. (1991): Reducing the Time to Market: the Case of the World Auto Industry, in: *Henry, J./Walker, D.* (eds.): Managing Innovation Sage, London, pp.106-116.

Cooke, P. (1994): The Regional Innovation System in Baden-Württemberg, in: International Journal of Technology Management, Vol. 9, pp. 394-430.

David, P. (1985): Clio and the Economics of QWERTY, in: American Economic Review, Proceedings and Papers, Vol. 75, pp. 332-337.

Dosi, G. (1982): Technological Paradigms and Technological Trajectories, in: Research Policy, Vol. 11, pp. 147-162.

Dosi, G. (1988): Sources, Procedures, and Microeconomic Effects of Innovation, in: Journal of Economic Literature, Vol. 26, pp. 126-171.

Dosi, G. (1997): Opportunities, Incentives and the Collective Patterns of Technological Change, in: The Economic Journal, Vol. 107, pp. 1530-1547.

Dosi, G./Freeman, C./Nelson, R./Silverberg, G./Soete, L. (eds.) (1988): Technical Change and Economic Theory, London.

Dosi, G./Nelson, R. (1994): An Introduction to Evolutionary Theories in Economics, in: Journal of Evolutionary Economics, Vol. 4, pp. 153-172.

Edquist, C. (1997): Systems of Innovation Approaches – Their Emergence and Characteristics, in: *Edquist, C.* (ed.): Systems of Innovation: Technologies, Institutions, and Organizations, London, pp.1-35.

Elam, M. (1997): National Imaginations and Systems of Innovation, in: *Edquist, C.* (ed.): Systems of Innovation: Technologies, Institutions, and Organizations, London, pp. 157-173.

Foerster, H. v. (1984): Principles of Self-Organisation – in a Socio-Managerial Context, in: *Ulrich, H./Probst, G. J. B.* (eds.): Self-Organization and Management of Social Systems – Insights, Promises, Doubts and Questions, Berlin, pp. 2-24.

Freeman, C. (1988): Japan: a new National System of Innovation?, in: *Dosi, G./Freeman, C./Nelson, R./Silverberg, G./Soete, L.* (eds.): Technical Change and Economic Theory, London, pp. 330-348

Freeman, C. (1990): Schumpeter's Business Cycles Revisited, in: *Heertje, A./Perlman, M.* (eds.): Evolving Technology and Market Structure, Ann Arbor, pp. 17-38

Freeman, C. (1995): The National System of Innovation in Historical Perspective, in: Cambridge Journal of Economics, Vol. 19, pp. 5-24.

Freeman, C./Soete, L. (1997): The Economics of Industrial Innovation, 3rd ed., London.

Gelsing, L. (1992): Innovation and the Development of Industrial Networks, in: *Lundvall, B.* (ed.): National Systems of Innovation, London, pp.116-128.

Hagedoorn, J. (1996): Innovation and Entrepreneurship: Schumpeter Revisited, in: Industrial and Corporate Change, Vol. 5, pp. 883-896.

Hippel, E. v. (1988): The Sources of Innovation, New York.

Irvine, J./Martin, B. (1984): Foresight in Science Policy: Picking the Winners, London.

Krugman, P. (1993a): On the Relationship Between Trade Theory and Location Theory, in: Review of International Economics, Vol. 1, pp. 110-122.

Krugman, P. (1993b): The Current Case for Industrial Policy, in: *Salvatore, D.* (ed.): Protectionism and World Welfare, Cambridge, pp. 160-179.

Landes, M. (1969): The Unbound Prometheus: Technological and Industrial Development in Western Europe from 1750 to the Present, Cambridge.

List, F. (1841): Das nationale System der politischen Ökonomie, Stuttgart.

Lundvall, B. (1988): Innovation as an Interactive Process: from User-Producer Interaction to the National System of Innovation, in: *Dosi, G./Freeman, C./Nelson, R./Silverberg, G./Soete, L.* (eds.): Technical Change and Economic Theory, London, pp. 349-369.

Lundvall, B. (ed.)(1992): National Systems of Innovation, London.

March, J./Simon, H. (1958): Organizations, New York.

Marmefelt, T. (1998): Schumpeterian Banker-Entrepreneur Interaction and the Spontaneous Evolution of Bank-Industry Networks: why Institutional Endowments Matter, in: *Nielsen, K./Johnson, B.* (eds.): Institutions and Economic Change, Cheltenham, pp. 200-211.

Marshall, A. (1890/1961): Principles of Economics, 9th (variorum) edition with annotations by *C. W. Guillebaud*, Vol. I, London 1961.

Marshall, A. (1927): Industry and Trade, 3rd edn., London.

McKelvey, M. (1991): How do National Systems of Innovation Differ?: A Critical Analysis of Porter, Freeman, Lundvall and Nelson, in: *Hodgson G./Screpanti, E.* (eds.): Rethinking Economics, Aldershot, pp. 117-137.

McKelvey, M. (1997): Using Evolutionary Theory to Define Systems of Innovation, in: *Edquist, C.* (ed.): Systems of Innovation: Technologies, Institutions, and Organizations, London, pp. 200-222.

Metcalfe, S. (1995): The Economic Foundations of Technology Policy: Equilibrium and Evolutionary Perspectives, in: *Stoneman, P.* (ed.): Handbook of the Economics of Innovation and Technological Change, Oxford, 409-512.

Minsky, H. (1990): Schumpeter: Finance and Evolution, in: *Heertje, A./Perlman, M.* (eds.): Evolving Technology and Market Structure, Michigan University Press, Ann Arbor, pp. 51-74.

Nelson, R. (1988): Institutions Supporting Technical Change in the United States, in: *Dosi, G./Freeman, C./Nelson, R./Silverberg, G./Soete, L.* (eds.): Technical Change and Economic Theory, London, pp. 312-329.

Nelson, R. (1990): Capitalism as an Engine of Progress, in: Research Policy, Vol. 19, pp. 193-214.

Nelson, R. (ed.)(1993): National Innovation Systems – A Comparative Analysis, New York.

Nelson, R./Winter, S. (1977): In Search of a Useful Theory of Innovation, in: Research Policy, Vol. 6, pp. 36-76.

Nelson, R./Winter, S. (1982): An Evolutionary Theory of Economic Change, Cambridge.

Nonaka, I. (1991): The Knowledge-Creating Company, in: Harvard Business Review, Nov.-Dec. 1991, pp. 96-104.

Patel, P./Pavitt, K. (1994): The Nature and Economic Importance of National Innovation Systems, in: STI Review, No. 14, pp. 9-32.

Polanyi, M. (1969): Knowing and Being, Chicago.

Porter, M. (1990): The Competitive Advantage of Nations, Basingstoke.

Rosenberg, N. (1960): Some Institutional Aspects of the Wealth of Nations, in: Journal of Political Economy, Vol. 68, pp. 557-570.

Rosenberg, N. (1976): Perspectives on Technology, Cambridge.

Rosenberg, N. (1982): Inside the Black Box, Cambridge.

Saviotti, P. (1997): Innovation Systems and Evolutionary Theories, in: *Edquist, C.* (ed.): Systems of Innovation: Technologies, Institutions, and Organizations, London, pp. 180-199.

Schumpeter, J. (1939/1961): Konjunkturzyklen, Erster Band, Göttingen.

Schumpeter, J. (1949): Economic Theory and Entrepreneurial History, in: Change and the Entrepreneur, Prepared by the Research Centre in Entrepreneurial History, Harvard University, Cambridge, pp.63-84.

Schumpeter, J. (1964): Theorie der wirtschaftlichen Entwicklung, 6. Aufl., Berlin.

Smith, A. (1776/1976): An Inquiry to the Nature and Causes of the Wealth of Nations, Oxford.

Starbuck, W. (1993): Strategizing in the Real World, in: International Journal of Technology Management, Vol. 8, pp. 77-85.

Tidd, J./Bessant, J./Pavitt, K. (1997): Managing Innovation, Chichester.

Tunzelmann, N. v. (1995): Technology and Industrial Progress, Aldershot.

Tushman, M./Anderson, P. (1986): Technological Discontinuities and Organizational Environments, in: Administrative Science Quarterly, Vol. 31, pp. 439-465.

Utterback, J. (1995): Mastering the Dynamics of Innovation, Cambridge (Mass.).

Utterback, J./Abernathy, W. (1975): A Dynamic Model of Process and Product Innovation, in: Omega, Vol. 3, pp. 639-656.

Veblen, T. (1898): Why is Economics not an Evolutionary Science?, in: Quarterly Journal of Economics, Vol. 12, pp. 374-397.

Vogel, E. (1980): Japan as Number 1: Lessons for America, New York.

Nutzung einer endlichen Ressource auf wettbewerblichen Märkten

Mathias Erlei und *Jens-Peter Springmann*

1. Einleitung

In der umweltökonomischen Forschung kann die Anwendung experimenteller Methoden bereits auf eine längere Tradition zurückblicken. Der universelle Charakter der experimentellen Forschung ermöglicht experimentelle Analysen unterschiedlichster umweltökonomischer Problembereiche und Fragestellungen. Versucht man das umweltökonomische Forschungsprogramm grob zu kategorisieren, so lassen sich im Wesentlichen drei *direkte* Anknüpfungspunkte für die Anwendung experimenteller Methoden identifizieren:[1] Einen ersten Ansatzpunkt stellt die experimentelle Überprüfung umweltökonomischer Theorien dar. So wurden bereits die theoretisch ausgearbeiteten Vorhersagen, dass bei fehlenden Eigentumsrechten eine dezentrale Allokation von Umweltgütern bei individuell rationalen Akteuren regelmäßig zu kollektiv nicht-rationalen sozial ineffizienten Ergebnissen, und damit zu einer Dilemmastruktur, führen wird, einer ausführlichen experimentellen Analyse unterzogen.[2] Eine derartige Untersuchung der Problematik öffentlicher Güter kann dabei einen Beitrag zur Theorieentwicklung sowie zur Erklärung tatsächlicher menschlicher Verhaltensweisen darstellen. Einen eher anwendungsorientierten Forschungszweig stellen experimentelle Tests institutioneller Arrangements zur Lösung konkreter Umweltprobleme dar („testbedding").[3] Dieser Ansatz bietet dabei die Möglichkeit, konkret geplante umweltpolitische Instrumente bereits vor deren Implementation auf ihre Funktionsweise zu überprüfen. In diesem Forschungsbereich wurden bislang zahlreiche Untersuchungen zu alternativen Marktdesigns für den Handel mit Emissionsrechten[4] oder dem Design von Wassermärkten[5] durchgeführt. Einen dritten Anwendungsbereich der experimentellen Methodik stellen Experimente zur Bewertung von Umweltgütern dar. Im Gegensatz zu den vorgenannten Ansätzen rücken dabei nicht institutionelle Aspekte der Güterallokation, sondern die Präferenzen der Akteure in das Zentrum der Untersuchung.[6]

Gemäß dieser Differenzierung ist der vorliegende Beitrag der erstgenannten Forschungsrichtung, also der Überprüfung umweltökonomischer Theorien, zuzuordnen. Im Zentrum steht dabei die Frage, ob Akteure eine ihnen nur begrenzt zur

---

[1] Vgl. dazu und für einen Überblick über die experimentelle umweltökonomische Forschung *Sturm/Weimann* (2001).
[2] Einen Überblick über die experimentelle Öffentliche-Güter-Problematik findet sich bei z.B. bei *Ledyard* (1995).
[3] Vgl. *Plott* (1994), S. 3.
[4] Zu einem Überblick über diesen Forschungsbereich vgl. *Muller/Mestelman* (1998).
[5] Vgl. z.B. *Dinar et al.* (2000).
[6] Zu einem Überblick über diesen Bereich vgl. *Sturm/Weimann* (2001), S. 59 ff.

Verfügung stehende *nichterneuerbare* Ressource gemäß der dynamischen Optimierungsregel von *Hotelling* nutzen werden. Im Rahmen der experimentellen ressourcenökonomischen Forschung existieren bereits zahlreiche Arbeiten, welche das menschliche Nutzungsverhalten bei einer *erneuerbaren* Common-Pool Ressource (CPR) analysieren.[1] Die experimentellen Befunde zeigen dabei, dass die Ressourcenübernutzung sogar noch stärker ausgeprägt sein kann, als es die Theorie erwarten ließe. Die Einführung von Kommunikation sowie Sanktions- und Belohnungsmöglichkeiten kann jedoch in Kleingruppen zu Effizienzgewinnen führen und das Übernutzungsproblem somit deutlich abmildern. Im Gegensatz zu bereits durchgeführten Experimenten mit erneuerbaren CPR sind den Autoren bislang keine Arbeiten über die Nutzung einer *nichterneuerbaren* Ressource bekannt, weshalb im folgenden Beitrag ein einfaches Experiment zur intertemporalen Nutzung einer solchen Ressource vorgestellt wird. In diesem Marktexperiment können Ressourcenanbieter eine ihnen nur begrenzt zur Verfügung stehende Ressource über einen bestimmten Periodenhorizont an Ressourcennachfrager verkaufen. Der hier zu untersuchende Markt stellt die Marktteilnehmer vor ein schwieriges intertemporales Allokationsproblem. Die experimentelle Forschung bestätigt, dass es Individuen erhebliche Probleme bereitet, intertemporal optimale Konsummuster zu realisieren. So liegen z.B. experimentelle Befunde vor, dass Probanden in Experimenten über einen langen Zeitraum bis relativ kurz vor dem Experimentende einen deutlichen Überkonsum durchführen.[2]

Da das intertemporale Nutzenmaximierungskalkül die Akteure somit im Regelfall vor eine kognitiv äußerst anspruchsvolle Aufgabe stellt und daher optimale Verhaltensweisen im Experiment zunächst als eher unwahrscheinlich gelten können, findet das Experiment auf einem durch eine „Doppelte Auktion" wettbewerblich verfassten Ressourcenmarkt statt. Neben der Beobachtung des individuellen Nutzungsverhaltens der Akteure ermöglicht ein solcher Ansatz zugleich die Überprüfung der „*Hayek*-Hypothese", nach welcher das marktliche Preissystem auch bei geringem Informationsstand der Akteure zu wettbewerblichen und effizienten Marktergebnissen führen wird.[3] Gerade diese Generierung der für die Marktakteure wesentlichen Informationen in Markt*prozessen* wurde auch von *Udo Müller* in seinem akademischen Wirken immer deutlich hervorgehoben, der an zahlreichen Stellen stets Bezug zu den Wettbewerbsvorstellungen der von *Eucken* geprägten Freiburger Schule sowie der von *Hayek* geprägten österreichischen Marktprozesstheorie nahm.[4]

---

[1] Einen Überblick über die zentralen Ergebnisse liefern *Ostrom* et al. (1994), S. 195 ff.
[2] Vgl. *Fehr/Zych* (1995, 1998a, 1998b).
[3] Vgl. *Hayek* (1945), S. 526 f.; *Smith* (1991), S. 222 f.
[4] Vgl. *Müller/Stahlecker* (1975); *Müller/Pöhlmann* (1977); *Müller* (1980a , 1980b).

In einer beeindruckenden Vielzahl von experimentellen Studien wurde gezeigt, dass die Doppelte Auktion bemerkenswerte Effizienzeigenschaften aufweist und auch unter vergleichsweise schwierigen Rahmenbedingungen dazu in der Lage ist, optimale Ergebnisse zu erzielen.[1] Noch ungeklärt ist allerdings die Frage, ob diese Leistungsmerkmale der Doppelten Auktion auch unter den deutlich schwierigeren Bedingungen einer intertemporalen Optimierung erhalten bleiben. Dieser Fragestellung wird im vorliegenden Aufsatz nachgegangen.

Der verbleibende Teil des Beitrags ist wie folgt aufgebaut. Im folgenden Abschnitt 2 wird eine Beschreibung des durchgeführten Experiments vorgenommen. Der Darlegung der theoretisch erwarteten Vorhersagen (Abschnitt 3) folgt die Darstellung und Analyse der experimentellen Ergebnisse im Abschnitt 4. Eine Bewertung der gewonnenen Ergebnisse wird im Abschnitt 5 vorgenommen und anschließend ein Fazit gezogen. Die den Teilnehmern vorgelegten Instruktionen des Experiments sind im Anhang aufgeführt.

2. Beschreibung des Experiments

Das Experiment wurde im Rahmen eines Seminars zur experimentellen Wirtschaftsforschung im Sommersemester 2003 an der Technischen Universität Clausthal durchgeführt. Dabei kam die von *Fischbacher* (1999) entwickelte Experimentalsoftware „z-Tree" zum Einsatz. Als Probanden nahmen 20 Studierende teil, die vorrangig aus den Studiengängen Wirtschaftsingenieurwesen, Wirtschaftsmathematik und Wirtschaftsinformatik der Technischen Universität Clausthal stammen. Die Teilnehmer wurden in zwei gleich große Gruppen von Käufern und Verkäufern eingeteilt, welche eine begrenzt verfügbare, homogene Ressource handeln konnten. Da die Anwendung experimenteller Methoden einen wesentlichen Bestandteil aller volkswirtschaftlichen Lehrveranstaltungen der TU Clausthal darstellt, verfügten bereits einige der Probanden über Erfahrungen im Umgang mit der Doppelten Auktion, wenn auch aus anderen als ressourcenökonomischen Kontexten.

Im Experiment standen jedem Verkäufer jeweils 40 Mengeneinheiten der Ressource zur Verfügung, die über insgesamt 10 Perioden des Experiments verteilt gehandelt werden konnten. Zur Vereinfachung des Experiments wurden die Produktionskosten der Ressource auf null gesetzt. Der durch den Handel der Ressource entstandene Gewinn der Verkäufer wurde zu einem Periodenzinssatz von 10% über die restliche Dauer des Experiments fest angelegt. Allen nach Ende des Experiments nicht verkauften Ressourceneinheiten wurde ein Wert von null zugewiesen. Die Käufer konnten gemäß einer für alle Käufer und Perioden identischen Nutzenfunktion einen Nutzen durch den Kauf der Ressource realisieren. Dieser Nutzen eines Käufers war dabei von der von ihm pro Periode gekauften

---

[1] Vgl. *Smith* (1991), S. 224 ff.

Ressourcenmenge abhängig und bildete abzüglich der getätigten Ausgaben des Ressourcenkaufs den Nettonutzen bzw. den Gewinn eines Käufers in einer Periode. Dieser Gewinn wurde ebenfalls für die restliche Dauer des Experiments mit einem Periodenzinssatz von 10% fest verzinst. Um den Käufern ihre Nutzenberechnungen zu vereinfachen, erhielten diese ein Datenblatt, welchem der Bruttogrenznutzen einer weiteren gekauften Ressourceneinheit entnommen werden konnte. Für den Ressourcenkauf erhielten die Käufer zu Beginn des Experiments einen Kredit über jeweils 2000 Geldeinheiten, welcher am Ende des Experiments mit einem Periodenzinssatz von 10% zurückgezahlt werden musste. Nicht ausgegebenes Geld wurde ebenfalls mit einem Zinssatz von 10% pro Periode verzinst.

Die Endauszahlungen waren dabei für alle Teilnehmer des Experiments lediglich von fiktiver Natur, d.h. eine Auszahlung realer Geldbeträge fand nicht statt. Erfahrungen mit anderen Experimenten verdeutlichen, dass die Nichtrealisierung von Auszahlungen im Allgemeinen nicht zu systematisch verzerrten Handlungen der Teilnehmer führt. Es zeigt sich allerdings, dass bei fiktiven Auszahlungen die Varianz der Entscheidungen ansteigt.[1] In diesem Sinne stellt die hier vorgelegte Untersuchung eine eher als Pilotstudie zu bezeichnende Untersuchung dar, die in naher Zukunft auch durch ein Experiment mit monetärer Entlohnung ergänzt werden soll.

Nach Beginn einer Periode konnten die Teilnehmer für alle sichtbar ihre Kaufpreis- bzw. Verkaufspreisgebote für eine Mengeneinheit der Ressource abgeben. Wenn die Akteure neue Angebote/Nachfragen kundtun wollten, mussten Käufer dabei das aktuelle Kaufpreisgebot *über*bieten, Verkäufer dagegen das aktuelle Verkaufspreisgebot *unter*bieten. Kam es zu einem Ausgleich der Gebote beider Marktseiten, wurde eine Ressourceneinheit zwischen den Transaktionspartnern gehandelt. Dabei wurde der Ressourcenbestand des Verkäufers um eine Einheit reduziert, für beide Partner wurden anschließend die entsprechenden Auszahlungen berechnet. Der Zuschlagspreis wurde aus den Gebotslisten gelöscht, alle übrigen Gebote behielten ihre Gültigkeit und galten nunmehr für die nächste Handel stehende Mengeneinheit. Nach Abschluss einer Periode wurden alle noch ausstehenden Gebote gelöscht.

Das Experiment wurde in zwei Durchläufen mit jeweils zehn Perioden und einer Periodenlänge von fünf Minuten bzw. drei Minuten (zweiter Durchlauf) durchgeführt. Nach Ablauf dieser Zeit wurde die laufende Periode automatisch beendet, so dass keine weiteren Transaktionen in dieser Periode mehr durchgeführt werden konnten. In beiden Durchläufen behielten die Teilnehmer ihre zu Beginn des Experimentes zugewiesene Rolle als Käufer bzw. Verkäufer bei. Wie noch im Abschnitt 4 zu zeigen sein wird, erwies sich der erste Durchlauf weniger für eine

---

[1] Vgl. *Camerer* (2003), S. 38 ff.

aussagekräftige Analyse geeignet, da zahlreiche Teilnehmer die Regeln des Experiments zunächst nicht vollständig verstanden hatten und Abweichungen von den theoretischen Vorhersagen somit durch offenkundige fehlerhafte Entscheidungen der Teilnehmer erklärt werden konnten. Die Ergebnisse des zweiten Durchgangs lagen demgegenüber bereits recht nahe an den erwarteten Werten.

3. Theoretische Vorhersagen

Nach dieser kurzen Darstellung sind zunächst die theoretischen Vorhersagen des Experiments abzuleiten. Im durchgeführten Experiment besteht das Ziel gewinn- bzw. nutzenmaximierender Probanden darin, durch Festlegung der Aktionsparameter, also die konsumierte bzw. verkaufte Menge der Ressource in den verschiedenen Perioden, ihren intertemporalen Nutzen des Ressourcenverbrauchs zu maximieren. Dieser intertemporale Gesamtnutzen setzt sich aus dem über die Perioden entstehenden Nutzenstrom zusammen. Dieses dynamische Optimierungsproblem lässt sich bei einer nichterneuerbaren Ressourcen mit Hilfe der *Hotelling*-Regel lösen.[1] Das Experiment und der hier vorgestellte theoretische Lösungsansatz gehen von einer diskreten Zeitstruktur, i.e. zehn aufeinander folgenden Perioden, aus.[2]

Die Periodengewinn- bzw. -nutzenfunktion eines Käufers hat in dem Experiment die folgende allgemeine Form:

$$U = ax_i - \frac{1}{2}bx_i^2 - p_i x_i, \quad \text{mit} \quad \frac{\partial^2 U}{\partial x_i^2} < 0 \quad \textit{und} \quad a,b > 0$$

und p_i als Preis für die Ressource in Periode i.

In beiden Durchgängen des Experiments werden für alle Käufer die Parameter $a=10$ und $b=1$ gesetzt, um möglichst „glatte" Ergebnisse zu erhalten. Die Menge x_i bezeichnet die Summe aller in Periode i gekauften Ressourceneinheiten eines Käufers. Der Nettoperiodennutzen U wird nach Abschluss einer Periode mit dem Faktor $\frac{1}{1+r}$ über die restliche Dauer des Experiments verzinst bzw. abgezinst.[3] Im gesamten Experiment gilt $r = 0{,}1$. Der Gegenwartswert des Gesamtnutzens des Käufers ergibt sich somit für die insgesamt 10 Perioden des Experiments zu

$$U = \sum_{i=1}^{10} \frac{10x_i - \frac{1}{2}x_i^2 - p_i x_i}{(1+r)^{i-1}}. \tag{1}$$

---

[1] Vgl. *Hotelling* (1931).

[2] Zur Lösungstechnik vgl. *Feess* (1998), S. 326 ff.

[3] Im theoretischen Modell führen wir also eine Gegenwartswertrechnung (Abzinsung) durch, während im Experiment die (aufgezinsten) Endwerte angezeigt wurden. Dies ist für die Ermittlung des Gleichgewichts natürlich völlig unerheblich.

Die Bedingungen 1. Ordnung für ein Periodennutzenmaximum, $\frac{\partial U}{\partial x_i} = 0$ für Periode i, ergeben sich zu:

$$\frac{10 - x_i - p_i}{(1+r)^{i-1}} = 0, \quad \text{mit } i \in \{1,2...10\}. \tag{2}$$

Löst man das resultierende System mit 10 Gleichungen nach den jeweiligen x_i auf, so ergeben sich die nutzenmaximierenden Mengen x_i^* zu

$$x_i^* = 10 - p_i, \quad \text{mit } i \in \{1,2...10\}. \tag{3}$$

Ein Verkäufer steht vor Aufgabe, seinen Gewinn $G_i = x_i p_i$, mit x_i als Anzahl aller verkauften Ressourceneinheiten und p_i als Verkaufspreis der Ressourcen in Periode i, über alle 10 Perioden unter der Bestandsrestriktion der nichterneuerbaren Ressource $S = \sum_{i=1}^{10} x_i = 40$ zu maximieren. Der jeweilige Periodengewinn G_i wird dabei wiederum mit dem Faktor $\frac{1}{1+r}$ und $r = 0{,}1$ über die restliche Dauer des Experiments abgezinst.

Der Gesamtgewinn des Verkäufers über alle Perioden ergibt sich somit zu

$$G = \sum_{i=1}^{10} \frac{p_i x_i}{(1+r)^{i-1}}. \tag{4}$$

Unter Berücksichtigung dieser Bestandsrestriktion bildet der Verkäufer den folgenden intertemporalen Optimierungsansatz:

$$L = \sum_{i=1}^{10} \frac{p_i x_i}{(1+r)^{i-1}} + \lambda(40 - \sum_{i=1}^{10} x_i). \tag{5}$$

Stellt man wiederum für alle x_i sowie für λ die Bedingungen 1. Ordnung für ein Gewinnmaximum auf, ergibt sich das resultierende Gleichungssystem zu

$$\begin{aligned} &\frac{p_i}{(1+r)^{i-1}} - \lambda = 0, \quad \text{mit } i \in \{1,2...10\} \qquad \text{und} \\ &40 - \sum_{i=1}^{10} x_i = 0 \end{aligned} \tag{6}$$

Zur Bestimmung der Gleichgewichtslösung, und damit der intertemporal optimalen Nutzungsmengen x_i^* und den resultierenden Preisen p_i^*, sind die Gleichungssysteme der Bedingungen 1. Ordnung (2) und (6) simultan nach allen x_i^*, p_i^* sowie λ zu lösen.

Die sich im Gleichgewicht in den jeweiligen Perioden einstellenden Werte sind der Tabelle 1 zu entnehmen. Da die Ressource im Experiment nur in ganzzahligen Mengeneinheiten gehandelt werden kann, wurden die optimalen Mengen x_i^* unter der Ganzzahligkeitsbedingung errechnet. Die optimalen Preise p_i^* wurden auf zwei Dezimalstellen gerundet. Die vierte Tabellenspalte Σx_i^* gibt die von allen Teilnehmern im Gleichgewicht gehandelte Ressourcenmenge pro Periode an.

Periode	x_i^*	p_i^*	Σx_i^*
1	6	3,76	60
2	6	4,14	60
3	5	4,56	50
4	5	5,01	50
5	5	5,51	50
6	4	6,06	40
7	3	6,67	30
8	3	7,34	30
9	2	8,07	20
10	1	8,88	10
		Summe:	**400**

Tabelle 1: Theoretische Vorhersagen des Experiments

4. Ergebnisse

Eine erste Analyse der Preisentwicklung im ersten Durchlauf des Experiments, im Folgenden als D1 bezeichnet, liefert zunächst eine starke Abweichung von den theoretischen Vorhersagen. So weisen die Daten nicht den erwarteten Preisanstieg mit einer konstanten Wachstumsrate von 10% auf, sondern lassen sich am ehesten durch einen zunächst fallenden und anschließend steigenden parabolischen Verlauf beschreiben. Die Streuung der Preise ist sehr hoch. Bei der Betrachtung der Einzelpreise fällt auf, dass zahlreiche Käufer höhere Preise zu zahlen bereit sind, als es mit ihrem Prohibitivpreis ($p_{\text{proh}} = 9{,}5$) vereinbar ist. Der höchste ausgehandelte Preis beträgt $p = 25$. Der Mittelwert der Preise liegt in Periode 1 mit 12,94 ebenfalls noch deutlich über diesem Prohibitivpreis. Selbst in der letzten Periode findet sich noch immer ein Kontrakt mit $p = 11$. Dies verdeutlicht, dass zumindest ein Teilnehmer während des ersten Durchgangs nicht dazu in der Lage war, seinen eigenen Nettopayoff korrekt zu ermitteln. Aus diesem Grund macht es vergleichsweise wenig Sinn, den ersten Durchlauf einer tiefergehenden Analyse zu unterziehen. Vor dem zweiten Durchgang wurden die Teilnehmer deshalb noch einmal über die korrekte Interpretation der ihnen ausgehändigten Auszahlungstabelle belehrt. Dies führte zu einer erheblichen Verhaltensänderung. Im zweiten Durchgang wurde nicht ein einziger Vertrag mit einem Preis oberhalb des Prohibitivpreises abgeschlossen. Im Folgenden wollen wir deshalb vorrangig den zweiten Durchgang (D2) untersuchen. Hier weist die Preisentwicklung zumindest in ihren Grundzügen eine deutlich größere Ähnlichkeit mit den prognostizierten Werten auf, wie Abbildung 1 zeigt.

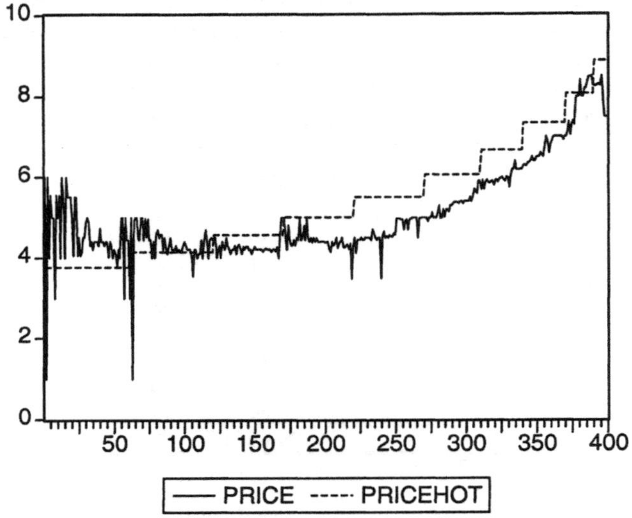

Abbildung 1: Kontraktpreise und theoretische Gleichgewichtspreise

Die Datenreihe *PRICE* gibt die tatsächlichen Kontraktpreise wieder, die Reihe *PRICEHOT* beschreibt die theoretischen Gleichgewichtspreise gemäß *Hotelling*-Pfad. In den ersten beiden Perioden (Datenpunkte 1 bis 111) ist die Schwankung der Preise offensichtlich erheblich größer als in den darauf folgenden Perioden. Des Weiteren fällt auf, dass die tatsächlichen Preise relativ nahe bei den theoretischen Werten liegen. Nicht erkennen lässt sich allerdings die aus der diskreten Zeitstruktur des Experiments resultierende Stufenform der Preisentwicklung. Der Preisverlauf ähnelt vielmehr einem *Hotelling*-Pfad in stetiger Zeit. Außerdem ist ersichtlich, dass die Preise zunächst etwas oberhalb des *Hotelling*-Pfades liegen und ab Periode 3 etwas darunter. *PRICEHOT* als Prognosevariable für *PRICE* führt zu einem mittleren absoluten Fehler von (nur) 0,64 und zu einem R^2 von 0,55.

Um die Güte von *PRICEHOT* als Erklärung für *PRICE* tiefergehend zu erfassen, haben wir eine Reihe von Regressionsschätzungen durchgeführt. Zunächst einmal wurde die folgende Gleichung

$$\text{PRICE} = \beta_1 \cdot \text{PRICEHOT} + \varepsilon$$

für alle Datenpunkte bzw. für alle Kontrakte ab Periode 3 geschätzt. Die Ergebnisse sind in Tabelle 2 zusammengefasst.

Sample	β_1 (t-Wert)	Prob	R^2
Alle Perioden	0,93 (150,09)	0,000	0,65
Ab Periode 3	0,9 (247,5)	0,000	0,9

Tabelle 2: Ergebnisse der Regressionsschätzungen

Wie man leicht sieht, liegen die β_1 relativ nahe beim theoretischen Wert eins und sind hochsignifikant von null verschieden. Wenngleich dies die Theorie eher bestätigt, ist dennoch einschränkend festzuhalten, dass die geschätzten Koeffizienten trotz ihrer Nähe zu eins signifikant davon abweichen.

Einen direkteren Test der Theorie führten wir mittels einer nichtlinearen Regression durch, die das *Hotelling*modell abbildet. Die Schätzgleichung lautet

$$P = \beta_1(1 + \beta_2)^{t-1} + \varepsilon$$

mit P als Variable *PRICE* und t als Kennzeichnung für die Periode. Dem Experimentaufbau entsprechend sollte β_1 gleich 3,76 (*Hotelling*preis der ersten Periode) und β_2 gleich 0,1 (dem Zinssatz) sein. Die Schätzergebnisse sind in Tabelle 3 zusammengefasst.

Sample	β_1 (t-Wert)	β_2 (t-Wert)	R^2
Alle Perioden	3,83 (87,29)	0,076 (33,29)	0,73
Ab Periode 3	3,28 (118,1)	0,1019 (67,22)	0,94

Tabelle 3: Schätzung des Hotelling-Pfades

Über das gesamte Sample liegt der Anfangspreis knapp über dem theoretischen Wert, der geschätzte Zins liegt jedoch deutlich und signifikant unter dem wahren Wert von 0,1. Für den Verlauf ab Periode 3 gilt dies allerdings nicht mehr. Hier liegt der geschätzte Anfangspreis signifikant unterhalb des theoretischen Werts, während der Zinssatz fast genau getroffen wird.

Alles in allem scheint der Preisverlauf in der Doppelten Auktion zumindest näherungsweise dem effizienten *Hotelling*-Pfad zu entsprechen. Im Hinblick auf die zeitliche Einteilung der Konsummenge können nur die summierten Periodenwerte untersucht werden.

Auch ein Vergleich der gehandelten Mengen mit den theoretisch erwarteten liefert für den zweiten Durchlauf eine relativ gute Anpassung an die erwarteten Werte. So schwanken für den gesamten zweiten Durchgang die gehandelten

Mengen nur geringfügig um die Vorhersagen und nehmen zwischen den Perioden 2 und 9 auch kontinuierlich ab. Der Anstieg der Handelsmenge in der letzten Periode lässt sich dabei mit dem zu geringen Handel in den ersten beiden Perioden erklären, da nun die Verkäufer ihre noch verbliebenen Bestände in der letzten Periode auf den Markt gebracht haben. Eine solcher Schlussrundeneffekt lässt sich in D1 zwar nicht feststellen, jedoch werden die zu geringen Handelsmengen in den ersten 5 Perioden durch einen deutlichen Anstieg in der sechsten Periode stark überkompensiert. Abbildung 2 zeichnet die bisher gemachten Aussagen noch einmal graphisch nach.

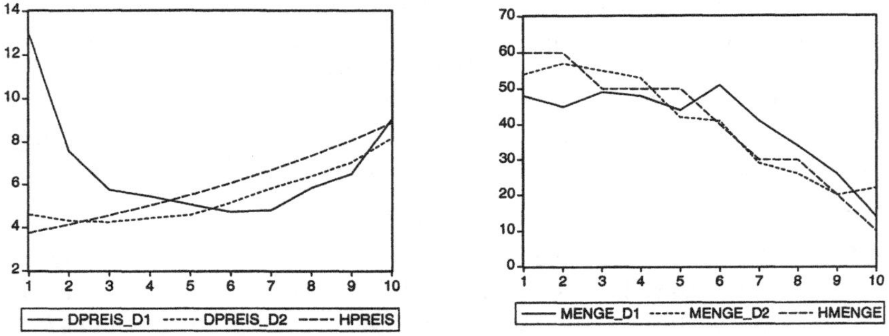

Abbildung 2: Durchschnittspreis- und Mengenvergleich mit den theoretischen Prognosen

Die bisherigen Ergebnisse legen somit zunächst den Schluss nahe, dass auch die Mengen des zweiten Durchlaufs in deutlicher Nähe zu den erwarteten Ergebnissen liegen und somit die theoretischen Vorhersagen (schwach) bestätigen können. Um diese Hypothese überprüfen zu können, werden im Folgenden die Ergebnisse weiterer einfacher Regressionsanalysen dargestellt, welche versuchen, die gewonnenen Daten durch die theoretischen Werte zu erklären. Ein hoher Erklärungsgrad der Theorie wird dabei durch ein hohes R^2 sowie einen geschätzten Koeffizienten in der Nähe von 1 aufgezeigt. Die Ergebnisse zeigen dabei, dass sich auf Grund eines R^2 von 0,89 und eines Koeffizienten von 0,97 die gehandelten Mengen im zweiten Durchgang sehr gut durch die prognostizierten Werte erklären lassen. Eine ähnlich gute Erklärungskraft liefern die theoretischen Vorhersagen für die Durchschnittspreise in D2. Hier liegt das R^2 mit 0,86 in der gleichen Größenordnung, allerdings weicht der Koeffizient mit 0,9 etwas deutlicher von 1 ab. Bleiben die ersten beiden Perioden als Lernperioden unberücksichtigt, so lassen sich die Handelspreise sogar zu 98% durch die theoretischen Vorhersagen erklären, der geschätzte Koeffizient liegt dabei bei 0,88. Für die gehandelten Mengen sinkt das R^2 leicht auf 0,88 ab, allerdings liegt der Koeffizient mit 1,008 bei diesem Vorgehen extrem nahe bei 1. Aus dieser Analyse kann für den zweiten Durchlauf des Experiments gefolgert werden, dass sich die gewonnen Daten recht gut mittels der theoretischen Prognosen erklären lassen. Die *Hotelling*-Regel liefert mithin eine gute Annäherung an das reale Verhalten im Labor!

Die Ergebnisse der statistischen Analyse sind in der nachfolgende Tabelle noch einmal zusammengefasst:

Regression	**R^2**	**Koeffizient**
Durchschnittspreise D2	0,86	0,90
Durchschnittspreise D2, Perioden 3-10	0,98	0,88
Handelsmengen D2	0,89	0,97
Handelsmengen D2, Perioden 3-10	0,88	1,008

Tabelle 4: Ergebnisse der Regressionsanalyse

Neben der Betrachtung des Erklärungsgehaltes der Theorie für die gewonnenen Daten ist ferner auch der Effizienzgrad der Marktergebnisse für die Analyse von Bedeutung. Im Ergebnis wurden im ersten Durchgang 94,7% aller möglichen Renten durch die Teilnehmer realisiert, im zweiten Durchgang lag der Effizienzgrad sogar bei 97%. Der etwas geringere Effizienzgrad in D1 lässt sich dabei u.a. durch die hohen Verluste der Käufer in der ersten Periode erklären. Diese begründen wir mit einer Unerfahrenheit der Käufer sowie einem noch nicht vollständigen Regelverständnis des Experiments (s.o.).

Im zweiten Durchgang verhielt sich die Käufergruppe insgesamt nahezu optimal und erzielte eine geringe zusätzliche Rente von 1,7%.[1] Der Effizienzgrad der Verkäufergruppe lag mit 94,7% ebenfalls auf einem äußerst zufriedenstellenden Niveau. Interessant ist an dieser Stelle festzuhalten, dass in den Perioden 3, 4 und 6 nahezu die sozial optimalen Renten realisieren wurden.

Die hohen Effizienzgrade zeigen somit, dass die Teilnehmer *insgesamt* ein Verhalten zeigten, welches sehr weit den optimalen theoretisch prognostizierten Verhaltensweisen entspricht. Dabei lässt sich festhalten, dass in keinem Durchlauf große Effizienzverluste durch nicht gehandelte Ressourceneinheiten entstanden. So wurde im ersten Durchgang der gesamte Ressourcenbestand über alle Perioden aufgebraucht, im zweiten Durchgang blieb am Ende lediglich eine einzige Ressourceneinheit ungenutzt.

Die Effizienzgrade der einzelnen Perioden sind ebenfalls tabellarisch zusammengefasst:[2]

[1] Diese „Überrendite" resultiert aus dem geschickteren Markt- bzw. „Verhandlungs"-Verhalten der Käufer, die Preise unterhalb des *Hotelling*-Pfades realisieren konnten.

[2] Effizienzgrade von über 100% resultieren daraus, dass in der jeweiligen Periode größere Mengen als die intertemporal optimalen Mengen gehandelt wurden. Dies erhöht *für die betrachtete Periode* die Effizienz, vermindert sie aber im intertemporalen Kontext.

Periode	D1	D2
1	0,79	0,92
2	0,77	0,96
3	0,98	1,03
4	0,93	1,01
5	0,90	0,85
6	1,17	1,00
7	1,25	0,94
8	1,07	0,85
9	1,24	0,94
10	1,35	2,01
Gesamt	**0,95**	**0,97**

Tabelle 5: Effizienzgrade nach Perioden

5. Interpretation und Fazit

Die Experimentergebnisse verdeutlichen, dass auch auf Märkten mit begrenzt rationalen, realen Menschen hohe Effizienzgrade realisiert werden können. Dies ist um so bedeutender als der Markt hier ein intertemporales Allokationsproblem zu lösen hat, das von Individuen in Experimenten im Allgemeinen nicht sehr überzeugend gelöst wird. Wie schon bei *Vernon Smith* (1982) bestätigt eine Doppelte Auktion erneut die *Hayek*-Hypothese, die besagt, dass Märkte ausgezeichnete Instrumente zur Lösung von Allokationsproblemen in einer Welt mit unvollkommener Informationsausstattung darstellen.

Ganz im Einklang mit *Smith* (1982) interpretieren wir diese Ergebnisse: Wie schon *Hayek* (1969) herausarbeitete, stellen Markt- und Wettbewerbsprozesse *Such-* und *Entdeckungsverfahren* dar, die u.a. die realen Knappheiten erst wirklich zum Ausdruck bringen. Preise stellen dabei unverzichtbare Informationsträger dar, die dezentral verteiltes Wissen in komprimierter Form effektiv verarbeiten. U.E. symbolisieren die stark schwankenden Preise in den ersten beiden Perioden einen solchen Suchprozess, der allerdings schon nach zwei Perioden zum größten Teil abgeschlossen ist. Anschließend erfolgt ein am *Hotelling*-Pfad ausgerichteter Verlauf von Preisen und Mengen, der zu einem bemerkenswert hohen Effizienzgrad führt. Unseres Wissens war keiner der Teilnehmer individuell dazu in der Lage, einen *Hotelling*-Pfad eigenständig und mit den verfügbaren Hilfsmitteln zu lösen. Auch hatte keiner der Teilnehmer bereits eine entsprechende Vorlesung besucht, so dass ihm das Prinzip der *Hotelling*-Regel bekannt gewesen wäre. Trotzdem hat der experimentelle Markt seinen „Weg zum Pfad" in vergleichsweiser kurzer Zeit gefunden.

Auch bestehen keinerlei Indikatoren dafür, dass irgendeine Art von systematischen Überkonsum in frühen Perioden vorläge. Im Gegenteil: Ein Großteil der verbleibenden Ineffizienz des Experimentverlaufs resultiert daraus, dass in der letzten Periode noch zu viele Ressourcen verfügbar waren, die Ressourcen zuvor also zu stark geschont wurden.

Nicht erklären können wir, warum das Treppenmuster im Preisverlauf nicht wiederzuerkennen ist (siehe Abbildung 1). Tatsächlich ähnelt der Preispfad demjenigen eines zeitstetigen *Hotelling*-Pfades, also einem exponentiellen Wachstumspfad. Möglicherweise spielen hier Restriktionen im Hinblick auf die Informationsverarbeitungsfähigkeit der Probanden doch noch eine Rolle. Wie die vorstehende Analyse jedoch zeigte, verursachen diese Abweichungen von der Theorie nur relativ geringe Ineffizienzen. Ein Effizienzgrad von 97% entspricht natürlich nicht dem First-best. Dennoch darf hier wohl mit einiger Zuversicht bezweifelt werden, dass andere als marktliche Institutionen zu einem besseren Ergebnis führen würden.

Somit kann an dieser Stelle das vorläufige Fazit gezogen werden, dass die Nutzung des Marktmechanismus, hier in Form der Doppelten Auktion, das bemerkenswert schwierige Problem einer intertemporalen, dynamischen Optimierung beinahe vollständig lösen konnte, ohne zugleich übermenschliche Anforderungen an die Rationalität der Marktteilnehmer zu stellen. In einer derartigen marktlichen Umgebung geht von der *Hotelling*-Regel somit eine bemerkenswert hohe Aussagekraft für tatsächliches menschliches Verhalten aus.

Wie bereits eingangs erwähnt, stellen die hier gewonnenen Erkenntnisse jedoch nur einen ersten Schritt einer umfassenderen experimentellen Untersuchung des intertemporalen, dynamischen Optimierungsverhaltens dar. So sind in der Zukunft Wiederholungen des hier analysierten Experiments mit *realen* Auszahlungen durchzuführen, um somit die empirische Datengrundlage vergrößern und damit die Aussagekraft der durchgeführten statistischen Untersuchungen deutlich verbessern zu können. Mit einer Erweiterung um Arbitragemöglichkeiten beim Ressourcenhandel kann ergänzend auch die v.a. in der österreichischen Marktprozesstheorie vertretene These der Existenz „findiger Unternehmer" einer experimentellen Überprüfung im intertemporalen Kontext unterzogen werden. Schließlich stellt auch die Abhängigkeit des beobachteten Teilnehmerverhaltens von der zu Grunde liegenden Marktform, etwa durch Einführung eines Ressourcenanbieteroligopols, eine weitere interessante Erweiterungsmöglichkeit des Experiments dar.

Literaturverzeichnis

Camerer, C. (2003): Behavioral Game Theory, Princeton.

Feess, E. (1998): Umweltökonomie und Umweltpolitik, 2. Auflage, München.

Fehr, E./Zych, P. K. (1995): Die Macht der Versuchung – Irrationaler Überkonsum in einem Suchtexperiment, in: Zeitschrift für Wirtschafts- und Sozialwissenschaften, 115. Jg., 4, S. 569-604.

Fehr, E./Zych, P. K. (1998a): Do Addicts Behave Rationally?, in: Scandinavian Journal of Economics, Vol. 100, 3, S. 643-662.

Fehr, E./Zych, P. K. (1998b): Intertemporal Choice and Habit Formation, erscheint 2004 in: Handbook of Experimental Economics Results, http://www.iew.unizh.ch/wp/iewwp043.pdf.

Fischbacher, U. (1999): Z-Tree: A Toolbox for Readymade Economic Experiments, Working Paper No. 21, Universität Zürich.

Ledyard, J. O. (1995): Public Goods: A Survey of Experimental Research, in: *Kagel, J. H./Roth, A. E.* (Hrsg.): Handbook of Experimental Economics, Princeton.

Hayek, F. A. von (1945): The Use of Knowledge in Society, in: American Economic Review, Vol. 35, 4, S. 519-530.

Hayek, F. A. von (1969): Der Wettbewerb als Entdeckungsverfahren, in: *Hayek, F. A. von*: Freiburger Studien, Tübingen, S. 249-265.

Hotelling, H. (1931): The Economics of Exhaustible Resources, in: Journal of Political Economy, Vol. 39, 2, S. 137-175.

Muller, R. A./Mestelman, S. (1998): What Have We Learned From Emissions Trading Experiments?, in: Managerial and Decision Economics, Vol. 19, 4/5, S. 225-238.

Müller, U. (1980a): Wettbewerbspolitik, in: Handwörterbuch der Volkswirtschaft, Wiesbaden, Sp. 1524-1550.

Müller, U. (1980b): Wettbewerbstheorie, in: Handwörterbuch der Volkswirtschaft, Wiesbaden, Sp. 1550-1573.

Müller, U./Pöhlmann, H. *(1977):* Allgemeine Volkswirtschaftslehre, Wiesbaden.

Müller, U./Stahlecker, P. *(1975):* Wettbewerb, Unternehmenskonzentration und Innovation, Göttingen.

Murphy, J. J./Dinar, A./Howitt, R. E./Rassenti, S. J./Smith, V. L. (2000): The Design of "Smart" Water Market Institutions Using Laboratory Experiments, in: Environmental and Resource Economics, Vol. 17, 4, S. 375-394,
http://www.umass.edu/resec/faculty/murphy/papers/EAREWater.pdf.

Ostrom, *E./Gardner, R./Walker, J. M. (1994):* Rules, Games, and Common-Pool Resources, Ann Arbor.

Plott, C. R. (1994): Market Architectures, Institutional Landscapes and Testbed Experiments, in: Economic Theory, Vol. 4, 1, S. 3-10.

Smith, V. L. (1982): Markets as Economizers of Information : Experimental Examination of the "Hayek Hypothesis", in: Economic Inquiry, Vol. 20, 2, S. 165-179, wiederabgedruckt in: *Smith, V. L.* (1991): Papers in Experimental Economics, Cambridge u.a., S. 221-235.

Sturm, B./Weimann, J. (2001): Experimente in der Umweltökonomik, FEMM Working Paper No. 7/2001, Otto-von-Guericke-Universität Magdeburg,
http://www.uni-magdeburg.de/vwl3/papers/Experimente_Umweltoekonomik.pdf.

Anhang

Experiment Ressourcenökonomik

Instruktionen für Verkäufer

In diesem Experiment werden die Teilnehmer in zwei gleich große Gruppen von Käufern und Verkäufern eingeteilt. Die Teilnehmer können in einer "Doppelten Auktion" ein nur in einer *begrenzten Anzahl verfügbares Gut* handeln. Ihnen als Verkäufer stehen dabei *für die 10 Perioden* des Experiments *insgesamt 40 Mengeneinheiten* des Gutes zur Verfügung. Käufer können in allen Perioden *mehrere Mengeneinheiten des Gutes kaufen*. Jede Handelsperiode dauert *3 Minuten*, die als Countdown in Sekundenschritten heruntergezählt werden.

Nachdem alle Teilnehmer die Instruktionen gelesen haben beginnt das Experiment. Dem *linken Bereich des Bildschirms* können Sie Ihre Angaben für die laufende Periode entnehmen. Neben Ihrer Rolle als Verkäufer wird Ihnen der *Anfangsbestand* der Ihnen insgesamt für alle Perioden zur Verfügung stehenden Güter angezeigt. Darunter finden Sie angezeigt, *wie viele* Güter Sie noch im gesamten Experiment verkaufen können. Ihre Auszahlung der laufenden Periode sowie Ihren *aktuellen Kontostand*, welcher ihre verzinsten Auszahlungen aller Vorperioden wiedergibt, können Sie ebenfalls dem linken Bildschirmbereich entnehmen. Die *Periodenauszahlungen* werden über die restliche Dauer des Experiments zu einem *Periodenzinssatz von 10% fest angelegt.*

In der unteren Bildschirmmitte befindet sich ein *Eingabefeld*, in welches Sie Ihr *Verkaufsgebot* für das Gut eingeben können. Sie können dabei eine beliebige Zahl zwischen 0 und 100 als Gebotspreis wählen. In der rechten Spalte Ihres Bildschirms finden Sie *alle Gebote von Käufern und Verkäufern*, die für das gerade zum Handel stehende Gut abgegeben wurden. Ein Handel kommt zustande, wenn Sie entweder das beste Gebot der Käuferseite durch Klicken des *Buttons "Verkaufen"* annehmen, oder wenn Sie ein *Verkaufsgebot abgeben*, welches dem gerade *besten Gebot der Käufer entspricht*. Achten Sie bei der Abgabe Ihres Gebotes darauf, dass immer nur verbessernde Gebote möglich sind. Als Verkäufer müssen Sie somit das aktuell markierte *Verkäufergebot unterbieten*. Die Preise aller gehandelten Güter der aktuellen Periode können Sie dem Feld in der oberen Bildschirmmitte entnehmen.

Für die *gesamte Dauer* des Experiments, also 10 Perioden, stehen Ihnen *maximal 40 Mengeneinheiten* des Gutes *zur Verfügung*. Sollten Sie in einer Periode ein oder mehrere Güter *verkaufen*, so erhalten Sie am Ende der Periode für diese abgeschlossenen Geschäfte folgende *Auszahlung:*

$$\Sigma P_i,$$

mit P_i als Verkaufspreis einer verkauften Gütereinheit

Ihre jeweils so berechnete Periodenauszahlung wird über die restliche *Dauer* des Experiments zu einem *Periodenzinssatz von 10% fest angelegt.*

Sollten Sie in einer Periode *keinen Handel* abschließen können, beträgt Ihre *Periodenauszahlung 0.* Ihre gesamten verzinsten Periodenauszahlungen können Sie Ihrem *Kontostand* entnehmen.

Sollten Sie nach dem Ende der letzten Periode noch über nicht verkaufte Mengeneinheiten des Gutes verfügen, so beträgt der Wert dieser restlichen Bestände 0.

Nach dem Ende der letzten Periode erhalten Sie eine detaillierte Übersicht über Ihre gesamten Auszahlungen.

Haben Sie dazu noch Fragen ?

Experiment Ressourcenökonomik

Instruktionen für Käufer

In diesem Experiment werden die Teilnehmer in zwei gleich große Gruppen von Käufern und Verkäufern eingeteilt. Die Teilnehmer können in einer "Doppelten Auktion" ein nur in einer *begrenzten Anzahl verfügbares Gut* handeln. Das Experiment läuft über insgesamt *10 Perioden*. Käufer können in allen Perioden *mehrere Mengeneinheiten des Gutes kaufen*. Jede Handelsperiode dauert *3 Minuten*, die als Countdown in Sekundenschritten heruntergezählt werden.

Nachdem alle Teilnehmer die Instruktionen gelesen haben beginnt das Experiment. Alle Käufer erhalten zu Beginn der ersten Periode als *Kredit ein Anfangsvermögen von 2000 Geldeinheiten*, das zum Kauf von Gütern verwendet werden kann. Das am Ende einer Periode verbleibende Geldvermögen wird von Periode zu Periode mit 10% verzinst. Am Ende des Experiments müssen die Käufer den über alle *10 Perioden verzinsten Kredit wieder zurückzahlen*. Die Rückzahlung am Ende der letzten Periode beläuft sich somit auf *4715,89 Geldeinheiten*.

Der Handelsbildschirm ist wie folgt aufgebaut. Dem *linken Bereich des Bildschirms* können Sie Angaben für die laufende Periode entnehmen. Neben Ihrer Rolle als Käufer wird Ihnen die *Anzahl aller bisher gekauften* Güter in allen Perioden angezeigt. Darunter finden Sie Ihren noch für weitere Transaktionen *zur Verfügung stehenden Kredit*. Weiterhin werden Ihnen die laufende Periodenauszahlung sowie Ihre ebenfalls mit 10% *verzinsten Auszahlungen aller Vorperioden* angezeigt.

In der oberen Bildschirmmitte befindet sich ein *Eingabefeld*, in welches Sie Ihr *Kaufgebot* für das Gut eingeben können. Sie können dabei eine beliebige Zahl zwischen 0,00 und 100,00 als Gebotspreis wählen. In der rechten Spalte Ihres Bildschirms finden Sie alle *Gebote von Käufern und Verkäufern*, die für das gerade zum Handel stehende Gut abgegeben wurden. Ein Handel kommt zustande, wenn Sie entweder das beste Gebot der Verkäuferseite durch Klicken des *Buttons "Kaufen"* annehmen, oder wenn Sie ein *Kaufgebot abgeben*, welches dem gerade *besten Gebot der Verkäufer entspricht*. Achten Sie bei der Abgabe Ihres Gebotes darauf, dass immer nur verbessernde Gebote möglich sind. Als Käufer müssen Sie somit das aktuell markierte *Käufergebot überbieten*. Die Preise aller gehandelten Güter der aktuellen Periode können Sie dem Feld in der unteren Bildschirmmitte entnehmen.

Sollten Sie in einer Periode ein oder mehrere Güter *kaufen*, so erhalten Sie am Ende der Periode für diese abgeschlossenen Geschäfte folgende *Auszahlung*:

$$10 * X - 0{,}5 * 1 * X^2 - \Sigma P_i$$

Die Anzahl der in der aktuellen Periode gekauften Güter wird dabei durch *X*, die dafür insgesamt getätigten Ausgaben durch ΣP_i ausgedrückt. Ihre jeweils so berechnete *Periodenauszahlung* wird *über die restliche Dauer* des Experiments zum einem Zinssatz von *10% fest angelegt* und steht Ihnen für weitere Güterkäufe somit *nicht zur Verfügung*. Ihr verbleibendes *Barvermögen* wird ebenfalls mit 10% *verzinst* und kann in den folgenden Perioden *weiter* für Güterkäufe *verwendet werden*. Sollten Sie in einer Periode *keinen Handel* abschließen können, beträgt Ihre *Periodenauszahlung 0*. Ihre gesamten verzinsten Periodenauszahlungen können Sie Ihrem *Kontostand* entnehmen.

Sollten Verkäufer nach dem Ende der letzten Periode noch über nicht verkaufte Mengeneinheiten des Gutes verfügen, so beträgt der Wert dieser restlichen Bestände 0.

Nach dem Ende der letzten Periode erhalten Sie eine detaillierte Übersicht über Ihre gesamten Auszahlungen in allen Perioden. Haben Sie dazu noch Fragen?

Experiment Ressourcenökonomik Rechenhilfe für Käufer	
Nummer der gekauften Gütereinheit in der aktuellen Periode	Bruttozusatznutzen* der jeweiligen Einheit
0	-
1	9,5
2	8,5
3	7,5
4	6,5
5	5,5
6	4,5
7	3,5
8	2,5
9	1,5
10	0,5

* Vom Bruttozusatznutzen ist noch der jeweils gezahlte Preis der Einheit abzuziehen.

Internationale Umweltverhandlungen –Kollektive Aktion bei heterogenen Akteuren

Dirk Fornahl und *Georg von Wangenheim*

1. Problemstellung und Aufbau der Arbeit

In den letzten Jahren häufen sich Nachrichten über Umweltkatastrophen. Neben spektakulären Ereignissen, wie Wirbelstürmen oder Flutkatastrophen, sind es vor allem die weniger offensichtlichen Umweltveränderungen – ihrerseits möglicherweise Ursachen für Katastrophen –, welche ein gravierendes Problem für die zukünftige Entwicklung darstellen könnten. So haben beispielsweise das sog. Ozonloch und der Treibhauseffekt sowie die damit einhergehenden Klimaveränderungen die herkömmlichen zeitlichen und räumlichen Problemgrenzen verändert. Diese Umweltprobleme sind grenzüberschreitender Natur, d.h. ihr stofflicher Ursprung liegt ganz oder zum Teil innerhalb eines Staates und hat negative Auswirkungen auf einen oder mehrere andere Staaten.[1] Beim Problem der Klimaveränderung oder dem Ozonloch handelt es sich weiterhin um globale reziproke Externalitäten, d.h. jede Nation trägt in unterschiedlichem Umfang direkt zum Problem bei und schädigt sich selbst und andere Länder, was umweltpolitische Maßnahmen erschwert.[2] Da der Wirkungsbereich größer als der Kompetenzbereich einer nationalen Regierung ist, ist eine spontan auftretende nationale Lösung dieser globalen Probleme nicht zu erwarten. Vielmehr bedarf die politische Umsetzung einer langfristigen und vernetzten Planung aller Nationen.[3] Dies sollte durch internationale Verhandlungen erreicht werden, deren Ziel die Einrichtung globaler Institutionen durch einen politisch-administrativen Prozess war, um einen institutionalisierten Verhandlungsprozess zu ermöglichen sowie für die Implementation, Durchsetzung und Veränderung von Entscheidungen über Umweltnutzungen zu sorgen.[4] Trotz der hohen Erwartungen an diese Konferenzen und ungeachtet des Umstands, dass die ökologische Krise nicht nur die Umwelt, sondern auch den ökonomischen Wohlstand der Nationen gefährdet, hat sich primär in der globalen Umweltpolitik in den letzten Jahren scheinbar wenig getan.

Es soll im Laufe dieses Papiers analysiert werden, aufgrund welcher Überlegungen der politische Wille beeinflusst wird, die notwendigen Maßnahmen in ausreichendem Umfang in Angriff zu nehmen und welche Rahmenbedingungen die Strategien der beteiligten Nationen beeinflussen. Kern der Überlegung ist dabei, dass die beteiligten Länder ihre Eigeninteressen verfolgen und somit nur dann

---

[1] So schon *Buhné* (1976), S. 2-5.
[2] Vgl. *Ködding* (1997), S. 25; *Kuhl* (1987), S. 15 f.; *Althammer* (1998), S. 3.
[3] Vgl. *Killinger/Schmidt* (1997), S. 8.
[4] Vgl. *Anreiter* (1997), S. 7.

Maßnahmen zustimmen, wenn die Kosten-Nutzen-Überlegungen positiv ausfallen. Internationaler Umweltschutz ist strukturell ein Problem der Bereitstellung öffentlicher Güter. Wir zeigen, dass die Möglichkeit der profitablen Kooperation zwischen Untergruppen von Ländern, insbesondere von Untergruppen, die mangelnde Kooperation anderer Länder durch Defektion bestrafen müssten, die Durchsetzung von Kooperation in Anlehnung an das Folk-Theorem zumindest erheblich erschwert. Erst wenn das Spiel der Bereitstellung öffentlicher Güter mit der Bestrafung von Defektion in bilateralen Gefangenendilemmata, die ebenfalls zwischen den Ländern gespielt werden, kombiniert wird, lässt sich Kooperation wieder über die Anwendung des Folk-Theorems erreichen. Mit Hilfe dieser neuen Kombination der Spiele wird auch gezeigt wie die Heterogenität der Länder (vor allen Dingen ihre Größe) einerseits ein Problem bei der Einrichtung von Abkommen, andererseits aber auch ein Lösungsansätze für die Entstehung und Stabilität von Koalitionen sein kann.

Als Ausgangspunkt werden in Abschnitt 2 die grundlegenden Zusammenhänge für die weitere Analyse herausgearbeitet. In den Abschnitten 2.1 und 2.2 werden die Bestimmungsfaktoren für die Ergebnisse von internationalen Umweltverhandlungen transparenter gemacht, indem auf die Problematik öffentlicher Güter und die Heterogenität der Akteure eingegangen wird. In Abschnitt 3 werden zentrale Zusammenhänge und Einflussfaktoren im Rahmen eines n-Personen-Spiels modelliert. Eine abschließende Betrachtung und ein Ausblick in Abschnitt 4 komplettieren das Papier.

2. *Struktur des Problems*

2.1. *Bereitstellung eines öffentlichen Gutes*

Multinationale Umweltprobleme wie die Erwärmung der Atmosphäre sind Folgen von negativen Externalitäten. Umgekehrt führen Umweltgüter oder Umweltschutzmaßnahmen zu positiven Externalitäten. Sie weisen wesentliche Elemente von öffentlichen Gütern auf.[1] Sie unterliegen nicht dem Ausschlussprinzip, wohingegen jedoch zum Teil und in zunehmenden Maße Rivalität im Konsum besteht.[2] Da viele Umweltgüter Allgemeingut sind und sich durch fehlende Ausschließbarkeit, wohl aber Nutzungsrivalität auszeichnen, führt das rationale eigennützige Verhalten, welches wir für alle Spieler also auch für Ländern unterstellen, insgesamt zu einer Verschlechterung der Ressourcenausstattung. Der Grund ist, dass jedes Land von einer individuellen Nutzenmaximierung direkt profitiert, während es bei einer Einschränkung sich selbst unmittelbar schadet und dem Allgemeingut nur marginal nutzt.[3] Trotz der vorhandenen Verhaltens-

---

[1] Vgl. *Siebert/Antal* (1979).

[2] Vgl. *Frey* (1991), S. 50.

[3] Theoretisch wurde diese „Tragedy of the Commons" zuerst von *Hardin* (1993, S. 63) untersucht.

interdependenzen ergibt sich für alle Länder eine dominante Strategie, d.h. eine Strategie, welche für das einzelne Land unabhängig vom Verhalten der anderen Länder optimal ist. Im Fall der fehlenden Ausschließbarkeit bei gleichzeitiger Nutzungsrivalität ist diese Strategie nicht-kooperativ und das Ergebnis ist kein Wohlfahrtsmaximum. Es liegt eine Dilemmasituation vor.[1]

Die Überwindung durch koordinierte Maßnahmen zur Vermeidung von Umweltverschmutzung ist somit gleichbedeutend mit der Überwindung eines Problems der Bereitstellung öffentlicher Güter. Hierbei werden internationale Umweltschutzbemühungen oder -abkommen als internationales öffentliches Gut angesehen, welches von den einzelnen Staaten bereitgestellt wird.[2] Da *ex definitione* jeder das Gut nutzen kann und somit die Möglichkeit der kostenlosen Inanspruchnahme besteht, eröffnet sich den rational handelnden Ländern auch auf dieser zwischenstaatlichen Ebene die Möglichkeit des Trittbrettfahrens. Sie verheimlichen also ihre wahren Präferenzen für das Gut in der Hoffnung, dass andere, trotz der eigenen Verweigerungshaltung, für die Bereitstellung des Gutes aufkommen, von dem sie dann möglichst zum Nulltarif profitieren können.[3] Eine Lösung der Dilemmasituation könnte nur erreicht werden, wenn die Länder zugleich ihren eigenen Vorteil zurückstellen, Umweltschutzgüter anbieten und sich im Interesse der Gesamtheit verhalten würden. Da aber die unkooperative Strategie dominant ist und deshalb jeder dem anderen zu Recht misstraut, kann dies nicht gelingen. Nur bei bi-nationalen Umweltproblemen reduziert sich das Problem der Bereitstellung des öffentlichen Gutes auf ein 2-Personen Gefangenen-Dilemma, dessen Überwindung unter Rückgriff auf das Folk-Theorem möglich ist, wenn die Wahrscheinlichkeit, dass die beiden beteiligten Länder in ausreichend naher Zukunft wieder in einem ähnlich strukturierten Problem miteinander zu tun haben, ausreichend groß ist.

Die hier vor allem betrachteten multinationalen Umweltprobleme weisen aber die Struktur eines n-Personen Gefangenen-Dilemmas auf, was die Überwindung des Dilemmas zweifach erschwert. Zum einen kann ein einzelner Defektor nicht bestraft werden, ohne dass alle anderen Spieler (Länder) ebenfalls einen Schaden erleiden. Zum anderen ist bei dauerhafter Defektion eines Spielers (Landes) die beste Strategie der anderen Spieler (Länder) nicht notwendig ebensolche Defektion. In vielen Fällen wird es vielmehr so sein, dass die anderen Spieler (Länder) sich durch Kooperation untereinander besser stellen, als wenn sie zur Strafe des Defektors oder der Defektoren ebenfalls defektieren. Folglich kann keine Strategie dadurch zur teilspielperfekten Gleichgewichtsstrategie werden, dass sie an ihre Verletzung ewige Defektion als Strafe knüpft, wie das bei 2-Personen Ge-

---

[1] Zu einer spieltheoretischen Analyse siehe: *Ursprung* (1992), S. 2; *Burger* (1994), S. 122-125; *Ködding* (1997), S. 96-99. Darüber hinaus vgl. *Pätzold/Mussel* (1996) und *Young/Moltke* (1994), S. 350.
[2] Vgl. *Pätzold/Mussel* (1996), S. 50.
[3] Vgl. *Siebert/Antal* (1979), S. 168.

fangenen-Dilemmata möglich und für die Herleitung des Folk-Theorems nötig ist. Ist ein Spieler einmal von einer solchen Strategie abgewichen, so müssen die anderen Spieler entscheiden, ob sie sich untereinander auf Kooperation einigen oder den Defektor bestrafen. Da sie sich durch Kooperation untereinander besser stellen, ist Bestrafung nicht teilspielperfekt. Bestrafung von Defektion könnte also nur im Rahmen von anderen, 2-Personen-Spielen erfolgen, die der Defektor mit jeweils einem anderen Partner (Land) spielt. Allerdings ist dabei zu beachten, dass die anderen Spieler (Länder) mit der Bestrafung wiederum ein öffentliches Gut, diesmal für die Gruppe der nicht-defektierenden Spieler (Länder), erstellen. Die Probleme perpetuieren sich also auf die Strafebene. Aufgrund der gegenseitigen Abhängigkeiten des Verhaltens der Akteure wird aus dem Problem des öffentlichen Gutes ein Verhandlungsproblem über kooperatives Verhalten, welches als Inhalt die Ausgestaltung eines internationalen Vertrages hat.

2.2. Heterogenität der Länder

Multinationale Umweltprobleme betreffen in den seltensten Fällen alle Länder in gleicher Stärke. Dies liegt zum Großteil daran, dass die Wohlfahrtsverbesserung aufgrund einer Umweltverbesserung uneinheitlich ist, woraus folgt, dass die Länder ein unterschiedliches Interesse an Umweltschutzmaßnahmen haben.[1] Dies ist besonders bedeutend im Hinblick auf den international erforderlichen Konsens.[2] Folgende länderspezifische Determinanten beeinflussen die Bewertung:

- Information und Informiertheit: Informationen sind von besonderer Bedeutung für die Akteure der politischen Entscheidungsfindung. Der Grad der Informiertheit ist abhängig vom Interesse, den Möglichkeiten der Informationsgewinnung sowie der Zuverlässigkeit und damit der Akzeptanz der Information. Wichtige Informationsquellen sind die Politik (Zensur etc.), Wissenschaft, Medien (Medienlandschaft etc.) und Interessengruppen.
- Unterschiedliche Betroffenheit: Die Nutzung der Umweltgüter differiert zwischen den Ländern und somit weichen die Einstellungen und Verhaltensweisen gegenüber diesen Umweltgütern voneinander ab.[3] Auch treffen die globalen Umweltprobleme die Länder in unterschiedlichem Maße. Die Fähigkeiten, sich durch reaktive Maßnahmen zu schützen, sind ebenfalls ungleich verteilt (z.B. Inselstaaten im Pazifik vs. Niederlande bei den Folgen von Klimaveränderungen).[4] In der Regel sind Verursacherländer und Länder, welche wahrscheinlich am stärksten betroffen sind, nicht deckungsgleich (Entwicklungsländer vs. Industrieländer).[5] Diese Effekte führen dazu, dass Kosten und Nut-

---

[1] Vgl. *Helm* (1996), S. 270 f.
[2] Vgl. *Underdal* (1997), S. 254.
[3] Vgl. *Siebert/Antal* (1979), S. 168.
[4] Vgl. *Loske* (1997), S. 56 f.
[5] Vgl. *Strübel* (1992), S. 206 f.; *Zürn* (1996), S. 14.

zen der Umweltveränderung bzw. der Erhaltung stark differieren, was Folgen für die Kooperationsanreize hat.[1] Die wissenschaftliche Unsicherheit über die konkreten Auswirkungen führt dazu, dass zur Zeit keine Gruppe oder Nation weiß, welche speziellen Schäden auf sie zukommen. Dies könnte zu zweierlei Resultaten führen: entweder wird abgewartet oder versucht, zu einer schnellen Einigung zu kommen, da die eigene Betroffenheit nicht ausgeschlossen werden kann.

- Spezifische Rahmenbedingungen: Die Präferenzen und die Risikoeinstellung der Akteure ebenso wie der Entwicklungsstand der Länder unterscheiden sich.[2] So werden zukünftige Umweltrisiken bzw. der Nutzen aus Umweltschutz stark abdiskontiert, so dass in einer Kosten-Nutzen-Analyse die gegenwärtigen Probleme (z.B. Arbeitslosigkeit) und die gegenwärtigen Kosten für Umweltschutz in den Vordergrund treten. Ebenso kann es sein, dass die verschiedenen lokalen Umweltprobleme ein höheres Gewicht zugewiesen bekommen als globale.
- Allein die unterschiedliche Größe der Länder kann die Anreize zur Vermeidung von multinationalen Umweltproblemen so beeinflussen, dass manche Länder zur Vermeidung bereit sind, andere aber nicht. Letzteres liegt zum einen daran, dass größere Länder einen größeren Anteil der Erfolge ihrer Vermeidungsanstrengungen internalisieren können, und zum anderen daran, dass größere Länder wegen ihrer geringeren Außenverflechtung relativ weniger unter der Bestrafung durch Defektion in bilateralen Beziehungen leiden.

Im folgenden Abschnitt werden wir uns auf den Aspekt der Größenunterschiede konzentrieren und diesen modelltheoretisch vertiefen.

3. Modellierung

Ein spontanes, vertraglich ungebundenes Vorgehen der Staaten zur Lösung der Probleme ist unwahrscheinlich. Die Lösung des Dilemmas kann ohne eine internationale Kooperation der einzelnen souveränen Staaten in Form internationaler, bindender, längerfristiger Verträge nicht erreicht werden. Ein Vertrag kommt zustande, wenn sich die individuellen Akteure jeweils einen Nettonutzen davon versprechen. Der Vertragsschluss allein kann aber das Problem noch nicht lösen, sondern es bedarf zusätzlich auch der Durchsetzung des Vertrages.

---

[1] *Bächler/Schiemann Rittri* (1994, S. 12-13) differenzieren zwischen Industrie-, Entwicklungs-, Schwellen-, brennstoffexportierenden und osteuropäischen Ländern.

[2] Vgl. *Strübel* (1992), S. 9 f.; *Zürn* (1996), S. 7. Diese drei Punkte sind zum Teil interdependent. *Schmidt* (1998, S. 448-457) geht speziell auf die Determinanten für CO_2-Emissionen ein: Bevölkerung, Output pro Kopf, Energie pro Outputeinheit und Emissionen pro Energieeinheit. Diese können zugleich als Determinanten für Klimaschutzkosten und somit auch zur Bestimmung einer Handlungsposition herangezogen werden.

Dabei kann die Durchsetzung der Verträge nicht durch eine übergeordnete Institution erzwungen werden. Auch multilaterale Verfahren können nicht funktionsfähig sein, da auch sie dem Problem der Bereitstellung eines öffentlichen Gutes, der Bestrafung des Defektors, unterliegen. Somit sind bilaterale Maßnahmen zur Sanktionierung defektierenden Verhaltens notwendig, um beide Probleme der Bereitstellung öffentlicher Güter – Umweltschutz und Sanktionierung von Defektion – zu überwinden. Solche bilateralen Maßnahmen können z.B. darin bestehen, dass andere Verträge nicht geschlossen oder nicht eingehalten werden oder dass allgemeine beiderseits profitable Kooperationen reduziert werden. Dabei ist zu beachten, dass diese Kooperationen in ihrer Gesamtheit ihrerseits die Struktur eines wiederholten 2-Personen-Gefangenendilemmas aufweisen.

Im Folgenden werden wir zunächst unter der Annahme homogener Akteure zeigen, dass eine Lösung des Problems der Bereitstellung öffentlicher Güter durch die Kombination des Problems mit einem wiederholt gespielten Gefangenendilemma möglich ist (in diesem Abschnitt wird die Bereitstellung öffentlicher Güter als „BÖG“ und das Gefangenendilemma als „GD“ abgekürzt). Da die Annahme der Homogenität der Akteure für die Betrachtung von international interagierenden Ländern wenig plausibel ist, werden wir in einem zweiten Schritt untersuchen wie sich Heterogenität der Länder auf das Kooperationsverhalten auswirkt. Obwohl Länder in vielerlei Hinsicht heterogen sind (z.B. geographische Ausdehnung, Lage und Exposition gegenüber Umwelteinflüssen, Einwohnerzahl, Entwicklungsstand, Kultur), modellieren wir im Folgenden die Heterogenität der Einfachheit halber allein bezüglich der Größe, welche wir durch wirtschaftliche Größe annähern.

Dabei werden wir zeigen, dass schon der Größeneffekt allein erklären kann, warum einerseits die USA als ein großes Land nicht bereit sind, einem Klimaschutzabkommen substantiell Folge zu leisten, und damit das Zustandekommen oder wenigstens die Wirksamkeit des Abkommens verhindern, andererseits aber ein noch größeres Land – die EU als einheitlicher Agent – unabhängig von der Beteiligung der USA bereit ist, globale Umweltverschmutzung zu verringern und zugleich verhindert, dass das Ausscheren der USA die Beteiligung an einem Abkommen zur Vermeidung globaler Umweltverschmutzung für kleinere Länder unattraktiv macht.

Grundlage für dieses Ergebnis sind zwei einander widerstrebende Effekte: Einerseits haben größere Länder eher ein eigenes Interesse an der Vermeidung der Externalität, da sie einen relativ großen Anteil der Externalität internalisieren. Andererseits wirken aber auch die Sanktionsmechanismen zur Durchsetzung kooperativen Verhaltens weniger stark, weil die Wohlfahrt des großen Landes in geringerem Maße von der Kooperation mit anderen Ländern abhängt.

Um der Anschaulichkeit der Modellierung Willen sollte der Leser den Fall des Klimaschutzes im Hinterkopf behalten. Das Beispiel ist dadurch gekennzeichnet, dass die Kosten des Schutzes allein im vermeidenden Land anfallen, während sich die Erfolge gleichmäßig auf alle Länder verteilen.[1]

3.1. Annahmen

Es gebe n unterschiedlich große Länder, die mit dem Index $i \in \{1,2,...,n\}$ und deren Größe mit α_i bezeichnet werden. Es gibt zwei Typen von Kooperationsmöglichkeiten, die BÖG-Konstellation und die GD-Konstellation. Grundsätzlich sind die beiden Typen nur Extreme eines Kontinuums, welches durch die Anzahl der an dem jeweiligen Spiel beteiligten Länder gegeben ist. Auf der einen Seite des Kontinuums ist das 2-Personen-GD und auf der anderen Seite ist das BÖG-Problem, an dem alle Länder beteiligt sind.

Für die BÖG-Konstellation sei X die Externalität, die ein Land der Größe $\alpha_i = 1$ produziert, wenn es keine Vermeidungsanstrengungen unternimmt. Der Umfang der länderspezifischen Vermeidungsanstrengung sei mit $p_i \in \{0,1\}$ bezeichnet und drücke aus, ob die Produktion der Externalität unterbunden wird.[2] Die durch Anstrengung aller Länder vermiedene Umweltverschmutzung ist durch $X\,\Sigma_j\alpha_j p_j$ gegeben. Von dieser Gesamtvermeidung profitiert das einzelne Land nur zu einem Anteil von α_i. Die Kosten der Vermeidung seien der Einfachheit halber proportional zur Vermeidungsanstrengung und zur Größe des Landes: $\alpha_i\, c \cdot p_i$.

Die Auszahlungen in Abhängigkeit von den Vermeidungsanstrengungen sind also gegeben durch:

$$\pi_i = \alpha_i X\,\Sigma_j\alpha_j p_j - \alpha_i\, c\, p_i = \alpha_i\,(X\,\Sigma_j\alpha_j\, p_j - c\, p_i) \tag{1}$$

Für die GD-Situation gelte eine vereinfachte Payoff-Struktur: Kooperation durch ein Land bringt *beiden* Ländern einen zusätzlichen Payoff in Höhe von Y, verursacht aber dem kooperierenden Land Kosten in Höhe von d. Beschreibt man mit $q_i \in \{0,1\}$ und $q_j \in \{0,1\}$ das Kooperationsniveau zweier Länder in einem solchen Spiel, so lässt sich die Auszahlung des Landes i in der Formel

$$\tau_i = Y\,(q_i + q_j) - d\, q_i \tag{2}$$

---

[1] Der Einfachheit halber sei davon abgesehen, dass Klimaschutz die Länder auch unabhängig von ihrer Größe unterschiedlich betrifft: so wird Bangladesh wegen seiner geringen Höhe über dem Meeresspiegel weit stärker unter einem Anstieg der Meeresspiegel leiden als z.B. die Schweiz oder Nepal.

[2] Bei linearer Modellierung der Vermeidungstechnologie wirkt sich die Beschränkung auf die zwei alternativen Verhaltensweisen „vollständige Vermeidung" und „überhaupt keine Vermeidung" nicht auf die Ergebnisse aus. Nicht-lineare Modellierung der Vermeidungstechnologie würde die Annahme $p_i \in [0,1]$ erfordern und die Bestimmung von inneren Vermeidungsniveaus als individuelle und soziale Optima nach sich ziehen. Da die Linearität der Vermeidungstechnologie unseres Erachtens keinen qualitativen Einfluss auf die Ergebnisse unseres Modells hat, ersparen wir uns und dem Leser diese Ausweitung des Modells.

darstellen. Mit $2Y > d > Y$ ergibt sich die Auszahlungsstruktur des GD: Unabhängig davon, ob das andere Land kooperiert, ist es für beide Länder individuell vorteilhaft, zu defektieren, wenn aber beide defektieren, bekommen beide einen kleineren Payoff ($\tau_i = \tau_j = 0$) als wenn beide kooperieren ($\tau_i = \tau_j = 2Y - d > 0$). Außerdem ist die übliche Annahme erfüllt, dass die Summe der Auszahlungen größer ist, wenn beide kooperieren als wenn nur einer der beiden Spieler kooperiert.

3.2. Gleichgewichte in einmaligen und in wiederholten Spielen

Um die Argumentation einfach zu halten, ist es sinnvoll, die Analyse mit dem 2-Personen-GD zu beginnen. Wie in jedem 2-Personen-GD Spiel ist auch hier das einzige *Nash*-Gleichgewicht des nicht wiederholten Spiels die beiderseitige Defektion.

Erst wenn das Spiel (oder ähnliche Spiele, was die Analyse unnötig kompliziert) unbekannt oft und häufig genug wiederholt wird, kann die Drohung mit ewiger Defektion kooperierendes Verhalten optimal machen. Bezeichnet δ die Relevanz künftiger gleichgelagerter Spiele für die aktuelle Entscheidung,[1] so lässt sich beiderseitige Kooperation entsprechend dem Folk-Theorem[2] durch die von beiden Spielern zu wählende Strategie „Kooperiere bis einer der Spieler defektiert, danach defektiere“ in ein teilspielperfektes *Nash*-Gleichgewicht transformieren, wenn δ groß genug ist.

Wie sich leicht erkennen lässt, hat ein Land i nur dann Anreize in der BÖG-Konstellation im Einmal-Spiel zu kooperieren, wenn π_i in p_i steigt, wenn also $X \alpha_i - c > 0$ gilt. Offensichtlich ist das nur bei den Ländern der Fall, die groß genug ($\alpha_i > c/X$) sind.

Wird das BÖG-Spiel unbestimmt oft wiederholt, scheint es zunächst so, dass auch hier eine Argumentation auf der Basis des Folk-Theorems zu allseitiger Kooperation führen könnte. Dies trifft jedoch nicht zu: Bestrafung durch Defektion eines einzigen Landes hat nur einen geringen Einfluss auf den Gegenwartswert der Payoffs eines defektierenden Landes, so dass außer in Grenzfällen ($X \alpha_i$ ist nur minimal kleiner als c) Kooperation so nicht erreicht werden kann. Die Androhung unendlicher Defektion könnte Kooperation also nur dann zu einem Gleichgewichtsverhalten machen, wenn alle anderen Spieler (Länder) durch Defektion strafen würden. Anders als beim 2-Personen-GD wäre eine solche Straf-

---

[1] Wenn man der üblichen Annahme folgt und das Spiel in jeder der folgenden Runden wiederholt wird, bis es in irgend einer Runde abgebrochen und danach nie wieder gespielt wird, dann ist δ das Produkt aus der Wahrscheinlichkeit, dass die nächste Runde nicht die letzte ist, und dem Diskontfaktor. Wird das Spiel nur in manchen Runden wiederholt, so ist diese Spielwahrscheinlichkeit noch einzumultiplizieren.

[2] Für eine detaillierte Diskussion des Folk-Theorems und seiner Beweise vgl. z.B. *Van Damme* (1996), S.166-206.

drohungsstrategie aber nicht teilspielperfekt: die strafenden Länder würden sich im allgemeinen besser stellen, wenn sie nach einer doch eingetretenen Defektion durch ein einzelnes Land weiterhin untereinander kooperieren würden, es sei denn die Externalität der Kooperation ist so klein, dass sie die Summe ihrer Kosten nur dann aufwiegt, wenn *alle* Spieler (Länder) kooperieren.

3.3. Verbindung der beiden Spiele mit homogenen Akteuren

Eine teilweise Lösung des BÖG-Problems bei multinationaler Umweltverschmutzung kann aber durch eine Verbindung der beiden Spiele erreicht werden. Analog zum Folk-Theorem muss unterstellt werden, dass alle Spieler, die am BÖG-Spiel (wiederholt oder einmalig) beteiligt sind, in Zukunft unendlich oft – oder wenigstens häufig genug und unbekannt oft – mit einer ausreichenden Zahl der anderen Beteiligten (der Einfachheit halber mit *allen* anderen Beteiligten) in GD-Situationen interagieren. Die Drohung mit ewiger Defektion in allen GD-Situationen, an denen ein Spieler beteiligt ist, der jemals in der Vergangenheit in einem der beiden Spieltypen defektiert hat, bewirkt allgemeine Kooperation in beiden Spieltypen, wenn die Relevanz der künftigen Interaktionen groß genug ist. Bei homogenen Spielern lässt sich das leicht zeigen.

Es sei unterstellt, dass in einer Gruppe von rationalen Spielern (im Beispiel: der Menge aller Länder) sowohl BÖG-Situationen mit $X\alpha_i - c < 0$ als auch (bilaterale) GD-Situationen im Laufe der Zeit unendlich oft[1] auftreten. Beide Spieltypen seien immer durch die jeweils selben Auszahlungen gekennzeichnet.[2] Die durchschnittliche Häufigkeit, mit der GD-Situationen auftreten, sei $\beta \in (0,\infty)$ mal so groß wie die entsprechende Häufigkeit von BÖG-Situationen. Die folgende Strategie ist dann eine teilspielperfekte *Nash*-Gleichgewichtsstrategie, vorausgesetzt, die Relevanz[3] der zukünftigen Spielsituationen (δ) ist groß genug.

„Kooperiere grundsätzlich. Defektiere jedoch für alle Zukunft:

(1) in allen Spielen nach eigener Defektion in einer BÖG-Situation;

---

[1] Wie erwähnt reicht es aus, wenn die Wahrscheinlichkeit, dass mindestens ein weiteres Spiel der gleichen Art folgt, stets groß genug ist, was durchaus Wahrscheinlichkeiten kleiner als Eins zulässt.

[2] Im Zeitverlauf variable Auszahlungen würden eine stochastische Modellierung erfordern, die durch Erwartungswertbildungen auf die im Text dargestellte Argumentation zurückgeführt werden kann, solange der Wertebereich aller Auszahlungen nach oben und unten abgeschlossen ist.

[3] Es sei nochmals daran erinnert, dass hier üblicherweise einfach der Diskontfaktor oder die unendliche Summe seiner positiv-ganzzahligen Potenzen eingesetzt wird. Das ist aber nur möglich, wenn in jedem der zukünftigen Zeitpunkte evtl. bis zu einem ungewissen Endpunkt das Spiel wiederholt wird und jeder Spieler daran beteiligt ist. Da diese Einschränkung für den betrachteten Fall alles andere als plausibel ist, führen wir den Begriff der „Relevanz der zukünftigen Spielsituationen" (δ) ein, welcher der unendlichen Summe seiner positiv-ganzzahligen Potenzen des Diskontfaktors, korrigiert um Spielwahrscheinlichkeiten kleiner als Eins, entspricht.

(2) in allen GD-Situationen in denen mindestens einer der Beteiligten in einem früheren Zusammentreffen der Beteiligten in einer GD-Situation defektiert hat oder der andere Beteiligte in einer BÖG-Situation defektiert hat;

(3) in allen BÖG-Situationen, wenn ein bestimmter Anteil an Spielern in der Vergangenheit mindestens einmal in einer BÖG-Situation defektiert hat.“

Um Verweisungen zu erleichtern, wird diese Strategie im folgenden als „*Folk-Strategie*“ bezeichnet.

Beweis der *Nash*-Gleichgewichtigkeit: Solange alle Spieler sich an diese Strategie halten, ist der Nutzen aus einseitiger Defektion in BÖG-Situationen gegeben durch:

$$D_{PG} = \alpha_i \, (c - X \, \alpha_i) \, / \, \beta \tag{3}$$

wobei der Faktor $1/\beta$ daraus folgt, dass der Spieler in allen künftigen BÖG-Situationen immer wieder defektieren wird, und einmalig

$$D_{GD} = \alpha_i \, (d - Y) \tag{4}$$

in der Gefangenen-Dilemma Situation.

Die Kosten, die bestenfalls[1] aus der unendlichen Bestrafung in allen folgenden Gefangenen-Dilemma Situationen entstehen, sind für den einzelnen Spieler durch

$$S_{GD} = \delta \, \alpha_i \, (2Y - d) \tag{5}$$

gegeben. Sind δ und β groß genug (man beachte, dass bei ausreichend großem Diskontfaktor, also geringer Zeitpräferenz, und groß genügender Spielhäufigkeit δ jeden endlichen Wert erreichen kann), so sind die Kosten größer als der Nutzen der einseitigen Defektion. Folgen alle anderen Spieler der Folk-Strategie lohnt ein Abweichen von dieser Strategie nicht. Sie ist also eine *Nash*-Gleichgewichtsstrategie.

Beweis der Teilspielperfektheit: Ist es doch zu einer Defektion gekommen, bleibt die Folk-Strategie die beste Antwort auf sich selbst: Da in den Paarungen, in denen der (oder ein) ehemalige(r) Defektor auftritt, der andere Spieler entsprechend der Folk-Strategie sowieso in allen künftigen GD-Situationen defektiert, lohnt Kooperation nicht. Das Befolgen der Folk-Strategie verspricht den höheren Payoff. Gleiches gilt nach eigener Defektion in einer GD-Situation mit denselben Beteiligten. In BÖG-Situationen lohnt Kooperation nur zur Vermeidung der Bestrafung durch Defektion in künftigen GD-Situationen. Da nach eigener Defektion entsprechend der Folk-Strategie sowieso kein anderer Spieler mehr in GD-Situationen mit einem kooperiert, lohnt auch hier kein abweichen von der Strate-

---

[1] Künftige Kooperation kann die Kosten noch erhöhen.

gie. Gleiches gilt, wenn der Anteil derer, die in GD-Situationen noch kooperieren, zu klein geworden ist.

3.4. Verbindung der beiden Spiele mit heterogenen Akteuren

Schwieriger wird die Herleitung der allgemeinen Kooperation auch in BÖG-Situationen bei heterogenen Spielern (Ländern). Betrachtet sei hier nur Heterogenität bezüglich der Größe der Länder. Da die Größe der Länder in den Gleichungen (4) und (5) in gleicher Weise als linearer Kofaktor auftaucht wird die Durchsetzung der Kooperation in bilateralen Beziehungen nicht berührt.

Anderes gilt für multinationale Kooperationen. Hier wirkt sich die unterschiedliche Größe der Länder zum einen auf den Gewinn aus einseitiger Defektion in BÖG-Situationen aus: Ist $X\alpha_i - c < 0$ klein genug, so steigt der in Formel (3) dargestellte Gewinn aus einseitiger Defektion in BÖG-Situationen zunächst mit steigendem α_i, um dann wieder zu sinken und schlussendlich negativ zu werden. Wichtig für die folgende Argumentation wird auch sein, dass der Gewinn aus einseitiger Defektion in BÖG-Situationen relativ zur Größe des Landes linear sinkt.

Zum anderen wirkt die Heterogenität bezüglich der Größe der Länder auch auf die Bedeutung von Bestrafungen in GD-Situationen für Defektionen in BÖG-Situationen. Auch hier ist der Effekt ein doppelter, wenn das auch nicht unmittelbar aus den Formeln (3) und (5) ersichtlich ist. Erstens steigt mit der Größe des Landes das Volumen der Außenbeziehungen, da diese häufig durch GD geprägt sind, also die Größe der Bestrafungen in Formel (5). Zweitens hängt aber auch die Häufigkeit, mit der ein Land in GD-Situationen (der Einheitsgröße!) im Vergleich zu BÖG-Situationen involviert ist, von der Größe des Landes ab.

Wir treffen hierzu eine Behauptung, die wir theoretisch begründen und empirisch untermauern wollen. Zuvor wollen wir die Konzepte der Außenbeziehung und der absoluten und relativen Außenverflechtung einführen. Als Außenbeziehung eines Landes betrachten wir jede Interaktion eines Inländers mit einem Ausländer, die eventuell eine gegenseitige Vereinbarung der Staaten der beiden beteiligten erforderlich oder vorteilhaft macht. Das können wirtschaftliche Interaktionen, aber auch kulturelle oder touristische sein. Die absolute Außenverflechtung eines Landes sei nun definiert als die sinnvoll aggregierte[1] Menge aller Außenbeziehungen. Die relative Außenverflechtung eines Landes sei dann gegeben durch die absolute Außenverflechtung dividiert durch die Größe des Landes. Mit diesen Konzepten kommen wir zu der Behauptung:

---

[1] Wie genau eine solche Aggregation durchzuführen ist, kann hier dahingestellt bleiben, da wir uns auf eine qualitative Argumentation beschränken.

Die relative Außenverflechtung sinkt mit der Größe eines Landes in konvexer Weise.

Theoretisch lässt sich diese Behauptung wie folgt begründen. Nehmen wir zunächst an, dass jeder Mensch mit jedem anderen auf der Welt unabhängig von der Größe seines Heimatlandes mit gleicher Wahrscheinlichkeit interagiert. Dann ist die Wahrscheinlichkeit, dass ein Individuum mit einem Ausländer interagiert, proportional zur Größe des Auslandes, sinkt also linear mit der Größe des Heimatlandes des betrachteten Individuums. Berücksichtigen wir nun noch, dass Individuen geeignete Interaktionspartner zunächst eher im Inland suchen – sei es um Sprachbarrieren zu vermeiden, sei es um die Vorteile von gleichen kulturellen und institutionellen Hintergründen zu nutzen oder sei es einfach nur wegen der größeren örtlichen Nähe – und ins Ausland erst ausweichen, wenn die Suche im Inland wenig Erfolg verspricht, dann steigt die Anzahl der Interaktionen des einzelnen Individuums, also grob gesprochen die relative Außenverflechtung, um so schneller, je kleiner ein Land wird. Aus dem Umkehrschluss folgt unsere oben angeführte Behauptung: je größer ein Land, desto geringer ist seine relative Außenverflechtung; die Abnahme der Außenverflechtung wird aber mit steigender Größe des Landes immer langsamer.

Empirisch untermauern lässt sich unsere Behauptung durch den Vergleich des Außenhandelsvolumens (Importe plus Exporte)[1] mit der Größe eines Landes gemessen durch das Bruttoinlandsprodukt.[2] Wir approximieren die relative Außenverflechtung (AUS) durch den Quotienten aus Außenhandelsvolumen und BIP. In Anlehnung an die eben dargestellte theoretische Begründung wählen wir als erklärende Größe die relative Größe des Auslandes (ΣBIP-BIP)/ΣBIP, wobei ΣBIP für die Summe des BIP aller Länder steht. Um die Nichtlinearität des Zusammenhanges zu prüfen, gehen wir von folgender Schätzgleichung aus:

$$\log(AUS) = a+b*\log[(\Sigma BIP-BIP)/\Sigma BIP]$$

Als Daten verwenden wir die Angaben der OECD zu internationalem Handel[3] und zum BIP[4] gemittelt für die Jahre 2000-2002. Für b erhalten wir in einfacher linearer Kleinst-Quadrat-Schätzung einen Schätzer von etwa 3,845, welcher bei

[1] Wir greifen hier auf den wirtschaftlichen Bereich zurück, da für diesen am leichtesten Zahlen zu bekommen sind. Die Deutlichkeit unseres Ergebnisses macht uns aber optimistisch bezüglich der Übertragbarkeit der Argumentation auf andere Bereiche.

[2] Wir stellen hier nicht auf die Größe der Bevölkerung ab, da die Interaktionshäufigkeit des Individuums nicht konstant ist, sondern mit der Größe des Pro-Kopf-Einkommens wächst. Das gilt ganz besonders, wenn wir wirtschaftliche Interaktionen betrachten.

[3] OECD Main Economic Indicators, August 2003: International Trade in Goods Statistics -- International Trade (S. 24-25).

[4] Ibid., S. 243. Die Daten enthalten keine Angaben zum BIP der Nicht-OECD Länder, so dass unsere Zahlen für ΣBIP zu klein sind. Angesichts der hohen Signifikanz unserer Ergebnisse scheint uns dieses Manko nicht schwer zu wiegen.

einem Signifikanzniveau von 0,5% größer als Eins ist. Der Zusammenhang zwischen der Größe eines Landes und seiner relativen Außenverflechtung ist also klar nichtlinear in der behaupteten Richtung. Abbildung 1 stellt die Rohdaten sowie die Regressionsgleichung dar.

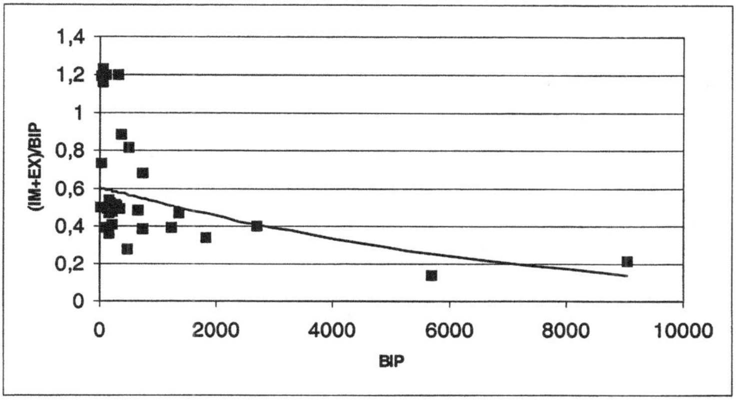

Abb. 1: Verhältnis zwischen Außenverflechtungen und dem BIP

Kehren wir nun zu unserer Modellierung der internationalen Kooperation unterschiedlich großer Länder zurück. Um die relative Außenverflechtung in der Modellierung leicht erkennbar zu machen, normieren wir die Häufigkeiten auf die BÖG-Situationen, d.h. wir multiplizieren die Formeln (3) bis (5) mit β, wodurch die Größenrelationen zwischen den Werten nicht verändert werden. Da wir modelltechnisch von einem einheitlichen Umfang bilateraler Interaktionen ausgehen, beschreibt die Variable β die relative Außenverflechtung des einzelnen Landes und muss für die einzelnen Länder individualisiert, also durch β_i ersetzt werden. Wie oben argumentiert, lassen sich die verschiedenen β_i als Funktionswerte einer konvex fallenden Funktion von α_i beschreiben.

Wir ersetzen für den Vergleich der Gewinne aus einseitiger Defektion in BÖG-Situationen mit den Kosten der folgenden Bestrafung in GD-Situationen die Gleichungen (3) und (5) durch:

$$D'_{PG} = \alpha_i \, (c - X \, \alpha_i) \qquad (3')$$

und

$$S'_{GD} = \delta \, \alpha_i \, \beta(\alpha_i) \, (2Y - d) \qquad (5')$$

Wie im Fall homogener Spieler lässt sich allgemeine Kooperation auch in BÖG-Situationen in Analogie zum Folk-Theorem durchsetzen, wenn die Defektionsgewinne (3') kleiner als die Kosten der Bestrafung (5') sind ($D'_{PG} < S'_{GD}$), oder – um die grafische Darstellung zu vereinfachen – die Defektionsgewinne je Größeneinheit des Landes

$$d_{PG} = (c - X\,\alpha_i) \tag{3''}$$

kleiner sind als die aus der Bestrafung der Defektion folgenden Kosten je Größeneinheit des Landes

$$s_{GD} = \delta\,\beta(\alpha_i)\,(2Y - d). \tag{5''}$$

Dann lässt sich genau wie oben zeigen, dass die Folk-Strategie eine teilspielperfekte *Nash*-Gleichgewichtsstrategie ist.

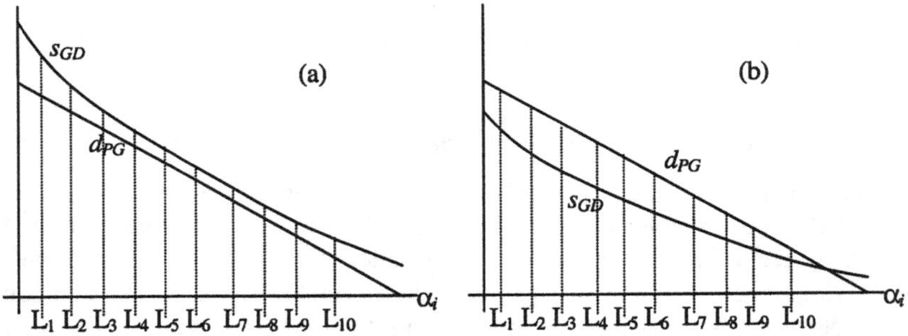

Abb. 2: Defektionsgewinne und Strafe nach Folk-Strategie in einer 10-Länder-Welt: Kooperation in BÖG-Situation (a) kann durch Folk-Strategie stabilisiert werden, b) kann nicht stabilisiert werden.

Das ist einfach, wenn wie in Abbildung 2a dargestellt, für alle α_i gilt, dass $d_{PG} < s_{GD}$. Ebenso einfach ist das gegenteilige Ergebnis herzuleiten, wenn umgekehrt $d_{PG} < s_{GD}$ für alle α_i gilt (Abbildung 2b): Dann gewinnen alle Länder zuviel durch die Defektion in BÖG-Situationen als dass sie durch die Drohung mit Defektion in GD-Situationen von der Defektion abgehalten werden könnten. Die Folk-Strategie ist dann also keine *Nash*-Gleichgewichtsstrategie. Da sie die Strategie mit der schwerstmöglichen Bestrafung ist, kann es dann auch keine andere Gleichgewichtsstrategie geben, die vollständige Kooperation durchsetzt.

Von besonderem Interesse ist der in Abbildung 3a durch durchgezogene Linien dargestellte Fall, in dem für alle Länder (L_1 bis L_9) bis auf das größte die Bedingung $d_{PG} < s_{GD}$ erfüllt ist, während für das größte Land (L_{10}) $d_{PG} > s_{GD}$ gilt. Die Folk-Strategie kann dann nicht Kooperation aller Länder in BÖG-Situationen stabilisieren. Es scheint aber zunächst so, als könnten die kleineren Ländern wenigstens unter sich kooperieren und diese Kooperation durch eine Folk-Strategie, die das größte Land ausschließt, stabilisieren. Diese Überlegung berücksichtigt aber nicht, dass dann das größte Land als Bestrafer von Defektion in BÖG-Situationen entfällt.

Das Ausscheiden des größten Landes aus der Gruppe der Bestrafer hat zur Folge, dass für die Berechnung der Höhe der Strafe nicht mehr die relative Außenverflechtung relevant ist, sondern nur noch die Verflechtung mit den anderen kleineren Ländern. Diese ist kleiner als die relative Verflechtung mit dem gesamten Ausland, so dass die Bestrafungskosten sinken. In Abbildung 3a drückt sich das in einer Verschiebung der Kurve s_{GD} nach unten aus: die oberste gestrichelte Linie ist die nun relevante.

Das kann für einen Teil der verbleibenden größeren Länder bedeuten, dass sich Defektion in BÖG-Situationen nun für sie lohnt. In Abbildung 3a ist das für die Länder L_7 bis L_9 der Fall. Deren Ausscheiden aus der Gruppe der Kooperierer und damit auch der Bestrafer führt zu einer weiteren Senkung der Strafe für Defektion in BÖG-Situationen, so dass sich Kooperation in BÖG-Situationen eventuell für noch weniger Länder lohnt. Da immer zunächst die größeren Länder ausscheiden und damit die Strafe für Defektion schnell abnimmt, wird diese Argumentationskette im allgemeinen erst abbrechen, wenn sich kein Land mehr an der Bereitstellung von öffentlichen Gütern beteiligt.

Damit lässt sich erklären, warum sich Kooperation im Bereich von globalem Umweltschutz oft nur einstellt, wenn vor allem die großen Länder sich an der Kooperation beteiligen. Das tun sie nur, wenn ihre Beteiligung auch glaubhaft ist, sie sich durch ein System gegenseitiger Bestrafung also glaubhaft binden können. Oft ist bereits im Vorfeld abzusehen, dass die Versuchung für die großen Länder, sich aus der Abweichung von der zu vereinbarenden Kooperation Vorteile zu verschaffen, größer ist als die Strafe, die die kleinen Länder den großen androhen können. Dann können die kleinen Länder die großen nur dadurch zur Kooperation bewegen, dass sie ihnen Zugeständnisse machen, von ihnen also weniger Kooperation verlangen als von kleinen Ländern.

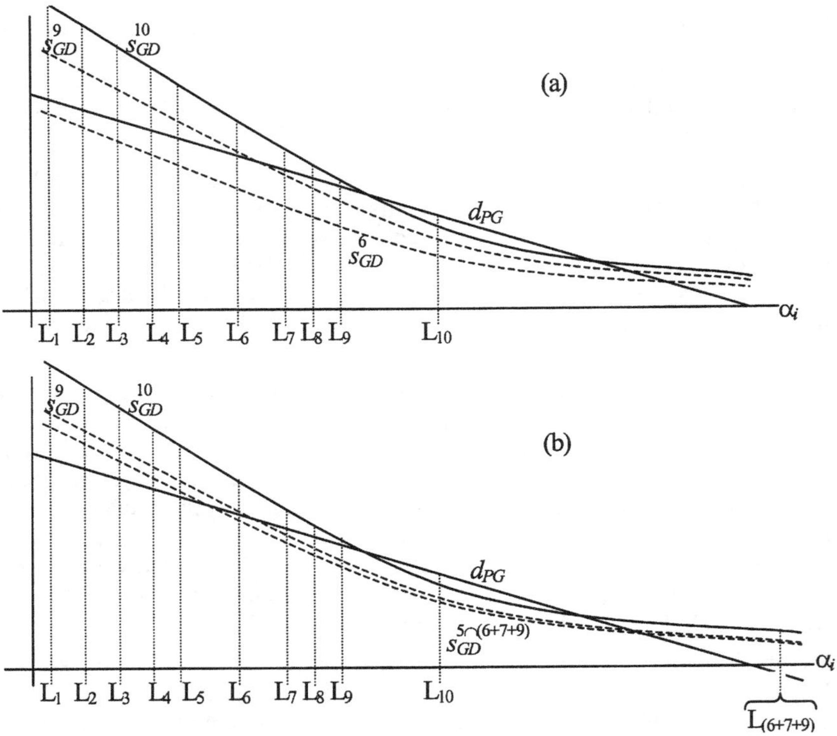

Abb. 3: Defektionsgewinne und Strafe nach Folk-Strategie in einer 10-Länder-Welt: Strafe bei 10 strafenden Ländern (s_{GD}^{10}) zu klein um Land 10 zur Kooperation zu bewegen; Ausscheiden von L_{10} führt zu Senkung der Strafe auf s_{GD}^{9}, was dazu führt, dass (a) L_7, L_8 und L_9 sich nicht an der Kooperation beteiligen, womit die Strafe auf s_{GD}^{6} sinkt, wodurch keine Kooperation mehr möglich ist; (b) nur L_8 sich nicht an der Kooperation beteiligt, da sich die Länder L_6, L_7 und L_9 zu einem Land $L_{(6+7+9)}$ zusammengeschlossen haben, für das $d_{PG} < 0 < s_{GD}^{5\cap(6+7+9)} < s_{GD}^{9} < s_{GD}^{10}$ gilt, weshalb die Strafe nur weiter auf $s_{GD}^{5\cap(6+7+9)}$ sinkt, womit die Länder L_1 bis L_5 sowie $L_{(6+7+9)}$ miteinander in der Bereitstellung des öffentlichen Gutes globaler Umweltschutz kooperieren können.

Es gibt aber noch eine weitere Möglichkeit, wie der eben dargestellte *circulus viciosus* wenigstens in einigen Fällen überwunden werden kann. Schließen sich mehrere Länder zu einem besonders großen Land zusammen, so kann dieses neue Land, wenn es denn groß genug ist, in einen Bereich kommen, in dem sich Kooperation wieder lohnt. Bei ganz großen Ländern kann sich die Bereitstellung des öffentlichen Gutes sogar „privat“, also aus nationaler Sicht ganz ohne Strafandrohung durch die anderen Länder lohnen, nämlich wenn $\alpha_i > c\,/\,X$. Dieser Fall ist in Abbildung 3b als Vereinigung der Länder L_6, L_7, und L_9 dargestellt, wobei es allerdings *nicht* darauf ankommt, dass $\alpha_{6+7+9} > c / X$ gilt, sondern nur, dass für dieses Land die Kooperationsbedingung $d_{PG} < s_{GD}$ erfüllt ist.

Zwar führt das Ausscheiden des Landes L_{10} weiterhin dazu, dass die Bestrafung von Defektion in BÖG-Situationen sinkt, die Kurve s_{GD} also genauso wie ohne die Vereinigung nach unten wandert. Diese Senkung der Bestrafung von Defektion führt jetzt aber nur noch weniger Länder, im Beispiel nur noch Land L_8, in den Bereich, in dem sich Kooperation nicht mehr lohnt. Die zweite Stufe der Senkung der Bestrafung von Defektion in BÖG-Situationen fällt jetzt also geringer aus, wodurch die vorhin beschriebene Abwärtsspirale eventuell unterbrochen werden kann. In Abbildung 3b ist dieser Fall dargestellt.

4. Abschließende Bemerkungen

In dem Modell haben wir gezeigt, wie sich die Argumentation des Folk-Theorems vom Gefangenendilemma auf die Bereitstellung öffentlicher Güter übertragen lässt, wenn die betroffene Population nicht nur ein solches Spiel spielt, sondern (unbekannt oder unendlich) viele und vor allem auch paarweise Gefangenen-Dilemma-Spiele, in denen zur Bestrafung von Defektion in Public-Good-Spielen defektiert werden kann. Das hier wesentliche Element von paarweise wiederholten Gefangenen-Dilemma-Spielen ist, dass die von der Gleichgewichtsstrategie vorgeschriebene Bestrafung auch im Fall der Defektion noch die beste Antwort auf sich selbst ist.

Wir haben dieses Ergebnis zunächst für eine Population von homogenen Spielern hergeleitet und dann auf eine Gruppe von heterogenen Spielern ausgeweitet, die sich in der Häufigkeit unterscheiden, mit der sie in paarweisen Gefangenen-Dilemma-Interaktionen stehen. Dadurch konnte für den Bereich der globalen Umweltverschmutzung erläutert werden, warum bei der hier nötigen Bereitstellung öffentlicher Güter – anders kann hier Umweltschutz gar nicht erfolgen – Kooperation in manchen Fällen funktioniert und in anderen nicht.

Auch konnten wir zeigen, dass es unter bestimmten Umständen gerade die großen Länder sind, die nicht in eine Kooperation eingebunden werden können, die in analoger Anwendung des Folk-Theorems stabilisiert werden. Zugleich wurde aber auch deutlich, dass eben diese großen Länder für die Stabilisierung besonders nötig sind, da sie absolut betrachtet viel mehr strafen können als kleine Länder. Schließlich haben wir noch den Sonderfall diskutiert, in dem sich mehrere mittlere Länder zu einem besonders großen zusammenschließen, welches anders als das bisher größte Land wieder an einer Kooperation zur Bereitstellung des öffentlichen Gutes teilnimmt, und den sich selbst verstärkenden Effekt der mangelnden Kooperation des bisher größten Landes aufheben kann.

Unsere Modellierung hat als einziges Kriterium der Heterogenität die Größe der Länder herangezogen. Wir konnten zeigen, das dies ausreicht, um verschiedene

Phänomene der Beteiligung und Nicht-Beteiligung an kooperativer internationaler Umweltpolitik zu erklären. Dennoch bleibt offen, wie sich Heterogenitäten in anderer Hinsicht auf unsere Ergebnisse auswirken. Es ist allerdings zu erwarten, dass, ähnlich wie für den Fall des kooperationsunwilligen Landes dargestellt, Seitenzahlungen oder sonstige Zugeständnisse an jene Länder erforderlich sein können, die relativ wenig unter internationalen oder globalen Umweltproblemen leiden.

Gerade wenn solche Zugeständnisse nötig sind, behindern Phänomene, die wir aufgrund der Orientierung unseres Modells am individual-rationalen Handelnsmodell unberücksichtigt lassen, das Zustandekommen von internationaler Kooperation. Aversionen oder andere Gefühle, die zum Beispiel aus vergangenen Kolonialbeziehungen herrühren, können ebenso wie religiöse Vorbehalte dazu führen, dass Länder, die besonders von internationalem Umweltschutz profitieren würden, nicht bereit sind, größeren, oft auch reicheren Ländern Zugeständnisse zu machen, damit diese überhaupt kooperieren.

Auf der anderen Seite können nicht-rationale Handelnsmotivationen aber auch dazu beitragen, dass internationale Kooperation leichter zustande kommt. So tragen wiederholte Interaktionen im Rahmen von internationalen Verhandlungen dazu bei, dass die Akteure eine gemeinsame Vertrauensbasis aufbauen können, welche positive Rückwirkungen auf die Verhandlungen haben kann.

Weiterhin gibt es Modalitäten der Vertragsgestaltung, welche die Einrichtung internationaler Kooperationen erleichtern, wie z.B. die vertragliche Verknüpfung von Umweltschutz mit anderen Bereichen internationaler Interaktion, Mindestzahlen von ratifizierenden Ländern, oder die schrittweise Konkretisierung der zu treffenden Maßnahmen in Form einer Rahmenkonvention mit darauf aufbauenden spezialisierenden Protokollen. Sowohl die Abweichungen vom individual-rationalen Handelnsmodell als auch die zuletzt genannten Modalitäten zeigen Ansatzpunkte auf, wie das vorgestellte Modell verfeinert und ausgebaut werden kann.

Literaturverzeichnis

Althammer, W. (1998): Internationale Aspekte der Umweltpolitik, Tübingen.

Anreiter, W. G. (1997): The Effectiveness of International Environmental Agreements and the Implications for the Alps Convention, Working Paper No. 172, School of Planning, Oxford Brookes University, Oxford.

Bächler, G./Schiemann Rittri, C. (1994): Umweltflüchtlinge als Konfliktpotential, in: *Bächler, G.* (Hrsg.): Umweltflüchtlinge: das Konfliktpotential von morgen?, Münster, S. 7-35.

Buhné, R. (1976): Die internationale Verflechtung der Umweltproblematik, Göttingen.

Burger, C. (1994): Spieltheoretische Analyse umweltrelevanten Verhaltens, in: *Bartel, R./Hackl, F.* (Hrsg.): Einführung in die Umweltpolitik, München, S. 119-140.

Frey, B. S. (1991): Umweltökonomie, 3. Auflage, Göttingen.

Hardin, G. (1993): The Tragedy of the Commons, in: *Markandya, A./Richardson, J.* (Hrsg.): Environmental Economics, London, S. 60-70.

Helm , C. (1996): Weltumweltpolitik und ökonomische Theorie, in: *Simonis, U. E.* (Hrsg.): Weltumweltpolitik, Berlin, S. 266-287.

Killinger, S./Schmidt, C. (1997): Nationale Umweltpolitik und internationale Integration – theoretische Ansätze im Überblick, Diskussionsbeiträge Serie I – Nr. 289, Fakultät für Wirtschaftswissenschaften und Statistik, Universität Konstanz, Konstanz.

Ködding, G. (1997): Lösungsansätze für grenzüberschreitende Umweltprobleme bei internationaler Handelsverflechtung, Frankfurt am Main et al.

Kuhl, H. (1987): Umweltressourcen als Gegenstand internationaler Verhandlungen: Eine theoretische Transaktionskostenanalyse, Frankfurt a. M. et al.

Loske, R. (1997): Klimapolitik – Im Spannungsfeld von Kurzzeitinteressen und Langzeiterfordernissen, Marburg.

Pätzold, J./Mussel, G. (1996): Umweltpolitik, Sternenfels-Berlin.

Schmidt, H. (1998): Die Klimakonferenz in Kyoto: Interpretation der Ergebnisse und Folgen für die internationale Klimapolitik, in: Zeitschrift für Umweltpolitik & Umweltrecht, 21. Jg., 4, S. 441-462.

Siebert, H./Antal, A. B. (1979): The Political Economy of Environmental Protection, Greenwich.

Strübel, M. (1992): Internationale Umweltpolitik: Entwicklungen – Defizite – Aufgaben, Opladen.

Underdal, A. (1997): Capacity for International Environmental Governance, in: *Mez, L./Weidner, H.* (Hrsg.): Umweltpolitik und Staatsversagen – Perspektiven und Grenzen der Umweltpolitikanalyse. Festschrift für *Martin Jänicke* zum 60. Geburtstag, Berlin, S. 252-257.

Ursprung, H. W. (1992): The Political Economy of Environmental Decision Making, Diskussionsbeiträge Serie II – Nr. 176, Sonderforschungsbereich 178 „Internationalisierung der Wirtschaft", Universität Konstanz, Konstanz.

van Damme, E. (1996): Stability and Perfection of Nash Equilibria, Berlin et al.

Young, O. R./Moltke, K. von (1994): The Consequences of International Environmental Regime, in: International Environmental Affairs: a Journal for Research and Policy, Vol. 6, 4, S. 348-370.

Zürn, M. (1996): Die Implementation internationaler Umweltregime und „positive Integration", MPIFG Discussion Paper 96/3, Max-Planck-Institut für Gesellschaftsforschung, Köln.

Die Produktionsmächtigkeit der Energie und die Nutzungspreise von Energie und Arbeit

Reiner Kümmel, Dietmar Lindenberger und *Wolfgang Eichhorn*

„Arbeitslosigkeit und Umweltzerstörung [drohen] zu `Stigmen der Marktwirtschaft' zu werden ... Damit bedrohen sie langfristig die gesellschaftliche Akzeptanz marktwirtschaftlicher Ordnung überhaupt.“ *Udo Müller* und *Oliver Budzinski* (1997)

„In allen frühindustrialisierten Gesellschaften ist ein rascher Schwund dauerhafter Vollzeitarbeitsplätze zu beobachten ... Es gibt nur drei Wege zur raschen Senkung der Arbeitslosigkeit, die jedoch letztlich in einem münden: die Verminderung des Lebensstandards breiter Bevölkerungsschichten.“ *Meinhard Miegel* (1998)

„... setzt sich die Bundesregierung auch weiter in Brüssel für eine EU-weite, aufkommens- und wettbewerbsneutrale CO_2-/Energiesteuer oder ein vergleichbares steuerliches Instrument ein, um sowohl das nationale Klimaschutzprogramm umzusetzen als auch zur Verwirklichung der europäischen Klimaschutzstrategie beizutragen.“ *Angela Merkel* (1997)

1. Einleitung: Krise

Ein Gespenst geht um im Wohlstandsland: Arbeitslosigkeit und Umweltzerstörung. Benannt vom Empfänger dieser Festschrift und erkannt von den Verantwortlichen in Politik und Wirtschaft kann es gebannt werden, wenn der kapitalistischen Marktwirtschaft nach ihrem Triumph über die sozialistische Planwirtschaft neue Rahmenbedingungen gesetzt werden, die ihrem Entwicklungsstand angepasst sind. Kennzeichen dieses Standes ist die fortschreitende Übernahme von Arbeitsleistung und Informationsverarbeitung durch Wärmekraftmaschinen und Transistoren. Gestützt darauf verdrängen im Zuge von Rationalisierungsmaßnahmen zunehmend billige Kombinationen von Energie und Kapital die teure menschliche Arbeit aus der Produktion von Gütern und Dienstleistungen. Dabei ist wachsender Energieeinsatz häufig mit wachsender Umweltbelastung verbunden.

Für die zukünftige wirtschaftliche Entwicklung werden Pfade gesucht, die soziale und ökologische Instabilitäten vermeiden. Ökonomische Analysen können dazu einen Beitrag leisten, wenn sie das mächtigste Naturgesetz beachten, dem alle Veränderungen im Universum unterworfen sind. Es sagt: „Nichts kann auf der Welt geschehen ohne Energieumwandlung und Entropieproduktion“ (1. und 2. Hauptsatz der Thermodynamik). Energieumwandlung treibt alle Lebens- und Wirtschaftsprozesse, während Entropieproduktion die Qualität der Energie mindert und verbunden ist mit der Emission von Stoff- und Wärmeströmen in die

Umwelt. Wirtschaftstheorie und -politik, die diese Zusammenhänge übersehen, sind wie Blinder und Lahmer, die gemeinsam in die Grube fallen.

Nun weiß die Politik durchaus um die Unverzichtbarkeit von Energie für eine Industriegesellschaft und führt unter anderem deswegen neuerdings sogar Kriege, und der Emissionsproblematik hat die Dritte Vertragsstaatenkonferenz der UN-Klimarahmenkonvention durch die im Dezember 1997 in Kyoto international verbindlich festgeschriebenen Reduktionsziele für die Emission von Treibhausgasen Rechnung getragen. Doch die meisten Wirtschaftswissenschaftler bleiben merkwürdig indifferent gegenüber den Fragen: Welches sind die naturwissenschaftlichen Voraussetzungen und technischen Grundlagen der Wohlstandsproduktion und des mit ihr einhergehenden Strukturwandels? Welche Leitplanken für eine sozial- und umweltverträgliche Entwicklung können unter diesen Voraussetzungen und auf diesen Grundlagen überhaupt errichtet werden? Ausnahmen wie *Udo Müller* bestätigen die Regel.

Die Vernachlässigung fundamentaler technisch-ökonomischer Wirkungszusammenhänge und die Überbetonung kurzfristiger monetärer Bewertungen haben in jüngster Vergangenheit zu schwerwiegenden Fehleinschätzungen wirtschaftlicher Entwicklungen und Kapitalvernichtung geführt. So leidet Japan noch heute unter den Folgen geplatzter Aktien- und Immobilien-Spekulationsblasen, auf deren Höhepunkt Ende der 1980er Jahre der Grundstückswert des Tokioter Kaiserpalasts so hoch taxiert wurde wie der des gesamten kalifornischen Staates (*Hilpert/Laumer* 1998). Auf der Konferenz des Europäischen Rates in Lissabon im Frühjahr 2000, kurz vor dem Platzen der Internet-Spekulationsblase, wurden von der EU-Kommission ein Wirtschaftswachstum von 3% und netto mehr als 1,5 Millionen neue Arbeitsplätze jährlich erwartet (*KOM* 2000), und der Rundfunk meldete die Erwartung der europäischen Regierungschefs, dass innerhalb von zwei Jahren das Internet die Arbeitslosigkeit in der EU halbieren werde. Eindrucksvolle Beispiele für Fehlschlüsse von derzeitigen Marktpreisen auf die ökonomische Zukunft finden sich auch in Äußerungen der Wirtschaftswissenschaftler *Nordhaus* (Yale University), *Beckerman* (Oxford University) und *Schelling* (Harvard University, ehem. Präsident der *American Economic Association*). Diese hoch angesehenen Ökonomen haben die Risiken des Anthropogenen Treibhaus-Effekts (ATE) bewertet. Dabei gehen sie von der Tatsache aus, dass zur Zeit die Landwirtschaft nur 3 Prozent zum Bruttoinlandsprodukt (GNP) der USA beiträgt – ähnlich niedrig liegt ihr Beitrag auch in den industriell hochentwickelten OECD-Ländern – und sie nehmen an, die Landwirtschaft sei praktisch als einziger Wirtschaftszweig von den Folgen des ATE betroffen. Damit gelangen sie zu dem Schluss, dass selbst bei einem drastischen Einbruch der landwirtschaftlichen Produktion nur unbedeutende Wohlfahrtsverluste zu erwarten seien. Im Originaltext: "there is no way to get a very large effect on the US economy" (*Nordhaus*), "even if net output of agriculture fell by 50% by the end of next century this is only a 1.5% cut in GNP" (*Beckerman*), und: "If agricultural productivity were drastically reduced by climate change, the cost of living would rise by 1 or 2%, and at a time when per capita income will likely have doubled" (*Schelling*).[1] Dieser Risikoeinschätzung entgeht, dass bei drastischer Verknappung der Nahrungsmittel deren Preise natürlich explodieren und den Beitrag der Landwirtschaft zum GNP in die Höhe treiben werden. Vergessen scheint auch, dass schon immer schwere Wirtschaftskrisen mit Hungersnöten einhergingen.

Ähnlich gering wie die Nahrung bewertet die wirtschaftspolitisch dominierende ökonomische Lehre den Beitrag der Energie zur Wertschöpfung. Unter den Standardannahmen des neoklassischen Produktions- und Wachstumsmodells entspricht er dem geringen Energiekostenanteil an den Faktorgesamtkosten von nur 5 bis 6%. Damit sind wir bei unserem Thema und verweisen auf: „The Need to Reintegrate the Natural Sciences with Economics" (*Hall* et al. 2001).

2. *Kapital, Arbeit, Energie und Kreativität*

Wirtschaftswachstum gilt als Zeichen erfolgreicher Wirtschaftspolitik. Versagt das Wachstum sich der Wirtschaft, gilt das als Regierungsversagen und führt zum Verlust der Wählergunst. Darum sind die notwendigen und hinreichenden Bedingungen für Wirtschaftswachstum von zentraler gesellschaftspolitischer Bedeutung. Wir wollen uns hier auf die Untersuchung der notwendigen Bedingungen in dem Sinne konzentrieren, dass wir fragen, mit welchen Gewichten (anschaulich: Produktionsmächtigkeiten, ökonometrisch: Produktionselastizitäten) das Wachstum der Produktionsfaktoren Kapital, Arbeit und Energie im Verbund mit menschlicher Kreativität zum Wirtschaftswachstum beiträgt. Wichtig ist in diesem Zusammenhang das Verhältnis der Produktionsmächtigkeiten der Faktoren zu den Anteilen an der Wertschöpfung, die auf die Faktoreigner entfallen. Dabei ist im nationalstaatlichen Rahmen die Wertschöpfung eines Jahres gleich dem Bruttoinlandsprodukt (BIP). Orientiert an der Grenzproduktivitätstheorie der Verteilung der z.Zt. dominierenden neoklassischen Wirtschaftstheorie würde man erwarten, dass die Produktionselastizität eines Faktors etwa seinem Anteil an den Faktorgesamtkosten zur Erstellung des BIP entspricht. In den westlichen Industrieländern liegen diese Kostenanteile typischerweise für Kapital bei 25 bis 30%, für Arbeit bei 65 bis 70% und für Energie bei rund 5%. Damit geht Energie in konventionellen ökonomischen Analysen mit einem gegenüber den Produktionselastizitäten von Arbeit und Kapital nahezu vernachlässigbaren Gewicht von nur 0,05 ein. Mit diesen Produktionselastizitäten kann die neoklassische Wachstumstheorie allerdings die beobachtete Wirtschaftsentwicklung der Industrieländer nicht durch das Zusammenwirken von Kapital, Arbeit und Energie beschrei-

[1] Zitiert nach *Daly* (2000).

ben. Es bleibt ein großer, unerklärter Rest, den man formal auf das Wirken des „technischen Fortschritts" („Manna vom Himmel") zurückführt.[1]

Nun kann die „Universalgeschichte der Menschheit ... in drei Abschnitte unterteilt werden, denen jeweils ein bestimmtes Energiesystem entspricht" (*Sieferle* 1997). Auch in der Geschichte erkennt man das machtvolle Wirken der thermodynamischen Hauptsätze: jeder technische Fortschritt ist bisher einhergegangen mit der Erschließung neuer Energiequellen (urwüchsige Biomasse, Land- und Forstwirtschaft, fossile Energien) und der Entwicklung neuer Verfahren der Energieumwandlung und -nutzung (offene Feuerstellen, Öfen, Wärmekraftmaschinen und Transistoren). Zur Erforschung der wirtschaftlichen Macht der Energie in Industriegesellschaften liegt es deshalb nahe, die Produktionselastizitäten von Kapital, Arbeit und Energie nicht wie in der Gleichgewichtsökonomik über eine Reihe von Annahmen aus monetären Größen abzuleiten, sondern sie aus mathematischen und technologischen Überlegungen so zu bestimmen, dass Wachstumspfade der Vergangenheit gut reproduziert werden.

Zu diesem Zweck wurde das Kapital-Arbeit-Energie-Kreativität-(KLEC-) Modell vorgeschlagen.[2] Es beruht auf der Beobachtung, dass in industriellen Volkswirtschaften der Kapitalstock K aus allen Energieumwandlungsanlagen und Informationsprozessoren samt der zu ihrem Betrieb und Schutz benötigten Gebäude und Anlagen besteht. Arbeitsleistung und Informationsverarbeitung sind die Kapitaldienstleistungen, die aus dem Kapitalstock in die Produktion fließen. Sie erzeugen die Wertschöpfung (Output) Q. Die menschliche Arbeit L manipuliert den Kapitalstock und die Energie E aktiviert ihn. Gemessen werden Wertschöpfung Q und Kapitalstock K in inflationsbereinigten monetären Einheiten, die (Routine-) Arbeit L in Arbeitsstunden pro Jahr und die Energie E in pro Jahr umgesetzten Joules (oder anderen energetischen Einheiten, z.B. Tonnen Steinkohleeinheiten o.ä.). Die empirischen Daten werden den Volkswirtschaftlichen Gesamtrechnungen, den Arbeitsmarktstatistiken und den nationalen Energiebilanzen entnommen. Die menschliche Kreativität C ist verantwortlich für Ideen, Erfindungen und Wertentscheidungen, d.h. für alle diejenigen Beiträge zum ökonomischen Prozess, die keine lernfähige Maschine erbringen kann. Während Zeiten, in denen die Kreativität Effizienzverbesserungen und Strukturveränderungen bewirkt, ergibt sich über die Zeitabhängigkeit von Technologieparametern eine explizite Zeitabhängigkeit der Produktionsfunktion $q(k,l,e;t)$, mittels derer Produktion und Wirtschaftswachstum beschrieben werden. Diese Funktion gibt an, wie die normierte Wertschöpfung $q \equiv Q/Q_0$ von den normierten Produktionsfaktoren

---

[1] Zur Diskussion und Kritik des technischen Fortschritts, auch im Rahmen der „Neuen Wachstumstheorie", siehe *Kümmel* et al. (2002).
[2] Vgl. *Kümmel* (1980, 1982); *Kümmel* et al. (1985, 2000, 2002).

$k \equiv K/K_0$, $l \equiv L/L_0$, $e \equiv E/E_0$ zur Zeit t abhängt. Q_0, K_0, L_0, E_0 sind die Mengen im Basisjahr t_0.

Aus dem totalen Differential der Produktionsfunktion erhält man die „Wachstumsgleichung“

$$\frac{dq}{q} = \alpha \frac{dk}{k} + \beta \frac{dl}{l} + \gamma \frac{de}{e} + \delta \frac{dt}{t - t_0}. \tag{1}$$

Hierbei sind $\alpha(k,l,e) \equiv (k/q)(\partial q/\partial k)$, $\beta(k,l,e) \equiv (l/q)(\partial q/\partial l)$, $\gamma(k,l,e) \equiv (e/q)(\partial q/\partial e)$, $\delta \equiv ((t-t_0)/q)(\partial q/\partial t)$ die Produktionselastizitäten von Kapital, α, Arbeit, β, Energie, γ, und Kreativität, δ. Sie geben die Gewichte an, mit denen infinitesimale, relative Änderungen der Produktionsfaktoren, z.B. dk/k, und der Zeit zur infinitesimalen, relativen Änderung der Wertschöpfung, dq/q, beitragen. In diesem Sinne messen sie die Produktionsmächtigkeiten der Produktionsfaktoren.

Für die Beschreibung des Wirtschaftswachstums in der Vergangenheit vernachlässigen wir den Effekt der Entropieproduktion. Wir nehmen also an, dass Schadstoff- und Wärmeemissionen sowie Materialknappheit ihren wachstumsbegrenzenden Einfluss bisher noch nicht entscheidend ausgeübt haben. Für Zukunftsszenarien kann dieser Einfluss in einfacher Weise modelliert werden, indem die Produktionselastizitäten mit Pollutions- und Recyclingfunktionen multipliziert werden (*Kümmel* 1980).

Die ökonometrische Erfahrung zeigt, dass Technologieparameter etwa über 10 bis 15 Jahre konstant bleiben können (*Rinne* 1976; *Hübler* 1989). Während dieser Zeitspannen kann der Kreativitätsterm δ vernachlässigt werden, so dass Kapital, Arbeit und Energie die einzigen aktiven Produktionsfaktoren sind. Dann müssen sich ihre Gewichte zu Eins addieren, $\alpha+\beta+\gamma=1$ (konstante Skalenerträge). Die Produktionsfunktion muss eine eindeutige Funktion von Kapital, Arbeit und Energie sein. Das ist der Fall, wenn die gemischten zweiten Ableitungen von q bezüglich k,l,e gleich sind. Diese Forderung führt auf einen Satz von drei gekoppelten partiellen Differentialgleichungen für die Produktionselastizitäten (PE). Es muss gelten: $k(\partial\beta/\partial k)=l(\partial\alpha/\partial l)$, $k(\partial\gamma/\partial k)=e(\partial\alpha/\partial e)$ und $l(\partial\gamma/\partial l)= e(\partial\beta/\partial e)$. Infolge der konstanten Skalenerträge lässt sich eine der PE eliminieren. Eliminiert man z.B. γ, so erhält man eine erste Gleichung für α: $k(\partial\alpha/\partial k)+l(\partial\alpha/\partial l)+e(\partial\alpha/\partial e)=0$, eine zweite derselben Struktur für β, und eine dritte, α und β koppelnde Gleichung: $l(\partial\alpha/\partial l)=k(\partial\beta/\partial k)$. Die allgemeinsten Lösungen der ersten beiden Gleichungen haben die Form: $\alpha=f(l/k, e/k)$ und $\beta=g(l/k, e/k)$ mit beliebigen, differenzierbaren Funktion f und g. Die Randbedingungen, die die Lösungen dieses Differentialgleichungssystems eindeutig determinieren, erfordern die Kenntnis der Werte einer der PE auf einer Fläche und der anderen

PE auf einer Kurve im *k,l,e*-Faktorraum.[1] Da diese technisch-ökonomischen Informationen praktisch nicht ermittelbar sind, müssen die unbekannten Randbedingungen durch technologisch sinnvolle asymptotische Randbedingungen und entsprechende Ansätze für die PE approximiert werden. Die trivialen Lösungen der Differentialgleichungen sind konstante PE α_0, β_0, $\gamma_0=1-\alpha_0-\beta_0$, mit denen sich aus Gl. (1) die energieabhängige *Cobb-Douglas* Produktionsfunktion $q_{CDE} = q_0 k^{\alpha_0} l^{\beta_0} e^{1-\alpha_0-\beta_0}$ ergibt. Diese Funktion erlaubt die thermodynamisch unmögliche (asymptotisch) vollständige Substitution von Energie durch Kapital und sollte deshalb zur Berechnung von Zukunftsszenarien nicht verwendet werden. In Analysen der Vergangenheit liefert sie aber durchaus befriedigende Ergebnisse (*Kümmel* et al. 2000; *Lindenberger* 2000), wenn ihre Produktionselastizitäten in etwa übereinstimmen mit den zeitlichen Mittelwerten der PE der nachfolgend vorgestellten Produktionsfunktionen.

2.1. Industrieproduktion

Einfache Lösungen der obigen Differentialgleichungen mit technologisch sinnvollen Randbedingungen für industrielle Produktionssysteme sind $\alpha=a_0(l+e)/k$, $\beta=a_0(c_t l/e-l/k)$, $\gamma=1-\alpha-\beta$. Die PE des Kapitals, α, berücksichtigt das Gesetz des abnehmenden Ertragszuwachses, demzufolge Kapitalwachstum (bei unverändertem Kapitaleffizienzparameter a_0) nur in dem Maße zum Outputwachstum beitragen kann, wie Arbeit und Energie, die das Kapital ja betreiben, entsprechend mitwachsen. Der Ansatz für β berücksichtigt die Möglichkeit einer vollautomatisierten Industrieproduktion, d.h. bei Vollautomation und Vollauslastung mit $e=e_t$ und $k=k_t$ muss die PE der menschlichen Arbeit verschwinden. Dabei steht *t* für *t*otal automation, und c_t ist ein Maß für den Energiebedarf $e_t=c_t\, k_t$ des vollautomatisierten und vollausgelasteten Kapitalstocks $k_t(q)$.[2] Setzt man diese α und β mit $\gamma=1-\alpha-\beta$ und $C=0$ in die Wachstumsgleichung (1) ein, so erhält man durch Integration die (erste) LINEX-Produktionsfunktion:[3]

$$q_{L1} = q_0 \cdot e \cdot \exp\left[a_0\left(2-\frac{l+e}{k}\right)+a_0 c_t\left(\frac{l}{e}-1\right)\right], \qquad (2)$$

die *lin*ear von der Energie und *ex*ponentiell von den Quotienten aus Kapital, Arbeit und Energie abhängt. Ein sich änderndes q_0 zeigt Änderungen der monetären

[1] Vgl. *Kümmel* (1980).

[2] Die (asymptotische) Randbedingung für α lautet: $\alpha \to 0$, wenn $l/k \to 0$, $e/k \to 0$, die für β lautet: $\beta \to 0$, wenn $e \to e_t$, $k \to k_t$.

[3] Vgl. *Kümmel* (1982); *Kümmel et al.* (1985, 2002).

Bewertung der Outputeinheit Q_0 an. Wenn Kreativität wirkt, werden die Technologieparameter a_0, c_t und q_0 zeitabhängig.

2.2. *Dienstleistungsproduktion*

Im Dienstleistungssektor sind die Möglichkeiten der Automation naturgemäß geringer als in der industriellen Produktion. Dennoch kann auch hier Routine-Arbeit durch energiegetriebenes und zunehmend informationsverarbeitendes Kapital ersetzt werden. Tatsächlich werden mittelfristig im Dienstleistungssektor die größten Automatisierungspotenziale durch den verstärkten Einsatz elektronischer Informationsverarbeitung gesehen.[1] Daher ist es plausibel anzunehmen, dass im Dienstleistungssektor ein (Sättigungs-) Zustand *maximaler* Automation erreicht werden kann. Dies lässt sich analytisch fassen durch Anwendung des Gesetzes abnehmender Ertragszuwächse: Es wird davon ausgegangen, dass die Annäherung an den Grenzzustand maximaler Automation im Dienstleistungssektor mit abnehmenden Wertschöpfungszuwächsen bei (zusätzlichem) Energieeinsatz verbunden ist. Demzufolge nimmt die PE der Energie mit steigendem Automationsgrad ab, bis sie schließlich im Grenzzustand maximaler Automation verschwindet. Es muss also gelten: $\gamma \rightarrow 0$ für $e \rightarrow e_m$ und $k \rightarrow k_m$, wobei e_m und k_m Energieeinsatz und Kapitalstock im Grenzzustand maximaler Automation sind. Ein einfacher entsprechender Ansatz für die PE der Energie ist $\gamma = a_0(c_m - e/k)$ mit $c_m = e_m/k_m$. Er erfüllt die γ und α koppelnde Differentialgleichung, wobei für die PE des Kapitals weiterhin $\alpha = a_0(l+e)/k$ verwendet wird. Einsetzen in die Wachstumsgleichung (1), zusammen mit $\beta = 1 - \alpha - \gamma$ und $C=0$, führt nach Integration zur Dienstleistungsproduktionsfunktion:[2]

$$q_{S1} = q_0 \cdot l \cdot \left(\frac{e}{l} \right)^{a_0 c_m} \cdot \exp\left[a_0 \left(2 - \frac{l+e}{k} \right) \right]. \qquad (3)$$

Wiederum werden bei Innovationsschüben und strukturellen Veränderungen die Technologieparameter a_0, c_m und q_0 zeitabhängig.

Wichtig ist es zu beachten, dass die Produktionselastizitäten der obigen Funktionen nicht-negativ sein müssen, um technisch-ökonomisch sinnvoll zu sein. Beispielsweise spiegelt die zur Dienstleistungsproduktionsfunktion (3) gehörige Bedingung $\gamma = a_0(c_m - e/k) > 0$ wider, dass in den Kapitalstock nicht mehr Energie

---

[1] *Thome* (1997) kommt zu dem Ergebnis, dass in den Sparten Handel, Banken, Versicherungen und öffentliche Verwaltung durch den Einsatz heute verfügbarer Techniken der elektronischen Datenverarbeitung in Deutschland bis zu 6,7 Millionen Arbeitsplätze wegfallen können.

[2] Vgl. *Lindenberger* (2000, 2003).

eingespeist werden kann als es dessen technischer Auslegung bei Vollauslastung und maximaler Automation (gemäß Energiebedarfsparameter c_m) entspricht. Diese Nebenbedingungen liefern wichtige Beschränkungen sowohl für die Technologieparameter als auch für den zulässigen Bereich im k,l,e-Faktorraum. Auf diese Weise werden die thermodynamischen und technischen Grenzen der Faktorsubstitution im Modell berücksichtigt.

3. Ergebnisse

Mit Hilfe der obigen und verwandter Produktionsfunktionen wurden in verschiedenen empirischen Untersuchungen das Wachstum unterschiedlich strukturierter Sektoren der amerikanischen, der japanischen und der deutschen Wirtschaft über rund drei Dekaden seit 1960[1] bzw. zehn Dekaden seit 1900[2] analysiert. Die Ergebnisse dieser Untersuchungen lassen sich folgendermaßen zusammenfassen:

- Kleine Residuen

  Die skizzierten Produktionsfunktionen reproduzieren das beobachtete Wachstum der Wertschöpfung in allen betrachteten Wirtschaftssektoren mit kleinen Residuen. Selbst bei konstanten Technologieparametern über eineinhalb Dekaden – einschließlich der Rezessionen nach den Energiekrisen der 1970er Jahre – lässt sich das Wirtschaftswachstum in guter Übereinstimmung mit der Empirie nachvollziehen. Durch die geeignete Berücksichtigung des unverzichtbaren Produktionsfaktors Energie neben Kapital und Arbeit lässt sich die Aktivierung des zunehmend automatisierten Kapitalstocks endogen modellieren und das *Solow*-Residual der neoklassischen Wachstumstheorie auflösen.[3]

- Innovation und Strukturwandel

  Die Modellierung des Wirtschaftswachstums über mehr als zwei Dekaden erfordert eine explizite Behandlung von Innovation und wirtschaftlichem Strukturwandel. Die Energiebedarfsparameter der Kapitalstöcke (c_t und c_m in Gl. 2 und 3) verringern sich und die Kapitaleffizienzparameter (a_0 in Gl. 2 und 3) erhöhen sich, insbesondere nach den Ölpreisschocks der 1970er Jahre. Diese Parameterverschiebungen spiegeln die beobachteten massiven Investitionen in energieeffiziente Technologien sowie technologische und strukturelle Anpassungen nach den Ölkrisen wider.

---

[1] Siehe z.B. *Ayres* (2001); *Hall* et al. (2001); *Kümmel* et al. (1985, 2000, 2002); *Lindenberger* (2000, 2003); *Lindenberger* et al. (2001).

[2] Vgl. *Ayres/Warr* (2001, 2003).

[3] Der *Durbin-Watson* Koeffizient, ein statistisches Gütemaß, dessen bester Wert 2,0 beträgt, hat für die in *Kümmel* et al. (2002) betrachteten Wirtschaftssysteme und Zeitspannen die folgenden Werte: 1,91 (USA, Gesamtwirtschaft, 1960-1996), 0,95 (USA, Industries, 1960-1993), 1,58 (Japan, Industries, 1965-1992), 1,67 (BR Deutschland, Gesamtwirtschaft, 1960-1989), 1,63 (BR Deutschland, Warenproduzierendes Gewerbe, 1960-1989).

- Produktionselastizitäten und Faktorkostenanteile

  Die (zeitgemittelte) Produktionselastizität der Energie, d.h. – grob gesprochen – der mittlere prozentuale Zuwachs der Wertschöpfung bei einprozentigem Zuwachs des Energieeinsatzes (Produktionsmächtigkeit der Energie), ist in den industriellen Sektoren mit rund 50 % so groß wie die Elastizitäten von Kapital und Arbeit zusammen und liegt um rund eine Größenordnung über dem Anteil der Energiekosten an den Faktorgesamtkosten. Im Dienstleistungssektor liegt die Produktionselastizität der Energie um rund das Fünffache über dem dortigen Kostenanteil. In den Gesamtwirtschaften liegt sie zwischen den PE von Industrie- und Dienstleistungssektoren. Umgekehrt liegt die Produktionselastizität der Arbeit in allen Sektoren deutlich unter ihrem Kostenanteil, der gesamtwirtschaftlich die Lohnquote darstellt und in den industrialisierten Volkswirtschaften rund 70 % beträgt. Nur für den Produktionsfaktor Kapital sind Elastizitäten und Kostenanteile in etwa im Gleichgewicht.

4. Die Nutzungspreise von Energie und Arbeit

Der zuletzt angesprochene Befund, das Auseinanderfallen von Produktionselastizitäten und Kostenanteilen von Energie und Arbeit, liefert die produktionstheoretische Deutung der in den meisten Industrieländern beobachteten Entkopplung von Wirtschaftswachstum und Beschäftigung: Unter dem Druck der Kostenminimierung wird die teure menschliche (Routine-) Arbeit im Zuge des Automationsfortschritts durch produktionsmächtigere Kombinationen von billiger Energie und zunehmend informationsverarbeitendem Kapital ersetzt. Zwar wird dieser Substitutionsprozess durch noch existierende, aber sich im zeitlichen Verlauf verschiebende technische Grenzen des Automationsfortschritts und bestehende (Sozial-) Gesetze und Verträge verzögert, seine Richtung ist durch die gegenwärtig vorherrschenden Nutzungspreise von Energie und Arbeit jedoch eindeutig bestimmt. Aus dieser Perspektive erscheint der Prozess industrieller Entwicklung als ein Nichtgleichgewichtsprozess, der von der Erschließung neuer Faktorkombinationen angetrieben wird, um die produktionsmächtige und vergleichsweise billige natürliche Ressource Energie zunehmend und zunehmend effizient in Kombination mit geeignet strukturiertem Kapital zu nutzen.

Wie ist dieses Resultat der Produktionstheorie aus der Sicht der Verteilungstheorie zu interpretieren? Würde das Produktionsergebnis im Sinne der Grenzproduktivitätstheorie der Verteilung den Elastizitäten entsprechend verteilt, so erhielte die Arbeit nur einen wesentlich geringeren Anteil des Volkseinkommens als die genannten 70 %. Offenbar kam jedoch in der Vergangenheit die von der Energie geleistete Wertschöpfung im wesentlichen der (unselbständigen) Arbeit zugute. Der hierbei zugrunde liegende Verteilungsmechanismus beruht(e) auf der Verhandlungsmacht freier Gewerkschaften, die in Zeiten der Vollbeschäftigung stark genug sind bzw. waren, um Lohnerhöhungen gemäß 'Produktivitätsfortschritt' durchzusetzen, wobei letzterer durch die Ausweitung und die zunehmende Effizienz des Energieeinsatzes bedingt ist. Auf diese Weise konnten bislang breite Bevölkerungsschichten von dem Wohlstand profitieren, der im Zusammenwirken der Produktionsfaktoren Kapital, Arbeit und Energie geschaffen wurde.

Mit zunehmender Automation in der Produktion wird die menschliche Routinearbeit jedoch immer entbehrlicher. Zunehmende Ungleichheiten in der Einkommensverteilung zu Ungunsten der Arbeitseigner sind eine mögliche Folge. Dies ist etwa in den USA zu beobachten, wo durch flexiblere Arbeitsmärkte und eine wesentlich größere Lohnspreizung als hierzulande zwar die Beschäftigung angestiegen, dafür jedoch das Problem der *working poor* ungelöst ist. Wenn dennoch der Arbeitsmarkt stärker wettbewerblich organisiert und gleichzeitig gesellschaftlich nicht wünschenswerte Verteilungswirkungen vermieden werden sollen, so stellt sich die eingangs aufgeworfene Frage, wie die Rahmenbedingungen der Marktwirtschaft ihrem sich wandelnden technologischen Entwicklungsstand geeignet anzupassen sind.

Auf den Beitrag, den verstärkte Investitionen in Ausbildung und Bildung dabei leisten können und müssen, soll hier nicht eingegangen werden. Auch nicht auf Fragen der Ausgestaltung und des Zusammenwirkens von Arbeitsmarkt- und Sozialpolitik. Stattdessen soll abschließend ein Teilaspekt angesprochen werden, der für die Finanzierung dieser Politikfelder relevant ist: Die Finanzierung von Gemeinschaftsaufgaben des Staates und sozialen Sicherungen erfolgt heute zum größten Teil über die Belastung des Produktionsfaktors menschliche Arbeit.[1] Dies ist zugleich eine Ursache für das identifizierte Ungleichgewicht zwischen dem hohen Kostenanteil der Arbeit und ihrem deutlich geringeren produktiven Beitrag, wodurch technischer Fortschritt in die Richtung zunehmender Automation und abnehmender Beschäftigung induziert wird. Wenn diese Ungleichgewichtssituation zu stark ausgeprägt ist, besteht die Gefahr, dass in expandierenden und sich neu entwickelnden Wirtschaftsfeldern neue Beschäftigung nicht in ausreichendem Maße entstehen kann, um die durch Automationsfortschritt wegfallende zu kompensieren. Dies ist potenziell umso gravierender, weil mit Nettobeschäftigungsverlusten die Bemessungsgrundlage für Steuern und Abgaben reduziert wird, wodurch die Finanzierung des Staatshaushalts und der sozialen Si-

[1] Die Untersuchungen von *Jarass* (1993), die jüngst vom Förderverein Ökologische Steuerreform (*FÖS* 2002) fortgeführt wurden, zeigen, dass der von der Arbeit getragene Anteil der Steuer- und Abgabenlast in Deutschland zwischen 1970 und 1995 von 51% auf 67% anstieg, während der Anteil der am Verbrauch des Faktors „Natur" (darunter Energie) anknüpfenden Steuern im gleichen Zeitraum von 13 auf 7% zurück ging. Nach der Einführung der Ökosteuer 1999 und ihrer Verwendung zur Arbeitskostensenkung ging der Anteil der Arbeit auf rund 64% zurück, während der Anteil des Faktors Natur auf 8% der gesamten Abgabenbelastung im Jahr 2001 zunahm.

cherungssysteme untergraben wird. Daher erscheint es – unabhängig von umweltpolitischen Gründen – aus ökonomischen und fiskalischen Gleichgewichts- und Stabilitätsüberlegungen heraus angeraten, in den Industrienationen die steuer- und abgabenmäßige Belastung der Produktionsfaktoren Arbeit und Energie stärker als bisher an ihren produktiven Beiträgen zur Wertschöpfung zu orientieren.

Damit würde das Fundamentalprinzip einer gerechten Besteuerung, nämlich das Prinzip der Besteuerung gemäß wirtschaftlicher Leistungsfähigkeit, von den Individuen auf die Produktionsfaktoren übertragen. Dies kann als Nullsummenspiel für den Staat geschehen, sofern die Gesellschaft keine Erhöhung der Steuerlastquote will und ihre Ansprüche an staatliche Dienst- und Vorsorgeleistungen entsprechend begrenzt.

Selbstverständlich muss man bei einer Änderung des Steuersystems behutsam vorgehen. So empfiehlt die Deutsche Physikalische Gesellschaft (DPG) in ihrem „Energiememorandum 1995“: „Die Preise für die Nutzung von Energie müssen ... schrittweise und langfristig kalkulierbar erhöht werden, bis die Techniken der rationellen Energieverwendung und die Nutzung der nichtfossilen Energieträger sich am Markt gegen die Kohlenstoffverbrennung behaupten können“ (*DPG* 1995). Die DPG weist so auch darauf hin, dass innovative Energietechniken in Fülle bereitstehen und nur darauf warten, dass steigende Energienutzungspreise ihren Großeinsatz wirtschaftlich werden lassen. Ähnlich wie schon jetzt bei den über das Erneuerbare-Energien-Gesetz geförderten Windkraftanlagen würde eine steigende Nachfrage nach Energiekosten-senkenden Wärmedämmungen, Wärmepumpen, Wärmetauschernetzwerken, Energiespeichern, Anlagen der Kraft-Wärme-Kopplung und anderer Technologien der rationellen Energieverwendung sowie der Nutzung erneuerbarer Energiequellen neue Arbeitsplätze schaffen.

Eine Verlagerung der Steuer- und Abgabenlast von der Arbeit auf die Energie käme dem Handwerk und anderen arbeitsintensiven Wirtschaftszweigen zugute. Reparatur statt Neuanschaffung würde sich wieder rechnen, die Kosten der Kranken- und Altenpflege würden langsamer steigen und Kinderbetreuung durch Menschen statt Fernseher und Spielkonsolen würde wieder eher die Regel. Energieintensive Wirtschaftszweige, insbesondere die Grundstoffindustrien der Metallerzeugung sowie der Zement- und Papierindustrie, würden andererseits stark belastet. Höhere Preise für energieintensive Produkte muss und wird der Verbraucher zugunsten niedrigerer Preise für vielerlei Dienstleistungen und des Erhalts oder der Schaffung von Arbeitsplätzen in Kauf nehmen. Längerfristig ist ein (globaler) Strukturwandel hin zu weniger energie- und stärker arbeitsintensiven Produkten und Produktionsverfahren sowohl aus umweltpolitischen als auch aus sozial- und verteilungspolitischen Gründen notwendig und gesellschaftlich wünschenswert. Probleme der internationalen Wettbewerbsfähigkeit besonders energieintensiver Produktionen können vorübergehend durch Importzölle und Exportsubventionen (*border tax adjustment*) gemäß der Energieintensität der Produktion der grenzüberschreitenden Güter gemildert werden. Derartige Maßnahmen werden von der Welthandelsorganisation und der OECD studiert (*Baron* 1997). Zur Vermeidung wirtschaftlich unzumutbarer Härten kommen übergangsweise auch Ausnahmeregelungen in Betracht (*EWI* 2003).

Die drastischen OPEC-Ölpreiserhöhungen Mitte und Ende der 1970er Jahre hatten weltweite Rezessionen zur Folge, bei denen neben psychologischen Faktoren („Ölpreisschock“) auch der Mittelabfluss aus den ölimportierenden in die ölexportierenden Länder eine Rolle spielte. Steuerliche, allmählich zum Tragen kommende Energiepreiserhöhungen werden sich so nicht auswirken, weil die Mittel ja im Lande bleiben und lediglich umverteilt werden.

Wenn der sparsame und rationelle Umgang mit Energie zu einem Rückgang der Nachfrage nach Primär- und Endenergie führt, muss das nicht, wie zur Zeit bei wachsender Automation und Arbeitslosigkeit, zu einem Rückgang der Steuereinnahmen führen, wenn die Steuer- und Abgabenlast pro Energieeinheit für Wirtschaft und Verbraucher vorhersehbar so erhöht wird, dass das Gesamtsteueraufkommen konstant bleibt. Und einer Gesellschaft, in der die schweren und gefährlichen körperlichen Arbeiten von energiegetriebenen Maschinen verrichtet werden, wird niemals die Bemessungsgrundlage für Energiesteuern abhanden kommen. Dafür sorgen die beiden Hauptsätze der Thermodynamik, die absolute Grenzen der Energieeffizienzsteigerung festlegen.

Zusammenfassend ergibt sich aus der produktionstheoretischen Analyse der beobachteten Wirtschaftsentwicklung ein zusätzliches Argument, das das Grundanliegen der Ökologischen Steuerreform unterstützt. An dieser Stelle ist darauf hinzuweisen, dass die kontroverse Literatur zur „Doppelten Dividende“ von Ökosteuern sich praktisch ausschließlich des Instrumentariums der Gleichgewichtsökonomik bedient – wobei implizit Gleichheit von Kosten und Produktionsmächtigkeiten der Faktoren unterstellt wird –, während das hier angeführte Argument für eine Belastungsverlagerung von der Arbeit zur Energie auf dem identifizierten Ungleichgewicht zwischen Kosten und Produktionsmächtigkeiten der Produktionsfaktoren Arbeit und Energie beruht.

Literaturverzeichnis

Ayres, R. U. (2001): The Minimum Complexity of Endogenous Growth Models: the Role of Physical Resource Flows, in: Energy – The International Journal, Vol. 26, S. 817-838.

Ayres, R. U./Warr, B. (2001): Accounting for Growth: the Role of Physical Work, in: Witt U./Bünstorf, G. (Hrsg.): Reappraising Production Theory – Concepts, Cases and Models, Max Planck Institute for Research into Economic Systems, Jena.

Ayres, R. U./Warr, B. (2003): Useful Work and Information as Drivers of Growth, in: American Economic Review, forthcoming.

Baron, R. (1997): Competitive Issues Related to Carbon/Energy Taxation, Annex I Expert Group of the UN FCCC, Working Paper 14, ECON-Energy, Paris.

Daly, H. (2000): When Smart People Make Dumb Mistakes, in: Ecological Economics, Vol. 34, 1, S. 1-3.

DPG (1995): Energiememorandum der Deutschen Physikalischen Gesellschaft 1995. Zukünftige klimaverträgliche Energienutzung und politischer Handlungsbedarf zur Markteinführung neuer emissionsmindernder Techniken, in: Physikalische Blätter, Vol. 54 (1997), S. 388-391.

EWI (2003): Entwicklung der Kosten des Erneuerbare-Energien-Gesetzes, Kurzgutachten des Energiewirtschaftlichen Instituts an der Universität zu Köln, im Auftrag der Hydro-Aluminium GmbH, Köln.

FÖS (2002): Erste Schritte der Ökosteuer verteidigen – und zur Ökologischen Finanzreform fortentwickeln, Positionspapier des Fördervereins Ökologische Steuerreform e.V., München.

Hall, C./Lindenberger, D./Kümmel, R./Kroeger, T./Eichhorn, W. (2001): The Need to Reintegrate the Natural Sciences with Economics, in: BioScience, Vol. 51, 8, S. 663-673.

Hilpert, H.-G./Laumer, H. (1998): Aus fremder Quelle. Japans steiniger Weg ins 21. Jahrhundert, in: Zeitschrift für Japanisches Recht, 4. Jg., 6, S. 139-156.

Hübler, O. (1989): Ökonometrie, Stuttgart.

Jarass, L. (1993): Besteuerung der Produktionsfaktoren Arbeit, Kapital, Energie und Umwelt im internationalen Vergleich, in: Energiewirtschaftliche Tagesfragen 43. Jg., S. 231-237.

KOM (2000): Der Europäische Rat von Lissabon. Eine Agenda für die wirtschaftliche und soziale Erneuerung Europas, Beitrag der Europäischen Kommission zur Sondertagung des Europäischen Rates am 23. und 24. März in Lissabon (europa.eu.int/comm/commissioners/prodi/pdf/lisbon_de.pdf).

Kümmel, R. (1980): Growth Dynamics of the Energy Dependent Economy, Cambridge, Mass.

Kümmel, R. (1982): The Impact of Energy on Industrial Growth, in: Energy – The International Journal, Vol. 7, S. 189-203.

Kümmel, R./Strassl, W./Gossner, A./Eichhorn, W. (1985): Technical Progress and Energy Dependent Production Functions, in: Zeitschrift für Nationalökonomie/Journal of Economics, Vol. 45, 3, S. 285-311.

Kümmel, R./Lindenberger, D./Eichhorn, W. (2000): The Productive Power of Energy and Economic Evolution, in: Indian Journal of Applied Economics, Vol. 8, Special Issue in Honor of *P. A. Samuelson*, S. 231-262.

Kümmel, R./Henn, J./Lindenberger, D. (2002): Capital, Labor, Energy and Creativity: Modeling Innovation Diffusion, in: Structural Change and Economic Dynamics, Vol. 13, 4, S. 415-433.

Lindenberger, D. (2000): Wachstumsdynamik industrieller Volkswirtschaften – Energieabhängige Produktionsfunktionen und ein faktorpreisgesteuertes Optimierungsmodell, Marburg.

Lindenberger, D. (2003): Service Production Functions, in: Zeitschrift für Nationalökonomie/ Journal of Economics, forthcoming.

Lindenberger, D./Eichhorn, W./Kümmel, R. (2001): Energie, Innovation und Wirtschaftswachstum, in: Zeitschrift für Energiewirtschaft, Vol. 25, 4, S. 273-282.

Merkel, A. (1997): Umweltpolitik, Beschluss der Bundesregierung zum Klimaschutzprogramm der Bundesrepublik Deutschland, Bundesumweltministerium, Vorwort der Bundesumweltministerin, Nov. 1997.

Miegel, M. (1998): Die Macht des Wissens – sechs Thesen zur Zukunft der Arbeit, in: FUTURE. Das Hoechst-Magazin 2/98, S. 29-30.

Müller, U./Budzinski, O. (1997): Ökologische Krise, Arbeitslosigkeit und Ordnungspolitik, Diskussionspapier Nr. 206, Fachbereich Wirtschaftswissenschaften, Universität Hannover.

Rinne, H. (1976): Ökonometrie, Stuttgart.

Sieferle, R. P. (1997): Das vorindustrielle Solarenergiesystem, in: *Brauch, H.G.* (Hrsg.): Energiepolitik, Berlin, S. 27-46.

Thome, R. (1997): Arbeit ohne Zukunft? Organisatorische Konsequenz der wirtschaftlichen Informationsverarbeitung, München.

Aspekte der Wassergütebewirtschaftung

Rolf Mull

1. Einleitung

Die Verbesserung der Gewässergüte in den vergangenen 30 Jahren ist für viele eine Erfolgsstory der deutschen Umweltpolitik und des daraus resultierenden Umweltmanagements. Mit Stolz wird immer wieder über die Medien verbreitet, dass z.B. im Rhein die Zahl der Fischarten von etwa 10 in den 1970er Jahren auf nahezu 30 angestiegen ist. In den Stillgewässern erlaubt die Wasserqualität im allgemeinen das Baden. Das Trinkwasser, dass vornehmlich aus dem Untergrund stammt, kann überall in Deutschland bedenkenlos getrunken werden.

Auf der anderen Seite sind die Kosten für den Bezug von Trinkwasser und die Entsorgung des Abwassers in den vergangenen Jahren weit mehr als der allgemeine Lebenshaltungsindex gestiegen. Die Wassernutzung in privaten Haushalten und in der Industrie ist zu einem beachtenswerten Kostenfaktor geworden. Sind daher noch weitere Verbesserung der Wasserqualität in Flüssen, Seen und im Untergrund notwendig und angesichts knapper Kassen noch bezahlbar?

Bezüglich der Bewertung der Güte von Fließgewässern hat ein Wertewandel stattgefunden. In den vergangenen zweihundert Jahren wurden viele Fließgewässer so umgestaltet, dass mehr feuchtes Land besiedelt und landwirtschaftlich genutzt werden konnte. Die vielfältig gegliederten Lebensräume Fließgewässer wurden vielerorts zu strukturarmen Entwässerungskanälen umfunktioniert. Strukturarmut hat Artenarmut zur Folge. Die Anzahl der Arten, die in strukturarmen Gewässern leben können, ist wesentlich kleiner als die in reich strukturierten Systemen. In der Rio-Konferenz der Vereinten Nationen (*Bundesumweltministerium* 1996) wurde der Erhalt der biologischen Vielfalt auf unserem Erdball als eine wichtige Voraussetzung für eine gesunde menschliche Entwicklung angesehen.

Es ist die Erkenntnis gewachsen, dass Eingriffe des Menschen in den Naturhaushalt die durch evolutionäre Prozesse entstandene Artenvielfalt stark reduzieren. Die Vergrößerung der Biodiversität auch in aquatischen Systemen ist daher ein wesentliches Ziel der Umweltpolitik geworden. In strukturarmen Gewässern kann aber trotz guter Wasserqualität keine Artenvielfalt erwartet werden. Gute Wasserqualität ist nicht gleichzusetzen mit guter Gewässerqualität. Wie steht es also um die Verbesserung der Gewässerqualität?

Hiermit sind einige Fragen angerissen, mit denen sich der folgende Aufsatz beschäftigt. Auf diesem Gebiet hat der Autor mehrere Jahre mit Herrn Kollegen *Müller* zusammen gearbeitet. Mit Dankbarkeit blickt er auf viele wertvolle Anregungen und Diskussionen zurück.

2. Begriffe

Wasser ist ein Stoff. Gewässer sind Räume, in denen sich Wasser befindet. In dieser Betrachtung geht es vornehmlich um Binnengewässer. Sie werden eingeteilt in oberirdische und unterirdische Gewässer. An der Erdoberfläche befinden sich Fließ- und Stillgewässer. Zu den Fließgewässern zählen Bäche, Flüsse und Ströme, zu den Stillgewässern Seen, Teiche und Kanäle. Unter der Erdoberfläche hält sich das unterirdische Wasser auf. Sind im Untergrund alle Hohlräume der Gesteine mit Wasser gefüllt, wird vom Grundwasser als Gewässer gesprochen.

Die Güte ist eine zugeordnete Eigenschaft. Bezogen auf die Gewässer ist sie ein Maß für den Erfüllungsgrad einer bestimmten Funktion. Die wesentlichen Funktionen, die hier betrachtet werden sollen, sind die als Lebensraum und als Speicher für Wasser zur Versorgung der Menschen mit Trinkwasser. Dabei ist jedoch zu beachten, dass Gewässer darüber hinaus viele andere Funktionen zu erfüllen haben. Oberflächengewässer dienen der Erholung und der Ausübung verschiedener Sportarten. Ströme und Kanäle sind Schifffahrtsstraßen, auf denen Güter transportiert werden. Fließgewässer sollen in vielen Gebieten die Landschaft entwässern. Sie dienen zur Wasserversorgung und zur Ableitung von Abwässern. Flüsse und Ströme sind auch Grenzen zwischen verschiedenen Staaten. *Stalin* hat zum Ende des zweiten Weltkrieges z.B. die Grenze zwischen Polen und Deutschland entlang der Oder und der Neiße festgelegt. Im Inland sind sie häufig Grenzen zwischen Ländereien, die verschiedenen Eigentümern gehören.

In vielen Religionen ist das Wasser Sinnbild des Reinen und Reinigenden. Die Christen taufen mit Wasser. Sinnbildlich wird die Seele gereinigt. Den Hindus gilt das Fließgewässer Ganges als Gottheit. Rituelle Waschungen reinigen die Seele. Die Asche der Toten wird der Gottheit Ganges übergeben.

Neben der Funktion als Trinkwasserspeicher dient das Grundwasser auch als Bewässerungswasser oder zur Versorgung der Industrie mit Brauchwasser. Steht Grundwasser oberflächennah an, prägt dieses Gewässer den Lebensraum an der Oberfläche. Moore als feuchte Lebensräume haben in der Vergangenheit die Landschaft in weiten Teilen Niedersachsens geprägt. In der nachfolgenden Tabelle 1 ist der Versuch unternommen worden, Anforderungen an Gewässergütekriterien dem Erfüllungsgrad von Gewässerfunktionen zuzuordnen. Daraus wird ersichtlich, dass

- die Funktion Lebensraum an alle drei Gütekriterien hohe Anforderungen stellt,
- einige Funktionen unabhängig vom Erfüllungsgrad von Gütekriterien sind,
- ein strukturarmer Zustand der Fließgewässer einige Funktionen besser erfüllt als ein strukturreicher.

Unter Bewirtschaftung werden hier alle Maßnahmen verstanden, die der Mensch mit dem Ziel ergreift, bestimmte Funktionen zu gewährleisten, welche die Gewässer, unter Berücksichtigung technischer, umweltrelevanter, ökonomischer und sozialer Gesichtspunkte erfüllen sollen.

3. Kriterien zur Bewertung der Gewässergüte

Oberflächengewässer werden in zunehmendem Maße als Lebensräume begriffen. Ein Lebensraum sollte eine vielfältige Lebensgemeinschaft beherbergen. Sie befindet sich dort, wo das Gewässer dem Zustand am nächsten kommt, den es ohne Einwirkung des Menschen einnehmen würde. Diese Aussage bezieht sich sowohl auf die Temperatur des Wassers als auch auf die Konzentration chemischer Inhaltsstoffe, wie auch auf die geometrische Struktur des Gewässers und die Landnutzung der angrenzenden Gewässeraue.

Tab. 1: Qualitative Zuordnung von Einflüssen von Gewässergütekriterien auf Gewässerfunktionen

Gewässerfunktion	Gewässergütekriterien		
	Struktur	chemische Gw.-Güte	biol. Gw.-Güte
Lebensraum	++	++	++
Trinkwasserspeicher	-	++	++
Sport u. Erholung	+	++	++
Schifffahrtsstraße	--	-	-
Entwässerung	--	-	-
Grenze	--	-	-
Religiöses Symbol	-	-	-

Erläuterung: ++ bedeutsam, - bedeutungslos, -- eine gute Noten für das Gütekriterium Struktur steht einem guten Erfüllungsgrad der Funktion entgegen.

Für die Bewertung des Lebensraumes Fließgewässer sind physikalische, chemische, biologische und strukturelle Indikatoren als Wertesysteme geschaffen worden. Bei der Einleitung von Kühlwässer in deutsche Fließgewässer wird z.B. gefordert, dass die Wassertemperatur als physikalischer Indikator im Fluss 28 °C nicht überschreiten sollte. Die chemischen Indikatoren wie Gehalte an Sauerstoff, Ammonium, Nitrat, Phosphat etc. im Wasser beziehen sich auf auch auf dessen Eignung, Pflanzen und Tieren eine geeignete Lebensgrundlage zu gewährleisten. Ein Maß für die Eignung gibt die Zuordnung der Konzentrationen dieser Stoffe zu vorgegebenen Güteklassen. In Tab. 2 sind beispielhaft sieben Klassen der chemischen Wassergüte bezogen auf Oberflächengewässer für verschiedene Indikatoren angegeben. Die Güteklasse I kennzeichnet einen Zustand, der sich im Allgemeinen ohne menschliche Einwirkungen in einem Fließgewässer einstellen würde. Die Klasse VII zeigt die größte Abweichung von einem solchen natürlichen Zustand.

Biologischen Indikatoren wie Kieselalgen, Zuckmückenlarven, Wimperntierchen etc. werden Zeigereigenschaften zugeordnet, die einen Gütezustand des Gewässers anzeigen. Ihr Vorkommen, die Zahl der Individuen pro Gewässerabschnitt und ihre Indikatoreigenschaft werden zu einem Wert aggregiert, dem sog. Saprobienindex. Die Saprobie ist ein Maß für die Intensität der Sekundärproduktion in einem Fließgewässer. Auch diese Werte werden in sieben Klassen eingeteilt. In der ersten Stufe, der sog. Oligosaprobie gibt es nur wenige Individuen, die ein Wasser mit hohem Sauerstoffgehalt, geringen Konzentrationen an Ammonium und geringen Gehalten an leicht abbaubaren organischen Substanzen vertragen.

Tab. 2: Beispiel für eine Klassifizierung der chemischen Gewässergüte von Fließgewässern

Stoff	Klassen						
	I	II	III	IV	V	VI	VII
O_2	> 8,5	> 8	> 6	< 5	< 4	< 2	> 2
NH_4-N	< 0,04	< 0,1	< 0,3	< 0,6	< 1,2	< 2,4	> 2,4
NO_3-N	< 1	< 1,5	< 2,5	< 5	< 10	< 20	> 20
o-PO_4-P	< 0,02	< 0,04	< 0,01	< 0,2	< 0,4	< 0,8	> 0,8

Mit wachsender Klassenzahl steigt die Zahl der Individuen pro Einheitslänge des betrachteten Flusse. Die Artenvielfalt nimmt zunächst mit wachsender Intensität der Saprobienstufe zu. In der siebten Stufe, der polysaproben Stufe, ist die Artenvielfalt jedoch wieder stark eingeschränkt. Es dominieren einige wenige Arten, die aber massenhaft auftreten. Das Wasser hat einen geringen Gehalt an gelöstem Sauerstoff. Fische können in einem solchen Wasser nicht mehr existieren. Der Ammoniumgehalt ist hoch, ebenfalls die Konzentration an abbaubaren organischen Substanzen gekennzeichnet durch den sog. biologischen Sauerstoffbedarf des Wassers in einer vorgegebenen Zeit.

Strukturelle Indikatoren charakterisieren im wesentlichen die Geometrie des Raumes (*Zumbroich* et al. 1999), in dem sich Wasser befindet. Als Hauptindikatoren werden herangezogen die Geometrie des Gewässerlaufs, die Gestalt von Quer- und Längsprofil, die Ausgestaltung des Gewässerbettes, der Ufer und der begleitenden Flussaue. Die Strukturgüteklasse 1 kennzeichnet im Allgemeinen eine reiche Gliederung bezüglich der Krümmungen des Gewässerlaufes, variabler Tiefen über die Breite des Flusses, der Ufer und eine Flussaue mit wechselhaftem Bewuchs. Auch die Strukturgüte eines Flussabschnittes erhält einen Wert zwischen 1 und 7 und damit eine Zuordnung in 7 Strukturgüteklassen. Die Klasse 7 würde einem Gewässer zuzuordnen sein, das sich kanalartig ohne Krümmungen mit gleichförmigen Querprofil und Gefälle, befestigten Ufern und bewirtschafteter Flussaue durch die Landschaft zieht.

Vielfalt an aquatischer Flora und Fauna setzt u.a. ein vielfältig strukturiertes Flussbett voraus. Querschnittsveränderungen und Mäander sorgen für unterschiedliche Strömungsgeschwindigkeiten. Langsamere und schnellere Strömungen wechseln sich auf kleinem Raum ab. Jede Nische ist im Laufe der Entwicklung des Lebens auf der Erde von unterschiedlichen Tier- und Pflanzenarten besetzt worden, die zusammen ein Wirkungsgeflecht von Produzenten (Algen und Pflanzen), Konsumenten (Tiere) und Destruenten (Kleinstlebewesen) bilden. Je mehr Nischen es gibt, desto größer die Artenvielfalt. Ein reich strukturierter Fluss mit vielen Mäandern, wechselnder Profiltiefe, veränderlichem Gefälle, variierendem Substrat an der Flusssohle, gegliederten Ufern und mit vielfältigem Bewuchs in der Flussaue hat viele Nischen und besitzt damit eine wesentliche Voraussetzung für Artenvielfalt in diesem System. In einem Kanal herrscht eine gleichförmige Strömung als Folge einer gleichförmigen Geometrie des Systems. Es herrscht Artenarmut.

Für die Bewertung der Güte der Stillgewässer wird der Trophiegrad herangezogen. Er ist ein Maß für die Intensität der Algenproduktion (Primärproduktion). Oligotrophe Gewässer sind solche mit einer geringen Produktion an Algen mangels Nährstoffe (Phosphat und Nitrat). Eutrophe Stillgewässer haben ein reichliches Nährstoffangebot. Entsprechend hoch ist die Produktion von Algen, deren Konsumenten und den folgenden Destruenten, welche die absterbenden Pflanzen und Tiere und deren Ausscheidungen verzehren. Stillgewässer in einem eutrophen Zustand bilden einen hoch produktiven Lebensraum (*Kummert/Stumm* 1992). Eine zu hohe Sauerstoffzehrung durch die darin enthaltenen Lebewesen gefährdet jedoch eine ihrer wichtigsten Lebensgrundlagen, den zum Leben notwendigen Gehalt an gelöstem Sauerstoff im Wasser. Gerät dieser Wert unter einen bestimmten Wert (< 4 mg/l), beginnt das Absterben der sauerstoffabhängigen Population. Landläufig wird dieser Übergang als Umkippen des Gewässers bezeichnet.

In Deutschland kommt ca. 75% des Trinkwassers aus dem Untergrund (*Mull/Holländer* 2002). Dem Grundwasser als Gewässer wird daher vornehmlich die Funktion eines Trinkwasserreservoirs zugeordnet. Für die Eignung des unterirdischen Gewässers als Trinkwasserressource dienen u.a. physikalische Indikatoren wie Leitfähigkeit, Temperatur und pH-Wert. Chemische Indikatoren sind die Gehalte vieler anorganischen und organischen Substanzen wie Nitrat oder Cadmium auf der einen Seite, chlorierte Chlorkohlenwasserstoffe und Pflanzenschutzmittel auf der anderen. Biologische Indikatoren sind u.a. ColiBakterien.

Die EU gibt Grenzwerte für Konzentrationen dieser Indikatoren vor, welche im Trinkwasser nicht überschritten werden dürfen. Während bei den Oberflächengewässern eine Skala von mehreren Güteklassen vorgegeben ist, schließt beim Grundwasser die Überschreitung des Grenzwertes eines Indikators die Nutzung als Trinkwasser aus. Qualitativ kann die Höhe einer solchen Überschreitung und die Anzahl der Parameter, deren Werte Grenzwerte überschreiten, als ein Maß für die Grundwassergüte herangezogen werden.

4. Entwicklung der Gewässergüte in Deutschland

Anfang der 1970er Jahre wurde z.B. der Rhein als Nachttopf Europas bezeichnet. Häusliche, gewerbliche und industrielle Abwässer hatten den Strom zu einem Abwasserkanal verkommen lassen. Entsprechende Zustände herrschten in vielen Flüssen. Damals wurde z.B. gesagt, dass die Leine Hannover wie ein Schwan betritt und als Schwein verlässt. Diese Wandlung hatte im Wesentlichen die Einleitung kommunaler Abwässer in die Leine aus der Niedersächsischen Landeshauptstadt bewirkt.

Schon weit vor dieser Zeit hat der Mensch die Struktur dieser Fließgewässer dramatisch verändert (*Kausch/Lozan* 1996). Aus natürlichen Flüssen mit vielen Mäandern, Altarmen, gegliederten Ufern und vielfach feuchten Flussauen wurde z.B. der Oberrhein von Basel bis Mannheim zu einer Art Kanal umgewandelt, der u.a. folgenden Kriterien genügen musste:

- schiffbar,
- ortsfeste Geometrie,
- nutzbare Flussaue.

Die Funktion als Wasserstraße setzt bestimmte Wassertiefen voraus. Schwankende Wassertiefen können durch Staustufen verhindert werden. Die Entfernungen zwischen den Häfen sollte möglichst gering sein. Viele Mäander standen diesem Ziel entgegen und wurden beseitigt. Weiter störte, dass während größerer Hochwässer sich Flussarme verlagerten. Damit veränderte sich z.B. die Grenze zwischen Deutschland und Frankreich am Oberrhein. Nur eine ortsfeste Geometrie des Flusslaufes garantierte in der Oberrheinebene eine ortsfeste Grenze zwischen den genannten Ländern. Ufer mussten daher befestigt werden.

In den Auen sollte landwirtschaftliche Nutzung und die Einrichtung urbaner und industrieller Ansiedlungen möglich gemacht werden. Darüber hinaus waren Aspekte des Hochwasserschutzes zu beachten. Bei all diesen Maßnahmen z.B. am Oberrhein ging Strukturreichtum in Strukturarmut über. Die oben zitierten Meldungen über die Zunahme der Fischarten im Rhein ist kritisch zu betrachten. Bei einem Vergleich der Anzahl der Fische pro lfd. Kilometer der Jahre 1800 und 2000 wäre der Unterschied augenfällig. So wie eine Schwalbe noch keinen Sommer macht, zeigt ein Lachs noch kein naturnahes Gewässer und damit einen artenreichen Lebensraum an.

Ein weiterer Grund für die Verringerung der Strukturvielfalt war z.B. in Norddeutschland die Entwässerung feuchter Gebiete und deren Umwandlung in landwirtschaftlich nutzbare Flächen. Überschüssiges Wasser musste aus diesen Gebieten möglichst schnell abgeleitet werden. Dazu eigneten sich besonders strukturarme Fließgewässer mit hydraulisch günstigem aber strukturarmem Querprofil.

In den großen Stillgewässern hatte ebenfalls die Einleitung von häuslichen Abwässern eine Tendenz von oligotrophen zu eutrophen Zuständen eingeleitet. Durch die Zufuhr von Phosphat wurde die Produktion von Algen initiiert und damit die gesamte Nahrungskette angestoßen. Phosphorverbindungen waren besonders in Waschmitteln vorhanden.

Durch die Entnahme von Ton, Sand und Kies aus dem Untergrund hat sich nach dem zweiten Weltkrieg die Zahl der Stillgewässer in Deutschland stark erhöht. Sog. Kiesteiche oder Tongruben entstanden, die sich mit Wasser füllten. Sie stehen im Allgemeinen mit dem Grundwasser in Verbindung. Stoffe, die sich im unterirdischen Wasser befinden, werden mit ihm in diese Gewässer transportiert. Dazu gehören auch die genannten Nährstoffe Phosphat und Nitrat.

Dem Grundwasser drohte aus verschiedenen Stoffquellen Ungemach. Nach dem zweiten Weltkrieg wurde in den alten Ländern der Bundesrepublik Deutschland zur Beheizung von Wohnungen, öffentlichen Gebäuden und Industriehallen statt Kohle zunehmend Heizöl verwendet. Tanks und Leitungen korrodierten. Diese Flüssigkeit trat aus diesen Behältern und Leitungen aus, drang in den Untergrund ein und gelangte vielerorts zum Grundwasser.

Die Intensivierung der Landwirtschaft schritt voran. Die zunehmende Düngung erhöhte die Erträge. Mitte der achtziger Jahre wurde in der Bundesrepublik Deutschland etwa doppelt soviel Stickstoff in den Boden durch die Düngung eingetragen, als die Nutzpflanzen aufnehmen konnten. Der Überschuss gelangte mit dem Sickerwasser in das Grundwasser. Einher ging eine Intensivierung der Viehhaltung auf den Weiden. Hinzu kam die Massentierhaltung. Die in den Massentierhaltungen anfallende Gülle wurde größtenteils auf Landflächen entsorgt und der organisch gebundene Stickstoff mineralisiert. Es entsteht Ammonium und durch Oxidation Nitrat. Zunehmende Nitratgehalte im Grundwasser bereiteten den Wasserversorgern Kopfzerbrechen. Vielfach wurde der Grenzwert für Trinkwasser von 50 mg/l in Grundwässern überschritten. Wasserwerke mussten stillgelegt werden.

Hinzu kam eine zunehmende Verwendung von Pflanzenschutzmitteln zum Schutz von Kulturpflanzen gegen Schädlingsbefall mit örtlich begrenzten negativen Folgen für die Grundwasserbeschaffenheit.

Ähnlich wie bei den Mineralölprodukten gerieten flüssige Chorkohlenwasserstoffe (CKW) aus defekten Tanks und Leitungen in den Untergrund. Diese Stoffe werden in großen Mengen für viele Prozesse in der Industrie verwendet. Sie dienen zur Reinigung von Textilien, zur Entfettung von Metalloberflächen bis hin zur Dekoffeinierung von Kaffee. Die Flüssigkeiten haben eine höhere Dichte als

Wasser und im Wasser eine hohe Löslichkeit. Die Flüssigkeiten können daher beim Auftreffen auf die Grundwasseroberfläche in das Grundwasser eindringen und vertikal durch den Grundwasserleiter fließen. Dabei lösen sie sich im Wasser. Schon $10 \mu g/l$ von diesen Stoffen im Wasser schließen die Nutzung als Trinkwasser aus. Diese Stoffe gehören in urban-industriellen Gebieten zu denen, welche die Grundwassergüte am stärksten beeinträchtigen.

Als Schadstoffquellen für die Beeinträchtigung der Grundwasserbeschaffenheit kommen weiter defekte Abwasserkanäle, Altablagerungen und Altstandorte in Betracht. In Gebieten, in denen die Grundwasseroberfläche zur Trockenlegung von Braunkohlentagebauen abgesenkt werden muss, werden hohe Sulfatgehalte und ein niedriger pH-Wert gemessen.

Gegenwärtig sind die sog. endokrinen Stoffe in das Visier der Hygieniker geraten. Sie resultieren hauptsächlich aus Medikamenten, die über u.a. die Toilettenanlagen entsorgt werden. Darunter befinden sich auch Hormonpräparate. Hier kommen Wirkstoffe in die aquatische Biosphäre, deren Wirkungen auf Organismen noch nicht hinreichend erforscht sind.

5. Maßnahmen zur Verbesserung der Gewässergüte

Auf dem internationalen Feld der Umweltpolitik ist auf der Konferenz der Vereinten Nationen für Umwelt und Entwicklung in Rio de Janeiro 1992 dem Schutz der Güte und Menge der Süßwasserressourcen auf dieser Erde das Kapitel 18 gewidmet. In der Europäischen Union ist in der Folge die Richtlinie zur Schaffung eines Ordnungsrahmens für Maßnahmen der Gemeinschaft im Bereich der Wasserpolitik entstanden, die im Jahre 2000 vom Europäischen Parlament verabschiedet wurde (*Europäische Union* 2000). Diese Aktivitäten sollen die Bemühungen der Legislative aufzeigen, die Gewässer nach Menge und Güte nachhaltig zu bewirtschaften.

In Deutschland ist das Wasserhaushaltsgesetz eine wesentliche Grundlage für die Gütebewirtschaftung der Gewässer. Das Abwasserabgabengesetz hat aber den wesentlichen Durchbruch zur Verminderung der Stoffeinleitungen in Oberflächengewässer gebracht. Das Bundesbodenschutzgesetz (*Holzwarth / Radtke / Hilger* 2000) flankiert diese Aktivitäten im Bereich der Stoffeinleitungen in das Grundwasser. Neben diesen wichtigen Gesetzen existiert eine weitere Fülle von Richtlinien, daraus resultierenden Verordnungen (z.B. Lagerverordnung) und technischen Anleitungen mit dem Ziel, die Gewässer vor einer Verschlechterung des Gütezustandes zu bewahren und Missstände zu beseitigen.

Im technischen Bereich sind die wesentlichen finanziellen Mittel in die Behandlung des Abwassers geflossen. Unter der Wirkung des Abwasserabgabengesetzes sind im kommunalen und industriellen Sektor umfangreiche Anlagen zur Behandlung von Abwasser gebaut worden, um vornehmlich die Einleitungen leichtabbaubarer organischer Verbindungen und Phosphor und Stickstoff in die Oberflächengewässer zu vermindern.

Im ersten Fall bilden die leicht abbaubaren organischen Stoffe Nahrung für die Destruenten. Dieses Angebot führt zu einer Vermehrung dieser Kleinstlebewesen und damit zu einer Sauerstoffzehrung im Wasser mit den bereits geschilderten Folgen. Im zweiten Fall wird die Primärproduktion angestoßen mit letztendlich denselben Folgen. Darüber hinaus wirken hohe Ammoniumkonzentrationen toxisch auf Fische.

Weiter wird versucht, defekte Abwasserleitungen zu reparieren, um das Austreten von Abwasser in den Untergrund zu verhindern. Altablagerungen und Altstandorte erfahren eine Sanierung, um die Ausbreitung grundwassergefährdender Stoffe in Gewässer zu minimieren (*Mull/Kunst/Müller* 1999). In der Landwirtschaft ist die Anwendung von Düngemitteln gegenüber dem Niveau von 1985 wesentlich gesenkt worden. Sowohl die Düngeverordnung als auch Aufklärungen über die Wirkungen eines zu hohen Stickstoffangebotes aber auch ökonomische Überlegungen haben zu dieser Trendwende geführt. Die Anwendung langlebiger Pflanzenschutzmittel wurde verboten und an ihre Stelle kurzlebige Substanzen entwickelt.

Besondere Beachtung erfährt in Deutschland der Schutz des für Trinkwasserzwecke zu verwendenden Wassers. In Trinkwassertalsperren z.B. werden alle Tätigkeiten im Bereich einer solchen Anlage untersagt, die zu einer Beeinträchtigung der Wasserqualität führen könnten. Für das Grundwasser wurde das sog. Schutzzonenkonzept eingeführt. Das Grundwasser, welches Brunnen zufließt, aus denen es gefördert wird, ist in der Umgebung der Brunnen durch zusickerndes Niederschlagswasser neugebildet worden. Diese Umgebung wird als Einzugsgebiet bezeichnet. Diese Einzugsgebiete werden ermittelt. In ihnen werden Nutzungsbeschränkungen derart verordnet, dass dort keine Tätigkeiten ausgeübt oder Anlagen errichtet werden dürfen, von denen eine Gefahr für die Grundwasser ausgehen könnte. Landwirten wird auferlegt, weniger Dünge- und Pflanzenschutzmittel zu verwenden. Ernteminderungen werden aus Mitteln ersetzt, die der Wassergebraucher zu zahlen hat.

6. Gegenwärtige Situation in Deutschland

Etwa 40% der Oberflächengewässer in Deutschland haben eine biologische Gewässergüte, die mit gut und besser bezeichnet wird; weitere 40% eine Güte, die befriedigend bis gut ist. Bezüglich der Strukturgüte können ca. ein Drittel der Fließgewässer mit naturnah bezeichnet werden. Ein weiteres Drittel mit naturfern. Das übrige Drittel liegt dazwischen. Fast alle größeren Stillgewässer in Deutschland liegen in ihrem Trophiegrad unterhalb des eutrophen Zustandes.

Etwa 65% des Grundwassers in Deutschland sind anthropogen so wenig beeinflusst, dass daraus Trinkwasser ohne aufwendige Aufbereitungsmaßnahmen gewonnen werden kann. In Deutschland existieren ca. 14 000 Grundwasserschutzgebiete mit einer Gesamtfläche von rund 17 000 km². Hier wird Vorsorge getroffen für den Schutz des zu nutzenden Grundwassers gegen Nachteilige Einflüsse auf die Grundwassergüte.

Probleme bereiten die Struktur der Fließgewässer, wenn die Lebensraumfunktion im Vordergrund der Betrachtung steht, die chemische Wassergüte vieler Oberflächengewässer und die Einleitung in Gewässer von endokrinen Stoffen, deren Wirkung auf menschliche, tierische und pflanzliche Organismen noch nicht abgeschätzt werden können.

Als Folge der Maßnahmen zur Minderung der Konzentrationen von Phosphor- und Stickstoffverbindungen in kommunalen und industriellen Abwässer ist der prozentuale Anteil an diesen Stoffen in den Oberflächengewässern, die aus dem ländlichen Raum stammen, immer höher geworden. Phosphorverbindungen werden gegenwärtig vornehmlich durch Niederschlagswässer in die Vorfluter transportiert, die auf Ackerflächen abfließen und am erodierten Material haften. Nitrat gelangt im Wesentlichen über das Grundwasser in die Vorfluter. Es stammt ebenfalls aus dem ländlichen Raum. Die Grenzkonzentration für Nitrat bezogen auf die chemische Gewässergüteklasse II beträgt 2,5 mg NO_3 –N (Tab. 2). In den meisten Fließgewässern wird dieser Grenzwert überschritten. Besonders im Winter bei hohen Grundwasserständen wird über die Entwässerungssysteme im ländlichen Raum viel Nitrat in die Fließgewässer eingetragen (*Mull/Holländer* 2002). Überschreitungen des Grenzwertes in norddeutschen Flüssen um den Faktor 2 bis 3 sind nicht ungewöhnlich.

7. Zu erwartende Entwicklung der Gewässergüte

Die Behandlung von kommunalen und industriellen Abwässern hat in Deutschland einen hohen technischen Stand erreicht. Weitere Verbesserungen der Reinigungsleistung könnten u.a. durch die Filtration erreicht werden. Die flächendeckende Einführung dieser Technik hätte jedoch zur Folge, dass die Kosten für die Abwasserreinigung stark ansteigen würden, ohne einen wesentlichen Effekt für die Güte der Fließgewässer zu bringen. Es wurde bereits darauf hingewiesen, dass der wesentliche Anteil an Stickstoff- und Phosphorverbindungen aus dem ländlichen Raum kommen. Daran wird sich auch in absehbarer Zeit wenig ändern. Durch die intensive Düngung ackerbaulich genutzter Standorte hat sich dort oberflächennah ein Phosphordepot gebildet, dass durch Erosion erst in Jahrzehnten abgetragen wird.

Der Stickstoffeintrag in die Oberflächengewässer wird sich nur langsam verringern. Die Fließgeschwindigkeiten im Grundwasser sind gering. In der Vergangenheit eingetragenes Nitrat in das Grundwasser hat dort eine lange Verweilzeit.

Es wird erst nach Jahrzehnten in die Oberflächengewässer austreten. Darüber hinaus wird ackerbaulich genutzten Standorten mit leichten Böden weiterhin Nitrat ins Grundwasser gelangen. Die Landwirte düngen auf eine bestimmte Ertragserwartung hin. Bei trockenem Wetter wird dieser Ertrag nicht erzielt. Stickstoff bleibt im Boden zurück und wird in den Wintermonaten zum Grundwasser hin ausgewaschen. Bei sehr feuchter Witterung oder starker Beregnung wird Stickstoff mit dem Sickerwasser aus der Wurzelzone schon in den Sommermonaten ausgetragen und gelangt zum Grundwasser. Darüber hinaus ist nicht zu erwarten, dass die intensive Viehhaltung auf den Weiden zurückgefahren wird.

Administrative Maßnahmen wie der Erlass der Gülle- und Düngeverordnungen und eine intensive Schulung der Landwirte haben zu einer Verminderung des Stickstoffeintrags in das Grundwasser geführt. Der relativ schnelle Austrag der oberflächennah im Grundwasser befindlichen Stickstoffverbindungen in die Oberflächengewässer im Winter und Frühjahr bei hohem Grundwasserstand ist zurückgegangen. Es bleibt aber zu bezweifeln, dass in absehbarer Zeit z.B. der Nitratgehalt in Oberflächengewässern flächendeckend unter den o.g. Grenzwert fällt.

Neben den häuslichen und industriellen Abwässern wird auch das Niederschlagswasser aus den Kommunen noch weitgehend in die Oberflächengewässer geleitet. Bei längeren Trockenperioden in den Sommermonaten führen die Flüsse Niedrigwasser. Bei hohen Temperaturen sind die Photosyntheseraten hoch, die Sauerstoffgehalte gering. Wenn in solchen Situationen durch Starkregen die Entlastungen der Mischwasserkanäle anspringen, kommen zusätzlich abbaubare organische Stoffe in die Oberflächengewässer. Die Population der Destruenten wächst explosionsartig an und damit die Sauerstoffzehrung. Es kommt zum Absterben der sauerstoffabhängigen Population. Stossartige Belastungen der Oberflächengewässer mit Stoffen aus der Regenwasserkanalisation können ebenfalls länger andauernde Schäden an der Biozönose anrichten. Wenige Tage nach einer solchen Stoßbelastung kann die chemische Beschaffenheit der Gewässer wieder in Ordnung sein. Die Biozönose leidet darunter aber längerfristig. Auch in diesem Fall ist nicht zu erwarten, dass in absehbarer Zeit tiefgreifende Maßnahmen im Bereich der Stadtentwässerung ergriffen werden, um solche Situationen zu vermeiden.

Noch weniger durchgreifende Maßnahmen zur Verbesserung der Gewässergüte werden bei der Struktur der Fließgewässer erwartet. Entlang der großen Ströme dominiert die Funktion als Wasserstraße. Die Interessen, die mit der Erhaltung und Verbesserung dieser Funktion verknüpft sind, stehen denen, die mit der Funktion eines Lebensraumes mit Biodiversität verbunden sind, entgegen. Dieser Interessenkonflikt wird z.B. bei der Diskussion über den Ausbau der Mittelelbe deutlich.

Bei den kleineren Fließgewässern verhindert die Bewahrung von Eigentum z.B., Uferbefestigungen zu entfernen, um dem Fluss die Möglichkeit zu geben zu mäandrieren. Darüber hinaus stellt ein stark mäandrierender Fluss eine Behinderung bei der Bewirtschaftung von Ackerflächen in Flussnähe dar. Weiter sind ökonomische Gründe anzuführen, welche einer schnellen Renaturierung der Fließgewässer entgegenstehen.

Die finanziellen Aufwendungen für die Behandlung des Abwassers tragen weitgehend die Wassernutzer. Solche Maßnahmen im Bereich der Struktur fällt weitgehend auf die Eigentümer zurück. Neben einem eingeschränkten Interesse an Renaturierungsmaßnahmen fehlt es zunehmend an finanziellen Mitteln zur Durchführung dieser Maßnahmen.

Mit Blick auf das Grundwasser wurde bereits hingewiesen, dass im ländlichen Raum die Verminderung der Stickstoffgehalte im Grundwasser bald einen Grenzwert erreicht hat, der nicht mehr unterschritten wird. Weiter ist zu beachten, dass es in Deutschland ca. 250 000 Altlastverdachtsflächen gibt. Würden davon nur 10% sanierungsbedürftig sein mit einem mittleren Kostenaufwand von 5 Mio. Euro pro Verdachtsfläche, ergäbe das eine Summe von 125 Mrd. Euro. Hier werden ökonomische Grenzen bei der Verhinderung von Stoffeinträgen ins Grundwasser oder bei der Grundwasserreinigung deutlich.

Eine ähnliche Situation ergibt sich im urbanen Bereich im Zusammenhang mit der Sanierung defekter Abwasserkanäle. Es wird geschätzt, dass sich in der Bundesrepublik ca. 100 000 km defekter Kanäle in öffentlicher und privater Hand befinden. Wird hier ein finanzieller Aufwand von 0,5 Mio. Euro pro km Länge angesetzt, ergibt das ein erforderliches Finanzierungsvolumen von 50 Mrd. Euro. Der zunehmend enger werdende finanzielle Spielraum der Kommunen lässt vermuten, dass der Zustand der Abwasserkanäle sich in den kommenden Jahrzehnten verschlechtern wird. Auf der einen Seite werden die Kommunen bemüht sein, defekte Abwasserkanäle zu orten und so weit als möglich zu reparieren. Damit wird dem Wasserhaushaltsgesetz genüge getan. Faktisch werden jedoch die finanziellen Mittel nicht ausreichen, den Abfluss von Abwasser in das Grundwasser zu unterbinden. In einem Forschungsprojekt, dass durch die Volkswagen-Stiftung finanziert wurde, konnte nachgewiesen werden (*Mull/Kunst/Müller* 1999), dass die Reparatur defekter Abwasserkanäle im Vergleich zu Maßnahmen zur Verminderung von Stoffeinleitungen in das Grundwasser im ländlichen Raum wenig kostenwirksam ist.

Auch bei der Sanierung von Grundwasserschäden, z.B. durch chlorierte Kohlenwasserstoffe, setzt sich immer mehr die Überzeugung durch, die Verminderung der CKW-Konzentrationen den Mikroben im Untergrund zu überlassen. Häufig angewendete technische Maßnahmen sind z.B. das Grundwasser an die Oberfläche zu pumpen, zu reinigen und dann wieder in den Untergrund einzuleiten. Diese Maßnahmen sind kostenträchtig und ebenfalls langwierig. Oberflächennahe Grundwässer in urbanen Räumen sind im Allgemeinen nicht für die Trinkwasserversorgung zu nutzen. Ihre Güte ist häufig derart beeinträchtigt, dass nur mit aufwendigen Maßnahmen das Rohwasser zu Trinkwasser aufbereitet werden kann. Darüber hinaus wären die Ausweisung der Einzugsgebiete als Trinkwasserschutzgebiete kaum durchführbar, da eine Nutzungseinschränkung in den Einzugsgebieten der Förderbrunnen den Interessen der Kommunen zuwider laufen würde. Tiefe Grundwässer in urbanen Räumen sind häufig durch wenig durchlässige Grundwasserhemmschichten gegen Verunreinigungen geschützt. Solche Wässer können für die Trinkwasserversorgung genutzt werden.

Aus diesen Betrachtungen ergeben sich folgende Schlüsse:

(1) Maßnahmen im legislativen, administrativen, technischen und pädagogischen Bereich zur Verbesserung der Gewässergüte in Deutschland haben in den vergangenen 30 Jahren einen beachtlichen Erfolg gezeigt. Durch die wesentliche Verbesserung der Wassergüte vornehmlich in Oberflächengewässern ist die Funktion dieser aquatischen Systeme als Lebensraum wesentlich verbessert worden.

(2) Defizite gegenüber einem guten Zustand ergeben sich vornehmlich aus Stoffzuflüssen aus dem ländlichen Raum und aus einer noch weitgehend mangelhaften Struktur der Fließgewässer.

(3) Einer weiteren schnellen Verbesserung der Fließgewässergüte in Richtung biodiverser Lebensraum stehen bezüglich der Struktur divergierende Interessen gegenüber. Besonders in den schiffbaren Fließgewässern ist eine durchgreifende Strukturverbesserung nicht zu erwarten.

(4) Eine weitere Verringerung der Stoffzufuhr in die Fließgewässer aus urbanen Gebieten würde zu erheblichen Kostensteigerungen bei den Wassernutzern führen, ohne wesentliche Verbesserungen der Wassergüte zu bewirken.

(5) Stoffzuflüsse aus dem ländlichen Raum zu Fließ- und Stillgewässern dominieren in Deutschland gegenüber solchen aus dem urban-industriellen Bereich. Wesentliche Verminderungen dieser Stoffzufuhren sind von dort in absehbarer Zeit nicht zu erwarten.

(6) Die Begrenzung der Stoffeinleitungen aus urban-industriellen Gebieten in die großen Seen haben zu einer Verringerung der Primärproduktion geführt und damit zu einer Verringerung der Gefahr des Übergangs zu einem polytrophen Zustand.

(7) Die Schutzzonenstrategie in Deutschland hat dazu geführt, dass ausreichend Grundwasser mit einer guten Beschaffenheit für die Trinkwasserversorgung zur Verfügung steht.

(8) Die Güte oberflächennaher Grundwässer in urbanen Gebieten wird in absehbarer Zeit keinen guten Zustand erreichen.

(9) Etwa 40% der Grundwasservorkommen in Deutschland sind bezüglich der Güte verbesserungsbedürftig. Veränderungen zum Positiven werden jedoch in der Zukunft nur geringfügig sein.

(10) Ein Drohpotential sind die sog. endokrinen Stoffe. Ihre vornehmlich mutagenen Wirkungen auf Organismen sind langzeitig. Noch wenig erforscht sind die Wirkungen in Abhängigkeit von den Konzentrationen dieser Stoffe im Wasser mit dem Parameter Zeit.

8. Internationale Aspekte

Die schon zitierte Wasserrahmenrichtlinie der Europäischen Union (2000) ist in der Bewertung der Gewässergüte in der Präzision hinter den Maßstäben zurückgeblieben, die in Deutschland erarbeitet wurden. Es werden für die Fließgewässer auch chemische, biologische und strukturelle Eigenschaften zur Bewertung herangezogen. Es fehlen aber präzise Modelle, nach denen Gütekennziffern ermittelt werden können. In allen Mitgliedsländern ist man jedoch bemüht, die Güte der Gewässer zu verbessern und gute Gewässerqualitäten gegen nachteilige Einflüsse zu schützen.

Bedenklich sind Entwicklungen in sog. Schwellenländern. Hier ist es bei den Fließgewässern weniger die Veränderung der Struktur als vielmehr die Stoffeinleitung, die Grund zur Besorgnis gibt. Auf der einen Seite ist man bemüht, hochwertige Produkte billig auf den Weltmärkten anzubieten. Billig produzieren bedeutet jedoch auch, Kosten für die Reinigung industrieller Abwässer zu sparen und das Abwasser unbehandelt den Gewässern zu übergeben. Viele Fließ- und Stillgewässer sind dadurch z.B. in Indien in polysaprobe (Fließgewässer) und polytrophe (Stillgewässer) Zustände übergegangen.

Hochbelastete Abwässer sickern vielerorts in den Untergrund und damit in das Grundwasser. Hier stehen Gerbereien mit an der Spitze als Verursacher von Grundwasserverschmutzungen. Salze zur Konservierung von Häuten und Schwermetalle (Chrom) in den Farben zur Färbung des Leders sind hier u.a. als gefährliche Stoffe zu nennen, die im Untergrund entsorgt werden. Aber auch Mineralöle und chlorierte Kohlenwasserstoffe gehören dazu. Darüber hinaus werden vielerorts noch Pflanzenschutzmittel verwendet, deren Gebrauch in Europa wegen ihrer Langlebigkeit verboten sind.

Ein wesentlicher Grund für diese besorgniserregenden Zustände ist die Preisgestaltung für den Bezug von Wasser. Die Wassernutzung in Haushalt und Industrie z.B. in Indien ist hoch subventioniert. Wasser kostet den Nutzer nichts. Im Vergleich zu Deutschland fehlen dadurch Einnahmen von den Wassernutzern, die für eine gute Wasserver- und -entsorgung verwendet werden könnten. Auch in diesen Ländern muss der Wert des Wassers und besonders der Wert des guten Wassers durch höhere Preise für die Wasserver- und -entsorgung deutlich gemacht werden.

Bezüglich Indien ist angesichts der Verschmutzung des Flusses Ganges durch Abwässer aller Art nur die vermeintlich psychische Reinigung bei einem Bad im Fluss geblieben. An die Stelle der physischen Reinigung ist faktisch eine Bedrohung der Gesundheit durch Schadstoffe getreten. Es ist auch fraglich, ob *Johannes der Täufer* seine Anhänger heute im Rinnsal Jordan getauft hätte.

Gewässer als Drohpotential wird immer dann den Menschen vor Augen geführt, wenn z.B. Hochwässer Leben fordern. Hochwässer sind kurzfristige spektakuläre Ereignisse mit Medienwirksamkeit. Die schleichende Verringerung des Genpotentials auf Erden und die Zerstörung einer gesunden Umwelt sind schleichende Wirkungen von menschlichen Tätigkeiten, welche die Menschheit bedrohen. Indirekt wird auch Deutschland trotz der Erfolge im eigenen Land bei der Verbesserung der Lebensbedingungen davon betroffen werden, wenn Menschen in ihrer Heimat und in ihrer Umwelt nicht mehr leben können oder wollen. Die Wassergütebewirtschaftung ist eine Herausforderung auf dem ganzen Globus. In diesem Kampf um bessere Lebensbedingungen geht es nicht nur um die Lösung lokaler und akuter Probleme. Globale Anstrengungen sind erforderlich. Das Problem ist hier jedoch, dass sehr unterschiedliche Sensitivitäten mit verschiedenen Wertmaßstäben bezüglich der angesprochenen Problematik bestehen.

9. Zusammenfassung

Für die Reinhaltung des Wassers in den verschiedenen Gewässern werden in Deutschland beträchtliche finanzielle Mittel eingesetzt. Die Güte des Wassers in verschiedenen Gewässern hat sich in Deutschland daher in den vergangenen 30 Jahren beachtlich verbessert. Die Güte von Gewässern wird jedoch nach verschiedenen Kriterien bewertet. Während die Gewässergüte in Deutschland nach chemischen und biologischen Kriterien einen befriedigenden bis guten Zustand erreicht hat, lässt die Struktur der Fließgewässer noch zu wünschen übrig.

Die Nährstoffzufuhr in die Oberflächengewässer kommt in Deutschland im Wesentlichen aus dem ländlichen Raum. Weitere kostenträchtige Maßnahmen zur Behandlung industrieller und kommunaler Abwässer haben daher kaum noch Einfluss auf die chemische Gewässergüte. Die Stoffzufuhr aus dem ländlichen Raum wird aber nur sehr langsam abnehmen. Bezüglich Nitrat wird z.B. in vielen Oberflächengewässern die Konzentration von 2,5 mg/l NO_3-N nicht unterschritten und damit das Kriterium für die chemische Gewässergüte gut nicht erreicht.

Der Verbesserung der Gewässerstruktur stehen divergierende Interessen gegenüber. Auch unter ökonomischen Gesichtspunkten ist mit einer schnellen Verbesserung der Struktur nicht zu rechnen. Während z.B. für die Behandlung von Abwässern alle Wassernutzer finanziell belastet werden, ist für die Verbesserung der Strukturgüte der Eigentümer am Gewässer zuständig. Aus verschiedenen Gründen ist das Interesse des Eigentümers nicht immer auf eine Strukturverbesserung gerichtet.

Bezüglich des Grundwassers steht in Deutschland für die Wasserversorgung ausreichend Wasser mit guter Qualität zur Verfügung. In urbanen Gebieten wird sich jedoch die Güte des oberflächennahen Grundwassers in absehbarer Zeit nicht durchgreifend verbessern. Die Reparatur defekter Abwasserkanäle oder auch Altlastensanierungen werden daran wenig ändern.

Während in Deutschland von einem befriedigenden Gewässergütezustand ausgegangen werden kann, bereitet die Beeinträchtigung der chemischen Gewässergüte in vielen Schwellenländern große Sorge.

Literaturverzeichnis

Bundesumweltministerium (1996, Hrsg.): Konferenz der Vereinten Nationen für Umwelt und Entwicklung im Juni 1992 in Rio de Janeiro, Agenda 21, Bonn.

Europäische Union (2000): Richtlinie 2000/60/EF des Europäischen Parlamentes und des Rates zur Schaffung eines Ordnungsrahmens für Maßnahmen der Gemeinschaft im Bereich der Wasserpolitik.

Holtzwarth, F./Radtke, H./Hilger, B. (2000): Bundesbodenschutzgesetz, 2.Aufl., Berlin.

Kausch, H./Lozán, J. L. (1996): Warnsignale aus Flüssen und Ästuarien, Berlin.

Kummert, R./Stumm, W. (1992): Gewässer als Ökosysteme, Stuttgart.

Mull, R. (2001): Instrumente zur Verbesserung der Gewässergüte auf dem Prüfstand, in: *Rengeling, H.-W./Hof, H.* (Hrsg.): Instrumente des Umweltschutzes im Wirkungsverbund, Baden-Baden, S. 235-252.

Mull, R./Holländer, H. (2002): Grundwasserhydraulik und -hydrologie, Berlin.

Mull, R./Kunst, S./Müller, U. (1999): Kosten-Wirksamkeit-Beziehungen im Gewässerschutz, Inst. f. Wasserwirtschaft, Hydrologie u. landw. Wasserbau, Universität Hannover, unveröffentlichter Abschlussbericht des gleichnamigen Forschungsvorhabens, 380 S.

Schleyer, R./Kerndorf, H. (1992): Die Grundwasserqualität westdeutscher Trinkwasserressourcen, VCH Weinheim.

Zumbroich, T./Müller, A./Friedrich, G. (1999): Strukturgüte von Fließgewässern, Berlin.

Die Besteuerung von Emissionen im internationalen Luftverkehr – Sachstand und Alternativen im Kontext des Kyoto-Protokolls

Henning Serger

1. Einführung

Seit den 70er Jahren des vorigen Jahrhunderts rückte das Phänomen des durch menschliche Einflüsse verstärkten Treibhauseffektes immer stärker in das Interesse der Wissenschaft und später auch der Öffentlichkeit. Im Laufe der Jahre entwickelte sich die Diskussion um den Treibhauseffekt und seine möglichen sozioökonomischen Folgen zu einem der wichtigsten umweltpolitischen Themen. Diese Entwicklung bildete die Basis für verschiedene politische Initiativen, die ihren ersten Höhepunkt in der Verabschiedung der Klimarahmenkonvention auf der UN-Konferenz für Umwelt und Entwicklung 1992 in Rio de Janeiro fanden. Die Klimarahmenkonvention bildet seither die völkerrechtliche Grundlage für internationale Maßnahmen zur Bekämpfung des anthropogen verursachten globalen Klimawandels. Durch die Klimarahmenkonvention wurde ein kontinuierlicher Verhandlungsprozess der Vertragsstaaten im Rahmen von Folgekonferenzen initiiert (COP – Conference of the Parties), welcher der Weiterentwicklung bzw. Ergänzung der Klimarahmenkonvention dient. Das Ziel der weiteren Verhandlungen bestand insbesondere darin, die in der Konvention vereinbarten Ziele zu konkretisieren und Strategien für ihre Umsetzung zu entwickeln. Dieser Verhandlungsprozess gestaltete sich sehr schwierig, da starke Interessengegensätze aufeinander trafen und die wissenschaftlichen Erkenntnisse über den Treibhauseffekt und seine Konsequenzen vielen Beteiligten als zu unsicher erschienen, um auf dieser Grundlage Entscheidungen mit weitreichenden Folgen für die Wirtschafts- und Gesellschaftssysteme zu treffen. Zahlreiche Teilnehmer am Verhandlungsprozess befürchteten erhebliche negative ökonomische Konsequenzen für ihre Volkswirtschaften, falls Maßnahmen zum Schutz des Klimas ergriffen würden. Vielfach wurden jedoch auch aus primär verhandlungstaktischen Gründen Bedenken an den Ergebnissen der Klimaforschung vorgeschoben, um ökonomische Einzelinteressen bestimmter Industriezweige und deren Besitzstände zu wahren. Die Klimaforschung konnte in den letzten Jahren erhebliche Fortschritte verzeichnen und die Existenz einer anthropogen verursachten globalen Erwärmung wird von fast allen Klimawissenschaftlern (bis auf ganz wenige abweichende Meinungen) als sicherer Stand der Forschung angesehen.[1] Diese Ergebnisse werden durch die beobachtete Entwicklung des Weltklimas in den letzten Jahren auch in sofern bestätigt, als dass der Prozess der globalen Erwärmung entgegen den allerersten Prognosen keine Entwicklung darstellt, die erst in den

---

[1] Vgl. hierzu ausführlich den aktuellen Bericht des *Intergovernmental Panel on Climate Change*, *IPCC* (2001).

kommenden Jahren oder Jahrzehnten eintreten wird, sondern dass dieser Prozess bereits in vollem Gange ist und erste Folgen, z.B. das häufigere Auftreten klimatischer Extremereignisse, bereits derzeit zu beobachten sind. Dies schlägt sich zunehmend auch in ökonomischen Daten nieder, wie z.B. in den Schadensverläufen der Versicherungs- und Rückversicherungsunternehmen, die einen erheblichen Teil der durch extreme Klimaereignisse wie Stürme und Flutkatastrophen verursachten Schäden tragen.[1]

Einen ersten Höhepunkt erreichten die Folgeverhandlungen zur Klimarahmenkonvention 1997 auf der dritten Vertragsstaatenkonferenz in Kyoto mit der Verabschiedung des Kyoto-Protokolls, in dem erstmals verbindliche Emissionsreduktionsziele für die Industriestaaten festgelegt wurden. Um diese Reduktionen möglichst kostengünstig durchführen zu können, wurde ferner die Einführung der unter dem Begriff der flexiblen Instrumente zusammengefassten drei Strategien für einen kosteneffizienten Klimaschutz beschlossen: der internationale Handel mit Emissionsrechten, Joint Implementation und der Clean Development Mechanism. Die Diskussion der Ergebnisse von Kyoto aus umweltökonomischer Sicht wurde sehr intensiv geführt, wobei jedoch trotzdem einige Aspekte bisher nicht ausreichend gewürdigt wurden. So führten beispielsweise die bereits erwähnten Interessengegensätze bei den Verhandlungen zum Kyoto-Protokoll u.a. auch dazu, dass man sich nicht auf die Einbeziehung der Emissionen aus dem internationalen Flugverkehr und der internationalen Seeschifffahrt in das Kyoto-Protokoll einigen konnte. Diese Emissionen sind somit nicht in dem im Kyoto-Protokoll verankerten Reduktionsziel von mindesten 5 % bis zum Verpflichtungszeitraum 2008 – 2012 gegenüber dem Basisjahr 1990 enthalten. Da jedoch insbesondere der internationale Flugverkehr in der Vergangenheit hohe Wachstumsraten verzeichnen konnte und auch für die zukünftige Entwicklung weiterhin ein starkes Wachstum prognostiziert wird, besteht die Gefahr, dass die im Kyoto-Protokoll vereinbarte Emissionsreduktion durch steigende Emissionen in der internationalen Luftfahrt zu einem erheblichen Teil kompensiert wird. Ferner ist die Integration der Emissionen aus dem internationalen Flugverkehr und der internationalen Seeschifffahrt in die flexiblen Instrumente nach dem Stand des Kyoto-Protokolls zunächst einmal nicht möglich. Diese Problematik und mögliche Lösungsalternativen sollen im folgenden näher untersucht werden.

2. Die Bedeutung des Luftverkehrs für die Treibhausgasproblematik

2.1 Emissionen von Treibhausgasen durch die Luftfahrt

Im heutigen Flugverkehr sind fast alle Verkehrsflugzeuge weltweit mit Triebwerken ausgestattet, die Kerosin als Treibstoff verwenden. Kerosin wird aus

---

[1] Vgl. *Münchener Rück* (2001), S. 14.

Kostengründen derzeit aus Erdöl gewonnen, es kann grundsätzlich jedoch mit deutlich höheren Gestehungskosten auch aus anderen fossilen Energieträgern wie Kohle oder Erdgas hergestellt werden. Als relevante Emissionen bei der Verbrennung von Kerosin sind Kohlendioxid (CO_2), Stickoxide (NO_x), Wasserdampf (H_2O), Schwefeloxide (SO_x), Schwefelsäure (H_2SO_4), Kohlenmonoxid (CO), flüchtige organische Verbindungen (VOC) und Ruß zu nennen. Die Emissionsmenge der bei der Verbrennung entstehenden Stickoxide steht nur indirekt in Zusammenhang mit der Menge des verbrannten Kerosins. Stickoxide entstehen bei sehr hohen Temperaturen in den Brennkammern. Je höher die Verbrennungstemperaturen sind, desto höher fallen tendenziell die Stickoxidemissionen aus. Da höhere Verbrennungstemperaturen aber oftmals zu einer Wirkungsgradverbesserung des Triebwerks führen (und damit zu geringerem Treibstoffverbrauch), kann es zu einem trade-off zwischen Stickoxidemissionen und Treibstoffverbrauch kommen. Die Menge der Emissionen von SO_x und H_2SO_4 steht in proportionalem Zusammenhang mit der Menge des verbrannten Kerosins, allerdings nur für einen fixen Schwefelgehalt desselben. Die Emissionen von Kohlendioxid und Wasserdampf sind direkt proportional zur verbrannten Kerosinmenge.[1] In bezug auf den globalen Treibhauseffekt sind von den bei der Verbrennung von Kerosin auftretenden Emissionen Kohlendioxid, Stickoxide und Wasserdampf von primärer Bedeutung

Im Gegensatz zu anderen Emissionen des Luftverkehrs verteilt sich Kohlendioxid sehr gut in der Atmosphäre, so dass die geographische Position und Höhe seiner Freisetzung zu vernachlässigen sind. Die Kohlendioxid-Emissionen der Luftfahrt sind somit diesbezüglich in isolierter Betrachtung äquivalent zu anderen anthropogenen Kohlendioxid-Emissionen.[2] Der Beitrag des Kohlendioxids zum Treibhauseffekt ist darüber hinaus sehr gut erforscht und somit sicherer einzuschätzen als die Auswirkungen der anderen luftverkehrsbedingten Emissionen. Bei den Stickoxiden sind die Einflüsse differenzierter: Stickoxide führen in der oberen Troposphäre und unteren Stratosphäre zu einer Erhöhung des dort zwar relativ kurzlebigen, aber besonders effektiven Treibhausgases Ozon. Der zivile Unterschallverkehr liefert mit seinen Stickoxid-Emissionen nach heutigem wissenschaftlichen Kenntnisstand keinen Beitrag zum Ozonabbau (im Gegensatz zum Überschallverkehr auf sehr hohen Flugrouten). Es bestehen noch offene Fragen hinsichtlich der Transportvorgänge von der Troposphäre in die Stratosphäre und der Wirkung einzelner Schadstoffe wie Schwefelaerosole oder Rußpartikel. Stickoxide reduzieren jedoch andererseits die Konzentration des Treibhausgases Methan in der Atmosphäre und somit auch den Treibhauseffekt. Diese Wirkung ist aber schwächer ausgeprägt als die ozonbildende Wirkung der Stick-

---

[1] Vgl. *IPCC* (1999), S. 254-260; *Bleijenberg/Wit* (1998), S. 18.
[2] Vgl. *IPCC* (1999), S. 21.

oxide, so dass der Saldo beider Wirkungen einen eindeutig positiven Beitrag zum Treibhauseffekt darstellt.[1]

Durch die Wasserdampfemissionen der Flugzeuge wird im Flugniveau die atmosphärische Wasserdampfkonzentration nur geringfügig erhöht. Bei den heutigen Reiseflughöhen von unter 14 km ist die direkte Wirkung durch Strahlungsabsorption von zusätzlichem Wasserdampf auf die Atmosphäre vernachlässigbar gering. In Simulationen mit einem globalen Zirkulationsmodell zeigte sich selbst bei einer Steigerung des Wasserdampfeintrages um den Faktor 100 kein signifikanter Klimaeffekt. Erst bei einem Faktor von 10000 war eine deutliche Klimaveränderung in den Simulationen erkennbar. Einen größeren Einfluss auf das Klima hat nach derzeitigem Forschungsstand die Bildung von Kondensstreifen. Durch emittiertes Wasser aus den Flugzeugtriebwerken wird die Bildung von Kondensstreifen angeregt, die bei geeigneter Hintergrundwasserdampfkonzentration langlebig sein können und schließlich in eine normale Cirrusbewölkung übergehen, wodurch es zu signifikanten Modifikationen der lokalen Strahlungsbilanz kommen kann.[2] In einigen Regionen der Erde werden Wasseremissionen in mindestens 9 km Flughöhe stets, in anderen Regionen mit hoher Wahrscheinlichkeit Kondensstreifen erzeugen. Die Abhängigkeit dieses Effektes von der Temperatur bedeutet allerdings, dass ein Klimawandel durch die anthropogen verursachte Erwärmung das relevante Höhenband ausweiten kann, denn für einen solchen Wandel wird ein Sinken der Temperaturen in der unteren Stratosphäre erwartet.[3] Die Forschungsergebnisse zur Kondensstreifenbildung sind insgesamt noch mit Unsicherheiten behaftet. Die bisherigen Ergebnisse deuten jedoch darauf hin, dass die Kondensstreifenbildung das Potential zu einer signifikanten Veränderung des Klimas hat.[4]

Nach heutigem Forschungsstand tragen Flugzeuge aufgrund der komplexen Wirkung ihrer Schadstoffe – Kohlendioxid-Emission, Ozonproduktion und Kondensstreifenbildung – stärker zu einer anthropogenen Klimaänderung bei als andere Kohlendioxid-Emittenten. Als Maßeinheit für die Abbildung dieser Wirkungen hat sich, trotz noch bestehender wissenschaftlicher Unsicherheiten, der Radiative Forcing Index (RFI) etabliert. Er gibt die gesamte Erwärmungswirkung der Flugzeugemissionen im Verhältnis zu einer alleinigen Kohlendioxid-Emission an. Die direkten und indirekten Klimawirkungen aller bei der Kerosinverbrennung im Triebwerk entstehenden Emissionen werden berücksichtigt und zu der Wirkung von Kohlendioxid ins Verhältnis gesetzt. Das Intergovernmental Panel on Climate Change (IPCC) legt für seine Berechungen für den aktuellen technischen

---

[1] Vgl. *Deutsche Bundesregierung* (1997), S. 7; *IPCC* (1999), S. 23, 36-40; *Sausen/Nodorp/Land/ Deidewig* (1996), S. 19-21.
[2] Vgl. *Sausen/Nodorp/Land/Deidewig* (1996), S. 17-18.
[3] Vgl. *Fransen/Jouke* (1994), S. 56-57.
[4] Vgl. *IPCC* (1999), S. 67-68; *Sausen/Nodorp/Land/Deidewig* (1996), S.18-19.

Stand der derzeit bestehenden internationalen Flugzeugflotte einen RFI von 2,7 zugrunde. Dies bedeutet, dass der globale Erwärmungseffekt durch die Gesamtemissionen des Luftverkehrs 2,7 mal höher ausfällt als die nur durch die Kohlendioxid-Emissionen des Luftverkehrs verursachte Erwärmung. Aufgrund der komplexen Wirkung der Flugzeugemissionen und der überdurchschnittlich hohen Wachstumsraten des Luftverkehrs übertrifft die Wachstumsrate der Flugzeugemissionen die mittlere Wachstumsrate der Kohlendioxid-Äquivalent-Emissionen. Der aktuelle Anteil des Sektors Luftverkehr an der gesamten anthropogen verursachten globalen Erwärmung wird auf ca. 4 % geschätzt.[1]

2.2 Die Entwicklung des internationalen Luftverkehrsaufkommens

Der internationale Luftverkehr konnte in den letzten Jahrzehnten sehr hohe Wachstumsraten verzeichnen, er ist wesentlich stärker als andere Verkehrsträger gewachsen. So hat z.B. der Personenluftverkehr seit 1960 ein Wachstum von durchschnittlich 9 % jährlich verzeichnet.[2] Das Wachstum der gesamten Lufttransportleistung im gleichen Zeitraum übertraf das Wachstum des weltweiten Bruttoinlandsprodukts um das sechsfache.[3] Die bisher beobachteten hohen Wachstumsraten sind insbesondere darauf zurückzuführen, dass sich, impliziert durch einen relativ stark ausgeprägten technischen Fortschritt in der Luftfahrt, eine signifikante Kostendegression vollziehen konnte, die zu einer überdurchschnittlichen Nachfragesteigerung nach Lufttransporten geführt hat.[4]

Bei einer regional differenzierten Analyse des Luftverkehrswachstums lassen sich deutliche Unterschiede in den Wachstumsraten identifizieren, die auf einen engen Zusammenhang zwischen wirtschaftlicher Entwicklungsstufe eines Landes einerseits und dem Verhältnis von Luftverkehrswachstum und Wirtschaftswachstum andererseits schließen lassen.[5] Dieser Zusammenhang ist insbesondere für zukünftige Prognosen wichtig, da insgesamt zwar im weltweiten Durchschnitt mit weiterhin hohen Wachstumsraten gerechnet wird, die jedoch insgesamt nicht mehr das Niveau der vergangenen Jahrzehnte erreichen werden, in bestimmten Regionen jedoch tendenziell von einer gewissen Sättigung der Nachfrage und einem Strukturwandel ausgegangen wird. Die Schätzungen zukünftiger Wachstumsraten wurden und werden mit unterschiedlichen Methoden und Erkenntniszielen betrieben. Sie dienen oftmals als Grundlage für die betriebswirtschaftliche Langfristplanung und decken somit häufig nur bestimmte, für den Adressaten der Prognose relevante Segmente des internationalen Luftverkehrs ab. So betrachten z.B. Flugzeugproduzenten die Entwicklung des globalen Absatzmarktes für Neu-

---

[1] Vgl. *IPCC* (1999), S. 188, 200.
[2] Vgl. *Europäische Kommission* (1999), S. 5.
[3] Vgl. *IPCC* (1999), S. 296.
[4] Vgl. *OECD* (1997a), S. 19-20.
[5] Vgl. *IPCC* (1999), S. 297.

flugzeuge, wogegen ein Flughafenbetreiber sich auf die Analyse der für ihn relevanten Parameter wie Nachfrage nach Starts und Landungen, Abfertigung, Anbindung an die lokale Verkehrsinfrastruktur etc. konzentriert.[1] Diese Prognosen wurden in den neunziger Jahren zunehmend durch globale Prognosen ergänzt. Als zentrale Einflussfaktoren, die in diesen globalen Szenarien Berücksichtigung fanden, sind insbesondere die folgenden zu nennen:[2]

- die Entwicklung des Bruttoinlandsprodukts, des privaten Verbrauchs, des Außenhandels, die Zahl der Urlaubstage
- die demographische Entwicklung
- die verkehrs- und umweltpolitischen Rahmenbedingungen
- die energiewirtschaftlichen Rahmenbedingungen (Angebot und Nachfrage nach Kerosin sowie die daraus resultierende Preisentwicklung)
- die gesellschaftliche Akzeptanz des Luftverkehrs (Veränderung des Umweltbewusstseins, Veränderung des Nachfrageverhaltens durch Ereignisse wie die Terroranschläge des 11.09.2001)
- die Strategien der Luftverkehrsgesellschaften (Drehkreuzproblematik, Billigfluglinien) und der Flughäfen (Start- und Landegebühren)
- Wettbewerb mit den Landverkehrsträgern (Preis- und Reisezeitrelationen)
- die Implementierung neuer Verkehrssysteme und -technologien (z.B. Transrapid)
- neue Telekommunikationstechniken und
- der ordnungspolitische Rahmen.

Einige der genannten Faktoren lassen sich nicht oder nur sehr unzureichend quantifizieren und können der Prognose nur als qualitative Prämisse oder Arbeitshypothese vorgegeben werden. Dies gilt z.B. für die ökologischen Implikationen des Luftverkehrs (klimarelevante Emissionen, sonstige Luftschadstoffe, Fluglärm). Da bei dem derzeitigen Stand der Technik und den aktuellen umweltpolitischen Rahmenbedingungen nicht zu erwarten ist, dass sich in den nächsten 15 – 20 Jahren bahnbrechende technologische Innovationen bei der Flugzeugantriebstechnik durchsetzen werden (z. B. Substitution von Kerosin durch Wasserstoff oder drastisch verringerte Lärmemissionen), ist auf absehbare Zeit nicht von einer Verbesserung des Luftverkehrsimage auszugehen. Dieser Umstand dürfte einen leicht restriktiven Einfluss auf das Luftverkehrswachstum haben. Positive Auswirkungen auf das zukünftige Luftverkehrswachstum werden dagegen mit großer Wahrscheinlichkeit von einer weiteren Liberalisierung des Luftverkehrs

---

[1] Vgl. *OECD* (1997b), S. 48-49.
[2] Vgl. *Umweltbundesamt* (2001), S. 65-66.

ausgehen. Die bisher erfolgte Liberalisierung hat zu einem starken Druck auf die Luftverkehrstarife geführt, wodurch das Wachstum des Luftverkehrsaufkommens erheblich begünstigt wurde. Es ist davon auszugehen, dass die weltweite Liberalisierung des Luftverkehrsmarktes sich auch zukünftig fortsetzt und der Druck auf die Luftverkehrstarife anhält, wodurch auch die preisliche Wettbewerbsfähigkeit gegenüber alternativen Verkehrsträgern in Zukunft wahrscheinlich erhalten bleiben wird.[1] In Europa und speziell in Deutschland hat sich ein weiterer wichtiger nachfragewirksamer Trend etabliert: Durch neue Angebote der Fluggesellschaften an die Kunden im Segment der preiswerten Kurz- und Mittelstreckenflüge (günstige Preise durch eingeschränktes Serviceangebot, Buchung nur über das Internet, Verbindungen von Regionalflughäfen aus) hat sich die Wettbewerbsfähigkeit des Luftverkehrs gegenüber der Bahn und dem Auto in jüngster Zeit deutlich verbessert und zu einer Zunahme des Passagieraufkommens geführt. Inwieweit sich dieser Trend mittelfristig fortsetzt, wird nicht zuletzt von der Reaktion des Hauptwettbewerbers Bahnverkehr in diesem Bereich und den umweltpolitischen Rahmenbedingungen abhängen. Die Deutsche Bahn hatte beispielsweise vermehrt Kunden an den Inlandsflugverkehr verloren und im Sommer 2003 mit einem neuen Preissystem und veränderten Serviceangeboten reagiert. Auch sind auf politischer Ebene die Stimmen wieder lauter geworden, die die Steuerbefreiung des Kerosins abschaffen wollen, um die Nachfrage nach Kurzstreckenflügen zu dämpfen und die Attraktivität des alternativen Verkehrsträgers Bahn zu erhöhen.

Mit Unsicherheiten sind auch die Zusammenhänge zwischen Luftverkehr und der Entwicklung der Telekommunikationstechnologien behaftet. Insgesamt ist das Wachstum der Luftverkehrsleistungen auch als ein Ergebnis der zunehmenden räumlichen und funktionalen Differenzierung in Wirtschaft und Gesellschaft sowie der zunehmend international ausgerichteten Produktionsstrukturen einschließlich der Beschaffungs- und Absatzmärkte anzusehen. Diese Prozesse werden durch Telekommunikationstechniken erheblich begünstigt bzw. z.T. sogar erst ermöglicht. Es ist daher davon auszugehen, dass neue Telekommunikationstechnologien tendenziell eher eine stimulierende Wirkung auf die geschäftliche Luftverkehrsnachfrage haben. Bei den Privatreisen sind keine Substitutionswirkungen zu erwarten.[2]

In den neunziger Jahren sind eine Vielzahl von Langfristprognosen über die Entwicklung des internationalen Luftverkehrsaufkommens erstellt worden, die alle zu dem Ergebnis kommen, dass auch in Zukunft hohe Wachstumsraten zu verzeichnen sein werden.[3] Die prognostizierten Wachstumsraten für den Passagierluftverkehr der nächsten zwei Jahrzehnte liegen alle in einer Bandbreite von

---

[1] Vgl. *Umweltbundesamt* (2001), S. 66.
[2] Vgl. *Umweltbundesamt* (2001), S. 66-67.
[3] Vgl. *Airbus* (1997); *Airbus* (1998); *Boeing* (1998); *Douglas* (1995); *Umweltbundesamt* (2001), S. 68-81.

4 – 5 % p.a. Für den Luftfrachtverkehr wurde ein noch stärkeres Wachstum mit Raten von 5,5 – 7 % p.a. ermittelt. Regional sind deutliche Unterschiede in den prognostizierten Wachstumsraten zu verzeichnen. Während für den Flugverkehr auf dem asiatischen Kontinent und von Europa nach Asien ein überproportionales Wachstum erwartet wird, ist auf den Nordatlantikrouten zwischen Nordamerika und Europa sowie auf dem nordamerikanischen Kontinent mit geringeren Zuwachsraten zu rechnen.

Für eine Bewertung der aus dieser zukünftigen Entwicklung resultierenden Umweltbelastung müssen neben den Wachstumsraten noch weitere Faktoren berücksichtigt werden. Die zentralen Einflussfaktoren stellen

- die technologische Weiterentwicklung der Triebwerke,
- die Weiterentwicklung des Flugzeugkörpers (Aerodynamik, Gewicht),
- der Einsatz alternativer Treibstoffe,
- die Flottendurchdringung neuer Technologien,
- das Flugroutenmanagement und
- die durchschnittliche Kapazitätsauslastung

dar. In den letzten Jahrzehnten haben sich durch Wirkungsgradoptimierungen im Triebwerksbereich die spezifischen Treibstoffverbräuche und die spezifischen Abgasemissionen der Triebwerke ständig verbessert. Seit den sechziger Jahren sind die spezifischen Kohlendioxid-Emissionen um ca. 50 %, die Kohlenmonoxid-Emissionen um ca. 70 % und der Ausstoß unverbrannter Kohlenwasserstoffe um ca. 90 % zurückgegangen.[1] Die Verringerung des spezifischen Treibstoffverbrauchs wurde in der Vergangenheit und wird auch in der Zukunft durch die Verfolgung des Ziels geringerer direkter Betriebskosten vorangetrieben. Für die nächsten 15 Jahre werden Effizienzverbesserungen im Treibstoffverbrauch von durchschnittlich ca. 1 – 1,3 % pro Jahr prognostiziert.[2] Da die Kohlendioxid- und Wasserdampf-Emissionen proportional zum Treibstoffverbrauch sind, muss zur Abschätzung dieser Emissionen in der Zukunft von den prognostizierten Wachstumsraten des Passagier- und des Luftfrachtverkehrs (4-5 % bzw. 5,5-7 %) die Rate der durchschnittlichen jährlichen Effizienzsteigerung abgezogen werden. Selbst wenn vereinfachender Weise nur von dem geringsten Wachstumswert (unter Berücksichtigung der Effizienzsteigerungen) von 2,7 – 3 % p.a. ausgegangen wird,[3] stellen die Kohlendioxid-Emissionen des Flugverkehrs unter allen Kohlendioxid-Emittenten den Sektor mit den höchsten Wachstumsraten dar. Daraus resultiert, sofern keine weitergehenden emissionsmindernden Maßnahmen einge-

---

[1] Vgl. *Deutsche Bundesregierung* (1997), S. 8.
[2] Vgl. *IPCC* (1999), S. 302.
[3] Für die Klimawirksamkeit müssen diese Werte noch mit dem RFI multipliziert werden, vgl. Kap. 2.1.

leitet werden, dass der Flugverkehr in den nächsten 15 – 20 Jahren den Straßenverkehr mit seiner ebenfalls steigenden Emissionstendenz überholen und der Verkehrsträger mit den höchsten Treibhausgas-Emissionen sein wird. Zudem verschärft der ausgeprägte Wachstumstrend des internationalen Luftverkehrs nicht nur die Klimaproblematik, sondern auch die Kapazitätsengpässe der Luftverkehrsstraßen und Flughäfen.

3. Die Problematik der Luftverkehrsemissionen im Kontext des Kyoto-Protokolls

3.1 Die Luftverkehrsthematik im Kyoto-Protokoll

Im Kyoto-Protokoll wird im Artikel 2.2 auf die Thematik der Emissionen aus den in der internationalen Luftfahrt und Seeschifffahrt verwendeten Treibstoffen (sog. „Bunkertreibstoffe") Bezug genommen: „The Parties included in Annex I shall pursue limitation or reduction of emissions of greenhouse gases not controlled by the Montreal Protocol from aviation and marine bunker fuels, working through the International Civil Aviation Organisation and the International Maritime Organisation, respectively."[1] Die Emissionen aus diesem Bereich fallen somit vorerst nicht[2] unter das Emissionsreduktionsziel des Kyoto-Protokolls[3]. Die Thematik wird durch das Protokoll an andere internationale Organisationen verwiesen. Die Vertragsparteien sollen ihre Bemühungen um eine Begrenzung und Reduzierung der Emissionen aus Bunkertreibstoffen im Rahmen der Internationalen Zivilluftfahrt-Organisation (ICAO) und der Internationalen Seeschifffahrts-Organisation (IMO) fortsetzen (den beiden bedeutendsten internationalen Gremien in diesen Bereichen). Der Bedarf an internationaler politischer Koordinierung ist in dem Bereich der Bunkertreibstoffe besonders groß, da die in der Luftfahrt und Seeschifffahrt tätigen Unternehmen einem starken internationalen Wettbewerbsdruck ausgesetzt sind. Die Regierungen haben deshalb bei einer rein nationalen Begrenzung der Bunkertreibstoff-Emissionen mit erheblichen Widerständen und politischen Schwierigkeiten zu kämpfen. Aufgrund ihrer internationalen Bedeutung und dem Auseinanderfallen von Betankungs- und Emissionsorten sowie der Schwierigkeiten der verursachergerechten Zuordnung von Emissionen zu Nationalitäten beim internationalen Fracht- und Personentransport erfolgt die in der Klimarahmenkonvention vorgeschriebene Berichterstattung für diese Emissionen in den Treibhausgasinventaren getrennt. Sie zählen nicht zu

---

[1] *FCCC* (1997), S. 9.

[2] Eine Integration im weiteren Verhandlungsprozess der Vertragsstaatenkonferenzen im Verlauf der nächsten Jahre ist grundsätzlich möglich. Die rein nationalen Emissionen aus dem Inlandsflugverkehr werden erfasst und unterliegen dem Emissionsreduktionsziel.

[3] Im Kyoto-Protokoll zur Klimarahmenkonvention sind für die in Annex B aufgeführten Industrieländer rechtsverbindliche, differenzierte Reduktions- bzw. Begrenzungsziele für einen Korb von vier Gasen (CO_2, CH_4, N_2O, SF_6) und zwei Gruppen fluorierter Gase festgelegt, die im Verpflichtungszeitraum 2008-2012 zu einer Emissionsminderung von mindestens 5 % führen sollen.

den Emissionen eines Landes. Aus diesem Grund besteht für ein einzelnes Land derzeit kein Anreiz, diese Emissionen zu reduzieren.

Der Frage der Zuordnung der Emissionen kommt in dem Kontext möglicher Reduktionsziele bei den Bunkertreibstoffemissionen die zentrale Bedeutung zu. Eine diesbezügliche Einigung konnte weder in den vorbereitenden Verhandlungen noch auf der Kyoto-Konferenz selbst erzielt werden. Die Verlagerung dieser Fragen auf die ICAO und IMO ist letztlich Ausdruck des Scheiterns der Verhandlungen zu diesem Themenkomplex, die durch das Aufeinandertreffen sehr gegensätzlicher Interessen geprägt waren. Im Rahmen der Vorbereitung der dritten Vertragsstaatenkonferenz in Kyoto erfolgten Vorarbeiten auf der Ebene des Subsidiary Body for Scientific and Technological Advice (SBSTA), der ein Unterstützungsorgan in wissenschaftlichen und technologischen Fragestellungen für die Vertragsstaatenkonferenz darstellt. Vom SBSTA wurden zunächst acht Zuordnungsalternativen für die Emissionen der Bunkertreibstoffe vorgestellt:[1]

(1) Keine Zuteilung, Erhalt des Status quo.

(2) Zuteilung im Verhältnis zu den nationalen Emissionen.

(3) Zuteilung zu dem Land, in dem der Bunkertreibstoff verkauft wird.

(4) Zuteilung zu dem Land des Transportunternehmens, dem Land der Zulassung des Flugzeuges bzw. Schiffes oder dem Land des Betreibers.

(5) Zuteilung zu dem Ausgangs- oder Bestimmungsland des Flugzeugs/Schiffes oder eine Aufteilung zwischen den beiden.

(6) Zuteilung zu dem Ausgangs- oder Bestimmungslands des Passagiers bzw. der Fracht oder eine Aufteilung zwischen den beiden.

(7) Zuteilung nach Ursprungsland des Passagiers/der Fracht.

(8) Zuteilung nach Ort der tatsächlichen Emission.

Von diesen acht Möglichkeiten wurden die Alternativen Nr. 2, 7 und 8 verworfen.[2] Die Vertragsparteien konnten sich nicht auf eine der verbleibenden Optionen einigen, die Interessengegensätze waren zu stark. So würden je nach gewählter Alternative verschiedene Länder bei der Einhaltung ihrer Reduktionsverpflichtung stärker betroffen sein als andere. Prominentes Beispiel sind die Niederlande, die über bedeutende Drehscheiben des internationalen Luft- und Seeverkehrs verfügen. So beträgt der Anteil der Bunkertreibstoff-Emissionen aus inländischen Verkäufen an der gesamten nationalen niederländischen Kohlendioxid-Emission fast 25 %. Auch Island (ca. 15 %), Belgien (ca. 14 %), Neuseeland und Dänemark (beide ca. 10 %) sind von dieser Problematik überproportio-

---

[1] Vgl. *FCCC* (1996a), S. 11.
[2] Vgl. *FCCC* (1996b), S. 12.

nal betroffen (bei den meisten Industrieländern liegt dieser Wert unterhalb von 5 %).[1] Die Möglichkeiten dieser Länder, durch nationale Maßnahmen diese Emissionen zu begrenzen, sind durch EU-Recht[2] bzw. internationale Abkommen z.T. erheblich eingeschränkt. Die Richtlinien der ICAO, welche die Grundlage vieler bilateraler Luftverkehrsabkommen bilden, schließen beispielsweise eine einseitige Besteuerung von Treibstoffen aus.[3]

Unter Ausblendung der Verhandlungsprobleme und unter Fokussierung auf das Allokationsproblem bei den Emissionen stellt aus umweltökonomischer Sicht eine Variante der Alternative 6 die unproblematischste Lösung unter den bisher im Verhandlungsprozess diskutierten Alternativen dar: Die gleichmäßige Aufteilung der Emissionen zwischen dem Ausgangs- und endgültigen Bestimmungsland[4] des Passagiers bzw. der Fracht. Eine Aufteilung zu gleichen Teilen erfolgt aus Gründen der Operationalisierbarkeit, da eine Zuteilung auf Nutzenbasis wenn überhaupt dann nur mit einem unverhältnismäßig hohen Aufwand möglich wäre. Transportintermediäre wie Fluggesellschaften oder Reedereien aus Drittländern werden nicht benachteiligt, gleiches gilt für die Hafen- und Flughafenbetreiber in Transitländern (Verkehrsdrehscheiben). Es resultieren aus dieser Allokationsregel keine Wettbewerbsverzerrungen für die Anbieter von Transportleistungen. Das Verursacherprinzip kommt voll zum Tragen. Die Emissionen werden den Ländern gemäß ihren Anteilen am internationalen, per Luft-/Seeverkehr durchgeführten Güter- und Faktoraustausch zugeordnet. Länder mit ausgeprägter außenwirtschaftlicher Verflechtung sowie Länder, die aufgrund ihrer geographischen Lage überdurchschnittlich stark auf den Luft- und Seeverkehr angewiesen sind (Inseln), werden zwar dem Verursacherprinzip entsprechend behandelt, hätten jedoch gegenüber dem Status quo (keine Berücksichtigung der Emissionen aus Bunkertreibstoffen in den nationalen Treibhausgasinventaren) Nachteile zu verzeichnen. Da es sich bei diesen Ländern häufig um Staaten mit ausgeprägter Wirtschafts- und Verhandlungsmacht handelt, die ihre Interessen zu wahren wissen, war im bisherigen Verhandlungsprozess auch keine Einigung auf diesen Vorschlag zu erzielen. Eine Lösungsalternative, für die eine nationale Zuteilung der Emissionen nicht erforderlich ist, und die aufgrund ihrer Ausgestaltung auch im Hinblick auf andere Problembereiche besser operationalisierbar ist und höhere Implementierungschancen hat, soll in Kapitel 4.2 diskutiert werden.

---

[1] Vgl. *FCCC* (1998).
[2] Vgl. *Europäischer Rat* (1992).
[3] Vgl. *ICAO* (2000).
[4] Welche abstrakt betrachtet Transaktionspartner darstellen.

3.2 Der ICAO-Prozess

Da eine Einigung bezüglich der Emissionen aus Bunkertreibstoffen in Kyoto nicht möglich war, delegierte die Vertragsstaatenkonferenz die Diskussion an die internationalen Organisationen International Civil Aviation Organisation (ICAO) bzw. International Maritime Organisation (IMO). Dieser Handlungsweise lag die Absicht zugrunde, einerseits diese wichtige Thematik auf der internationalen Tagesordnung zu belassen, aber auch möglichen Konflikten mit diesen beiden wichtigsten Organisationen auf diesem Gebiet vorzubeugen. Daraus resultierte jedoch auch die Gefahr, durch die Herauslösung dieser Fragestellung aus dem Verhandlungsprozess der Vertragsstaaten zur Klimarahmenkonvention die Verantwortung für diese Thematik abzugeben, und sich von anderen Organisationen diesbezüglich abhängig zu machen. Es besteht die Gefahr einer Kombination aus Inanspruchnahme der Regelungskompetenz und verzögertem Handeln bzw. sogar Untätigkeit. So war beispielsweise die ICAO bisher nicht durch ein überdurchschnittlich großes Engagement in Fragen des Umweltschutzes in Erscheinung getreten. Sie sieht ihre Haupttätigkeitsfelder primär in Bereichen wie dem Luftverkehrsrecht, der internationalen Standardisierung von technischen Komponenten und Abläufen, der technologischen Kooperation, der Weiterentwicklung von Kommunikations- und Navigationstechnologien sowie in wirtschaftlichen Fragestellungen des Luftverkehrs. Maßnahmen im Bereich des Umweltschutzes durch die ICAO betrafen insbesondere Grenzwerte für Triebwerke bei den Lärm- und Stickoxid-Emissionen.

Innerhalb der ICAO ist in erster Linie das Committee on Aviation Environmental Protection (CAEP) mit der Erarbeitung umweltpolitischer Leitlinien und Strategien beauftragt. Die Ausarbeitung von Vorschlägen für eine Reduzierung der Treibhausgasemissionen des internationalen Flugverkehrs im Rahmen der ICAO ist als relativ langsam zu charakterisieren. Auch fast sechs Jahre, nachdem der ICAO die Bearbeitung dieser Fragestellung übertragen wurde, liegen keine detaillierten Vorschläge vor. Der erste Arbeitsplan der ICAO wurde dem SBSTA 1999 vorgestellt. Er fokussierte auf die Bereiche

- Weiterentwicklung von Technologien und technologiebezogener weltweiter Standards
- Reduzierung des Treibstoffverbrauchs durch verbesserte Organisation des Flugverkehrs (z.B. durch satellitengestützte Navigationssysteme) und
- Einsatz marktwirtschaftlicher Instrumente zur Reduktion von Emissionen aus dem Flugverkehr.

So enthielt er neben dem Instrument der freiwilligen Selbstverpflichtung mehrere unterschiedliche Vorschläge zu Besteuerungs- und Sonderabgabenlösungen sowie zu unterschiedlichen Möglichkeiten eines Emissionshandelssystems. Die Vorschläge stellten erste Grobentwürfe dar und waren noch nicht detailliert ausgearbeitet. Diese vorgestellten Optionen sollten bis zum Jahr 2001 intensiv untersucht werden.[1] 2001 wurden jedoch erst vorläufige Ergebnisse präsentiert, die von umsetzungsfähigen Maßnahmen noch weit entfernt waren. So werden freiwillige Selbstverpflichtungen seitens des CAEP als ein sinnvoller erster Schritt erachtet, mit dem kurzfristig und kostengünstig positive Effekte hinsichtlich einer Begrenzung des Emissionsanstiegs erzielt werden können und dem eine vorbereitende Funktion für weiterführende Maßnahmen zukommt. Abgaben, die fiskalischen Zwecken dienen (klassische Besteuerung), werden in vollkommener Übereinstimmung mit der ICAO-Politik der letzten Jahre abgelehnt. Sonderabgaben, bei denen die Einnahmen zweckgebunden zur Finanzierung der Beseitigung negativer Externalitäten verwendet werden, die auf den Flugverkehr zurückzuführen sind, werden als ein geeignetes Instrument betrachtet, das insbesondere auf kurz- bis mittelfristige Sicht vorteilhaft zum Einsatz kommen kann. Langfristig gesehen erachtet die ICAO/CAEP ein offenes und sektorenübergreifendes, nicht auf den Sektor Luftverkehr allein begrenztes Handelssystem für Emissionszertifikate als geeignete Lösung zur kosteneffizienten Emissionsreduktion. Die Option eines geschlossenen, nur auf den Luftverkehr begrenzten Handelssystems wurde aufgrund seiner Effizienznachteile verworfen.[2] Die Vorschläge sollen mit Hilfe externer Experten weiter operationalisiert und in einem detaillierten Konzept 2004 präsentiert werden. Da aufgrund der Vorgehensweise der ICAO und der ersten Tätigkeitsberichte damit zu rechnen ist, dass auf mittelfristige Sicht für eine Abgabenlösung eine relativ hohe Umsetzungswahrscheinlichkeit besteht, und ein offenes Emissionshandelssystem sehr wahrscheinlich erst langfristig implementiert werden könnte (aufgrund von Schwierigkeiten bei der nationalen Zuteilung der Emissionen, eine solide Basis für ein internationales Emissionshandelssystem besteht noch nicht, die Integration der Entwicklungsländer ist problematisch, relativ hoher Implementierungsaufwand etc.), soll in der weiteren Betrachtung die Diskussion auf die Abgabenlösungen konzentriert werden.

4. Möglichkeiten der Emissionsreduktion durch eine Abgabe auf Kerosin

4.1 Stand der Forschung

Die Erhebung einer Abgabe auf Kerosin ist in den letzten Jahren nicht nur eine häufig erhobene Forderung in der politischen Diskussion und Gegenstand der Überlegungen in der ICAO gewesen, sondern auch Objekt der umweltökonomischen Forschung. Dabei lag ein Schwerpunkt der Analyse auf Abgaben in Form von Steuern, mit einer parallelen Ausrichtung des Instruments sowohl auf einen ökologischen Lenkungs-, als auch auf einen fiskalischen Einnahmezweck. Aufkommensneutrale Systeme oder Mischsysteme fanden demgegenüber deutlich

---

[1] Vgl. *ICAO* (1999), S. 1-2.

[2] Vgl. *ICAO* (2001a), S. 1-3; *ICAO* (2001b), S. 16-19.

weniger bzw. keine Beachtung. Dies liegt unter anderem daran, dass sich viele der durchgeführten Analysen stark an der bestehenden Besteuerung des Kerosins für die nicht gewerbliche Luftfahrt (Privat-, Arbeits- und Geschäftsluftfahrt etc.) und der Mineralölbesteuerung orientierten und häufig auch nationalen oder regionalen Bezug hatten (z.B. Europäische Union).[1] Eine stärkere Fokussierung der Forschungsarbeiten in diesem Bereich auf den internationalen Luftverkehr und alternative Abgabenkonzepte, auch als Vergleich bzw. Ergänzung zu den bisherigen Studien wäre sehr wünschenswert, hier besteht noch weiterer Forschungsbedarf. Auch sind die Entwicklungen in der Klimapolitik der letzten Jahre in den aktuelleren Studien nicht ausreichend berücksichtigt worden.

Allen Studien zur Besteuerung von Kerosin liegt dieselbe Ausgangsüberlegung zu Grunde: Die auf der Verbrennung von Kerosin basierenden Emissionen des Luftverkehrs bedeuten aufgrund ihrer Menge und ihrer komplexen Treibhausgaswirkung (siehe Kapitel 2.1) eine signifikante Gefährdung des globalen Klimas, insbesondere auch im Hinblick auf das starke Wachstum des Flugverkehrs (siehe Kapitel 2.2). Diese negativen externen Effekte werden in der aktuellen Situation durch den Markt nicht berücksichtigt. Das aus den Marktprozessen resultierende Allokationsergebnis ist suboptimal, es besteht Marktversagen. Die fehlende Internalisierung der externen Kosten führt zu einer Preisverzerrung, welche in Folge eine Allokationsverzerrung nach sich zieht, was im Endergebnis in einer Verzerrung der Nachfrage resultiert. Daraus wird die Rechtfertigung eines Eingriffs zur Veränderung des Preisgefüges abgeleitet. Die bisher in der Diskussion befindlichen Modelle beruhen alle auf dem Standard-Preis-Ansatz. Als Steuerbemessungsgrundlage dient jeweils das aus sogenannten Steuerlagern entnommene Kerosin (Mengensteuer). Die Wahl des Treibstoffs als Steuerbemessungsgrundlage stellt aus umweltökonomischer Sicht im Bereich des Flugverkehrs einen sinnvollen Kompromiss dar. Ideal wäre die direkte Erfassung aller klimawirksamen Emissionen. Dies ist jedoch deutlich aufwendiger und näherungsweise wahrscheinlich nur mit Werten aus Flugzeugtyp spezifischen Flugzyklen realisierbar. Da die Kohlendioxid- und Wasserdampf-Emissionen direkt proportional zum Kerosinverbrauch sind, und Kohlendioxid von allen bei der Kerosinverbrennung entstehenden klimarelevanten Emissionen mengenmäßig am bedeutendsten ist, können über eine Besteuerung des Kerosins die Kohlendioxid- und Wasserdampf-Emissionen genau erfasst werden. Für die Stickoxid-Emissionen gilt dieser Zusammenhang nicht, sie sind nicht proportional zum Treibstoffverbrauch (siehe Kapitel 2.1). Für die Erfassung der Stickoxid-Emissionen ist das Instrument der Kerosinsteuer ungeeignet. Hier müssen andere Maßnahmen, wie beispielsweise technische Auflagen oder flugzeugtypenbedingte Start- und Lan-

[1] Aufgrund der ICAO-Regelungen wird Kerosin im internationalen, gewerblichen Luftverkehr nicht besteuert. Die Mehrwertsteuer wird nur im nationalen, nicht jedoch im grenzüberschreitenden Verkehr erhoben.

degebühren, diskutiert werden. Die bislang vorgestellten Modelle zur Kerosinbesteuerung legen die Steuer als eine Produzentensteuer aus, um so die Zahl der Steuersubjekte gering zu halten und eine gute Steuererhebungs- und Steuerentrichtungsbilligkeit zu erzielen. Es wird in der Mehrzahl der Studien von einer weitgehenden bzw. vollständigen Überwälzung der Steuer von den Produzenten über die Fluggesellschaften auf die Endnachfrager ausgegangen.

Der Kerosinpreis war in der Vergangenheit aufgrund der Schwankungen des Rohölpreises sehr volatil. Analog der Kerosinpreisentwicklung in den letzten 30 Jahren war auch beim Anteil des Treibstoffs und der Schmierstoffe an den Gesamtkosten der Linienfluggesellschaften[1] in den siebziger Jahren ein überaus starker Anstieg von 11,2 % auf 28,2 % zu verzeichnen. Seit 1980 sind die Werte wieder deutlich gesunken und lagen in den neunziger Jahren zwischen 11,4 und 15,1 %.[2] Diese Größe ist von zentraler Bedeutung bei der Abschätzung des Lenkungseffektes der Steuer in Bezug auf die Nachfrage (im Falle einer Wertsteuer, nicht bei einer Mengensteuer). Denn neben dem Steuersatz und dem Grad der Überwälzung hängt insbesondere vom Anteil der Treibstoffkosten an den Gesamtkosten ab, inwieweit die Erhebung einer Steuer auf den Ticketpreis durchschlägt. In den bisher durchgeführten Studien zur Besteuerung wurden primär folgende Untersuchungsschwerpunkte analysiert: die Nachfrageentwicklung, der Treibstoffverbrauch und die Emissionsentwicklung, das Steueraufkommen, Tankering- und Grenzeffekte[3] sowie die Arbeitsplatzentwicklung im Luftfahrtsektor. Im folgenden soll die Betrachtung auf die Nachfrageentwicklung, den Treibstoffverbrauch und die Emissionen fokussiert und zentrale Ergebnisse der Untersuchungen kurz dargelegt werden.

Bleijenberg und *Wit*[4] untersuchten den Einfluss eines europäischen Maßnahmenbündels aus 0,20 US-$/l Kerosinsteuer, Landegebühren mit Bezug zu den errechneten Emissionen im Start- und Landezyklus (beginnend mit 2 US-$ pro Passagier) und Emissionsgrenzwerten für die Triebwerke. Die Landegebühren und Emissionsgrenzwerte bauen dabei auf den bisherigen Maßnahmen auf, sind jedoch in Hinblick auf die zukünftigen Anforderungen modifiziert. Emissionsgrenzwerte wurden in die Prognose integriert, um eine Optimierung der Triebwerke auf einen geringen Treibstoffverbrauch zu Lasten der Stickoxid-Emissionen zu verhindern. Für dieses Maßnahmenbündel wurde eine potentielle Reduktion des Treibstoffverbrauchs von 25 – 35 % gegenüber dem Referenzszenario

[1] Betrachtung weltweiter Durchschnittswerte.
[2] Vgl. *Umweltbundesamt* (2001), S. 102.
[3] Tankering bezeichnet Methoden, regionale Preisgefälle zwischen Ländern/Flughäfen im Betankungs- und Flugroutenmanagement zu nutzen. Unter dem Grenzeffekt wird die durch national differierende Kosten verursachte grenzüberschreitende Bewegung von Konsumenten verstanden.
[4] Vgl. *Bleijenberg/Wit* (1998).

ermittelt (Zeitraum 1992 – 2025). Das Referenzszenario prognostiziert einen Anstieg des Treibstoffverbrauchs um 190 % im gleichen Zeitraum.

Die von der EU-Kommission in Auftrag gegebene Studie „Analysis of the taxation of aircraft fuel“ von 1999 untersuchte Szenarien einer EU-weiten Kerosinbesteuerung mit unterschiedlichen Gültigkeitsbereichen und Steuersätzen.[1] Steuervermeidungsstrategien wie Grenzeffekte und Tankering wurden in die Untersuchung integriert. Es wurden fünf Szenarien gebildet, die sich im Umfang der enthaltenen europäischen Flugrouten und Flughäfen unterschieden und für drei unterschiedliche Steuersätze untersucht wurden (0,011 •/l; 0,207 •/l; 0,274 •/l), jeweils für das Jahr 2001, beim höchsten Steuersatz zusätzlich auch für den Zeitraum bis 2015. Die durch den geringsten Steuersatz ausgelösten Effekte sind vernachlässigbar gering und liegen für alle untersuchten Parameter unterhalb von minus einem Prozent. Für den mittleren Steuersatz ergeben sich für das umfassendste Szenario (Besteuerung aller Flüge ab EU-Flughäfen) eine Verringerung der Passagiernachfrage um 4,8 %, der Frachtnachfrage von 11,1 % und des Treibstoffverbrauchs von 5,5 %. Für das gleiche Szenario, aber mit dem höchsten Steuersatz von 0,274 •/l ergaben die Berechnungen für das Jahr 2001 einen Rückgang des Passagieraufkommens von 6,2 % (für das Jahr 2015: - 5,2 %), eine Verringerung der Frachtnachfrage von 14,2 % (für 2015: - 12 %) und eine Reduktion des Treibstoffverbrauchs um 7,1 % (für 2015: - 5,8 %). Die Abschwächung der Reduktionswirkung bis zum Jahr 2015 wird damit begründet, dass durch eine gesteigerte Effizienz des Treibstoffverbrauchs die Wirkung der Steuer reduziert wird. Zusammenfassend lässt sich festhalten, dass eine Steuererhebung auf Kerosin laut dieser Studie relativ geringe Effekte bezüglich Kerosinverbrauch / Emissionen haben dürfte.

Einen umfassenderen Ansatz verfolgte das Forschungsvorhaben „Maßnahmen zur verursacherbezogenen Schadstoffreduzierung des zivilen Flugverkehrs“.[2] Ausgehend von der Hypothese, dass das anspruchsvolle ökologische Ziel einer Stabilisierung der Kohlendioxid-Emissionen auf aktuellem Niveau wahrscheinlich nur mit einem Maßnahmenbündel zu erreichen ist, wurden unter zahlreichen Optionen folgende ausgewählt:

- Abgaben auf Kerosin einerseits sowie zusätzlich auf die Emissionen differenziert nach Reiseflug- und Start-Lande-Zyklus,
- eine freiwillige Vereinbarung zum spezifischen Schadstoffausstoß kombiniert mit Rückflüssen aus der Emissionsabgabe, z.B. für Verschrottungsprämien für veraltete Flugzeuge und

[1] Vgl. *Resource Analysis* (1999).
[2] Vgl. *Umweltbundesamt* (2001).

- Public Awareness Maßnahmen zur zusätzlichen Beeinflussung der Nachfrage im Sinne einer Bewusstseinsänderung.[1]

Modelliert wurde die europaweite Einführung einer Steuer auf Kerosin ab dem Jahr 2002 in einer moderaten und einer hohen Variante. Mit Beginn des Jahres 2002 bis zum Jahr 2010 erfolgt eine jährliche Erhöhung der Abgabe um 0,04 • (bzw. 0,22 • bei der höheren Variante). Ab dem Jahr 2010 werden die Steuersätze jährlich um 2 % erhöht, um den realen Preis und die Anreizwirkungen abzusichern. Analog erfolgt darüber hinaus die europaweite Einführung von auf Flugzyklen basierenden Abgaben auf Kohlendioxid- und Stickoxid-Emissionen.[2] Bei den Maßnahmen werden folgende Rahmenbedingungen zur erfolgreichen Einführung in Europa vorausgesetzt: Eine Implementierung erfordert, dass die Umweltbelastungen durch den Flugverkehr und die Gefährdung des Klimas der Bevölkerung durch intensive Informationsarbeit vermittelt werden, wodurch die Akzeptanz der Maßnahmen erhöht werden kann. Ferner müssen die Maßnahmen so gestaltet werden, dass die gesamte Flugstrecke innerhalb und außerhalb Europas berücksichtigt wird. Alle Fluggesellschaften im Verkehr mit Europa, europäische wie nicht-europäische, sind in den Maßnahmenkatalog mit einzubeziehen. Darüber hinaus gilt die Arbeitshypothese, dass über entsprechende EU-Abkommen mit den europäischen EU-Anrainerstaaten die Einführung im gesamten Europa gewährleistet ist. Ansonsten sind Ausweichreaktionen der Fluggesellschaften und Passagiere zu erwarten. Die Kerosinsteuer fällt der allgemeinen EU-Verwendung zu, die Emissionsabgabe ist zweckgebunden. Während die Modellierung europaweit auf Basis der genannten Prämissen erfolgte, beschränken sich die Berechnungen der Wirkung auf Deutschland, um den Unterschied zur Entwicklung des nationalen Trends aufzuzeigen. Untersucht wurde sowohl die Wirkung der Einzelmaßnahmen, als auch die des Maßnahmenbündels.

Die Einführung einer moderaten Kerosinsteuer allein führt zu relativ geringen Effekten. Das Verkehrsaufkommen wird nur um ca. fünf Prozent geringer wachsen als in der Trendprognose ohne Maßnahmen. Dagegen resultieren aus einer hohen Kerosinbesteuerung stärkere Eindämmungseffekte in Bezug auf den Wachstumstrend im Treibstoffverbrauch. Die Zunahme des Treibstoffverbrauchs, die in der Trendprognose von 1995 bis 2010 80 % betrug, fällt mit 20 % deutlich geringer aus. Ursache hierfür ist in erster Linie eine Effizienzsteigerung, der spezifische Treibstoffverbrauch verringert sich signifikant. Die Verkehrsleistung wächst um ca. 80 % (im Trend fast 100 %).[3] Die Wirkung der moderaten Emissionsabgabe ist der Wirkung der moderaten Kerosinsteuer sehr ähnlich. Im Unter-

---

[1] Vgl. *Umweltbundesamt* (2001), S. 101.
[2] Vgl. *Umweltbundesamt* (2001), S. 103-104.
[3] In diesen Modellrechnungen sind jedoch Tankeringeffekte nicht berücksichtigt. Tankering dürfte insbesondere auf Langstrecken bei der zugrunde gelegten Maßnahmengestaltung für Fluggesellschaften wirtschaftlich interessant sein. Vgl. *Umweltbundesamt* (2001), S. 135-137.

schied zu dieser liegt die erwartete Verringerung des spezifischen Verbrauchs und der spezifischen Emissionen etwas höher, da die Mittel aus der Abgabe zweckgebunden eingesetzt werden. Dies mindert wiederum den Preisanstieg bei den Tickets, so dass die aufkommensreduzierende Wirkung geringer ausfällt als bei der Steuer. Die Reduktion der Gesamtemissionen fällt etwas höher aus als bei der Kerosinsteuer. Die größte Wirkung unter den untersuchten Einzelmaßnahmen hat die hohe Emissionsabgabe. Für 2010 wird die Zielvorgabe, Stabilisierung des Kohlendioxid-Ausstoßes auf dem Niveau von 1995, fast erreicht. Ab 2010 wird dann jedoch das Verkehrsaufkommen ähnlich wie in der Trendprognose wachsen. Neue Flugzeuge und technisch-organisatorische Maßnahmen führen in diesem Zeitraum zu weiter sinkendem spezifischem Verbrauch. Damit sinken die Flugticketpreise, das Verkehrsaufkommen steigt, und auch die Gesamtemissionen nehmen wieder zu, allerdings unterproportional. Die Wirkung des Maßnahmenbündels wird überwiegend durch die hohe Emissionsabgabe bestimmt. Die Effekte des Maßnahmenbündels und der hohen Emissionsabgabe allein unterscheiden sich nur wenig. Insgesamt wird durch alle Maßnahmen die Zunahme der Nachfrage im Luftverkehr in unterschiedlichem Ausmaß abgeschwächt werden. Sogar bei der Bündelung der Maßnahmen liegt die Personenverkehrsleistung in 2010 um 50 %, 2020 um mehr als 100 % höher als 1995. Die Luftfracht wird darüber hinaus jedoch noch stärker zunehmen. Eine Verdreifachung der Tonnenkilometer ist selbst unter dem Regelungsregime des Maßnahmenbündels sehr wahrscheinlich. Die starke Zunahme im Trend kann nur abgeschwächt werden. Dies ist insbesondere darauf zurückzuführen, dass die Preiselastizität der Nachfrage sehr gering ist, da häufig zum Lufttransport keine Alternative existiert. Dementsprechend steigt insbesondere das Verkehrsaufkommen auf den Fernstrecken überproportional an. Als weiterer Grund des anhaltenden Wachstums ist der Rebound-Effekt der Effizienzsteigerungen zu nennen. Die preissteigernde Wirkung der Maßnahmen wird durch die Reduzierung des spezifischen Verbrauchs gedämpft. Durch das Maßnahmenbündel lassen sich Treibstoffverbrauch und Kohlendioxid-Emission bis zum Jahr 2010 fast auf dem 1995er Niveau stabilisieren, doch danach erfolgt ein weiterer Anstieg, da keine nachfolgenden Preissignale gesetzt werden. Zur langfristigen Emissionsreduktion sind weitere Maßnahmen erforderlich.[1]

Zusammenfassend ist festzuhalten, dass die Studien in zahlreichen Einzelaspekten kritisch zu hinterfragen sind und die Genauigkeit der Ergebnisse mit einer gewissen Vorsicht zu betrachten ist. Auffällig ist jedoch, dass die Untersuchungen im Trend ihrer Ergebnisse große Übereinstimmungen aufweisen. Es ist insofern mit einer relativ großen Wahrscheinlichkeit davon auszugehen, dass sich der Wachstumstrend im internationalen Luftverkehr, seinem Treibstoffverbrauch und den daraus resultierenden Emissionen, durch die bisher betrachteten umweltöko-

---

[1] Vgl. *Umweltbundesamt* (2001), S. 135-137.

nomischen Maßnahmen zwar abschwächen, aber wohl nicht stoppen oder gar umkehren lässt. Der ökonomisch effizienten Gestaltung möglicher Maßnahmen, verbunden mit einer hohen ökologischen Treffsicherheit, kommt somit eine zentrale Bedeutung zu, um zumindest einen maximalen Abschwächungseffekt erzielen zu können.

4.2 Die aufkommensneutrale Lenkungsabgabe auf Kerosin

Da bisher keine entscheidenden Anstrengungen zur Reduzierung der Emissionen aus dem Luftverkehr erfolgt sind, in der Klimaproblematik der Zeit aber eine sehr große Rolle zukommt und sich Handlungsverzögerungen in überproportionaler Weise negativ auswirken, ist es von zentraler Bedeutung, möglichst unverzüglich einen Handlungseinstieg zu bekommen, der bereits kurzfristig Wirkung zeigt und auf dem weiterführende Maßnahmen aufbauen können. Als ein solcher Einstieg in gezielte Maßnahmen soll im folgenden die Option einer aufkommensneutralen Lenkungsabgabe auf Kerosin diskutiert werden. Ausgehend vom derzeitigen Stand des Prozesses in der ICAO und der bisherigen ICAO-Politik ist die Einführung einer Kerosinsteuer, die nicht nur einem Lenkungszweck, sondern auch der Erzielung fiskalischer Einnahmen dient, als sehr unwahrscheinlich anzusehen. Die ICAO steht jedoch Lösungen, bei denen die Abgaben zweckgebunden sind, und der direkten Beseitigung von der Luftfahrt verursachter negativer externer Effekte dienen bzw. bei denen ein Rückfluss in den Luftverkehrssektor erfolgt, grundsätzlich positiv gegenüber (siehe Kapitel 3.2). Derartigen Maßnahmen sind somit unter den aktuellen internationalen Rahmenbedingungen größere Umsetzungschancen einzuräumen. Eine aufkommensneutrale internationale Lenkungsabgabe auf Kerosin kann solchen Maßnahmen zugeordnet werden. Die Abgabe wird pro Liter Kerosin erhoben, und zwar auf relativ niedrigem Niveau beginnend mit jährlich steigenden, fest vorgegebenen Abgabensätzen, um die Planungssicherheit für die betroffenen Fluggesellschaften zu gewährleisten und die gewünschte Lenkungswirkung zu erzielen. Die Einnahmen aus der Lenkungsabgabe werden jedoch nicht wie bei einer Steuer einer fiskalischen Verwendung zugeführt, sondern fließen an die Fluggesellschaften zurück. Der Rückfluss erfolgt nach einer definierten Periode über den Verteilungsschlüssel pro Passagier bzw. pro Tonne Fracht. Ob monatlich, quartalsweise, halbjährlich oder jährlich der Rückfluss des Abgabenaufkommens erfolgt, hängt von den organisatorischen Rahmenbedingungen der Abgabenerhebung ab. Aus Gründen der ökonomischen Effizienz sollten die Rückflussperioden so kurz wie möglich gewählt werden, damit die Zeit und Höhe der Kapitalbindung für die Fluggesellschaften so gering wie organisatorisch möglich ausfällt. Das nach einer Periode erzielte Abgabenaufkommen wird durch die Anzahl der von allen Fluggesellschaften transportierten Passagiere und Frachtgüter (pro Tonne Fracht) dividiert und somit der Durchschnittswert aller Fluggesellschaften ermittelt. Der Rückfluss an die Fluggesellschaften erfolgt dann gemäß diesem Durchschnittswert pro

Passagier bzw. pro Tonne Fracht, in der Gesamthöhe der von der jeweiligen Fluggesellschaft in der Periode transportierten Passagieranzahl bzw. des Frachtvolumens. Alle Fluggesellschaften erhalten somit als Rückfluss den über alle Fluggesellschaften gebildeten Durchschnittswert pro Kopf bzw. Tonne Fracht der insgesamt abgeführten Kerosinabgabe. Damit profitieren von dieser aufkommensneutralen Lenkungsabgabe die Fluggesellschaften, die im Vergleich zum Durchschnitt aller Gesellschaften pro Einheit Transportgut weniger Kerosin verbrauchen. Es erfolgt eine Umverteilung von den vergleichsweise ineffizient arbeitenden Gesellschaften zu den vergleichsweise effizient arbeitenden Gesellschaften. Je größer der Effizienzvorteil eines Wettbewerbers ist, desto höher fällt sein Gewinn aus. Eine Fluggesellschaft, die beispielsweise eine 10 % höhere Treibstoffeffizienz aufweist als der Durchschnitt aller Gesellschaften, erhält aus dem Rückfluss der Abgabe einen um 10 % höheren Betrag zurückerstattet, als sie in Form der Kerosinabgabe gezahlt hat. Durch diese Abgabengestaltung wird eine dynamische Anreizwirkung für die Fluggesellschaften gesetzt

- Flugzeuge mit möglichst geringem spezifischen Treibstoffverbrauch einzusetzen,
- die Flugzeugflotten zu modernisieren und ältere, weniger verbrauchseffiziente Flugzeugtypen früher auszumustern,
- die Kapazitätsauslastung zu optimieren und
- die Flugroutenplanung zu optimieren.

Über die Fluggesellschaften wird auch der Druck auf die Flughafenbetreiber verstärkt, durch eine Verbesserung der dortigen Abläufe unnötigen Treibstoffverbrauch durch Leerlauf am Boden (z.B. durch Verzögerung bei den Startfreigaben) und in der Anflugphase (Warteschleifen) zu vermeiden. Die verstärkte Nachfrage der Fluggesellschaften nach effizienteren Flugzeugen wird bei den Herstellern zu intensiven Anstrengungen im Bereich der Triebwerks-, Gewichtssowie der aerodynamischen Optimierung führen. Die Lenkungswirkung der aufkommensneutralen Kerosinabgabe zielt vollständig auf eine dynamische Effizienzsteigerung beim Treibstoffverbrauch ab. Die durchschnittliche jährliche Effizienzsteigerung wird durch dieses System wahrscheinlich deutlich höher ausfallen als bisher ohne diese Maßnahme prognostiziert (siehe Kapitel 2.2). Durch die Verringerung des spezifischen Treibstoffverbrauchs wird eine Verringerung der spezifischen Kohlendioxid- und Wasserdampf-Emissionen erreicht. Eine Wirkung auf die Nachfrage nach Flugverkehrsleistungen ist nur insofern zu erwarten, als dass überdurchschnittlich effiziente Fluggesellschaften ihren Vorteil in Form niedrigerer Ticketpreise an ihre Kunden weitergeben und so einen höheren Marktanteil erzielen könnten. Es käme dann zu einer Nachfrageverschiebung von relativ ineffizient arbeitenden Gesellschaften hin zu relativ effizient arbeitenden Gesellschaften. Die Gesamtnachfrage nach Lufttransporten wird durch die

Lenkungsabgabe zunächst nicht verändert (Einschränkung siehe die später folgende Diskussion). Neben einer Senkung der Ticketpreise könnten effizientere Gesellschaften jedoch ihre positiven Rückflüsse auch in einen weiteren Ausbau ihres Effizienzvorteils und damit ihres technologischen Wettbewerbsvorteils investieren. Die gewählte Ausgestaltung der Abgabe führt darüber hinaus zu einer weiteren gewünschten Umverteilungswirkung: Da der Treibstoffverbrauch pro Passagier bzw. pro Tonne auf Kurzstreckenflügen aufgrund des überproportionalen Anteils der energieaufwendigen Start- und Steigphase am gesamten Flug überproportional hoch ist, profitieren Fluggesellschaften mit einem größeren Anteil an Langstreckenflügen aus höheren Rückflüssen zu Lasten von Fluggesellschaften mit höherem Kurzstreckenanteil. Reine Kurzstreckenanbieter wie einige Billigflieger wären am stärksten betroffen. Da der Kurzstreckenflugverkehr im Vergleich zu seinen konkurrierenden Verkehrsträgern den höchsten Kohlendioxid-Ausstoß je Passagierkilometer aufweist[1], ist diese Verteilungswirkung aus ökologischer Sicht zielkonform. Zudem sind Kurzstreckenflüge durch alternative Verkehrsträger substituierbar, bei Langstreckenflügen trifft dies in Abhängigkeit vom Transportgut in weit geringerem Ausmaß bzw. gar nicht zu.

Ferner bleibt ein fairer Wettbewerb zwischen den Fluggesellschaften international gewahrt, da das System weltweit eingeführt werden würde (ev. über die ICAO). Wettbewerbsverzerrungen sind nicht zu erwarten (mit einer möglichen Ausnahme, siehe weiter unten). Die Transaktionskosten sind für ein solches System als relativ gering einzuschätzen, da alle benötigten Daten (Kerosinabsatz, Passagier- und Frachtaufkommen) bereits erfasst werden. Auch der zeitliche Aufwand der Implementierung ist als vergleichsweise gering einzustufen. Ein weiterer Vorteil dieser Lösung liegt darin begründet, dass das Zuschlüsselungsproblem der Emissionen aus der internationalen Luftfahrt zu den nationalen Treibhausgasinventaren und eventuellen nationalen Reduktionsverpflichtungen (siehe Kapitel 3.1) nicht besteht. Eine Zuschlüsselung der Emissionen wäre nicht erforderlich, die Emissionen aus der internationalen Luftfahrt könnten weiterhin separat erfasst werden. Der internationale Luftverkehr wäre als eigenständiger Sektor zu betrachten. Aus dieser Abgabenlösung ergeben sich keine Konflikte bezüglich des Kyoto-Protokolls, es kann problemlos parallel implementiert werden.

Neben diesen Vorteilen einer aufkommensneutralen Lenkungsabgabe lassen sich jedoch auch Problembereiche einer derartigen Lösung identifizieren. Ein Kernproblem dieses Lösungsansatzes stellt das begrenzte Ausmaß der Zielerreichung dar. Die intendierte ökologische Wirkung der Abgabe wird zwar mit einer gegenüber der Status quo Situation deutlich erhöhten Energieeffizienz grundsätzlich erreicht, aber die Wirkung ist bei weitem nicht ausreichend. Der Treibstoff-

---

[1] Vgl. *IPCC* (1999), S. 285.

verbrauch wird sich vom Wachstumstrend des Luftverkehrs stärker entkoppeln können, dennoch wird auch der Treibstoffverbrauch und damit die Emissionen absolut betrachtet weiter ansteigen. Diese Entwicklung liegt u.a. auch darin begründet, dass sehr wahrscheinlich eine Nachfrageausweitung durch effizienzinduzierte Treibstoffkostensenkungen eintreten wird (siehe Kapitel 4.1).

Die mittel- bis langfristig erforderliche Reduktion der Emissionen kann mit dieser Maßnahme allein nicht erzielt werden. Darauf aufbauende und ergänzende Maßnahmen sind erforderlich. Des Weiteren muss die Abgabe auf jeden Fall durch Maßnahmen ergänzt werden, die sich speziell auf die Stickoxid-Emissionen beziehen. Die durch die Abgabe induzierte Effizienzsteigerung wirkt sich nur auf den Treibstoffverbrauch und somit die Kohlendioxid- und Wasserdampf-Emissionen aus, nicht jedoch auf die Stickoxid-Emissionen. Aufgrund möglicher technischer Trade-offs könnte es sogar zu einem überproportionalen Anstieg der Stickoxid-Emissionen durch eine einseitige technische Optimierung von Triebwerken hinsichtlich des Treibstoffverbrauchs kommen (siehe Kapitel 2.1). Als Lösungsmöglichkeiten bieten sich die Alternativen technische Auflagen, emissions- und flugzeugtypbezogene Start- und Landegebühren sowie auf den gesamten Flugzyklus bezogene Emissionsabgaben an. Technische Auflagen für Stickoxid-Emissionen sind von der ICAO bereits erlassen worden und müssten nur den zukünftigen Anforderungen angepasst werden. Die flugzyklusbezogene Emissionsabgabe stellt aus ökonomischer Sicht theoretisch eine sinnvolle Alternative dar, sofern bestimmte technische Voraussetzungen befriedigend gelöst werden können (hier besteht gegebenenfalls noch weiterer Forschungsbedarf).

Aus Wettbewerbssicht könnte ein Problem daraus resultieren, dass Fluggesellschaften mit einem sehr hohen Langstreckenverkehrsanteil in der Lage wären, mögliche positive Rückflüsse für eine interne Quersubventionierung ihres Kurzstreckenverkehrs einzusetzen, woraus Wettbewerbsnachteile für konkurrierende Anbieter mit ungünstigerer Streckenzusammensetzung resultieren würden, die nicht dem beabsichtigten Lenkungszweck der Abgabe entsprächen. Im Extremfall könnte ein reiner Langstreckenverkehrsanbieter durch seinen potentiellen Rückflussvorteil als Neuanbieter im Kurzstreckenverkehr einem spezialisierten Kurzstreckenanbieter erhebliche Konkurrenz bereiten. Zu diskutieren wäre ein mögliches Verbot der Quersubventionierung (ähnlich den Regulierungen und Trennungsbestimmungen in der Energiewirtschaft). In diesem Fall wäre jedoch sehr genau zu prüfen, ob der erhebliche bürokratische Aufwand in einem sinnvollen Verhältnis zum erzielten Ergebnis stünde. Ob sich nach der praktischen Umsetzung der Lenkungsabgabe solche Quersubventionierungstatbestände einstellen, hängt einerseits von den Möglichkeiten ab, überhaupt neue Flugverbindungen anzubieten. Diese Möglichkeiten sind jedoch aufgrund limitierter Flughafenkapazitäten und fester vertraglicher Bindungen für die meisten Routen begrenzt. Andererseits ist von entscheidender Bedeutung, welche betriebswirtschaftlichen Kalkulationen für welche Strecken(längen) primär relevant sind, insbesondere welche Gewinnmargen auf welchen Strecken zu erzielen sind. Sollten solche Quersubventionierungsphänomene nicht oder nur in geringen Maßen auftreten, ist eher davon auszugehen, dass sich Kurzstreckenflüge in ihrer Preisrelation zu Langstreckenflügen tendenziell verteuern, was dem intendierten Lenkungszweck entspräche.

Die aufkommensneutrale Lenkungsabgabe stimmt konzeptionell mit der ICAO-Politik überein, was die Implementierungschancen begünstigt. Zu beachten ist hierbei jedoch der folgende Aspekt: Neue und effiziente Flugzeuge werden überwiegend von finanzstarken Airlines aus den Industrieländern gekauft. Nach einer ca. zehn- bis zwölfjährigen Nutzungszeit werden sie an weniger finanzstarke Gesellschaften, insbesondere in den Transformations-, Schwellen- und Entwicklungsländern, weiterverkauft. Die Flugzeugflotte in diesen Ländern ist somit im weltweiten Durchschnitt älter und weniger effizient bezüglich des Treibstoffverbrauchs. Die Fluggesellschaften dieser Länder wären mit sehr großer Wahrscheinlichkeit Nettozahler bei der Lenkungsabgabe. Von daher dürften die Mehrheits- und Machtverhältnisse in der ICAO einen entsprechend großen Einfluss auf die Diskussion einer möglichen Einführung eines solchen Systems haben.

5. Fazit

Die Emissionen aus dem internationalen Luftverkehr stellen einen bedeutenden Aspekt innerhalb der Problematik des anthropogenen Treibhauseffektes dar, insbesondere angesichts der hohen Wachstumsraten des Luftverkehrs. Im Kyoto-Protokoll wurde die Verantwortung für die Luftverkehrsemissionen an die ICAO delegiert, die bisher noch keine implementationsfähigen Konzepte präsentiert hat. Das Konzept einer aufkommensneutralen Lenkungsabgabe auf Kerosin, das auf eine effizientere Treibstoffverwendung abzielt, ist mit der derzeitigen ICAO-Politik vereinbar und mit einem relativ geringen Umsetzungsaufwand verbunden. Da es insbesondere aufgrund seiner begrenzten ökologischen Wirkungen nur einen Einstieg zur Problemlösung darstellen kann, sind weiterführende Maßnahmen unabdingbar. So bietet sich als (aufwendigere) Option eine auf den Flugzyklus bezogene Emissionsabgabe an, über die weitere Schadstoffemissionen (z.B. Stickoxide) und klimarelevante Parameter erfasst werden können. Die Emissionsabgabe kann ebenfalls aufkommensneutral entsprechend der Abgabenlösung gestaltet werden. Fluggesellschaften mit niedrigerem durchschnittlichem Schadstoffausstoß pro Passagierkilometer bzw. Tonnenkilometer erhalten einen höheren Rückfluss aus dem Abgabenaufkommen und somit einen Anreiz zur Emissionsreduktion. Die bisher durchgeführten Untersuchungen deuten jedoch darauf hin, dass über rein aufkommensneutrale Lösungen kein nachfragedämpfender Effekt auftreten wird, welcher zur Erzielung einer signifikanten Emissionsreduktion, und nicht nur zur Abschwächung des Emissionsanstiegs, erforderlich ist. In diesem Kontext bietet sich die Option an, einen Teil des Aufkommens aus den Abgaben in Kompensationsprojekte zu investieren, d.h. in Klimaschutzprojekte in anderen Sektoren außerhalb der Luftfahrt, in denen ökonomisch effizient Emissionsreduktionen erzielt werden können. Den Emissionen aus der Luftfahrt steht somit eine Emissionsreduktion an anderer Stelle gegenüber. Ein Mischsystem aus aufkommensneutraler Verwendung zur Effizienzsteigerung und Finanzierung von Kompensationsmaßnahmen, die auch nachfragedämpfend wirken, weil die Mittel nicht in den Luftfahrtsektor zurückfließen, stellt in diesem Kontext ein diskussions- und forschungswürdiges Konzept auf mittelfristige Sicht dar. Der Einsatz von Kompensationsmaßnahmen trägt darüber hinaus dem Umstand Rechnung, dass auch in Zukunft ein sehr hoher Anteil der Lufttransportleistungen unvermeidbar und nicht durch andere Verkehrsträger substituierbar sein wird. Diese Option ist des Weiteren sehr gut in das Kyoto-Protokoll und speziell in die flexiblen Mechanismen integrierbar.

Literaturverzeichnis

Airbus Industrie (1997): Global Market Forecast 1997, Blagnac-Cedex.

Airbus Industrie (1998): Global Market Forecast 1998, Blagnac-Cedex.

Boeing Commercial Airplane Group Marketing (1998): Current Market Outlook 1997, Washington.

Bleijenberg, A.N./Wit, R. (1998): A European Environmental Aviation Charge. Feasibility Study. Final Report, Delft.

Deutsche Bundesregierung (1997): Konzept Luftverkehr und Umwelt. Download am 24.08.2003 von http://www.bmu.de/files/luftver.pdf

Douglas Aircraft Company (1995): Outlook for Commercial Aircraft 1994 – 2015, Long Beach.

Europäische Kommission (1999): KOM(1999) 640endg. Mitteilung der Kommission an den Rat, das Europäische Parlament, den Wirtschafts- und Sozialausschuss und den Ausschuss der Regionen Luftverkehr und Umwelt: Wege zu einer nachhaltigen Entwicklung.

Europäischer Rat (1992): Richtlinie 92/81/EWG des Rates vom 19. Oktober 1992 zur Harmonisierung der Verbrauchssteuern auf Mineralöle, in: Amtsblatt der EG Nr. L.316 vom 31.10.1992, S. 12-15.

FCCC (1996a): Communications from Parties included in Annex I to the Convention: Guidelines; Schedules and Process for Consideration. FCCC/SBSTA/1996/9/Add.1.

FCCC (1996b): Report of the Subsidiary Body for scientific and technological Advice on the work of its fourth Session. FCCC/SBSTA/1996/20.

FCCC (1997): Report of the Conference of the Parties on its third Session, held at Kyoto from 1 to 11 December 1997, FCCC/CP/19979/7/Add.1.

FCCC (1998): Review of the Implementation of Commitments and of other Provisions of the Convention. Review of Information communicated under article 12. National

Communications from Parties included in Annex I to the Convention. FCCC/CP/1998/11/Add.2.

Fransen, W./Jouke, P. (1994): Atmospheric Effects of Aircraft Emissions, Den Haag.

ICAO (1999): Statement from the International Civil Aviation Organisation (ICAO) to the Eleventh Session of the UNFCCC Subsidiary Body for Scientific and Technological Advice (SBSTA), Bonn, 25 October – 5 November 1999. Download am 11.08.2003 von http://www.icao.int/icao/en/env/sbsta-11.htm.

ICAO (2000): ICAO's Policies on Taxation in the Field of International Air Transport. Doc. 8632, 3rd edition.

ICAO (2001a): Statement from the International Civil Aviation Organisation (ICAO) to the Fifteenth Session of the UNFCCC Subsidiary Body for Scientific and Technological Advice (SBSTA), Bonn, 30 October – 6 November 1999. Download am 11.08.2003 von http://www.icao.int/icao/en/env/sbsta-15.htm.

ICAO (2001b): Assembly Resolution A33-7: Consolidated statement of continuing ICAO policies and practices related to environmental protection. Download am 25.08.2003 von http://www.icao.int/icao/en/env/a33-7.htm.

IPCC (1999): Aviation and the Global Atmosphere, Cambridge.

IPCC (2001): Climate Change 2001: Synthesis Report, Geneva.

Münchener Rück (2001): topics: Jahresrückblick Naturkatastrophen 2000, Münchener Rückversicherungsgesellschaft München.

OECD (1997a): Special Issues in Carbon/Energy Taxation: Marine Bunker Fuel Charges. Annex I Expert Group on the United Nations Framework Convention on Climate Change. Working Paper No. 12, Paris.

OECD (1997b): The Future of International Air Transport Policy - Responding to Global Change, Paris.

Resource Analysis(1999): Analysis of the taxation of aircraft fuel, final report. VII/C/4-33/97, RA/98-303.

Sausen, R./Nodorp, D./Land, C./Deidewig, F. (1996): Ermittlung optimaler Flughöhen und Flugrouten unter dem Aspekt minimaler Klimawirksamkeit. Deutsche Forschungsanstalt für Luft- und Raumfahrt e.V., Forschungsbericht 96-13 im Auftrag des Umweltbundesamtes, Oberpfaffenhofen, Köln.

Umweltbundesamt (2001): Maßnahmen zur verursacherbezogenen Schadstoffreduzierung des zivilen Flugverkehrs. Texte 17/01. Forschungsbericht UBA-FB 000161, Berlin.

Optimierung industrieller Prozesse zur Aufarbeitung landwirtschaftlicher Rohstoffe mit intelligenten, biotechnologischen Analysensystemen

Thomas Scheper, Roland Ulber und *Robert Faurie*

Der Biotechnologie wird oftmals per se zugeschrieben, dass sie umwelt- und ressourcenschonend sei. Dies wird damit begründet, dass sie im Gegensatz zu bekannten chemischen Verfahren bei niedrigen Drücken und niedrigen Temperaturen arbeitet und lebende Organismen einsetzt, die bei der Verwendung „gefährlicher“ Stoffe nicht überleben würden. Diese Argumentation ist zu einfach und beachtet nicht, dass biotechnologische Prozesse meist mit ausgereiften Prozessen (in Bezug auf Ressourceneinsatz und Gefahrstoffbeachtung) konkurrieren müssen. Außerdem können biotechnologische Prozesse nur in wässrigen Systemen ausgeführt werden und liefern relativ geringe Produktkonzentrationen. Um die Produkte zu isolieren, müssen sie vom „Wasser“ getrennt werden – ein äußerst energieintensiver Prozess.

Bisher haben sich biotechnologische Verfahren nur durchsetzen können, wenn mit Ihnen Produkte (z. B. Impfstoffe, Pharmaka) zugänglich werden, die nicht auf andere Art und Weise hergestellt werden können. Die moderne Biotechnologie hat jedoch in den letzten Jahren eine reichhaltige Palette von Verfahren und Möglichkeiten bereitgestellt, die es ermöglicht, auch konventionelle industrielle Verfahren im Sinne der Nachhaltigkeit und der Ökonomie zu optimieren. Dies soll im vorliegenden Beitrag vorgestellt werden. Es geht dabei um einen Aufarbeitungsprozess der zuckerrübenverarbeitenden Industrie, der über 20 Jahre alt ist. Dazu werden sogenannte Biosensoren verwendet, die es ermöglichen, auch in komplexen Proben sicher, schnell und ohne Vorbildung exakte Analysen durchzuführen. Basierend auf dieser Kombination eines etablierten Aufarbeitungsverfahren mit intelligenten Biosensoren konnte der Gesamtprozess nachweislich ökologisch und ökonomisch optimiert werden.

1. Der Prozess der chromatographischen Melasseentzuckerung

Bei der Zuckerrübenverarbeitung fallen jährlich große Menge an Zuckerrübenmelasse an (bundesweit ca. 700.000 t). Aufgrund des hohen Trockensubstanzanteils, der überwiegend aus Saccharose besteht, ist die Melasse hochviskos (also zähflüssig) und schwer zu verarbeiten. Melasse ist tiefbraun gefärbt, was im wesentlichen auf die Oxide und Carbonate der mineralischen Bestandteile zurückzuführen ist. Über viele Jahre wurde Melasse fast ausschließlich als Futtermittel nach Trocknung in der Schweine- und Rindermast verwendet oder wurde als Substrat für Fermentationsprozesse eingesetzt (*Gough/McHale* 1998). Das hohe Veredelungspotenzial dieses landwirtschaftlichen Rohstoffes blieb unberücksichtigt. In den letzten Jahren wurden industrielle Großanlagen aufgebaut, die neben dem in der Melasse enthaltenen Restzucker auch weitere Bestandteile für den Einsatz in der Pharma- und Lebensmittelindustrie aufarbeiten.

Bei der Amino GmbH, Frellstedt, werden jährlich etwa 60.000 t dieser Zuckerrübenmelasse chromatographisch in ihre Bestandteile aufgetrennt. Neben der Gewinnung des 50 %igen Zuckeranteils, der als Flüssigzucker anfällt, erlaubt der seit 1983 betriebene chromatographische Prozess ebenfalls die gezielte Anreicherung anderer Komponenten. Darunter fallen die minoren Komponenten der Melasse. Dieses sind Verbindungen, die nur zu einem geringen Anteil (<1 %) in der Melasse enthalten sind, deren Gewinnung sich jedoch aufgrund der großen Menge anfallender Zuckerrübenmelasse lohnen kann. Diese minoren Komponenten, die zusammen einen Anteil von etwa 30 % an der Melasse ausmachen, bestehen aus über 80 Substanzen in wechselnden Konzentrationen. Den größten Anteil machen dabei mit 40 % organische Stickstoffverbindungen (Aminosäuren) und Oligosaccharide aus (*Schiweck* 1995). Eine ungefähre Aufteilung einzelner Verbindungsgruppen in der Melasse ist in der Abbildung 1 dargestellt.

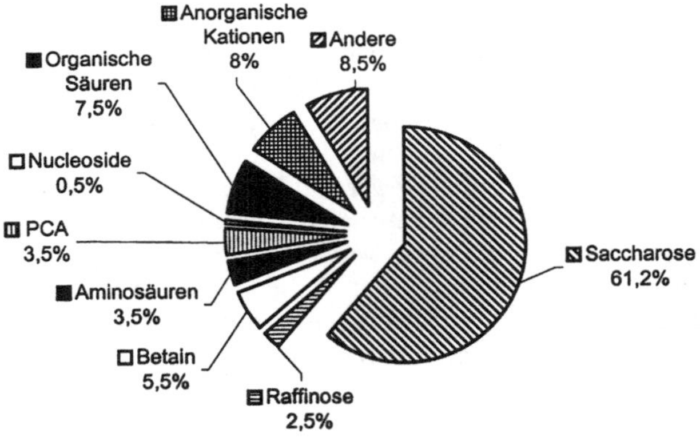

Abb. 1: Prozentuale mittlere Zusammensetzung von Zuckerrübenmelasse; Angaben in % Trockenmasse.

Für die Aufarbeitung der Melasse wird bei der AMINO GmbH in Frellstedt das Finnsugar-Trennverfahren verwendet (*Hongisto* 1977). Bei dem Verfahren wird die Melasse nach exakter Einstellung des Trockensubstanz-Gehalts, des pH-Wertes und anschließender Enthärtung durch Ionenausschluss-Chromatographie in einzelne Fraktionen getrennt. Bei chromatographischen Verfahren werden die Komponenten einer Mischung nacheinander aufgetrennt. Je besser das Verfahren, desto besser ist die Auftrennung in unterschiedliche Fraktionen. Beim Finnsugar-Trennverfahren werden verschiedene Fraktionen auf die Chromatographiesäulen zurückgeführt, um eine möglichst hohe Auftrennung zu erhalten. Dadurch wird bei gleichem Elutionswasserverbrauch eine nicht übertroffene Zuckerreinigung erzielt (*Paananen* 1997). Aufgrund der hohen Flexibilität der industriellen Anlage können bereits im ersten Trennschritt gleichzeitig mehrere Komponenten aufgereinigt werden. Ein vereinfachtes Chromatogramm dieses Prozesses ist in der Abbildung 2 wiedergegeben.

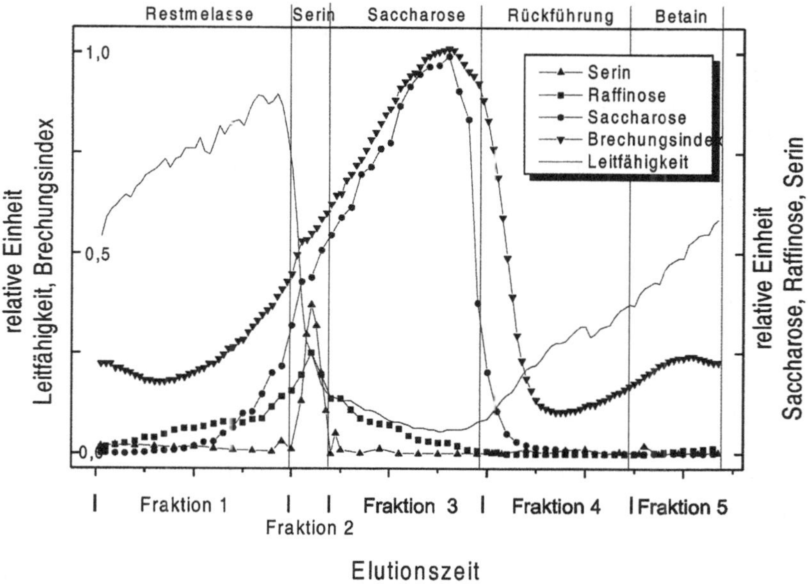

Abb. 2: Elutionsprofil einer Trennkolonne der chromatographischen Melasseentzuckerung, Amino GmbH, Frellstedt, mit Schnittführung der industriellen Anlage: Restmelasse, Serin, Saccharose, Rückführung, Betain (vereinfachte Darstellung) (Sosnitza 1999).

Gezeigt ist in Abbildung 2 ein Chromatogramm des ersten Schrittes der Melasseaufarbeitung. Bei diesem Prozessschritt wird die Trennung über Polystyrol-Harze in sechs parallel laufenden 60 m^3-Chromatographiesäulen durchgeführt. Die Elution wird bei 90 °C mit Wasser durchgeführt. Dabei werden für einen Chromatographiezyklus ca. 26 m^3 Wasser benötigt. Die hohen Temperaturen während der chromatographischen Melasseentzuckerung begünstigen zum einen die Diffusion verschiedener Inhaltsstoffe in die Poren des Harzes, zum anderen kann auf diese Weise unerwünschten Foulingeffekten vorgebeugt werden. Neben der Melasse werden auf die Säulen auch Rückführfraktionen aufgetragen. Bedingt durch die Säulenhöhe ist es weiterhin möglich nach zwei Stunden eine neue Melassecharge auf die Säule aufzugeben, obwohl ein kompletter Chromatographiezyklus von der Aufgabe bis zur Elution der letzten Fraktion etwa sechs Stunden benötigt. Durch diese Prozessführung befinden sich insgesamt drei Trennläufe gleichzeitig auf einer Säule und der Zyklus verkürzt sich auf knapp zwei Stunden. Die genaue Länge eines Trennzykluses hängt zum einen von dem leicht unterschiedlichen Verhalten der einzelnen Trennsäulen ab, zum anderen haben die starken Schwankungen in der Melassezusammensetzung einen erheblichen Einfluss auf die Elutionszeiten der verschiedenen Fraktionen.

Abbildung 2 verdeutlicht die fünf Hauptfraktionen, die in diesem ersten Aufreinigungsschritt gewonnen werden:

- In der ersten Fraktion eluiert die Restmelasse-Fraktion, die einen großen Teil der Salze organischer Säuren enthält. Diese Fraktion wird aufkonzentriert und gelangt als teilentzuckerte Melasse in den Handel.
- Anschließend wird für einen Zeitraum von etwa fünf Minuten die Serin-Fraktion gewonnen. Auf diesen Schnitt wird in Kapitel 2 gesondert eingegangen.
- In Fraktion drei wird die Saccharose-Fraktion geschnitten, die Saccharose in hoher Reinheit liefert.
- Dann wird eine Rückführfraktion geschnitten, die erneut auf die Säulen aufgetragen wird.
- Abschließend wird das Betain gewonnen, und der Zyklus beginnt von vorne.

Die Chromatographiesäulen können ca. 20 Tage ohne Rückspülung betrieben werden, bevor sich ihre Trennleistung deutlich verschlechtert. Durch Rückspülung des Harzes werden die Säulen dann gewaschen. Das Harz selbst besitzt eine ungefähre Haltbarkeit von mehr als 20 Jahren (*Sosnitza* 1999; *Irtel* 2001).

Hauptprodukt der chromatographischen Melasseentzuckerung ist die gewonnene Saccharose, die noch weitere Aufreinigungsschritte zum Abtrennen von Salzen und Farbstoffen durchläuft. Sie wird aber nicht kristallisiert, sondern findet als Flüssigzucker in der Lebensmittelindustrie Verwendung. Durch die Saccharoseproduktion wird auch die Gewinnung anderer Inhaltstoffe der Melasse rentabel. Der Fokus der hier dargestellten Arbeiten liegt bei der Gewinnung der Aminosäure Serin, die als Rohstoff für Pharmawirkstoffe eingesetzt wird. Die Auftrennung erfolgt bei der Firma Amino GmbH in die in der Abbildung 3 dargestellte Produkte. Für diese gibt es verschiedene Einsatzbereiche in der Pharma- und Lebensmittelindustrie (z. B. Infusionsmittel, Anti-Depressiva, Health Food, Leberschutz).

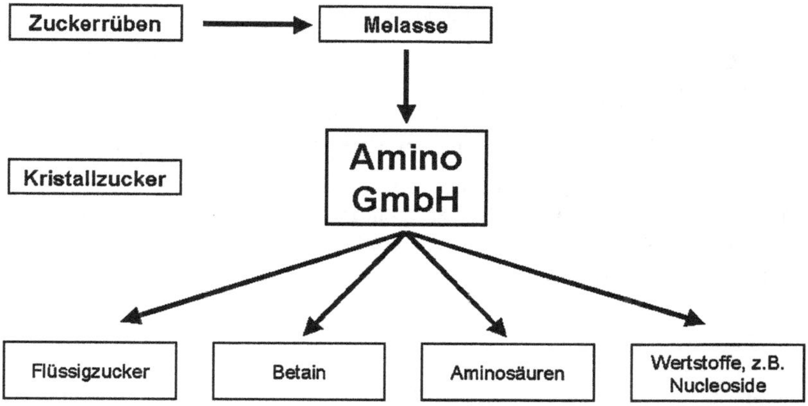

Abb. 3: Die bei der Firma Amino GmbH gewonnenen Produkte bei der chromatographischen Melasseaufarbeitung.

2. *Festlegung der Schnittgrenzen der Serin-Fraktion*

Bei dem Prozess muss innerhalb kurzer Zeit (Minuten) entschieden werden, in welcher Fraktion am Auslauf der Säule welches Produkt aufgefangen wird (innerhalb einer Minute verlässt ein großer Flüssigkeitsstrom die Säule). Die Prozessführung (Setzen der Schnittgrenzen der einzelnen Fraktionen) des Finnsugar-Trennverfahrens basiert bei der AMINO GmbH auf den online, also kontinuierlich am Ausgang der Säule, gemessenen physikalischen Parametern (Dichte, Leitfähigkeit, pH-Wert, Temperatur).

Für die Bestimmung der Schnittgrenzen der restlichen Fraktionen steht keine direkte Onlineanalytik zur Verfügung. Bei der Gewinnung der Aminosäure Serin, die ein wichtiger Rohstoff in der Pharmaindustrie ist, wird das Elutionsverhalten aufgrund von Erfahrungswerten abgeschätzt und in regelmäßigen Abschnitten durch Probenahme und Analyse im Labor offline kontrolliert. Diese Analytik wird über einen HPLC-Aminosäure-Analyser (ASA) durchgeführt. Für eine Messung werden bei diesem Analyser etwa 120 Minuten benötigt. Um das Elutionsprofil des Serins bestimmen zu können, werden etwa 10-15 Proben meist über Nacht analysiert. Das Verfahren erfüllt somit nicht die Bedingungen einer echten Online-Analyse. Die Messergebnisse stehen erst Stunden später zur Verfügung. Erst dann kann festgestellt werden, ob die Trennung optimal verlaufen ist. Falls Produkt in die falschen Fraktionen gelangt ist, muss zusätzlich aufgearbeitet werden. Dies ist mit erheblichen Energie-, Wasser- und Rohstoffaufwand verbunden.

3. Problemstellung

Um den Chromatographieprozess optimal zu fahren wird ein intelligentes Analysensystem benötigt, dass den genauen Konzentrationsverlauf am Ausgang der Trennsäule wiedergibt. Diese Daten müssen schnell bereit gestellt werden, damit die Produkte in den einzelnen Fraktionen optimal getrennt vorliegen.

Abbildung 4 zeigt wie die Schnittgrenzen (der Zeitraum zwischen t_1 und t_2 beträgt nur acht Minuten) schwanken können. In dem gezeigten Beispiel führt eine Verschiebung von fünf Minuten dazu, dass über 80 % des Produktes nicht in der aufgefangenen Serin-Fraktion vorliegen.

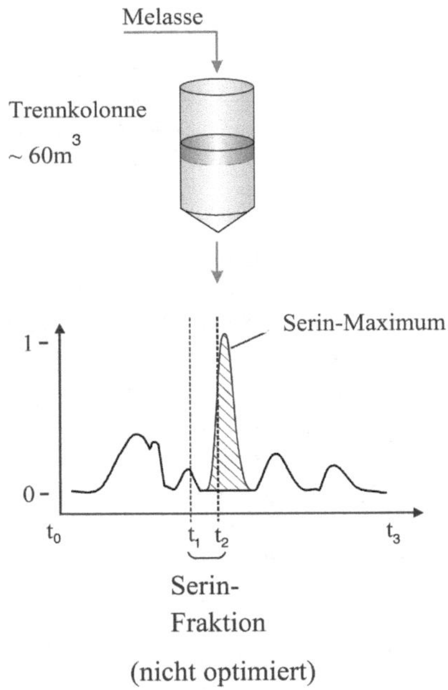

Abb. 4: Konzept der In-Time-Analytik der D-Serinkonzentration während der chromatographischen Melasseentzuckerung.

Das Elutionsverhalten ändert sich nicht abrupt, aber da alle zwei Stunden eine Fraktion in dem wochenlang laufenden Prozess aufgefangen wird, können die Verluste dramatisch sein, wenn die genauen Konzentrationsverläufe nicht erkannt werden. In Abbildung 5 ist dargestellt, wie ein schnelles und sicheres Analysensystem den wahren Konzentrationsverlauf beschreibt und die Schnittgrenzen optimal angepasst werden können.

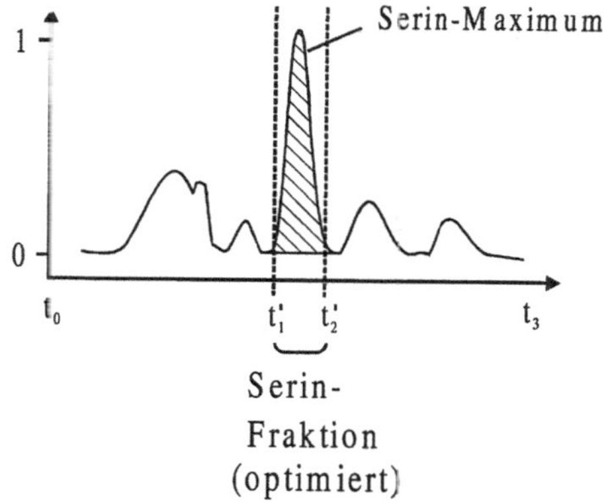

Abb. 5: Optimale Schnittgrenzen, die durch den Einsatz intelligenter Analysenverfahren zu erreichen sein müssen.

4. Biosensoren

Biosensoren sind in den letzten zehn Jahren in der Biotechnologie intensiv erforscht worden, um komplizierte Analysenabläufe so zu integrieren und zu vereinfachen, dass auch ungeübte Anwender sie durchführen können. Haupteinsatzgebiete sind die Medizin, der Umweltschutz und das Militär. Durch die Kopplung einer biologischen Detektionskomponente an einen Sensor (Signalwandler, Transducer) erhält man einen Biosensor. Der prinzipielle Aufbau von Biosensoren ist in Abbildung 6 zu sehen. Die biologische Komponente hat die Aufgabe, mit der zu analysierenden Substanz spezifisch und sensitiv zu reagieren. Die dabei auftretenden Änderungen werden von dem Sensor erfasst und in ein elektrisches Signal umgewandelt, verstärkt und verarbeitet. Die biologische Komponente kann aus Enzymen, Mikroorganismen, Organellen, Zellverbänden, Antikörpern oder Lectinen bestehen. Prinzipiell kann jede biologische Komponente verwendet werden, die mit der zu analysierenden Substanz eine von geeigneten Sensoren erfassbare spezifische Reaktion eingeht. Die biologische Komponente ist also als Signalgeber zu bezeichnen.

Biosensoren sollten miniaturisierbar, um viele Sensoren auf kleinem Raum unterzubringen, sowie einfach und billig herzustellen sein. Für die Analytik in der Biotechnologie können Sensoren in Analysesysteme eingebettet werden, die die Analysesteuerung und Messwertaufnahme und -auswertung übernehmen.

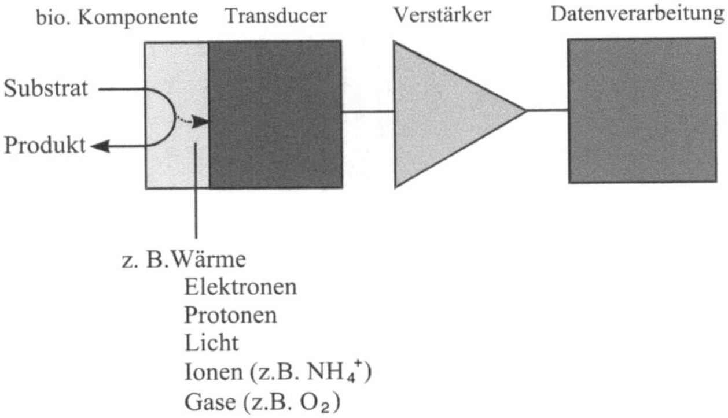

Abb. 6: Schematischer Aufbau eines Biosensors.

5. Entwicklung eines intelligenten Analysensystems für die Chromatographieüberwachung

Wie oben erläutert, dauert ein kompletter chromatographischer Zyklus etwa zwei Stunden. Innerhalb von ca. acht Minuten verlässt die Serin-Fraktion die Säule. Eine echte online Analyse ist selbst mit Biosensoren nicht möglich, da deren Analysenzeit zwar mit ca. 1-2 Minuten beachtlich geringer als die herkömmlichen Analysenverfahren sind (z. B. HPLC-Methoden), doch nicht schnell genug, um in Echtzeit den Verlauf wiederzugeben. Dies ist aber auch nicht zwingend notwendig. Für eine Optimierung des chromatographischen Prozesses ist es ausreichend, wenn die Analysenergebnisse in der Zeit zwischen zwei Serin-Peaks zur Verfügung gestellt werden können. Auf diese Weise können eventuelle Änderungen der Schnittgrenzen *in time* durchgeführt werden, bevor die nächste Serin-Fraktion eluiert.

Es wurde daher ein biosensorisches Verfahren an dem Prozess etabliert, welches die Schnittgrenzen der Serin-Konzentration *in time* und *on column* ermitteln und somit zur Prozesssteuerung eingesetzt werden kann (*Sosnitza* et al. 1998). Um einen solchen Sensor zu konstruieren, musste zu Beginn eine Auswahl der biologischen Komponente und des Transducers erfolgen. Durch Voruntersuchungen konnte festgestellt werden, dass im Bereich der Serin-Fraktion etwa zehn Aminosäuren in unterschiedlicher Konzentration eluieren. Will man einen enzymbasierten Biosensor am Prozess einsetzen, so muss darauf geachtet werden, dass ein Enzym gewählt wird, welches möglichst spezifisch das Serin neben den anderen Aminosäuren nachweisen kann.

In den Versuchen wurde eine Serin-Dehydratase aus *Klebsiella pneumoniae* verwendet. Die Umsetzung kann spektroskopisch (optisch) über eine weitere enzymatische Folgereaktion verfolgt werden. Durch die gekoppelte Reaktion wird die

Spezifität des Biosensors erhöht. Sollten im ersten Reaktionsschritt noch andere Substanzen durch das Enzym umgesetzt werden, hat dieses keinen Einfluss auf die eigentliche Detektionsreaktion. Das Enzym ist unter den Bedingungen des industriellen Prozesses so spezifisch für Serin, dass die Konzentrationsverläufe gut wiedergegeben werden.

Zum Aufbau eines bioanalytischen Systems musste das gewählte Enzymsystem in geeigneter Art und Weise mit dem Transducer (Photometer) in einem automatisch arbeitenden Analysensystem gekoppelt werden. Dafür bot sich die Verwendung von Durchflusskartuschen an, in denen die Enzyme auf einem festen Polymerträger fixiert (immobilisiert) eingesetzt werden. Das so erzeugte Immobilisat kann bei –18 °C über einen Zeitraum von bis zu 30 Monaten gelagert werden. Es verfügt auch dann noch über eine ausreichend hohe Aktivität.

Eine direkte Ankopplung des Sensorsystems an die Chromatographiesäulen ist aber nicht möglich gewesen, da die Zeit für eine Messung mit zwei Minuten noch zu langsam für eine Optimierung des Prozesses ist. Wie weiter vorne gezeigt, eluiert die Serin-Fraktion innerhalb von maximal acht Minuten, so dass maximal zwei Messwerte aufgenommen werden könnten. Dieses ist nicht ausreichend, um den Verlauf der Serin-Fraktion hinreichend genau bestimmen zu können. Daher wurde das System derart erweitert, dass eine In-Time-Analytik möglich war. Während die erste Serin-Fraktion die Säule verlässt, werden alle 30 Sekunden Proben gesammelt (insgesamt 18 Proben) und anschließend analysiert. Diese Analytik kann ungefähr 90 Minuten lang dauern. Es steht dann noch ausreichend Zeit zur Verfügung, um die Analysenergebnisse an die Prozessanalytik weiterzuleiten und die Schnittgrenzen für den nachfolgenden Serin-Peak bei Bedarf zu korrigieren. Dieses Verfahren wird mit der nächsten Serin-Fraktion wiederholt. Auf diese Weise können die Schnittgrenzen der jeweils nachfolgenden Fraktion optimal gesetzt werden. Dieses Verfahren wird prädiktive Analytik genannt. Die Schnittgrenzen werden ständig optimiert.

Das aufgrund dieser Überlegungen konzipierte bioanalytische System besteht aus einem Autosampler mit einem Injektor und einem UV-Detektor. Das System ist modular aufgebaut, die Ansteuerung der Module wird durch eine A/D-D/D-Karte über TTL-Impulse realisiert. Zur Steuerung der Anlage wird ein PC benutzt. Der Aufbau des Systems ist in der Abbildung 7 wiedergegeben.

Dieses System konnte sehr erfolgreich bei der industriellen Melasseentzuckerung eingesetzt werden. In Abbildung 8 ist der Vergleich der Analysenergebnisse des Biosensors und des Aminosäure-Analysers dargestellt. Zwar ergeben sich deutliche Abweichungen bei der Absolutkonzentration der Seringesamtkonzentration, welches aber für die Bestimmung der Schnittgrenzen unerheblich ist. Der Verlauf der Peaks stimmt sehr gut überein.

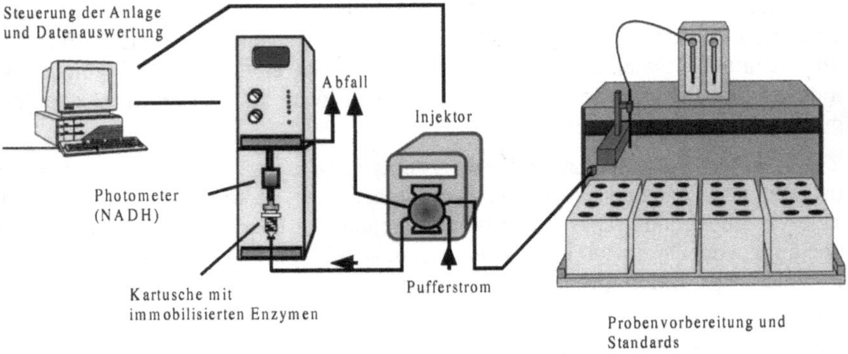

Abb. 7: Aufbau des bioanalytischen Systems zur In-Time-Analytik von Serin während der chromatographischen Melasseentzuckerung.

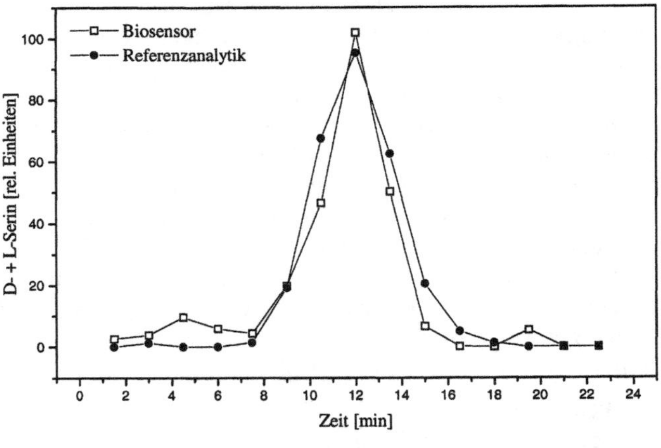

Abb. 8: Vergleich der Analysenergebnisse des Biosensors mit denen der HPLC-Referenzanalytik (ASA).

Das Sensorsystem arbeitet unter Prozessbedingungen mindestens eine Woche stabil, nach dieser Zeit ist ein Austausch der Enzymkartusche notwendig. Bei Messungen über einen längeren Zeitraum konnte gezeigt werden, dass eine langsame Verschiebung der Serin-Fraktion zu späteren Retentionszeiten hin erfolgt. Abbildung 9 zeigt einen zeitlichen Verlauf der Schnittführung der chromatographischen Anlage über 20 Tage. Wie aus den Ergebnissen hervorgeht, verschlechtert sich die Trennleistung der Säulen in diesem Zeitraum um 10 %. Da die Ausgangskonzentration von Serin über den betrachteten Zeitraum konstant war, kann die Abnahme der Peakflächen nicht durch geringere Serin-Konzentrationen bedingt sein.

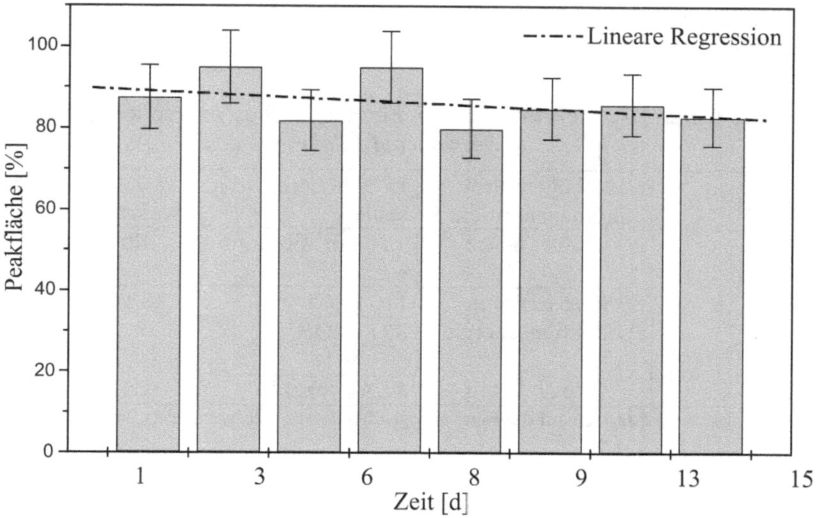

Abb. 9: Peakfläche von ausgewählten Serin-Fraktionen über einen Zeitraum von 20 Tagen; ideale Schnittführung = 100 %.

6. Ökonomische und ökologische Bewertung des Verfahrens

Es konnte durch die Untersuchungen am industriellen Prozess gezeigt werden, dass die Serin-Fraktion oft nicht optimal geschnitten wurde und so ein erheblicher Teil des Serins in die Rückführfraktionen gelangte. Mit Hilfe eines Biosensorsystems konnte eine In-Time-Analyse des Chromatographieprozesses erfolgen, die zur Bestimmung der Schnittgrenzen für die Aminosäure Serin herangezogen werden kann. Durch die Anwendung der In-Time-Analytik und das optimale Setzen der Schnittgrenzen ließ sich der Verbrauch an Energie und Chemikalien deutlich verringern. Im Vergleich zum anfänglichen Zustand kann bei optimaler Auslegung des Prozesses eine bis zu 60 % höhere Produktkonzentration erzielt werden. Daraus können Einsparungen resultieren, die nicht primär bei der Ionenausschluss-Chromatographie, sondern bei den nachfolgenden Aufreinigungsschritten und der Umsetzung des Serins zu Tryptophan zu erzielen sind. Durch die höhere Konzentration des Serins können bei der anschließenden Entfärbung durch Aktivkohle und Ionenaustausch geringere Mengen an Chemikalien, Prozesswasser und Dampf eingesetzt werden. Durch die höhere Produktreinheit wird die Kristallisation erleichtert und gleichzeitig weniger Energie (in Form von Dampf) zum Konzentrieren der Lösungen benötigt. Die Einsparungen beim CSB (Chemischer Sauerstoffbedarf) resultieren aus der höheren Serin-Konzentration und -reinheit bei der Umsetzung zu L-Tryptophan, die sich sowohl bei der Biotransformation als auch bei der anschließenden Aufreinigung positiv auswirken. Konkret ergeben sich durch den Einsatz des Biosensors zur In-Time-Bestimmung der Schnittgrenzen der Serin-Fraktion die in Tabelle 1 angegebenen Optimierungseffekte.

Tab. 1: Erzielte Optimierungen durch Einsatz des Biosensorsystems; Angaben bezogen auf 1 Jahr

<table>
<tr><td>Erzielter Effekt</td><td>60 % höhere Produktkonzentration</td><td>25 % höhere Ausbeute</td><td>35 % weniger Abwasser</td></tr>
<tr><td rowspan="5">Einsparung von</td><td>200-250 t Dampf</td><td>3.500 m^3 Elutionswasser[1]</td><td>3.500 m^3 Abwasser</td></tr>
<tr><td rowspan="4">30 % spezifische Produktionsenergie</td><td>110 t HCl[1]</td><td rowspan="4">180 t CSB</td></tr>
<tr><td>80 t NaOH[1]</td></tr>
<tr><td>80 t NH_3[1]</td></tr>
<tr><td>8 t Aktivkohle[1]</td></tr>
</table>

[1]Die Angaben beziehen sich auf die Einsparungen bei den nachfolgenden Aufarbeitungsschritten.

7. Fazit

Durch dieses Beispiel wird deutlich, dass der Einsatz von Biosensorsystemen zur spezifischen Analytik einzelner Verbindungen in komplexen Gemischen auch in der industriellen Praxis sinnvoll sein kann. Die erzielten Effekte durch die Optimierung der Schnittgrenzen führen für das Unternehmen zu einer ökonomischen Verbesserung, da Rohstoffkosten (Chemikalien), Energie- und Entsorgungskosten reduziert werden. Aus der Optimierung resultieren aber auch deutliche ökologische Vorteile, da weniger Energie in den Prozess eingebracht werden muss und weniger Abwasser (und damit verbunden weniger CSB) in die Umwelt abgegeben wird. Die moderne Biotechnologie liefert damit die intelligenten Werkzeuge, auch bestehende industrielle Prozesse ökologisch und ökonomisch zu optimieren.

Literaturverzeichnis

Gough, S./McHale, A.P. (1998): Continuous Ethanol Production from Molasses at 45°C Using Alginate-immobilized Kluyveromyces marxianus IMB3 in a Continuous-Flow Bioreactor, in: Bioprocess Engineering, Vol. 19, S. 33-36.

Schiweck, H. (1995): Zusammensetzung von Zuckerrübenmelassen, in: Zuckerindustrie 120. Jg., 4, S. 272-282.

Hongisto, H. (1977): Chromatographic Separation of Sugar Solutions - the Finnsugar Molasses Desugarization Process, in: I. International Sugar Journal, 79/940, S. 100-104.

Paananen, H.A. (1997): Trends in the Chromatographic Separation of Molasses, in: Zuckerindustrie, 122. Jg., S. 28-33.

Sosnitza, P. (1999): Biosensoren für die Aufarbeitung in der Biotechnologie, Dissertation, Universität Hannover.

Irtel, F. (2001): Neue Analytik für industrielle Aufarbeitungsprozesse, Dissertation; Universität Hannover.

Sosnitza, P./Irtel, F./Ulber, R./Busse, M./Faurie, R./Fischer, L./Scheper, T. (1998): Flow Injection Analysis System for Supervision of Industrial Chromatographic Down Stream Processing in Biotechnology, in: Biosensors & Bioelectronics, Vol. 13, S. 1251-1255.

Autorenverzeichnis

Dr. Sebastian Aschenbrenner-von Dahlen, Universität Karlsruhe (TH), Lehrstuhl für Versicherungswissenschaft und Bundesanstalt für Finanzdienstleistungsaufsicht (BaFin), Bonn

Dr. Oliver Budzinski, Philipps-Universität Marburg, Fachbereich Wirtschaftswissenschaften, Lehrstuhl für Wirtschaftspolitik

Dipl.-Ök. Yücel Calbay, MSc, Rijksuniversiteit Groningen, Faculteit der economische Wetenschappen

Prof. Dr. Utz Claassen, Vorstandsvorsitzender EnBW Energie Baden-Württemberg AG, Mitglied des Stiftungsrates der Georg-August-Universität Göttingen, Honorarprofessor an der Universität Hannover, Mitglied des Vorstandsrates des Verbandes der Elektrizitätswirtschaft e.V. (VDEW)

Prof. Dr. Dres. h.c. Wolfgang Eichhorn, Universität Karlsruhe (TH), Institut für Wirtschaftstheorie und Operations Research, und Zeppelin University Friedrichshafen

Prof. Dr. Mathias Erlei, Technische Universität Clausthal, Institut für Wirtschaftswissenschaft, Abteilung für Volkswirtschaftslehre

Dr. Robert Faurie, Amino GmbH, Frellstedt

Prof. Dr. Ulrich Fehl, Philipps-Universität Marburg, Fachbereich 02 Wirtschaftswissenschaften, Lehrstuhl für Wirtschaftstheorie I

Dipl.-Ök. Dirk Fornahl, Max-Planck-Institut zur Erforschung von Wirtschaftssystemen, Jena

Dr. Nils Hauenschild, Universität Hamburg, Institut für Statistik und Ökonometrie, Arbeitsbereich Ökonometrie

Dipl.-Ök. Susanna Hübner, NORD/LB Volkswirtschaft

Dr. Jörg Jasper, Universität Hannover, Wirtschaftswissenschaftliche Fakultät, Lehrstuhl Ordnungs- und Prozesspolitik

Prof. Dr. Reiner Kümmel, Bayerische Julius-Maximilians Universität Würzburg, Institut für Theoretische Physik und Astrophysik, Lehrstuhl für Theoretische Physik I

Dr. Dietmar Lindenberger, Energiewirtschaftliches Institut an der Universität Köln

Karl-Ulrich Lippoth, Universität Hannover, Fachbereich Maschinenbau, Institut für Arbeitswissenschaft und Didaktik des Maschinenbaus

Prof. Dr. Rolf Mull, Universität Hannover, Fachbereich Bauingenieur- und Vermessungswesen, Institut für Wasserwirtschaft, Hydrologie und landwirtschaftlichen Wasserbau

Dr. Markus Pasche, Friedrich-Schiller-Universität Jena, Wirtschaftswissenschaftliche Fakultät, Lehrstuhl für Volkswirtschaftslehre/Makroökonomik

Prof. Dr. Thomas Scheper, Universität Hannover, Fachbereich Chemie, Institut für Technische Chemie

Prof. Dr. Ulrich Schittko, Universität Augsburg, Institut für Statistik und Mathematische Wirtschaftstheorie, und Zeppelin University Friedrichshafen

Prof. Manfred Schweres, Universität Hannover, Fachbereich Maschinenbau, Institut für Arbeitswissenschaft und Didaktik des Maschinenbaus

Dipl.-Ök. Henning Serger, Universität Hannover, Wirtschaftswissenschaftliche Fakultät, Lehrstuhl Ordnungs- und Prozesspolitik

Dipl.-Ök. Jens-Peter Springmann, Technische Universität Clausthal, Institut für Wirtschaftswissenschaft, Abteilung für Volkswirtschaftslehre

Prof. Dr. Peter Stahlecker, Universität Hamburg, Institut für Statistik und Ökonometrie, Arbeitsbereich Ökonometrie

Dipl.-Ök. Jenny Sundmacher, Universität Hannover, Wirtschaftswissenschaftliche Fakultät, Lehrstuhl Ordnungs- und Prozesspolitik, und freie Beraterin

Dr. Torsten Sundmacher, Universität Duisburg-Essen, Standort Duisburg, Fakultät für Wirtschaftswissenschaft, Fachgebiet Allgemeine Wirtschaftspolitik

Dipl.-Ök. Ralf Tostmann, Universität Hannover, Wirtschaftswissenschaftliche Fakultät, Lehrstuhl Ordnungs- und Prozesspolitik

PD Dr. Georg von Wangenheim, Max-Planck-Institut zur Erforschung von Wirtschaftssystemen, Jena

Schriften zur Politischen Ökonomik
Evolutorische und ökologische Aspekte

Herausgegeben von Udo Müller, Oliver Budzinski, Yücel Calbay,
Jörg Jasper und Torsten Sundmacher

Band 1 Jörg Jasper / Torsten Sundmacher (Hrsg.): Ökologische Kompatibilität und technologischer Wandel. 2000.

Band 2 Torsten Sundmacher: Das Umweltinformationsinstrument Ökobilanz (LCA). Anwendungsbezug und instrumentelle Ausgestaltungsmöglichkeiten. 2002.

Band 3 Oliver Budzinski / Jörg Jasper (Hrsg.): Wettbewerb, Wirtschaftsordnung und Umwelt. Festschrift für Udo Müller. 2004.